U0243832

WUHU JINDAI CHENGSHI YU JIANZHU

芜湖近代城市与建筑

葛立三◆著

安徽师范大学出版社
ANHUI NORMAL UNIVERSITY PRESS
·芜湖·

图书在版编目(CIP)数据

芜湖近代城市与建筑 / 葛立三著. — 芜湖 : 安徽师范大学出版社，2019.7（2022.1重印）
ISBN 978-7-5676-3606-4

Ⅰ. ①芜… Ⅱ. ①葛… Ⅲ. ①建筑史 – 研究 – 芜湖 – 近代 Ⅳ. ①TU-092.5

中国版本图书馆CIP数据核字（2018）第108823号

芜湖近代城市与建筑　　葛立三◎著
WUHU JINDAI CHENGSHI YU JIANZHU

总 策 划:张奇才
责任编辑:彭　敏　祝凤霞
图片加工:葛立诚
装帧设计:丁奕奕
出版发行:安徽师范大学出版社
　　　　芜湖市北京东路1号安徽师范大学赭山校区　　邮政编码:241002
网　　址:http://www.ahnupress.com/
发 行 部:0553-3883578　5910327　5910310(传真)
印　　刷:苏州古得堡数码印刷有限公司
版　　次:2019年7月第1版
印　　次:2022年1月第2次印刷
规　　格:880 mm × 1230 mm　1/16
印　　张:15.75
字　　数:443千字
书　　号:ISBN 978-7-5676-3606-4
定　　价:280.00元

葛立三，1939年生，安徽滁州人。1962年毕业于南京工学院（现东南大学）建筑系。高级建筑师，国家一级注册建筑师，注册城市规划师。1999年退休于芜湖市规划设计研究院（2009年改制，现名为“中铁城市规划设计研究院”），退休后被返聘为该院顾问总工程师，直到2016年12月底。2013—2016年被安徽师范大学聘任为兼职教授。自1987年开始研究中国近代建筑史，已公开发表学术论文十余篇。

序　言

《芜湖近代城市与建筑》的出版是地方建筑史研究的新成果，它像是一朵玫瑰，更像是一支玉兰，短时间内可能难被社会所认知，但它的高贵品质与多方面的客观效果，最终会显露它的芳华。《芜湖近代城市与建筑》这部专著，将会为编著《中国近代城市与建筑》提供一个近代中小城市的典型。芜湖近代建筑是现代建筑前的一个过渡时期的建筑，它在继承传统建筑与引领现代建筑方面起到了关键的纽带作用。近代芜湖是安徽的重要经济中心，是长江沿岸的重要港口城市，在西风东渐的形势下，它对周围的中小城市起到了示范作用。今天我们来重新认识芜湖近代建筑的意义，不仅有历史价值，而且对当代的城市规划、旅游开发等方面都有重要影响。

芜湖近代历史建筑在城市中仍然多有留存，有些方面甚至依旧起到标志性作用，例如英国驻芜湖领事署、芜湖天主堂，以及20年代兴建的中山路一批沿街建筑等都显示了洋风的影响，我们在新的规划与新区建设时，不能不考虑与它们的有机联系，也不能不考虑它们的艺术影响。

一个城市的面貌，在很大程度上要被旅游者所认同，他们不仅会来观光、游览，也会观察这座城市的特色，一些近代的优秀历史建筑往往还会成为他们的品赏对象。例如南京的中山陵、广州的中山纪念堂等，都已成了旅游者心目中的胜地。芜湖同样也可以做到。

本书作者葛立三同志，曾长期在芜湖市规划设计研究院任总工程师，退休后又继续担任顾问总工程师多年。他除了本职工作外，还对近代建筑的研究非常用心，前后积累了三十多年的资料，并亲自调查分析，特别是在20世纪80年代全国掀起近代建筑总览双年会期间，他每次都能以新的史料与新的观点参会，往往能给参会者很好的启发。这本书是他三十多年研究的总结，不仅可以给学术界提供很好的参考，对于当代的建筑和规划也是不可或缺的基础资料。对于一般读者来说，本书图文并茂，因其可读性与趣味性，也定会引起广泛的关注。

东南大学建筑学院教授，博士生导师
南京市近现代建筑保护专家委员会主任
中国建筑学会历史分会理事
刘先觉

2018年6月20日于南京

目 录

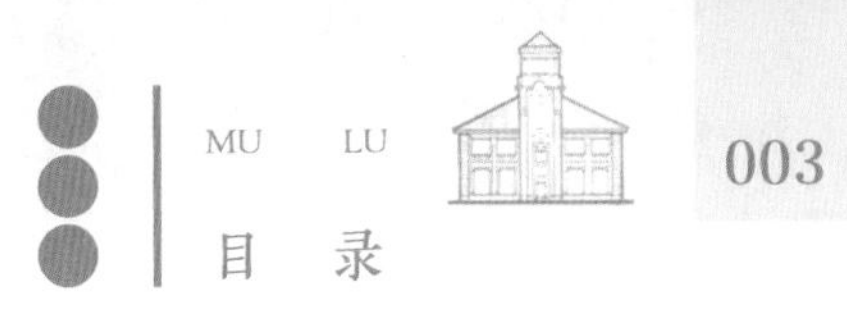

第一章　芜湖城市的起源与演变

芜湖是一座有着四千多年文明史，两千五百多年城建史的城市。研究近代芜湖的城市与建筑，必须首先研究芜湖古代城市的起源，了解芜湖古代城市的发展、演变过程。

芜湖古代城市的发展可分为以下三个时期：史前时代至秦汉时期、三国至隋唐时期、宋元明清时期。

一、史前时代至秦汉时期的芜湖地区

（一）史前时代的芜湖地区

城市是文明的载体，正如研究中国城市的起源必须以中国文明起源的研究为基础，研究芜湖城市的起源自然要追溯芜湖地区的史前时代。

芜湖地处长江中下游冲积平原，位于青弋江与长江交汇处，是我国长江沿岸的一处重要的水陆交通枢纽。由于地理位置优越、物产丰富、光照充足、雨量充沛、四季分明、气候宜人，芜湖自古以来就是人类理想的一处居住地。

在芜湖市所属繁昌县孙村镇癞痢山境内发现的人字洞遗址，是20世纪末惊人的考古发现，证明这里在距今200万～240万年就是一处古人类的栖居之地。经国内外有关专家论证，认为该遗址是欧亚地区迄今发现最早的古人类活动遗址，证明了长江流域是中华民族古人类的发源地、华夏文明的发祥地之一，也证明了芜湖地区具有丰富的史前文化。2006年，繁昌人字洞遗址被国务院公布为第六批全国重点文物保护单位。

水阳江是芜湖地区的一条河流，发源于浙皖交界的西天目山，在芜湖清水镇与青弋江汇合，向西经芜湖市区流入长江。近年来，考古工作者在水阳江中下游两岸的二级阶地上，先后发现了二十余处旧石器时代遗址，距今80万～12万

年。其中具有代表性的有芜湖金盆洞遗址，它是旧石器时代中期人类活动遗存。此外，还有距今3万～10万年的南陵小格里遗址。

从芜湖旧石器时代原始人类活动的三个代表性遗址可以看出，其共同特点是都选择在濒临河流、湖泊旁背风向阳的石灰岩溶洞中，这是古人类为了适应当时的自然生存环境而精心选址的。这时群居的原始人类靠采集植物籽实、根茎，捕捞鱼类和狩猎为生。

在芜湖市及芜湖所属县发现的新石器时代遗址已有三十多处，比较重要的有：位于繁昌县峨山乡缪墩村的缪墩遗址，距今约7000年；位于芜湖大荆山附近的蒋公山遗址，距今约6000年；位于繁昌县繁阳镇柳墩村中滩村东侧的中滩遗址，距今4000～4500年。它们分别属于新石器时代的早、中、晚三个发展时期。新石器时代已有原始农业、家畜饲养业和制陶业，已由被动适应环境转变为利用和改造环境。

芜湖地区新石器中期划时代的进步是出现了干栏式建筑，这在繁昌缪墩遗址、南陵奎湖神墩遗址均有遗存发现，年代距今6000～7000年。这与浙江余姚河姆渡遗址发现的干栏式建筑同属一个时期。

（二）夏商周时代的芜湖地区

距今三四千年前，中原地区进入早期文明社会，先后建立了夏、商、周王朝。芜湖所在的长江中下游地区已出现了较大的部族，史称“越人”，且越人很早便与中原地区有了文化上的联系。

相传，大约距今4000年，大禹治水曾导中江。中江水道的开通，不仅沟通了芜湖地区与沿海地区的联系，更重要的是也沟通了与江淮乃至中原地区的联系，从而加速了本地区经济发展和社会进步的进程。

距今3600～4100年的点将台文化是由中原河南龙山文化晚期王油坊类型（即“有虞氏”部族），越过淮河，再沿滁河南下到达宁镇、皖南地区，与当地土著文化相融合，形成的夏时期的青铜文化[①]。夏时期宁镇和皖南地区的点将台文化，分布于水阳江以北以东的姑溪河流域、石臼湖周围、秦淮河流域和苏皖南部的沿江地区。芜湖市繁昌县鹭鸶墩、芜湖县望马墩、南陵县郧林村等遗址属于这一文化范畴。点将台文化以农业经济为主，狩猎经济为辅，手工业也有发展。由于尚未系统发掘，弄清其文化全貌尚待今后努力。

芜湖的商周遗址，是指商周时期（前1600年以后）生活在芜湖地区的先民的社会生产、社会生活、军事行动等活动遗存。它包括这一时期的村镇、集镇、城池、采矿冶炼遗址、军事要塞及古战场等，主要分布于境内的青弋江、水阳江、漳河等河道两侧及沿江地区。商周时期的芜湖先后隶属于干国和吴国。芜湖商周遗址一般都分布于河道两岸或距河道不远的台地上。这样设置既能方便用水，又能防洪防涝。

南陵牯牛山城址于1985年文物普查时被发现，1997—1998年利用航空遥感技术，并结合地面考古挖掘，确认该城址原是一处殷商晚期至春秋初年的古城，存续时间长达500余年。这是迄今为止在芜湖地区发现最早、最大的一座吴国古城。牯牛山城址位于南陵县城东南三公里石铺乡先进村，城址南北长900米，东西宽750米，面积近70万平方米。古城四周用护城河代替城墙，有20～30米宽的护城河环绕。在南城河中段、西城河北段和城东北角各有一个出水口，分别流向青弋江和漳河。古城的北半部有四个被水

① 芜湖市政协学习和文史资料委员会、芜湖市地方志编纂委员会办公室：《芜湖通史》，黄山书社2011年版，第13页。

道隔开的高台地，水道又与外围的护城河相通[①]。这种"水城"防御性很强，以水为路、以船代步、以桥相通的城镇格局，在战国时期的"淹城"遗址中有过重现和发展。淹城在今江苏常州市南约7公里处，是西周时代淹国的都城，有三重土筑城墙，三道护城河。王城周长0.5公里，内城周长约1.5公里，外城周长约3公里[②]。南陵牯牛山遗址可能是吴国早期都城所在地，是当时的政治、经济、文化、交通中心，与大工山采矿、炼铜的工业区（位于遗址西约20公里）和千峰山墓葬区（位于遗址西南约1公里），属同一时代的遗存[③]。

（三）春秋时期古城鸠兹邑

春秋时期，芜湖地区属吴国。吴国在江东地区兴起后，逐渐向江淮之间发展。与此同时，在江汉地区的楚国也开始向江淮地区扩张。芜湖地区成了"吴头楚尾"，也成了两国必争之地。在芜湖城东20公里的黄池（今芜湖横岗）一带，早就形成过聚落。最早设立的建置是吴国的鸠兹邑，具体设邑时间已难考证。据《左传》记载：鲁襄公三年（前570）春，"楚子重伐吴，为简之师，克鸠兹，至于衡山"。"楚子重伐吴"是自吴王寿梦称王起（前585），吴楚百年战争中的一场大战。西晋杜预为《左传》作注云："鸠兹，吴邑，在丹阳芜湖县东，今皋夷也。"可见，鸠兹设邑应在鸠兹大战之前，至今至少已有两千五百多年。"邑"即城市，大曰都，小曰邑。

我国夏商周时期出现过众多城邑，到春秋时期急剧增加。据学者考证和统计，仅春秋时期，有史可考的大小城邑就有近600个，分布于35个诸侯国，其中楚88个，吴10个……而实际总数估计应在1000个以上[④]。笔者认为，鸠兹邑很有可能就是吴国当时的10个城邑之一。该城遗址在古中江水道上水阳江南岸的一处侵蚀残丘上，处于这一片残丘向水阳江边延伸的端头（图1-1-1）。

经考古发现，其文化堆积层厚度达2～3米。出土有石器时代的砍砸器、磨制的石刀、石斧，有春秋战国时期的印纹硬陶片、鼎足、筒瓦、板瓦、蚁鼻钱，有汉代的五铢钱、陶豆、陶制下水管道，有六朝的青瓷残片，有唐代的铜镜，有宋代的粉盒、虎皮釉瓷瓶，有明清的青花瓷等。城外的河沟中还曾出土过三柄春秋晚期的青铜剑和一只已残损的木船。

春秋时期吴国鸠兹邑，应是今芜湖市区附近古代的第一个城址，最初是否有城垣尚待进一步考证。

据光绪《宣城县志》记载："楚王城，北一百一十里……旧云吴楚相据，因山创城，形势逶迤，门阙俨然。又云楚王英筑。"可见，楚王英曾在吴国鸠兹城原有基础上又筑过城，当地人称为"楚王城"。该城平面呈长方形，东西长约370米，南北宽约300米，面积约11.5万平方米。城墙用土筑夯打，夯土内夹有绳纹板瓦。现存城墙最高处达8.5米，墙面宽5～10米，墙基宽18～28米。北、西、南三面各开有1座城门（图1-1-2）[⑤]。"楚王城"与鸠兹邑同为一个城址，已确定筑有城墙。

---

① 芜湖市政协学习和文史资料委员会、芜湖市地方志编纂委员会办公室：《芜湖通史》，黄山书社2011年版，第20-21页。

② 董鉴泓：《中国城市建设史》，中国建筑工业出版社2004年版，第22-23页。

③ 芜湖市政协学习和文史资料委员会、芜湖市地方志编纂委员会办公室：《芜湖通史》，黄山书社2011年版，第22页。

④ 张鸿雁：《春秋战国城市经济发展史论》，辽宁大学出版社1988年版，第121页。

⑤ 唐晓峰等：《芜湖市历史地理概述》，芜湖市城市建设局1979年印，第5页。

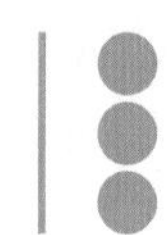

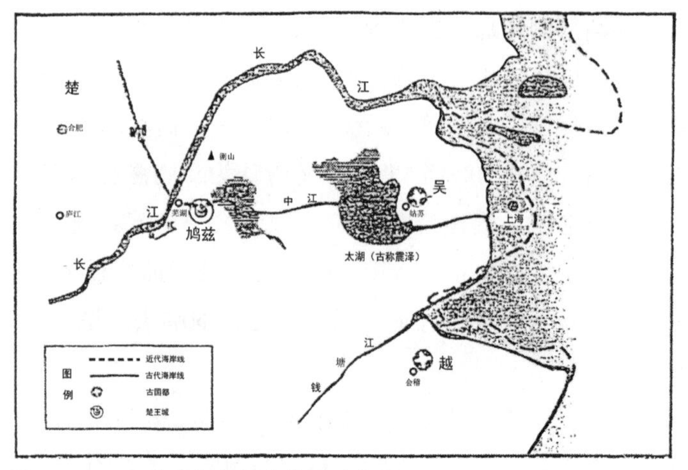

图1-1-1　春秋时代古鸠兹位置示意图

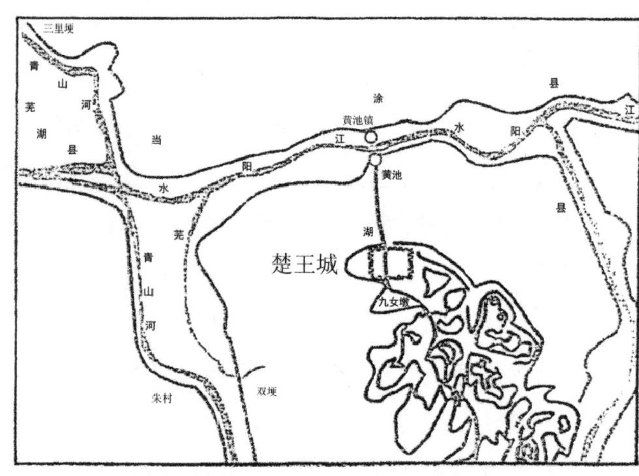

图1-1-2　楚王城城址示意图

关于“中江”，清人全祖望说：“禹贡时之中江，本不与太湖通，吴始通之。”[①]宋人单锷写道：“自春秋时，吴王阖闾用伍子胥之谋伐楚，始创此河……东则通太湖，西则入长江。自后相传，未始有废。”[②]中江这条水运线的开通，连通了青弋江、水阳江、石臼湖、固城湖、胥溪河、溧水河等河段，西连长江，东通太湖，使吴楚间的水上交通不必绕道长江历风浪之险，既缩短了航程，又便捷了交通，是春秋战国时期江南地区的重要水上运输钱。鸠兹城选址于此控制了中江水道，使其军事地位更显重要，也促进了地区的经济发展。

关于“鸠兹”，范晔撰《后汉书·郡国志》将其解释为：“鸠兹意指鸠鸟栖息繁殖之所”。唐宋以来，史家多引用之。时至今日，仍多取此说。也有人认为这是“望文生义”：鸠鸟并非食鱼的水禽，而是生活在丛林中的鸟类，与芜湖古地名无关[③]。其实，鸠兹、皋夷、皋兹、勾慈，四名一地，皆是南方古越语地名的译音。由于中原人用汉语来记录南方地名的读音，致使它的本意已难确定。其实，鸠鸟种类较多，轻易否定“望文生义”之说，缺少说服力。

鸠兹邑，战国初年，越王勾践灭吴（前473），后属越。战国中期，楚灭越（前355），后属楚。战国末年，秦王嬴政灭楚（前223），后属秦。

（四）两汉时期古城芜湖县

公元前221年，秦始皇统一全国。公元前213年，废弃分封制，推行郡县制。秦汉之际设鄣郡，汉武帝元封二年（前109）改鄣郡为丹阳郡，治宛陵（今宣州区境内），领十七县。其中皖南占有十县，内有芜湖。这是芜湖作为县治之始，也是作为县名之始。县治设在鸠兹城，直到东吴黄武二年（223）。鸠兹城作为县治长达332年。两汉时期芜湖县的辖区范围包括今当涂县大部、芜湖县全部和繁昌、南陵两县的北部，南北长约65公里，东西宽约50公里。“百里芜湖县，封侯自汉朝。”[④]芜湖设县以后，汉王朝曾多次封侯于芜湖。汉章帝章和元年（87）、汉安帝建兴元年（121）都曾封过芜湖侯。汉和帝永元二年（90），芜湖侯无忌还被封为齐王，芜湖城市的政治功能得到进一步加强。汉代芜湖县城与鸠兹邑

① (清)全祖望:《汉书地理志稽疑》。
② (宋)单鄂:《吴中水利书》。
③ 芜湖市政协学习和文史资料委员会、芜湖市地方志编纂委员会办公室:《芜湖通史》,黄山书社2011年版,第20页。
④ (唐)刘秩:《过芜湖》。

同为一个城址。

关于“芜湖”县名，是“芜”还是“无”，说法不一。一种观点认为，从汉武帝元封二年（前109）置县，到东晋安帝义熙九年（413）被撤销，历时522年，县名一直沿用“无湖”[①]。此观点既有史料记载，又有文物印证。另一种观点认为，“芜湖县”是因“芜湖（水）”而得名，这也有史料为证。唐李吉甫《元和郡县图志》载：宣州当涂县下“芜湖水，在（当涂）县西南八十里，源出丹阳湖，西北流入于大江。汉末湖侧亦尝置芜湖县。”北宋乐史《太平寰宇记》引《元和郡县图志》并加以解释说：“芜湖（水名），长七里，蓄水不深而多生芜藻，故曰芜湖，因此名县。”清顾祖禹《读史方舆纪要》再引《太平寰宇记》云：“以地卑蓄水而生芜藻，因名。”笔者认为，“芜湖”与“鸠兹”同样均为古越语地名的汉语译音，文字用“芜”或“无”表达皆可。但从含义的准确性出发，“芜湖县”似更妥，理由很简单，“芜湖”确实是有湖，即长七里的“芜湖水”，“芜湖县”是因湖而得名。“芜湖”并不是“无湖”。这与无锡、无为两地名不同，在《辞源》里能查到无锡、无为两县，但查不到无湖县。

二、三国至隋唐时期的芜湖城

（一）三国时期的芜湖城

东汉末年，孙吴割据江东，赤壁之战（208）后，与魏、蜀鼎足而三，争霸中原。东汉献帝建安十六年（211），孙权将都城迁至建业（今江苏南京）。为抗拒曹操，保卫京都，第二年春在芜湖长江西岸修筑濡须坞。濡须，水名，今称裕溪河。在入江口筑坞，即修建御敌的城堡。建安二十三年（218），孙权命大将军陆逊率数万人屯驻芜湖。黄武二年（223），孙权将芜湖县的治所从楚王城迁到今市区鸡毛山一片高地，并将丹阳郡治也迁于此。这是一次城址由临内陆小河水阳江变为临通江大河青弋江的重要转变。青弋江发源于安徽黄山山脉，全长291公里，是长江下游最长的一条支流。古名清水，一名冷水，又名清弋水。这个城址距离长江只有不到5公里。自此，完成了芜湖古城址的第一次大迁移，之后，芜湖遂成为长江东岸的军事重镇。

孙吴政权在鸡毛山初建三国城时，城周围还是一片湖泊，无须筑城墙。后来湖泊逐渐消失，周围陆地不断扩大。孙吴在此建城不仅满足了军事上的需要，客观上也促进了这一地区的经济发展。这一时期，大量北方人口为避战乱多批南迁，芜湖的劳动人口明显增多，也带来了先进的农耕技术。黄武五年（226），陆逊为解决军粮问题，就近屯兵垦殖，对丹阳湖区进行军屯，万春圩始筑于此。赤乌二年（239），孙吴又在此大修水利，并从江北招来十万流民在此围湖造田，著名的咸保圩即当时所筑。荒芜的湖泊低地开始变成农田，活跃了当时的社会经济，推动了商贾贸易，还促进了港口的发展。

赤乌二年（239），芜湖建筑史上的一件大事是建了一座见于记载的全国最早的城隍庙。《辞海》中“城隍”词条明确指出：“最早见于记载的芜湖城隍，建于三国吴赤乌二年（239）”[②]。这里用了“建于”一词，所指对象应为芜湖城隍庙（建筑）。有人认为这里的“芜湖城隍”是指“祭祀”，显然是偏颇的。城是城墙，隍是城墙外环绕的深沟。城隍爷即城隍神，是我国古代城市的守护神。郝铁川认为：“据宋代赵与时《宾退录》及清代秦蕙田《五礼通考》记载，为城隍神

① 芜湖市政协学习和文史资料委员会、芜湖市地方志编纂委员会办公室：《芜湖通史》，黄山书社2011年版，第36页。
② 辞海编辑委员会：《辞海》，上海辞书出版社1999年版，第1536页。

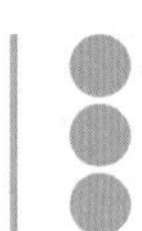

建庙始于三国时期的东吴政权赤乌二年，地点是安徽芜湖”[①]，是有根据的。有人认为此庙指当涂城隍庙，证据不足。当涂的城隍庙应当称为府城隍庙，不会称为芜湖城隍庙。公元239年既然已有了城隍庙，也应当建有城池。笔者初步推断，芜湖三国城的城墙最迟建于公元235—238年，但尚需进一步深入论证。芜湖最初的城隍庙应在“三国城”内，并不在现存的这座城隍庙位置。

（二）东晋王敦城

太康元年（280），西晋灭吴。公元317年，司马睿在建康（今江苏南京）称帝，史称东晋。东晋初年，权臣王导的族弟镇东大将军王敦图谋篡位。明帝太宁元年（323），王敦举兵武昌，顺江东下，屯兵芜湖。在鸡毛山旧城（三国城）的基础上，高筑土城墙，外有壕沟，史称“王敦城”。王敦叛乱，后被平定。之后，东晋政权一直派权臣驻守芜湖，可见晋室对芜湖的重视。“王敦城”与“三国城”同为一个城址。

东晋时期，因战争频繁，北方移民大量南迁，芜湖成为南渡的重要地区。如晋成帝咸和四年（329），侨立豫州于芜湖，孝武帝宁康二年（374），又侨立上党四县于芜湖。到晋末义熙九年（413），正式撤销芜湖县并入侨置的襄垣县，使设县520多年、迁治190多年的芜湖县退出历史舞台，直到500多年后的南唐时才重新设立芜湖县。但是，芜湖城市本身却一直存在。

（三）南北朝至隋唐时期的芜湖地区

南北朝时期，芜湖有过多次大战，芜湖成为南北争峙的军事重镇，各方统治者都委派重要将领镇守芜湖。隋朝，芜湖随襄垣并入当涂，属丹阳郡。唐初，芜湖只是属江南道宣州当涂县的一个镇。直到南唐升元年间（937—943），复置芜湖县，隶属于国都所在的江宁府（今江苏南京），政治地位才有回升，经济得到长足发展。

隋唐时期，我国封建经济进入全盛阶段。随着国家的统一和南方生产水平的提高，经济重心南移，芜湖城市的军事功能逐渐减弱，但随着漕运和贸易的加强，城市经济得到较大发展。由于水利工程的兴修，圩田事业的继续，大批农田得到开垦，又促进了手工业（酿酒业、陶瓷业、纺织业等）、矿业（尤其是铜矿的开采和冶炼）和商业的发展。值得一提的还有芜湖文化方面的兴盛，特别是佛教寺院的兴建，唐代诗人与芜湖的交集。

佛教自东汉传入中国，东吴时传至建业。隋唐时期，佛教在芜湖地区的传播进入快速发展时期。最著名的是唐昭宗乾宁年间（894—897），在赭山建造的广济寺，1983年被国务院公布为全国重点寺院。

唐代著名诗人李白在芜湖游历，留下了大量的名作，如《望天门山》《南陵别儿童入京》《横江词六首》。除李白外，王维、杜牧、孟浩然、王昌龄、贾岛等唐代著名诗人也在芜湖地区留下了他们的足迹和诗歌。

三、宋元明清时期的芜湖城

（一）宋元芜湖城

公元960年，宋太祖赵匡胤建立北宋政权。太宗太平兴国二年（977），设太平州，含当涂、芜湖、繁昌三县。北宋初年，芜湖只是千户以上的中县，人口6000人左右。元代改太平州为太平路，芜湖已是拥有万户以上的中县，芜湖人口

① 郝铁川:《灶王爷、土地爷、城隍爷:中国民间神研究》,上海古籍出版社2003年版,第201页。

在两百年内迅速增长。

芜湖自南唐重设县治后，宋代相沿。公元978年，将原属宣城管辖的芜湖改属太平州（治当涂姑熟城）管辖。因无城垣，就“编户三十五里”作为范围[①]，可见城市规模已经不小。

北宋结束了五代十国的分裂局面后，很多城市重修、扩建或重新筑城。芜湖随着地方经济的发展，筑城提上议事日程。芜湖宋城到底筑于何年，现已无确切史料可查，有人推断筑于十一世纪初的北宋初年[②]。姑且信之。芜湖宋城范围有多大？民国八年《芜湖县志》记载：“明初筑城，收缩甚多，则宋城之大亦可想见。”[③]由此可推测：宋城范围北至高城坂，离神山不远；东至鼓楼岗，东南角抵濮家店；南临青弋江；西至西门外大城墙根（图1-3-1）。此城系以夯土筑成，据说泥土中还加了石灰、泥土与煮熟后捣烂的糯米汁[④]。芜湖宋城毁于南宋建炎年间（1127—1130）的战乱。淳熙七年（1180）又一次重建城垣，但城内的繁荣程度已大不如前。元末，至正十五年（1355）又被兵火所毁。相当于府城规模的芜湖宋城，竟未能留下一点痕迹，实在可惜。

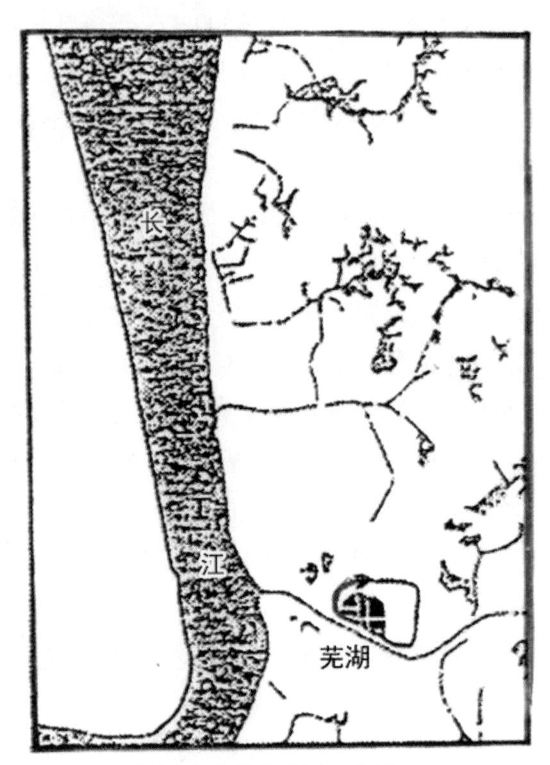

图1-3-1　宋代、明代芜湖位置示意图

圩田，是芜湖宋代农业发展的标志。芜湖圩田早已出现，到了宋代有了长足发展。北宋初，十世纪末江南发大水，圩田尽被洪水吞没，其后荒废约80年。直到宋仁宗嘉祐六年（1061），沈括、沈披弟兄二人指导重修万春圩，成为当时江南最大的圩田（今芜湖城东新区一带）。圩田筑有宽6丈，高1.2丈，长84里的大圩埂，四周建有五座圩门，圩内开垦良田1270顷。圩内有一条纵贯南北22里长大道，宽可供并行两辆马车通行。北宋末年，宋徽宗政和年间（1111—1117）官方修筑了政和、易泰、陶辛、行春四大官圩，周长45里。到1165年，芜湖各圩周长合计已达290里。因两宋期间大规模开垦圩田，原来的芜湖泊收缩很快，到十三世纪元代时只剩下三个小湖（天成湖、易泰湖、欧阳湖）。到十九世纪，因进一步围垦，芜湖泊最后消失。

农业发展带动商业发展，宋元时期的芜湖是江南大县、皖南门户，成为长江流域著名的商业城市。芜湖是一座较早就具有开放性的城市，在芜湖经商的商人除了经营米市、鱼市等的本地商人，还有大量的外来客商。徽州商人早在唐代就已外出经商，宋代徽州盐商、木商已来到芜湖，元代更涉及粮、茶、竹等诸多商业领域，到明代中叶形成徽州商帮。当时来芜的外地商人还有出售药材的淮商、贩卖陶瓷的赣商。芜湖成为东南以及长江中下游地区的一处商业中心。

① 顾祖禹：《读史方舆纪要》卷二十七。
② 唐晓峰等：《芜湖市历史地理概述》，芜湖市城市建设局1979年印，第11页。
③ 民国八年《芜湖县志》卷二十。
④ 石琼：《最后的芜湖古城》，安徽师范大学出版社2017年版，第30页。

宋元时期芜湖文化十分活跃，著名文人如梅尧臣、苏轼、黄庭坚、陆游、萨都剌、欧阳玄等或游历芜湖，或曾在此任职，他们留下的一些诗篇，对芜湖的历史文化、风土民情都有生动的反映。张孝祥（1132—1170），两岁随父徙居芜湖，22岁廷试擢进士第一，成为芜湖历史上唯一的状元。他是宋代词坛上承苏东坡下启辛弃疾的著名词作家。他捐田百亩，给芜湖留下了珍贵的镜湖。欧阳玄（1274—1358），欧阳修之后，1319年在芜湖知县任上，悉心保护修葺芜湖的名胜古迹，为“芜湖八景”定名并赋诗，肯定和丰富了芜湖的地方文化。

北宋治平二年（1065），在广济寺地藏殿后建造赭塔。此为五层六角楼阁式砖塔，塔高约20.8米，1981年被公布为省级重点文物保护单位。北宋元符三年（1100），芜湖知县蔡观在县治东南创建芜湖学宫，建造文庙，实行“庙学合一”。之后，南宋建炎年间（1127—1130），毁于兵火，绍兴十三年（1143）重建。这是芜湖最早的官办教育基地。宋元时期，芜湖共出进士16人。据乾隆《太平府志》记载芜湖县城隍庙时称：“在县治东，宋绍兴四年建。”可知，芜湖宋代筑城后，也曾在城内建有城隍庙。

（二）明代芜湖城

明初，朱元璋建都南京，为巩固政权和恢复社会经济，多次下达《免租赋诏》。经过一段时间的休养生息，芜湖的经济逐步恢复，人口也逐渐增多，成为一个繁华的工商业城市。据嘉庆《芜湖县志》记载：“芜湖附河距麓，舟车之多，货殖之富，殆与州郡埒。”①一个县城竟能比肩州郡，说明芜湖的地位已不下于州郡了。各地的商人和工匠纷纷来芜经营，尤其是以阮弼为代表的大量徽商云集芜湖，使芜湖的浆染业和炼钢业进入鼎盛时期。“织造尚淞江，浆染尚芜湖”，“铁到芜湖自成钢”，闻名遐迩。芜湖不仅成为著名的浆染中心、冶铁中心，而且成为长江中下游地区的交通枢纽和商业中心。明朝中后期在芜湖设立了征收商税的机关——工关（1471年设）和户关（1630年设），可以看出明朝廷对芜湖税源的重视，也反映出芜湖经济功能增强后政治地位的上升。

由于明初朱元璋的“堕城罢戍”政策，“邑非附郡者不城”，芜湖在明初两百年中一直没有城垣。明代芜湖商业、手工业、贸易的发展带来了城市的繁荣，也招来了日本海盗的垂涎。嘉靖年间（1522—1566），倭寇常扰沿海、沿江城镇，1559—1574年芜湖又多次出现抢掠和盗劫县库事件。为安全计，决定筑城。讨论了三个方案：①城周1900丈，基本上恢复原宋城规模，因所需经费太多被否决；②城周300丈，仅将县署附近圈于城墙之内，因“城应卫民而非弃民”，也被否决；③城周939丈，这个折中方案最后被采纳。

在原宋城的西南部也是当时的街市中心划出一个城圈，用商民出大头，乡绅出小头，县衙少量投资的办法修建明城。万历三年（1575）二月开工，历时六年，于万历九年（1581）建成。这座“市中之城”的城垣即后来的环城路。城周约2500米，城高约10米，城基厚约6米，城顶厚约4米。这座砖城用砖较大，厚7～10厘米，长34～37厘米。明城共设4座城门，东为宣春门，南为长虹门，西为弼赋门，北为来凤门，门上皆有两层高的城楼。另设三个便门，东有迎秀门，南有上水门和下水门。考虑文庙的风水，万历四十年（1612）又在城东南角开了金马门。明城范围已较宋城大大缩小（图1-3-1）。

建芜湖明城之前，南陵筑过城。南陵在明武宗正德年间（1506—1521）先建造了城门，城墙

① 嘉庆《芜湖县志》卷一。

工程采取乡民和富户分配包筑的方法。嘉靖四十二年（1563）十二月开工，第二年三月完工。城周六里，四面有城门，门上有城楼。墙高二丈五尺，厚三丈，为砖包土城墙。万历九年（1581），又将城墙增高三尺。清康熙五十三年（1714）、乾隆二十九年（1764）城恒又两度重修[①]。

建芜湖明城之后，繁昌也筑过城。县治原在滨江的新港镇，明英宗天顺元年（1457）迁至峨山西北麓。崇祯十一年（1638）二月开始筑城，第二年三月告成。城周三里二百一十二步，城高二丈三尺，有五门。另设二水关[②]。

“长街”是芜湖明城沿着青弋江向西发展的一条重要通道，宋代起就是一条从县衙通往江口的官道。原是土路，后以鹅卵石铺垫，用石板条（荆山麻石）铺路是清中叶之时。最初，两侧只有草房或木板瓦房，还有露天摊铺，低洼处尚无商铺[③]。明城修筑后，“划长街于城外”，城外长街渐成闹市，城内段反趋冷落。明代长街的兴盛引起芜湖明代城市形态的变化，芜湖已由原来的块状城市，转变为向西有线状延伸的块状城市。这种城市发展态势对清末后期芜湖沿长江发展有着深刻的影响。

明万历四十六年（1618），在青弋江与长江交汇处的北岸，始建中江塔，至清康熙八年（1669）续建落成。中江塔五层八角，为楼阁式砖木结构，是芜湖古代标志性建筑之一。2004年被公布为省级文物保护单位。2009年曾维修。

（三）清代芜湖城

明末清初的易代之变以及清前期的三藩之乱，对芜湖经济发展虽有影响，但影响不大，芜湖的社会经济恢复很快。清初地理学家刘献廷曾言：“天下有四聚：北则京师，南则佛山，东则苏州，西则汉口。然东海之滨，苏州而外，更有芜湖、扬州、江宁、杭州以分其势，西则惟汉口耳。”[④]可见，芜湖在全国城市中已有相当高的地位，清初的芜湖已是我国最繁华富庶地区的核心城市之一。“四大聚”“四小聚”之说虽是一家之言，但可以想见芜湖当时在国内的影响。

清代芜湖城垣沿用明城，顺治十五年（1658）、乾隆十年（1745）曾两度维修。咸丰三年（1853），太平军与清军在此争战，城垣毁损过半。同治年间（1862—1874），对三面城墙进行了修整加固。

至1876年《中英烟台条约》签订，清代芜湖城以明城为基础，向西不断扩大（图1-3-2）。

据嘉庆《芜湖县志》记载，嘉庆年间的街巷已由清初的87条增加到125条。当时，城内街巷已有39条（图1-3-3），城外街巷已有86条（河北63条、河南23条）。清代的长街已号称“十里长街”（其实城内外街道加在一起只有七里长）。弼赋门外的街巷已发展到33条，初步形成商业街区，城市的商业中心已由城内的花街、南大街转移到长街。长街建起的多是二层砖木结构的楼房，前店后坊或前店后宅，一派皖南徽派建筑景象。长街的后沿紧靠青弋江北岸，江边有徽州码

① 芜湖市政协学习和文史资料委员会、芜湖市地方志编纂委员会办公室：《芜湖通史》，黄山书社2011年版，第152-153页。

② 芜湖市政协学习和文史资料委员会、芜湖市地方志编纂委员会办公室：《芜湖通史》，黄山书社2011年版，第152-153页。

③ 许志为：《芜湖十里长街史话》，载方兆本：《安徽文史资料全书·芜湖卷》，安徽人民出版社2007年版，第691-694页。

④（清）刘献廷：《广阳杂记》卷四。

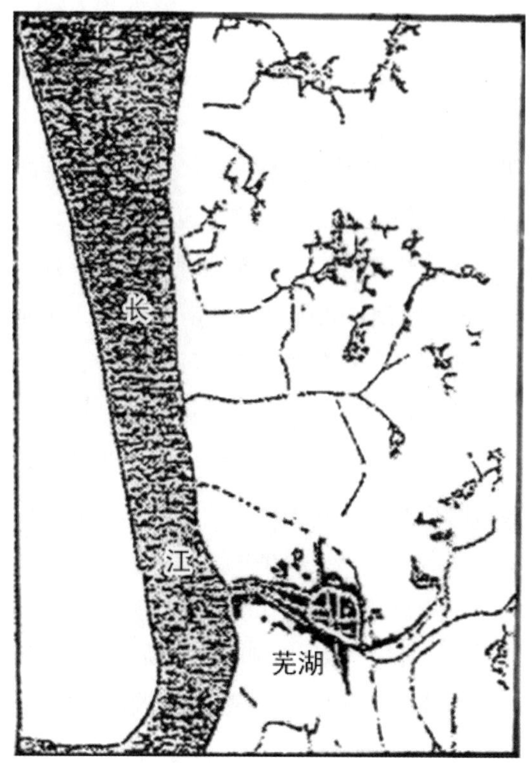

图 1-3-2　清末芜湖位置示意图

头、寺码头，还有头道渡、二道渡以及老浮桥、利涉桥（1946年改建后称“中山桥”），都通往长街，货运交通极其方便。青弋江两岸联系的改善，河南的“南市”也初步形成。

农业生产方面，明清时期圩田继续发展。一是新筑圩田增多，如万春圩的耕地面积清代比元代扩大了近七倍，还有明代新筑的南陵下林都圩、清代新筑的繁昌天成圩。二是实施联圩并堤，将小圩联成大圩，如红杨镇和平圩（由明代六圩联成）、繁昌高安圩（由清代三圩联成）、南陵太丰圩（由明代十三圩联成）。丘陵山区，种植经济作物，开发广度和深度均超过宋元时期。芜湖境内水网纵横，湖塘棋布，水产资源十分丰富，带动了鱼米贸易的繁荣。芜湖四乡鱼市就有19个，极为红火。古城内还有专门经营鱼类商品的“鱼市街”“河豚巷”“螺蛳巷”。

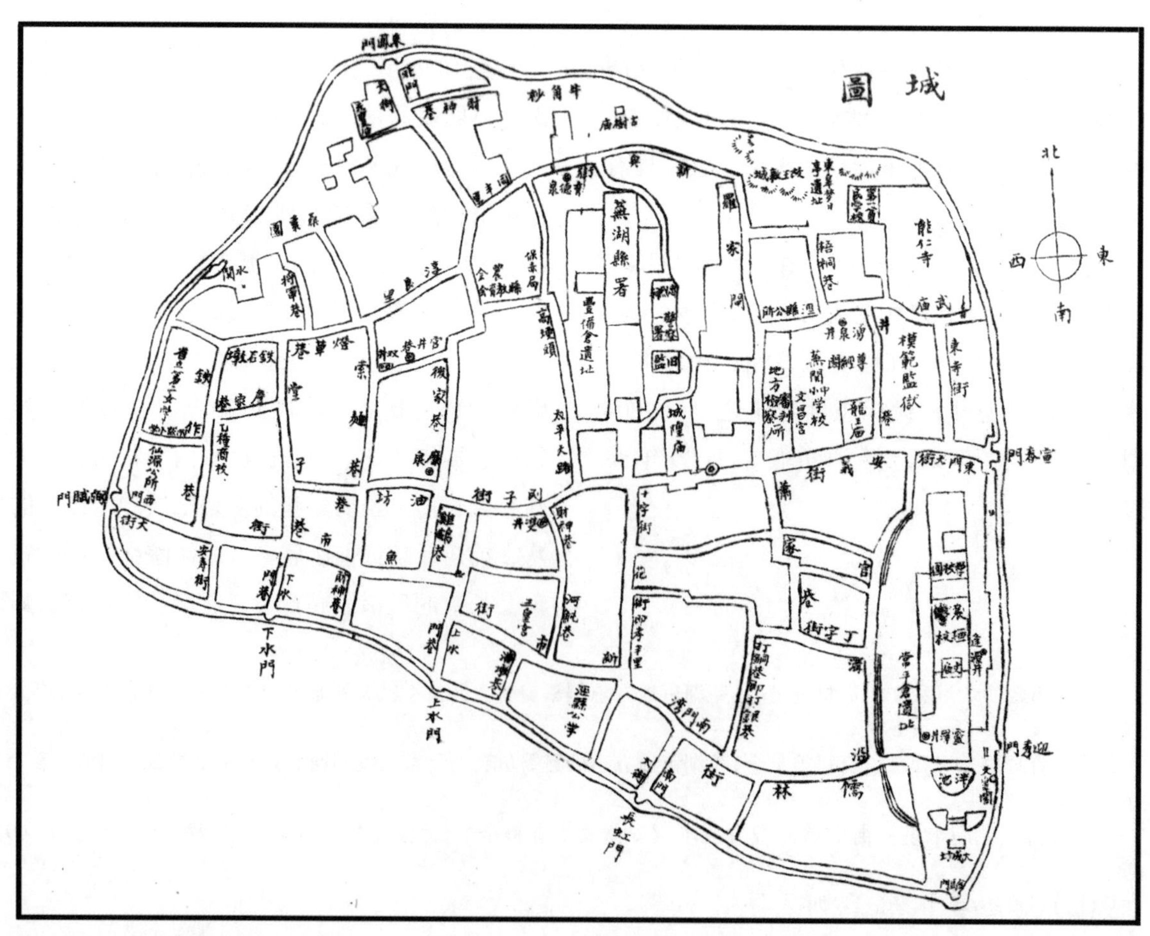

图 1-3-3　清末芜湖老城区示意图

由于商品经济的发展，芜湖清代出现不少兴盛的乡村市镇。如澛港镇，芜湖县首镇，商业发达，米商云集；湾沚镇，千年古镇，重要盐埠，“商贩辐辏”；荻港镇，千年古镇，商船云集、商业繁盛；弋江镇，千年古镇，船只密泊，商埠重镇。这些市镇与芜湖构成了有密切联系的城镇体系。

各地来到芜湖的商人，经营种类众多，如竹木、茶叶、烟草、药材、米业、盐业、布业、杂货业等。到晚清之际，都成立了各个行业的公所。来自不同地区的外地商人，也各自形成了帮派，如徽帮、江西帮、江浙帮、宁波帮、广西帮等。各帮都有自己擅长的业务，各领风骚，各扬其长。

其中最著名的当属徽商。徽商，顾名思义就是徽州商人，俗称徽帮。当时的徽商多生活在今黄山市、绩溪县和江西婺源县一带。徽商起步于东晋，成长于唐宋，兴盛于明清，是我国十大商帮之一。徽商通过青弋江向北到芜湖，或通过新安江向东到杭州，再沿长江和运河辐射四方。“无徽不成镇”，可见徽商影响之大。在芜湖的众多商人中，尤以徽州商人数量最多、实力最强、影响最大。清朝时，在芜湖的徽商大户有38家，有行商，有坐商。盐、典、茶、木、粮、布、药等是徽商经营的主要行业。著名的徽商有：阮弼，歙县人，明代在芜湖开设染坊，佣工几千人，经营规模相当大，使芜湖浆染业名扬天下，兴盛了三百年，直到清末；汪一龙，休宁人，明末在芜湖创办正田药店，字号“永春”，历时二百多年；胡贞一，绩溪人，同治八年（1869）在芜湖古城南门大街开设了胡开文沅记徽墨店，光绪十六年（1890）店址迁到长街井儿巷，此后“胡开文”品牌走向全国，在中国墨业独占鳌头。

会馆是各地商人联络乡谊的聚会之所，还能“平物价、息争端、制良善”。早在明代永乐十九年（1421），芜湖人俞谟（时任工部主事）捐资创建京都芜湖会馆，开创了我国会馆建筑之先。当时在芜湖本地建造的会馆有二十多所，最早的会馆是建于明代的山东会馆。规模最大、规格最高、影响最深的是建于康熙十九年（1680）的徽州会馆，也叫新安文会馆，起初建在西门索面巷内，因“嫌其狭小”，后改在长街状元坊一带重建。约建于清中叶的有湖北会馆、湖南会馆。建于道光年间（1821—1850）的有庐和会馆、旌德会馆、山陕会馆、宿太会馆、潇江会馆。稍晚兴建的还有宁波会馆、浙江会馆、福建会馆、江苏会馆、广东会馆、安庆会馆、江西会馆、太平会馆、潮州会馆等①。芜湖的会馆对芜湖的商业发展起到了积极的作用。

清初时芜湖已成为安徽的手工业中心，浆染业在清代已居全国之首。芜湖的手工炼钢，清代时得到较快发展。较大规模的钢坊，清初只有8家，到乾隆、嘉庆年间（18世纪下半叶）已发展到18家，较小规模的冶钢业者已达数十家。芜湖靠着悠久的冶炼历史和炼钢技艺的大胆创新，与广东佛山、江苏苏州并列为当时中国南方的三大钢铁制造中心。由于芜湖钢铁冶炼业发达，以此为材料制成的芜湖特产“三刀”（剪刀、菜刀、剃刀）和铁画远近闻名。

芜湖铁画开拓者汤鹏（字天池），大约生活在清初顺治到康熙年间（1644—1722）。汤鹏原以打铁为生，乐于绘画。后致志研制铁画，向姑孰画派创始人萧云从（1596—1673）学画后功力大增，达到“铁为肌骨画为魂”的境界，终成铁画名家。铁画技艺传到乾隆、嘉庆年间（1736—1820），芜湖工匠已能成批生产铁画。到了当代，芜湖铁画已成为中华文化艺术品市场的一朵奇葩，也是我国首批国家级非物质文化遗产保护项目之一。

工商业的繁盛，自然吸引了大量金融行业的

① 芜湖市地方志办公室：《芜湖商业史话》，黄山书社2011年版，第143-145页。

商人进入芜湖，于是徽商的典当、晋商的票号纷纷入驻。道光年间（1821—1850），芜湖有票号十余家，钱业十余家，典当业十二三家①。

清代芜湖米市开始崭露头角，青弋江南北米行、米商云集。城东门以外加工稻谷的砻坊密布。清康熙年间（1661—1722）有砻坊80所，至乾隆、嘉庆年间（1736—1820）也有20余家，另有箩头行（小市行）约20家②。此外，湾沚、澛港等地稻米贸易也十分发达。这为以后芜湖成为我国“四大米市”之一打下了基础。

开埠前芜湖城市形态的变化是：古城内有填充式发展，西门外长街商业街区形成，河南沿江地区有了发展，与明代芜湖比较向西发展态势得到强化（图1-3-4）。

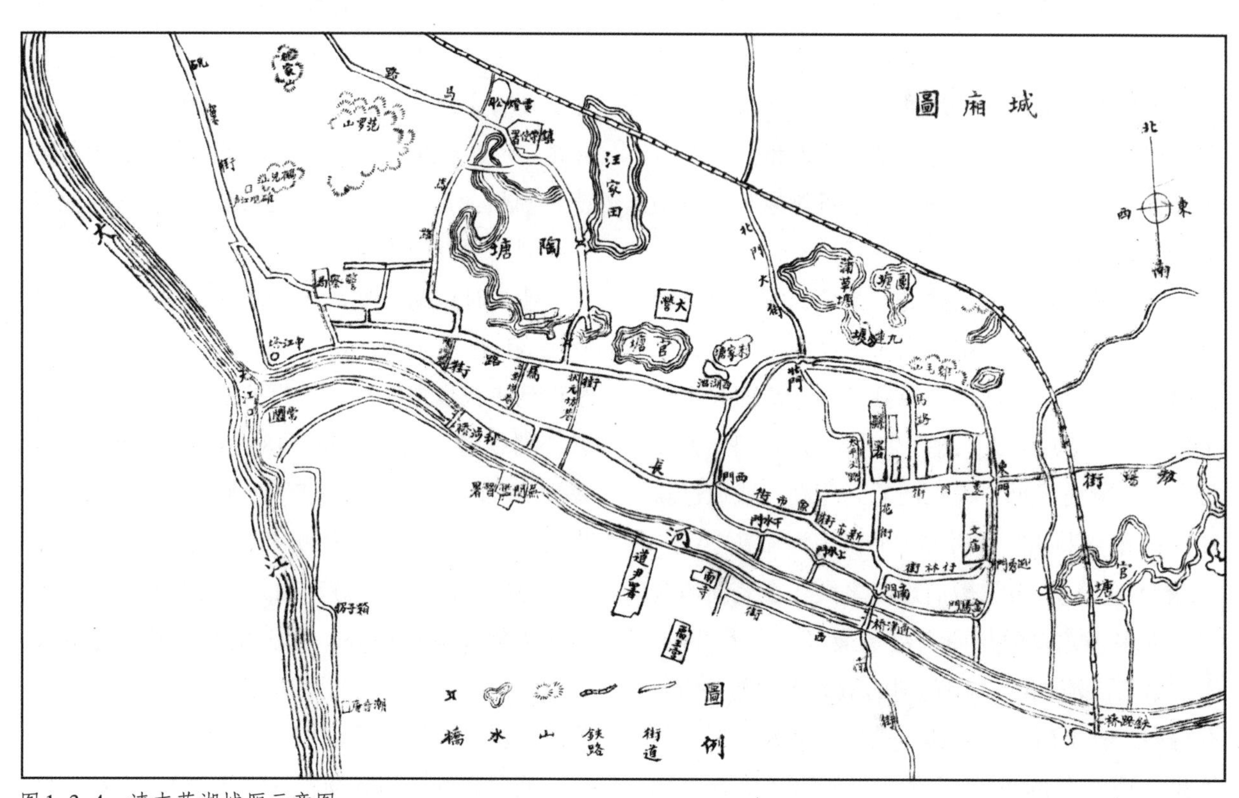

图1-3-4　清末芜湖城厢示意图

① 民国八年《芜湖县志》卷三十五,《实业志、商业》。
② 芜湖市地方志办公室:《芜湖商业史话》,黄山书社2011年版,第101页。

第二章　芜湖近代的城市发展（1840—1949）

1840年的鸦片战争，揭开了我国近代史的序幕。清末、民国时期，是芜湖由传统城市向近代城市转型的重要时期。这种转型不仅是在古代城市基础上发生的，也是在外来因素的作用下被强行推动的。芜湖的近代时期，无论是城市性质、城市功能，还是城市结构，乃至城市形态、城市建筑，都有很大的变化和发展。

芜湖近代城市的发展可分为以下四个时期：发展萌芽期（1840—1876），初步发展期（1877—1911），快速发展期（1912—1937），发展滞缓期（1938—1949）。

一、芜湖近代城市发展萌芽期（1840—1876）

由于芜湖开埠稍晚于我国沿海、沿江若干城市，芜湖在1840至1876年这27年间处于近代城市发展的萌芽期，少有近代建筑活动。

（一）我国沿海沿江若干城市被西方列强陆续辟为通商口岸

1840—1842年，英国对我国发动了第一次鸦片战争，用炮火轰开了清帝国的大门。道光二十二年（1842），英军先攻占上海、镇江，继而80多艘舰船开到南京江面。7月，安徽巡抚程懋采率军驰往芜湖，阻敌于苏皖交界，防其溯江内犯，于采石矶、东西梁山、四褐山和蛟矶，布置了三道防线，并在长江两岸险要处设置炮位176个，使安徽境内长江段很快形成了一个较严密的防御系统。后来英军虽然没有侵入安徽境内，但安徽人民已做好了抗击侵略的准备。[①]

强加给中国的第一个不平等条约《中英南京条约》被迫签订后，广州、福州、厦门、宁波、上海五处被辟为对外通商口岸。西方殖民者在长江入海口的上海设立了第一个外国租界，开始了

① 翁飞等：《安徽近代史》，安徽人民出版社1990年版，第30-33页。

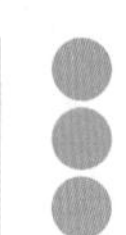

向整个长江流域的渗透。之后，为了攫取更大侵略权益，英、法等列强又要求修改《中英南京条约》，以开放更多通商口岸。1856年，英、法发动第二次鸦片战争。1858年，英、法联军在美俄支持和纵容下，兵临天津城下，逼迫清政府签订了《中英天津条约》，又开辟了牛庄（后改营口）、登州（后改烟台）、台南、淡水、潮州（后改汕头）、琼州、汉口、九江、南京、镇江等十处通商口岸。其中汉口、九江、镇江于1861年开埠。此时南京尚在太平军手中，直到1899年才真正开埠。从整个长江流域看，帝国主义的侵略势力已侵入长江的下游和中游。芜湖西距汉口的港口里程为600公里，距九江350公里，东距上海444公里，距镇江178公里，距南京只有95公里，处于殖民者的紧紧包围之中。这些沿江城市的陆续开埠，对芜湖带来很大冲击，芜湖的开埠已是迟早之事。随着中国一步一步地沦为半殖民地半封建社会，芜湖城市发展也慢慢地进入近代时期。

1858年签订的《中英天津条约》中有一条特别的内容：外国传教士可以到内地自由传教。这便成为西方国家传教士自此以后可在中国内地广为传教的依据，为西方国家对我国进行文化渗透打开了绿灯。

（二）西方国家对芜湖的宗教传播

早在西方国家用武力轰开清朝国门之前，宗教传播方式的文化渗入早已悄然进行。西方宗教在华传播的历史可追溯到唐代，但规模较大的传教活动是在明末清初。当时，全国15个省，除云南、贵州两省外，均已建立了天主教堂。其中，教会势力最强的应推江南省，天主教江南教区即因此而设。1667年江南省分为江苏、安徽两省，江南教区却在整个近代一直存在。清初，传教士首先进入安徽建堂传教的地点有五河、安庆、池州和徽州[①]。在1774—1875年的江南教务统计表上注有"芜湖堂口"，可见此时传教活动已进入芜湖[②]。太平天国运动曾冲击过西方传教活动，但自1864年太平天国运动失败以后，直到1876年芜湖开埠，约12年的时间，西方传教士对安徽又恢复了大规模的扩张行动，出现向南发展并以布局沿江城市为主的态势。安庆、芜湖、宣城遂成为神父、教堂和教徒集聚的城市[③]。进入芜湖的基督教宗派是安徽省内最多的。如圣公会在1850年前后来芜在狮子山顶建了一座主教办公楼；宣道会在1852年前后来芜在河南（指芜湖的青弋江以南地区）大巷口购地建了教堂、礼拜堂和住宅；基督会1865年来芜，先在薪市街，后迁鱼市街设立了教堂和宣道所；卫理公会在1870年前后来芜在二街购得民房改建为教堂以传教；公信会同时来芜购买新市口附近一处门面房改做教会会址；来复会约在1876年在凤凰山和范罗山分别建了中学和教堂[④]。

此时的芜湖虽尚未开埠，却已被"传教先行"，传教者捷足先登。西方传教士在芜湖的传教活动，既带来了中西文化的交流，也引起了中西文化的冲突，这在芜湖近代城市发展中有着明显的反映。

（三）太平天国运动对晚清芜湖的影响

咸丰元年至同治三年（1851—1864）的太平

① 翁飞等：《安徽近代史》，安徽人民出版社1990年版，第267-268页。
② 张凤藻：《芜湖天主教简史》，载方兆本：《安徽文史资料全书·芜湖卷》，安徽人民出版社2007年版，第784页。
③ 郭万清：《安徽地区城镇历史变迁研究（上卷）》，安徽人民出版社2014年版，第383页。
④ 张凤藻：《芜湖天主教简史》，载方兆本：《安徽文史资料全书·芜湖卷》，安徽人民出版社2007年版，第769-775页。

天国运动，是反对清朝封建统治和外国资本主义侵略的农民战争，波及大半个中国。安徽，尤其是安徽的沿江地带，是其开辟最早、历时最久和最为巩固的根据地。

1843年，洪秀全创立拜上帝会，开始秘密进行反清活动。1851年1月11日，率众在广西桂平金田村武装起义，建号太平天国。先进湖南，后进湖北，1853年1月占武昌，2月沿江而下，夺九江、安庆，中旬进占芜湖，势如破竹。3月19日占领南京，定都后易名天京。从此，为了保卫天京，太平军在芜湖地区与清军展开了长达十年之久的鏖战[①]。其间，1856年一度被清军夺回，1860年太平军重占芜湖，1862年终失守。

由于太平天国与清军的反复争夺，芜湖的城市发展遭到非常严重的破坏。“十里长街全毁于太平天国之战，肆廛为墟。”[②]芜湖的近代城市发展至少延缓了十年进程，商业贸易彻底中断，城市人口锐减到不足两万人，农村土地大量荒芜，作为稻米集散中心的城市功能大为减弱。此时芜湖的市面尚不及澛港和湾沚两镇兴盛[③]。

太平天国运动初期，西方列强先虚伪地宣布“中立”。1854年5月28日，美国新型战舰苏斯奎汉那号（susguehanna）访问芜湖，太平军表示“希望用这类轮船在这段航道上进行商业贸易”。外商或外商代理人常携带大量现银深入皖南山区收购茶叶[④]。英国宝顺洋行船只曾在芜湖停泊六个月之久，试图与太平军进行鸦片交易，但未取得预期的成功[⑤]。1858年《中英天津条约》签订后，西方列强立即摘下了“中立”的面具。

（四）洋务运动对芜湖的影响

洋务运动是19世纪60—90年代，晚清洋务派所进行的一场引进西方军事装备、机器生产和科学技术以维护清朝统治的自救运动。其指导思想是“自强”“求富”“师夷制夷”“中体西用”，随后中国出现了第一批近代工业，在客观上对中国民族资本主义的产生和发展起到了促进作用。

1861年初，清政府设总理各国事务衙门，作为综理洋务的中央机关。洋务派从“强兵”考虑，首先创办军事工业。1861年，曾国藩在当时安徽的省会安庆设立内军械所，洋务运动拉开序幕。1862年，李鸿章在松江（上海）设立弹药厂；1865年，李鸿章扩大上海洋炮局为江南制造总局，同年他又将苏州枪炮局迁至南京扩充为金陵制造局。为了培养翻译和外交人才，1862年开办了京师同文馆，这是清末最早的“洋务学堂”。为了培养人才，1872—1875年清政府先后派出四批共120名幼童赴美国留学。

1870年，李鸿章任直隶总督兼北洋通商大臣。1872年，李鸿章在上海创办轮船招商局（官督商办），这是洋务派创办的第一个官督民营企业，打破了外国轮船公司的垄断局面。1873年，轮船招商局在芜湖设立行栈，为申汉线办理客货运输业务。1876年，招商局在芜湖设立轮运局。轮船比起过去的木帆船，有了极大的进步。英商太古轮船公司到1877年芜湖开埠后才在芜湖设栈，此后，外国船商便接踵来芜开办航运。

---

① 芜湖市政协学习和文史资料委员会、芜湖市地方志编纂委员会办公室:《芜湖通史》,黄山书社2011年版,第224页。

② 中国人民政治协商会议安徽省芜湖市委员会文史资料研究委员会:《芜湖文史资料(第二辑)》,安徽人民出版社1986年版,第68页。

③ 郭万清:《安徽地区城镇历史变迁研究(上卷)》,安徽人民出版社2014年版,第391页。

④ 翁飞等:《安徽近代史》,安徽人民出版社1990年版,第76-77页。

⑤ 聂宝璋:《中国近代航运史资料(第1辑)(1840—1895)》,上海人民出版社1983年版,第258页。

随着洋务运动的开展，中国近代矿业、电报业、邮政业、铁路运输业等行业相继出现，近代纺织业、纸业、印刷业、制药业、自来水业、电业等也得到发展，这些都使城市发展到近代以后产生了很大的变化。

二、芜湖近代城市初步发展期（1877—1911）

1876年《中英烟台条约》签订以后，芜湖被增开为通商口岸。这是英国等资本主义列强在中国长江流域扩展侵略势力的结果，但也使芜湖迎来了一次发展的机遇，芜湖的城市形态从沿河发展转向临江发展。随着芜湖米市的兴盛，以及近代工业、近代教育、城市建设等的发展，芜湖初步推动了城市近代化的进程，近代建筑活动较为频繁。

（一）芜湖开埠与租界区的划定

由于芜湖地处长江下游南岸，南倚皖南山区，北望江淮平原，地理位置十分优越，是长江中下游的一个重要港口，也是一处重要的物资集散中心，早就受到各国列强的觊觎。1858年《中英天津条约》的签订，使江苏、江西、湖北的一些沿江城市被辟为通商口岸，而安徽的门户并未打开。20世纪60年代后期，英国以“十年修约”为由，向清政府提出了扩大口岸的要求。1869年10月23日，在中英双方签订的《新修条约》中，规定了增开芜湖和温州两个口岸，由于其他条款难得共识，英国政府最终未批准此条约[①]。直到1875年云南境内发生了马嘉理事件，英国政府借机提出无理要求，经过一年半时间的谈判，1876年9月13日，英国公使威妥玛与清政府北洋大臣李鸿章签订了《中英烟台条约》，将“湖北宜昌、安徽芜湖、浙江温州、广东北海四处添开通商口岸”。自此，芜湖成为晚清安徽唯一的对外通商口岸，大通、安庆、湖口、沙市列为外轮停泊地点和上下货的“寄航港”。同时开埠的四个城市都设立了海关，但只有芜湖同时设立了租界，可见各国列强对芜湖的“重视”。

1877年4月1日，芜湖海关开关，正式对外开埠。同时通过《租界约》划定芜湖西门外陶沟至弋矶山沿江一带滩地，作为英国专管租界，面积119亩[②]。初期并无外商前来投资，直到1882年英国怡和洋行欲租用陶沟北侧一块用地，但此地长久以来被宿太木商堆放木材，矛盾始终无法解决。1901年，美、法、俄、日等国也要求尽快在芜湖设立租界。1902年拟出《芜湖通商租界章程》草稿，因多有分歧，经多次修改，1904年中英才正式签订《芜湖各国公共租界章程》，专管租界变成公共租界。1905年5月16日，清政府外务部批准该章程。同年6月28日，举行租界开辟仪式，芜湖租界正式开辟。此时，距《中英烟台条约》签订已有29年之久。

在《芜湖各国公共租界章程》中，芜湖租界范围又有扩大，南起陶沟，北到弋矶山麓，西至大江边的沿江地带，东至普潼塔（狮子山麓），共计用地719亩4分（图2-2-1）。因《中英天津条约》签订后于1861年设定的镇江英租界面积为142亩，九江英租界面积为150亩，可以看出，与其他地方的用地规模相比，芜湖租界要大得多。

按《芜湖各国公共租界章程》规定，租界内巡捕、道路、码头、沟渠、桥梁等各项工程，皆由中国自办，所以芜湖租界并没有设立工部局和会审公廨之类的殖民统治机构，实际上租界内的行政管理权和警察权等均归中国所有。由此可以

① 张洪祥:《近代中国通商口岸与租界》,天津人民出版社1993年版,第163-164页。

② 芜湖市政协学习和文史资料委员会、芜湖市地方志编纂委员会办公室:《芜湖通史》,黄山书社2011年版,第215页。

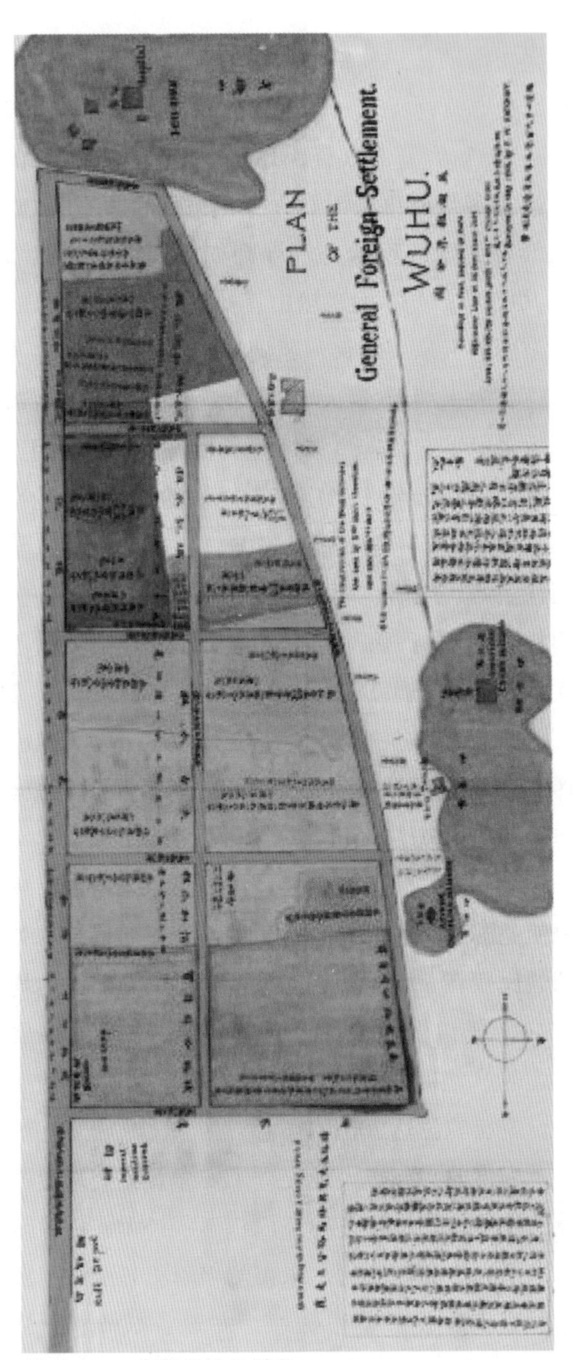

图 2-2-1 芜湖租界规划图

看出，芜湖租界实质上为公共通商场、外国人居留地，只是租界内可行使领事裁判权，外国商民如触犯了中国刑律，由“监督（指芜湖关监督）照会领事馆惩办”（当然，而领事馆总是包庇、纵容外国人）。

因铁路建设需要，芜湖租界用地有过一次微调。1904年，芜湖商绅奏请清政府，准其招收商股，自办芜（湖）广（德）铁路。1905年安徽省铁路公司在芜湖成立，要求租用紧靠陶沟以北的滩地，以作建设铁路办事处和兴建江边车站之用[①]。英国怡和洋行以先租为由，坚决不允。几经交涉，1906年3月商定各占一半（共计170多亩），铁路公司占南段，怡和洋行占北段，问题终得以解决（图2-2-2）。

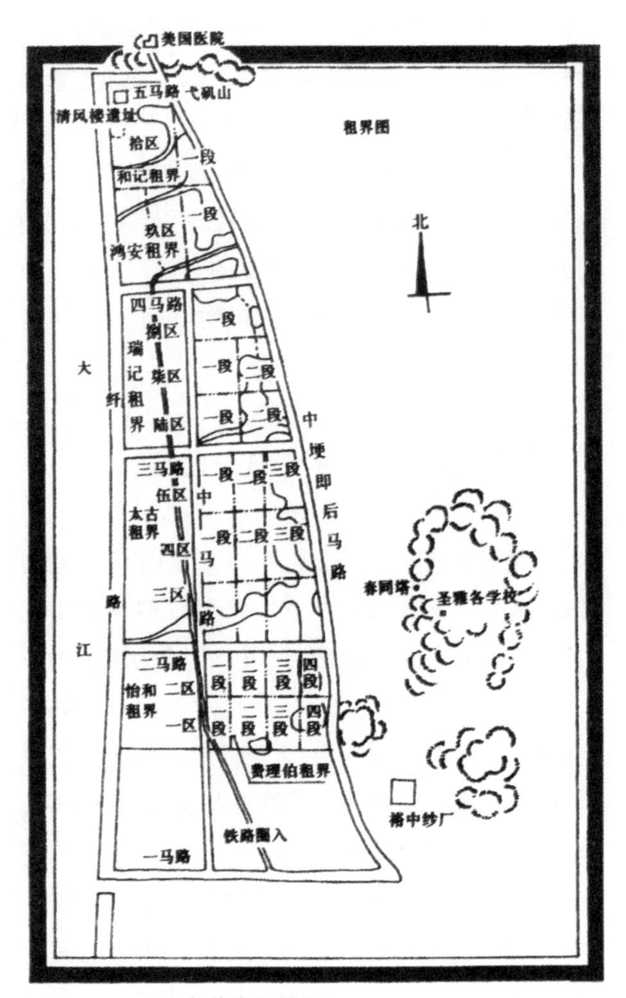

图 2-2-2 1910年芜湖租界图

1876年，美国旗昌洋行的轮船首先在芜湖停靠，英国太古轮船公司、德国亨宝公司相继来芜经营航运。1877年，芜湖第一个经营鸦片的洋行开业。1881年，英国怡和洋行设立机构，其后，旗昌洋行、亨宝洋行也相继设立机构。

① 芜湖市政协学习和文史资料委员会、芜湖市地方志编纂委员会办公室:《芜湖通史》，黄山书社2011年版，第251页。

1894年，英国人开设书信馆。1895年，日清轮船公司设立机构，并在关门洲外设置两只趸船。1908年，英国太古公司建成一座芜湖最早的栈桥式码头[①]。至19世纪末20世纪初各国在芜湖设立的洋行有：英国的怡和、太古、鸿安、罗森、卜内门、和记、亚细亚等十几家，美国的美孚洋行等数家，日本的三井、三菱、铃木、前田、日清等十几家，这些洋行大量推销鸦片、洋纱、洋布、煤油等“舶来品”，一般还兼营运输业务。这些洋行在长江边都设有专用码头、趸船，还建有各种堆栈、仓库。

开埠后芜湖由转口贸易变为直接对外贸易，大大促进了芜湖经济的发展。芜湖租界的设立使芜湖城市加快了向西临江发展的态势，城市规模明显扩大，城市用地由老城向西扩展的建成区达2.4平方公里。

（二）芜湖米市的形成与发展

芜湖地处安徽产粮中心，长江两岸及巢湖周围是省内重要的稻米产区，产量较多且米质优良。芜湖便利的水运条件使其早就成为著名的粮食交易集散中心。嘉庆、道光年间（1796—1850），芜湖就兴起了一定规模的砻坊业，有着良好的粮食加工基础。芜湖被辟为通商口岸后，李鸿章奏准清廷将镇江七浩口米市移来芜湖，进一步促进了芜湖米市的形成。1877年，李鸿章奏准将镇江米市迁至芜湖，到1882年以后芜湖米市已成为中国近代著名的四大米市之一。1895年，安徽省在芜湖设立米捐局，之后江苏省在芜湖也设立了米捐局，严禁偷税、私运米粮出境，米市更得以顺利发展。20世纪初，芜湖米市进入繁荣时期，形成了巨大的米业市场，主要集中在江口和沿河一带。芜湖市大米输出速度增长很快，1877年仅10万石，1898—1904年稻米“出口数量多至五百余万石，少则三四百万石”，时人形容芜湖的稻米是“堆则如山，销则如江”。到1905年，芜湖大米输出量达到843万石，已成为全国四大米市之首。芜湖米市经销的大米主要来自省内，湖南、江西、湖北、四川等地也有部分大米运芜湖后转口销售。米粮出口渐成芜湖出口大宗。1899年大米出口占总值的82.8%，最高时达91.3%，一般维持在80%左右[②]。大米主要销往上海、广州、潮州、汕头、宁波、福州、天津、烟台、青岛、威海等地。直接外销数量不大，主要销往日本、爪哇等地。

米市的发展带动了相关行业的迅速发展，1908年计有米号40户，米行40户，小市行约50户，砻坊约70户。机器碾米业发展到9家。

芜湖大米的进出主要经由水路，米市的兴盛也使芜湖成为安徽省的水运中心。平时停泊在芜湖的民船在600艘以上，每年进出芜湖的民船均在10万艘以上。芜湖大米运往国内各商埠主要靠大轮，当时每年进出芜湖的轮船在4000艘上下，轮船吨位达700万吨[③]。

米市的兴起极大地促进了安徽及芜湖米粮产业的发展，各地粮食种植面积不断扩大，进一步促进了农产品商业化。米市的兴起更是刺激了商业的繁荣，促进了银钱业、布业、烟业、百货业、饮食服务业等的发展。

据统计，20世纪初芜湖经商者约5万人，计3000户，其中较大的商贾有200户，俱为米商。芜湖米商有广帮、潮帮、宁帮和烟帮等诸帮，各帮在芜均设有多处米栈，并设有各自的会馆[④]。

① 芜湖市政协学习和文史资料委员会、芜湖市地方志编纂委员会办公室：《芜湖通史》，黄山书社2011年版，第216页。
② 芜湖市地方志办公室：《芜湖商业史话》，黄山书社2011年版，第193-197页。
③ 翁飞等：《安徽近代史》，安徽人民出版社1990年版，第239页。
④ 翁飞等：《安徽近代史》，安徽人民出版社1990年版，第238-239页。

这一时期芜湖市区的人口增长较快。开埠前人口只有4万人，1882年达6万人；根据当时海关估计，1891年市区人口近8万，1901年达10万[①]。芜湖无论是单个城市人口数量还是城市化水平都高于当时的省会城市安庆，成为清末民初安徽省最大的城市。这与芜湖米市的兴起不无关系。

（三）开埠后的社会发展

1. 新式机构的产生

（1）城自治公所的设立

20世纪初，为了筹办宪政，从国家、省到地方，分别设立了资政院、咨议局及地方自治机构。1910年8月，芜湖成立城自治公所，主要从事宣传教育、医药卫生、慈善事业、公营事业等工作。

（2）地方审判厅、检察厅的创办

为了将司法从行政分离出来使其专门化，全国设立了大理院、高等审判厅、地方、初级四级法院。1910年冬，芜湖地方审判厅和地方检察厅创办，合称地方审判检察所，还推进了狱制改革，实行审监分离。1911年9月，将原有的皖南罪犯习艺所改名为模范监狱，使监狱与工厂相结合，体现了人道主义思想，在某种程度上反映了时代的进步。

（3）警察机关的建立

1901年9月，清政府谕令各省设立巡警。1902年底，芜湖将原有保甲局及保卫营改编为巡警总局。1903年，创办消防队。1909年，将巡警总局改为警务公所，民国以后又改为地方警察厅。

2. 海关、邮政、金融机构的设立

（1）海关的设立

1877年4月1日，芜湖海关建立，被定为三等海关，由税务司管理关务，专征轮船装运的进出口货物税款。芜湖海关的设立，使转口贸易变为直接对外贸易。海关进出口贸易总额1888年比1878年增长了18倍，进口贸易税收1905年比1878年超出36倍[②]，可见贸易总额和税收都有很大增长。

（2）邮政机构的设立

近代邮政是在原来驿铺和民信局基础上发展起来的。1876年已有民信局，为民间传递信函和商包，且有上至武汉，下至上海的远途传输能力。1896年，李鸿章奏定在通商口岸试办邮政局，3月芜湖邮政总局成立，是安徽邮政史上第一个邮局，也是全国35个邮界之一。总局设于芜湖海关附近，由海关税务司兼办，分局设于长街徽州会馆。1898年开始邮政发行《皖报》，1904年对外埠发行《安徽俗话报》，1909年邮政总局开办了快递信函和挂号业务。

（3）金融机构的设立

1906年，裕皖官钱局（银行）成立芜湖分局，标志着芜湖近代新式金融机构的产生。但芜湖旧式钱业仍占主体，30多个钱庄仍然存在，钱业发展到高峰。1908年，户部银行改组为大清银行，1909年9月，在芜湖设立分行，这是芜湖最早的中央银行机构。1903年，美国商人曾在芜设保险公司，这是芜湖最早的保险公司。

3. 行业公所、商务总会的设立

（1）行业公所的创立

布业公所早在嘉庆年间（1796—1820）就已创立，后毁于兵祸，1891年重建。同治年间创立的有药业公所（1869年创立），光绪年间创立的有杂货公所（1893年创立）、米业公所（1894年创立）、钱业公所（1907年创立）及染业公所（具体创立时间不详）。

---

① 芜湖市政协学习和文史资料委员会、芜湖市地方志编纂委员会办公室:《芜湖通史》,黄山书社2011年版,第294页。

② 张华、齐金辉:《芜湖海关百年史略》,载方兆本:《安徽文史资料全书·芜湖卷》,安徽人民出版社2007年版,第353页。

（2）商务总会的设立

1905年成立芜湖商务总会，由十三帮（广肇、米业、钱业等十三个公所组成）的商董共同筹建，1906年经安徽省劝业道工商部批准，正式成立。这是安徽省成立最早的商会。李鸿章侄子李经榘被推为首任总理。下辖52个行业会所，到1918年入会注册者有750多家。1915年并入总商会。

行业公所及商务总会实现了由传统行会向现代社团的过渡，在社会事务方面发挥了重要作用，如助建皖赣铁路，赞助城市公益事业（如重建利涉桥、创办万安救火会、修建二街、赈灾等），维护商民利益，创办学校（1913年总商会创办私立乙种商业学校）等。

4. 新式教育的产生

（1）晚清“新政”的教育改革

1901年，清政府宣布改书院为学堂，要求省城设大学堂或高等学堂，各府厅直隶州设中学堂，各州县设小学堂。1902年颁布“壬寅学制”，1903年颁布“癸卯学制”，1905年9月废除科举制度。

（2）新式教育机构的设立

1904年清廷设立学务大臣，1905年设立学部（民国时改为教育部）。1904年安徽省管理教育的机构是学务处，后改为学务公所，民国时先后改为教育司、教育厅。1906年省一级设提学使司，专管全省教务，府厅州县设立劝学所。芜湖县劝学所在停办的原县学署设立，20世纪20年代后县级机构改为教育局。

（3）新式学校的诞生

①芜湖自办的新式教育出现较晚，是在改造传统书院的基础上发展起来的。1765年创办的中江书院，1895年改造后增设实用学科，初具近代学校的雏形。1903年改为皖南中学堂并附设小学堂，同年底，迁至大赭山，易名为皖江中学堂（俗称赭山中学），开芜湖官办近代中小学之先河，是安徽省最早的独立中学。②1904年冬，革命党人李光炯将创办于湖南长沙的安徽“旅湘公学”迁回芜湖，更名为安徽公学，此校成为培养革命青年的摇篮。校址在二街米捐局巷内，除开设普通中学班外，1905年又增设了速成师范班。③1906年在河南西街设立公立芜湖县师范学堂。④1908年设立安徽全省公立女子师范学堂蒙养院。⑤1909年成立的皖江法政学堂，是芜湖高等教育之先声。⑥其他新式学校还包括：公立襄垣小学（1905年创办），庐和公立小学校（1906年创办），泾县旅芜高等小学校（1907年创办），徽州旅芜国民小学（1907年创办）。至1908年，芜湖有小学堂17所（其中官办5所，乡绅捐资兴办6所，教会私立6所）[①]。

（4）教会学校的设立

①1870年基督教美国女子传教士创办男、女两所小学。②1879年天主教创办男、女教理小学各一所。③1896年，在状元坊创办育英学堂。④1897年创立广益学堂，1903年迁至石桥港，更名为圣雅各中学，设中、小学两部，1909年在狮子山购地造房，设圣雅各中学高中部，石桥港分校旧址遂成为初中部。⑤1903年来复会在冰冻街（一说“青山街后巷15号”）创办育英学堂，1906年改称萃文书院，后来发展为萃文中学。⑥1907年中华基督会在后家巷太平大路设立励德小学。

芜湖新式教育的发达程度当时位居全省前列[②]。五四前后，芜湖县城有小学校30所，普通中学7所，师范、职业学校4所，还有小学附设幼儿园。

① 芜湖市政协学习和文史资料委员会、芜湖市地方志编纂委员会办公室：《芜湖通史》，黄山书社2011年版，第285-287页。

② 芜湖市地方志编纂委员会：《芜湖市志（上）》，社会科学文献出版社1993年版，第559页。

5. 近代工业的兴起

随着以机器生产为主要特征的近代工业的出现，芜湖以它优越的经济、地理条件，吸引着各地商贾和民族资本家来此设厂，成为安徽近代工业之冠。芜湖近代工业产生于19世纪末，主要是民族商办工业。

（1）面粉公司的创办

1890年，民族资本家章维藩筹建芜湖益新米面机器公司[①]，因受厂址、注册等各种阻挠，直到1894年才开工投产，投产后生意很好，供不应求。这是安徽省内最早的民族资本主义企业，也是我国最早开办的机器面粉厂之一。1906年更新机器，扩大规模，新建了一幢三层制粉大楼。

（2）电灯公司的创办

1904年民族资本家吴兴周发布招股创立电灯公司广告，1906年集资创办芜湖明远电灯股份有限公司[②]，购地、购设备并建设厂房，1908年建成发电，首先为大马路（今中山路）和长街一带的商户、居民提供了用电。此厂开创了安徽省的电力工业史，在当时长江流域华人自办的电厂中，仅晚于镇江（1904年建成发电）。

（3）矿业公司的创办

1878年，繁昌等处开始开采柴煤。1898年，商人王希冲在芜湖开设晋康公司，开煤矿11处，以繁昌南乡五华山矿区最大，产量居安徽省之首。铁矿开采起步于明末清初，芜湖亦为安徽最早。1911年发现繁昌桃冲铁矿，1913年成立了裕繁铁矿公司。

（4）机械工业的创办

1900年，镇江人胡志标创办福记恒机器厂，标志着近代芜湖机械工业的产生。接着又有王福记、同兴、吴永昌等三家机器铁工厂开设。

（5）机制砖瓦厂的创办

芜湖手工生产砖瓦历史悠久，多为个体手工作坊式的土窑培烧砖瓦。1906年，李鸿章之子李经方在四褐山创办兴记砖瓦厂，制砖瓦机从英国进口。此为省内机制砖瓦产生之始。

（6）其他

其他尚有1904年创办的泰昌肥皂厂，1905年创办的裕源织麻公司和锦裕织布厂。一些小型的铁工厂、电焊厂、榨油厂、化肥厂等也在之后陆续开办。

芜湖近代工业虽发展较早，在安徽省处于领先地位，但总体上发展不快，资本不足，设备技术也不是很先进，与沿海地区相比尚有差距。由于工业资本投资相对周期较长、风险较大，芜湖投资环境一般，有实力的投资者少有在芜湖投资建厂，也制约了芜湖近代工业更好的发展。

6. 市政交通的发展

近代城市的市政和交通建设是社会进步和城市文明的一个主要标志。芜湖由于开埠较早，市政设施和交通工程方面都有一定的发展。但1877—1911年这一时期芜湖尚处于近代市政、交通的起步阶段，尚未使用自来水，用水全部采用井水、湖塘及河水，也没有系统的排水设施。发展相对比较突出的是轮船客运。

（1）电信

芜湖电信业的发展特点是先有电报后有电话。1883年，芜湖设立了省内最早的电报局之一（二等电报局），架设了三条有线电报线路，西通长江上游215里，东通长江下游150里，南通湾沚60里（宣城、徽州方向），全长425里。与先后铺设的沪宁线、宁汉线接通。不久，大通、安庆等地也纷纷成立了电报局。1914年以后，芜湖开始使用电话。

① 以下为描述方便，也称为“芜湖益新面粉厂”。

② 以下为描述方便，也称为“芜湖明远电厂”。

（2）路灯

初为煤油路灯，安装始于1903年。白炽路灯安装于1908年明远电厂建成发电后，仅限于大马路（今中山路）、长街一线。到1912年，路灯共有331盏（市区电灯总数为4000盏）。

（3）城市道路

20世纪初，租界区首先进行道路建设，开通了东西向的一至五马路，南北向的沿江大马路（原滨江路），中马路（今健康路）和后马路（今吉和北路）。1876年古城城墙拆除，建成环城马路（1932年有拓建）。1902年设立马路工程局，开始修筑以碎石路面为主的近代马路。同年建成大马路（后称中山路）和二街。1909年建成国货路。

（4）桥梁建设

建设桥梁主要是为了解决青弋江两岸交通联系。1897年芜湖商会筹措经费在通津桥重建新舟十三艘，联为浮桥。1900年在宁渊观码头架设木桥，名为利涉桥，1907年被大水冲垮，1908年重建。1906年商办安徽铁路公司拆除老浮桥，建成青弋江铁路大桥（1937年被日军炸毁）。

（5）轮船客运

轮船客运始于1871年，每周有三个航班。1873年官督商办的轮船招商局“永宁”号轮，首航申汉线，由芜湖行栈办理过芜客运业务。1898年商办立生祥小轮公司，首辟芜湖至巢县、庐州定期客运航线。此为地方轮船客运之始。此后，芜湖轮运业相继兴起，营运航线逐渐向长江、内河延伸扩展。至1911年，以芜湖为起讫点的轮船客运航线有16条，长约1691公里。沿长江，上可至九江，下可达南京；循青弋江，可达宣城、郎溪、宁国；走裕溪河，可至巢县、合肥。从此，轮船客运代替了木帆船客运。乘轮船进出境旅客1910年达64.45万人次，比1890年上升了十七倍多。据统计，1873—1908年，在芜轮船企业有27家，运营申汉线的是四家大公司（太古、怡和、大阪、轮船招商局），其他23家主要运营以芜湖为起讫点的16条航线（始航年代为1895—1908年）[①]。

三、芜湖近代城市快速发展期（1912—1937）

从民国建立到抗日战争爆发的这一时期，芜湖发生了巨大变化。政治上进行了资产阶级革命，进入了北洋军阀和国民党统治时期。经济上，商业贸易更为繁荣，近代工业在安徽领先发展，已成为近代安徽的经济中心。社会文化上，在五四新文化运动影响下，芜湖的近代文化和教育有了新的发展。城市建设上，近代化进程有所提速，城市形态有较大变化，近代建筑活动进入兴盛时期。由于处于半殖民地半封建社会，城市发展仍然存在危机。

（一）政治变革对芜湖城市发展的影响

1. 辛亥革命与民国建立

1911年10月10日，武昌起义爆发，成立了湖北军政府。紧接着，湖南、陕西、山西、云南、江西等省份先后宣布独立。11月8日，安徽宣布独立，成立军政府。11月9日，芜湖历史上第一个资产阶级政权机构——皖南军政分府宣布成立。1912年1月1日，孙中山就任临时大总统，宣布中华民国临时政府成立。孙中山领导的辛亥革命终于推翻了清王朝，结束了两千多年的封建专制统治，从此中国跨入了新的发展时期。“中华民国”成立后，1912年4月6日，芜湖军政分府奉令撤销，民政统一由省府管辖。

袁世凯篡夺政权后，孙中山被迫辞去临时大总统职位。孙中山辞职以后，于1912年10月18

① 芜湖市政协学习和文史资料委员会、芜湖市地方志编纂委员会办公室：《芜湖通史》，黄山书社2011年版，第247-249页。

日由上海乘“联鲸”号军舰沿长江流域考察，先到安庆，后到汉口、九江。10月30日清晨来到芜湖考察，当晚离开芜湖赴上海。之后，孙中山根据他对芜湖的考察，在《建国方略》中对芜湖建设提出设想，其中“使芜湖成为工业中心，建设芜湖长江大桥”这两个设想现在已经实现，沟通芜申运河的设想也正在实施。可见，孙中山先生的思想对芜湖城市发展影响深远。后来，为了纪念孙中山先生，大马路改名为“中山路”，又建设了“中山桥”和“中山纪念堂”。

2. 北洋军阀统治下的芜湖

1912年3月10日，袁世凯在北京就任临时大总统，窃取了辛亥革命的果实，中国进入北洋军阀统治时期。从此，袁世凯、段祺瑞、冯国璋、曹锟、张作霖等军阀相继掌握兵权与政权，长达16年之久。从1913年“二次革命”失败至1927年3月国民革命军北伐到安庆，芜湖人民处于黑暗的北洋军阀统治之下，历时14年之久。

北洋军阀统治时期，安徽建立都督府，省军事首脑先后被称为“都督”“督军”“督办”等，民政首脑先后被称为“民政长”“巡按使”“省长”等。从1914年起，安徽分设安庆、芜湖和淮泗三道，形成了省、道、县三级制度。芜湖道治设在芜湖县，依前徽宁池太广道辖县，管辖芜湖、繁昌、当涂、广德、郎溪、歙、黟、休宁、婺源、祁门、绩溪、宣城、南陵、泾、太平、旌德、宁国、贵池、铜陵、石埭、东流、秋浦、青阳等皖南23县。芜湖县被列为甲等县。在芜湖设了道尹公署，镇守使公署。1915年芜湖设立了警察局，成立了高等法院第二分院和地方检察厅、审判厅。1918年，在东内街清千总署旧址创建了安徽省第二监狱。

3. 新文化运动中的芜湖

芜湖的新文化运动，是在陈独秀①影响下发展起来的。早在1904年3月31日，陈独秀在安庆创办《安徽俗话报》，同年夏天来到芜湖续办《安徽俗话报》(由芜湖科学图书社印刷发行)，播下了新思想、新文化的火种。芜湖新文化运动从陈独秀1915年于上海创办《青年杂志》(后改为《新青年》)发起新文化运动开始，延续于五四运动的数年间。马克思主义早期传播者刘希平②、高语罕③来到安徽省立第五中学(简称“五中”)任教后，“五中”成为芜湖乃至安徽新文化运动的策源地。1919年冬，恽代英④应“五中”校长刘希平邀请来芜湖作了题为“青年运动的道路问题”的讲演，对青年的教育和鼓舞很大。1914年同时进入圣雅各中学读书的李克农⑤、阿英⑥，1917年进入“五中”读书的蒋光

① 陈独秀(1879—1942)，安徽安庆人。新文化运动的发起者和主要倡导者，中国共产党主要创建人之一。

② 刘希平(1873—1924)，安徽六安人。1906年留学日本，先后进入东京弘文学院和明治大学，1911年回国。1916年至安徽省立第五中学任教，后任“五中”校长，与陈独秀有深交。

③ 高语罕(1888—1948)，安徽寿县人。十七八岁留学日本，进入早稻田大学，1907年回国。1914年到上海，开始追随陈独秀。1916年9月回到芜湖，至“五中”担任学监并兼授英语。1920年初至上海加入社会主义青年团，1921年经李大钊介绍加入中国共产党，成为中国共产党最早的五十名党员之一。1926年经周恩来向蒋介石介绍，加入了黄埔军校政治部担任教官。1927年参加南昌起义，任前敌委员会委员。

④ 恽代英(1895—1931)，江苏武进人。中国无产阶级革命家，中国共产党早期青年运动领导人之一。

⑤ 李克农(1899—1962)，安徽巢县人。1910年随祖父举家迁居芜湖。1917年夏从圣雅各中学毕业，1926年底经阿英介绍加入中国共产党。1925年参与创办民生中学，并任第二任校长。1928年1月27日民生中学被封，李克农转移至上海。

⑥ 阿英(1900—1977)，安徽芜湖人。原名钱德富、德赋，笔名钱杏邨，著名剧作家。曾先后就读于圣雅各中学与萃文中学，1918年到上海进入中华工业专门学校土木工程系学习。1920年因开展新文化运动的需要退学回芜湖，在合肥、六安、当涂、芜湖各地的中学担任语文教师。1925年与宫乔岩、李克农等开办了民生中学。1926年在上海加入中国共产党，“四一二”事变后撤离芜湖。

慈[①]等人就是在新文化运动的影响下，以芜湖为起点，走上了革命的道路。

1925年5月，芜湖发生了一场声势浩大的反帝反奴化教育的学潮，提出了“收回教育权、反对奴化教育”的口号，在王稼祥[②]等人组成的学生自治会组织下实行了全体罢课。最后这场学生运动取得了胜利。同年10月，将近500名学生坚决脱离教会学校，进入芜湖新办的两所中学，一是民生中学（设在大官山），一是新生中学（设在澛港）。两校皆为中共地下党筹建。

4. 北伐战争与国民党统治的建立

在中国共产党的推动下，1926年7月，国民革命军开始了反帝反封建的北伐战争。1927年3月6日，北伐军进占芜湖。蒋介石发动“四一二”反革命政变，在南京成立“国民政府”。芜湖也发生了“四一八”反革命事件，芜湖的中共党团活动被迫中止。1927年大革命失败后，在中共组织下发起了农民运动。从1928年到1935年安徽全省广大地区爆发了数十次武装起义。1927年到1928年底，芜湖地区也爆发了农民武装起义，后被地方反动势力镇压。最具历史意义的是1921年8月1日中共中央领导组织了“南昌起义”，打响了武装反抗国民党反动派的第一枪，标志着中国共产党独立领导革命战争和创建革命军队的开始。

1928年8月废道存县，芜湖县仍为甲等县，直属安徽省。1932年国民政府推行行政督察专员公署制度，形成省、行政督察区（专区）、县三级政区。当时安徽分十个行政督察区，芜湖县先后属于第二、第九、第六等区。

20世纪30年代中期，中国共产党领导下的红军，在“第五次反围剿”中失利，被迫实行转移。1934年10月，在江西、福建的红一方面军开始长征，一部分红军留在中央革命根据地坚持游击战争。直到1936年10月，红一、二、四方面军在陕北胜利会师，实现了战略大转移。在红军长征期间，日本已调集大批侵略军入关。抗日战争一触即发，中国近代将进入一个新时期。

（二）近代工矿业的发展

由于辛亥革命推翻了清王朝的封建统治，提高了民族资产阶级的地位，民国政府也颁布了一些有利于资本主义工矿业发展的条例，中国的民族工业得到了长足发展。尤其是1914—1918年的第一次世界大战期间，西方帝国主义忙于战争，输入中国的舶来品有所减少，从而减轻了对中国民族资本主义的压力。战争期间国际钢铁价格猛涨，更是刺激了国内投资矿业的积极性。在这样的大背景下，芜湖的近代工矿业得到了较快的发展。

从芜湖近代工业结构来看，主要以棉织业、粮食加工业等轻工业为主，电力、矿业等重工业为辅。从芜湖近代工业在省内的地位来看，可以说处于领先地位。据1912年不完全统计，芜湖商办工业注册资本占安徽全省商办资本的55.31%，已占到一半以上。从芜湖近代矿业产量来看，可谓名列前茅。据统计，20世纪20年代中期安徽铁矿产量一度占全国各主要铁矿产量的三分之一，居全国第二位，芜湖铁矿产量几乎

① 蒋光慈（1901—1931），安徽六安人。1917年夏就读于“五中”，被选为学生自治会副会长。1920年四五月间离开芜湖，到上海结识了瞿秋白。1921年赴苏联莫斯科东方大学学习，1922年加入中国共产党，1924年回国在上海大学任教。1928年初，与阿英等人共同创办了中国共产党领导和组织的第一个革命文学团体“太阳社”，是中国左翼作家联盟的主要成员之一。

② 王稼祥（1906—1974），安徽泾县人。1922年到南陵乐育学校求学，1924年就读于圣雅各中学，1925年5月积极领导同学参加反帝爱国运动，8月进入上海大学附中部学习，担任学生会主席，9月加入中国共青团。同年冬赴苏联莫斯科中山大学学习。后来成为中国共产党的卓越领导人之一和新中国对外工作的开拓者之一。

占安徽全省的三分之二①。

1. 裕巾纱厂的创办

1912年到1937年，是芜湖棉织业发展兴盛时期。芜湖棉织业兴起于19世纪末，但仍处于手工阶段。民国初，规模有所扩大。到北伐战争时，发展加快。棉织业机坊由30多家发展到500多家，拥有机台近2000张。到1937年，织坊发展到1000家以上，拥有各种织机5000张左右。

由于一战时期，外国棉纱棉布输入锐减，国内出现棉贱纱贵的局面。芜湖周边盛产棉花，交通又十分便利，官僚豪绅陈惟彦看准时机，1916年领衔创办裕中第一纺织股份有限公司②。厂址选在狮子山东南侧，纺织机器向英国订购。官商合办的裕中纱厂于1919年5月正式投产，成为安徽近代设立最早、规模最大且一直延续下来的机器纺织厂。工厂生产以纺纱为主、织布为辅，效益一直较好。1922年以后，由于帝国主义和封建主义的压迫，尤其是受到日本棉纱的排挤，经营效益因开工不足而日益降低，到1931年无奈租出。

2. 明远电厂的扩建

1906年创办的芜湖明远电灯股份有限公司，到1915年已为各机关和商店安装了4200盏照明电灯，并为180余盏街灯提供电力。1925年扩建，又购进德国西门子厂制造的640千瓦汽轮发电机组1台，英国拔柏厂生产的锅炉3台，经营规模有所扩大。1928年，1520千瓦汽轮发电机组又建成发电，已可为13000盏电灯供电，也为新建的工厂企业提供了更多的电力。当电业经营有所发展后，吴兴周又相继参股建设大昌火柴厂、恒升机器厂、恒茂五金号、恒升里房地产公司、安徽银行、江南汽车运输公司、百货公司、生生延记电镀厂、天香斋食品商店；独资创办芜湖电话局，还计划在屯溪建水电站。吴兴周成为安徽实业界的巨头，有名望的民族资本家，1920年当选为芜湖总商会副会长。1925年，吴兴周还将徽州会馆所属的小面馆扩建为徽州菜馆。初名“同鑫楼”后更名“同庆楼”，设有前楼后厅，前楼供应特色小吃，后厅专门办理高档宴席，成为名噪一时的餐饮名店。

3. 化工厂的创建

1920年，吴兴周集资在大砻坊创办大昌火柴股份有限公司，同年7月建成大昌火柴厂，年底试车生产，1921年起正式开工生产。这是安徽最早的一家火柴厂，也是长江下游地区一家规模较大的火柴厂。1919年还创办芜湖毕昌碱皂厂。1921年又创办了华福化工社，生产肥皂、雪花膏、蛤蜊油等产品。

4. 机械修配业的出现

近代工业兴起后，逐步出现了机械修配业。1918年同福泰翻砂厂，1919年恒升机器铁工厂、协成机器厂，相继创建。到1935年，私营铁工厂增加到7家，其中恒升机器铁工厂在新中国成立后逐步发展为能生产重型机床的大型国有企业。

5. 荻港桃冲铁矿的开采

1912年2月21日，广东人霍守华在芜湖设立裕繁铁矿股份有限公司，总公司设在上海，分公司设在芜湖，在繁昌北乡桃冲设矿厂。1914年，日商开始染指。1916年，裕繁公司与日商天津中日实业公司订约合办，该矿每年开采的铁砂全数被日本贱价买去。1918年10月28日，桃冲至荻港码头铁路专用线建成通车，全长8.8公里。自此，桃冲大量优质铁砂外流日本。1918年至1936年的18年中，裕繁公司运往日本的铁矿石达345万吨。据1928年统计，全公司总人数2700多人（含管理人员）。20世纪20年代至30年代，繁昌桃冲铁矿年产量仅次于辽宁鞍山、湖北大冶，居全国第三位。

① 王鹤鸣、施立业:《安徽近代经济轨迹》,安徽人民出版社1991年版,第395-400页。
② 以下为描述方便,也称为“芜湖裕中纱厂”。

6. 芜湖益新面粉厂制粉大楼的重建

1906年建的一幢三层制粉大楼，1909年毁于一场大火。后又扩大投资，购置英国全套新型制粉设备，1916年在原址上重新建起了一幢四层制粉大楼，年产量30万袋面粉，其产品“飞鹰”牌面粉驰名全国。

章维藩在创办益新面粉厂的同时，曾与桐城商人吴龙元共同集资，于1913年在当涂创建了宝兴铁矿，盈利甚丰。抗日战争爆发后，于1937年9月停产。

（三）近代商业和金融业的继续发展

民国时期，芜湖商业和金融业有进一步发展，芜湖仍然是安徽最大的商业城市。抗日战争前的芜湖，已成为安徽省的金融中心。

1. 对外贸易的发展

到20世纪初，外商在芜湖开设的洋行已有二十多家。其中主要有英国的怡和、太古、鸿安、亚细亚等洋行，日本的三井、三菱、铃木、大阪、日清等洋行，美国的美孚、德士古等洋行。他们开设的洋行、商店几乎遍布全市并把芜湖作为他们倾销商品和掠夺的市场。尤其是英、日、美三国的商品和金融，几乎控制了芜湖整个市场。1919年以后，日本在芜湖的势力已超过英、美等国。据统计，1931年芜湖进出口总额比1911年增长1.53倍。如与开埠时期相比，1919年进出口总额增长30倍多，1925年进出口总额增长40倍还多[①]。可见，1912—1937年芜湖对外贸易已有较大发展。输入洋货主要是纺织品和日用品，重工业品不多，鸦片已禁止进口。稻米出口，仍占农产品出口首位。羽毛出口数量有回升。禽蛋出口数量进一步上升，1928年位居全国第二位。菜籽、花生、棉花出口数量分别为全国第一、第三、第二位。

2. 近代商业的继续发展

20世纪20年代至30年代前期，芜湖商业进入又一个兴盛期。此时的芜湖已形成众多商业街区。长街进入鼎盛时期，号称“十里长街闹市”，“市声如潮、至夜不息”，驰誉大江南北。长街涌现出一大批商业公司与驰名大店，六七百家店铺中，老店、名店约占七分之一（图2-3-1）。同时，二街、国货路、陡门巷、沿河路、中山路、四明街（今新芜路）、吉和街等也都形成各有特色的商业街市，商业繁盛，商业行业进一步增多。到1932年，芜湖商业共有44个行业、商店2026家，店员学徒约1万人，加上流动商贩，从业人口占当时芜湖总人口的十分之一以上。据统计，1932年芜湖商业资本远远超过工业资本，是其8.4倍多[②]。由于商业的繁荣，芜湖已成为安徽省最重要的贸易中心和物资集散中心。

3. 芜湖米市的由盛到衰

芜湖米市从1876年到1925年，是发展的兴盛期。但民国以来，赋税增多，运费加重。1912年至1918年的七年间，粮食出口一度减少，每年不过200万石左右。1918年和1919年两年，产米省份连续获得大丰收，至1919年米粮出口突增至800余万石。之后直到1925年出口数量仍在600万石左右。1926年至1937年芜湖米市则处于衰退期，年出口米粮都在250万石以下[③]，逐步走向衰落。只是这一时期米粮贸易在商业营业额中的比重依然较高，据1932年统计，米粮业营业额仍占58%左右。芜湖米粮业衰退原因除了捐税过重、运费过高，还受到铁路运输分流影响。1936年粤汉铁路通车后，芜湖米市场多为

① 章征科：《从旧埠到新城》，安徽人民出版社2005年版，第49页。

② 芜湖市地方志办公室：《芜湖商业史话》，黄山书社2011年版，第223-224页。

③ 王鹤鸣：《安徽近代经济探讨（1840—1949）》，中国展望出版社1987年版，第173页。

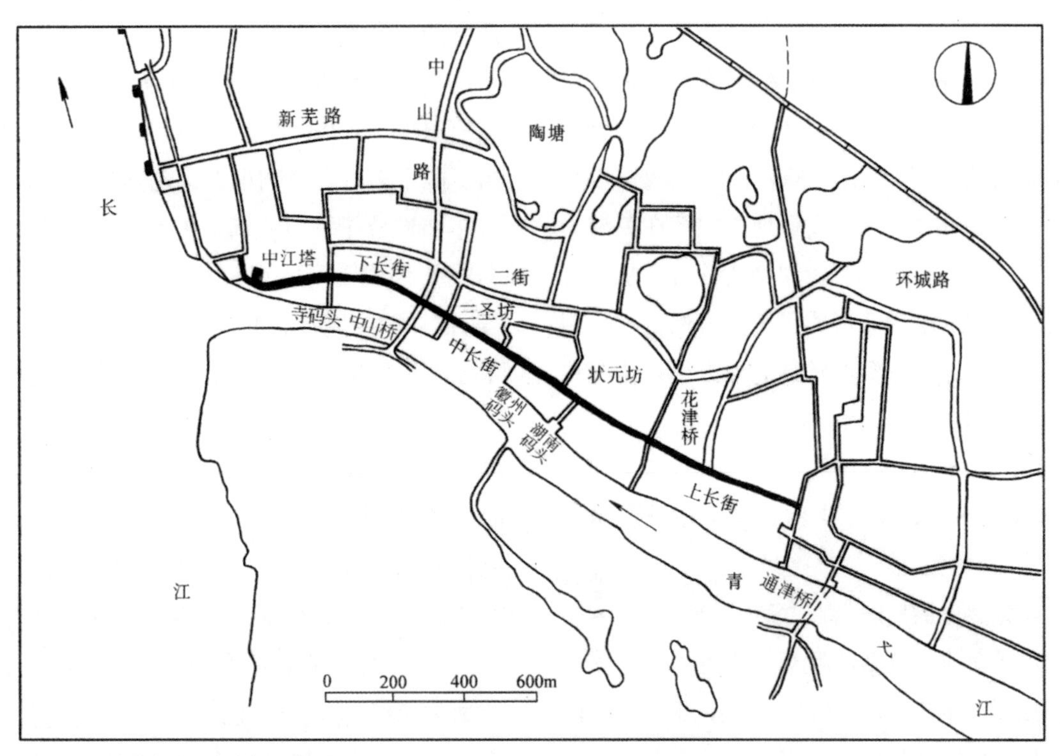

图 2-3-1　芜湖十里长街示意图

湘赣米所取代。还有一个重要原因就是洋米的对华倾销，作为产粮地区的芜湖当时已有大量洋米进口。1922年，芜湖进口洋米6220石，1930年进口竟达180509石，1935年尚进口65069石。

4. 金融业的兴盛

米市的兴盛带动了钱庄业的发展。钱庄的业务范围主要是存款、放款、汇兑。米粮业依赖钱庄贷款，调剂资金，钱庄资金的投放也以米业为大宗，彼此有密切的相互依从关系。1821年芜湖钱庄仅十余家，1894年发展到23家，1912年至1930年芜湖钱庄业进入兴盛时期。除少数几家独资外，大多是合资经营。1921年芜湖钱庄增至30多家，绝大多数设于长街，进入高峰期。1931年先遇水灾后遭旱灾，钱庄业随米市衰落而纷纷倒闭。到1936年仅存4家，钱庄业发展落入低谷。

我国近代银行是帝国主义入侵后的产物。最早在中国设立银行的是英国丽如银行（1845年设立），到1913年中国已有外商银行21家。我国最早自办的银行是1897年设于上海的中国通商银行。芜湖设立最早的银行是1909年设立的大清银行芜湖分行。民国之初，政局动荡，芜湖银行亦变动无常。大清银行解散后，1912年安徽军政府设立安徽中华银行，总行设在安庆，芜湖设有分行（地址在二街），1914年停业。1914年，北洋政府在各地恢复金融机构，中国银行首先在芜湖建立分号，发行中国银行纸币，其前身是1909年成立的大清银行芜湖分行。此银行大楼新楼1926年始建于二街，次年竣工。1914年9月，中国交通银行芜湖支行设立。20世纪20年代末至30年代中期是芜湖金融业兴盛时期。北伐战争后，芜湖银行再易其主。1929年2月，国民党中央银行芜湖支行设立（地址在华盛街），1935年5月改称分行。1934年，豫鄂皖赣四省农民银行皖分行由安庆迁至芜湖，1935年4月改称中国农民银行芜湖分行（仍为省行）。抗日战争前是商业银行兴旺时期，地方性银行增多。1915年，上海商业储蓄银行芜湖支行设立，不久停

业，1930年3月复业（地址在中长街三圣坊斜对面）。1929年春，安徽商业储蓄银行在芜湖设立，1934年春因资金周转失灵而停闭。1929年8月，中国实业银行来芜在华盛街设办事处，9月正式开业。1936年1月，安徽地方银行在芜湖中长街成立，安庆、蚌埠、屯溪均为分行。从上可以看出，芜湖的金融业形成了由大官僚资本控制的大银行、地方官僚资本控制的地方行、传统钱庄“三足分割”的局面。

（四）近代文教、宗教事业的发展

1. 社会文化的发展

五四运动前，芜湖的社会文化总体上还比较落后，缺少文化设施。1903年，徽州商人汪孟邹在芜湖长街创办的科学图书社，是安徽第一家新式书店，从创办到1937年停业的30多年里，对新文化的传播和马列主义的宣传都做出了一定的贡献。之后在芜湖陆续开办的皖江书店（1912年创办）、商务印书馆（1922年创办）、中华书局（1925年创办）、世界书局（1927年创办）、大德堂书局（1930年创办）等，也促进了新文化和科学知识的传播。1921年，安徽省立芜湖通俗图书馆成立。1922年，芜湖鼓楼书报社成立，开创了公共阅报读书事业。1923年，芜湖图书馆建立（铁锁巷商校内），还在文庙内设立芜湖县立民众教育馆。1927年，成立书业公会。其中芜湖通俗图书馆，1926年停办后1928年又复建，并易名为安徽省立第二通俗教育馆，1930年再次改名安徽省立第二民众教育馆（第一民众教育馆设在安庆，第三民众教育馆设在蚌埠），承担皖南20个县民众教育事业的辅导。该馆1936年曾出刊《新民》月刊，并在芜湖皖江日报办《新民众》副刊。

关于戏剧活动，民间流行的地方戏是梨簧戏和目连戏。民国时期真正影响大的戏剧是话剧。话剧的前身是“新剧”，又称“文明戏”。我国最早的话剧团体是1910年在上海成立的新剧剧团“进化团”。1911年春，该团来芜湖在大戏院演出了两个多月，影响很大，尤其是令当时的一批青年知识分子耳目一新。9月，在芜湖大马路临湖戏茶楼成立了安徽最早的民众业余新剧团体“迪智群”新剧社，我国著名电影、话剧表演艺术家王莹的舅舅就是该团的一名主要演员。虽然该团1912年就停止活动，但影响久远。直到五四运动以后很长一段时期，话剧在芜湖各个学校时有演出，以致产生出像阿英、王莹这样著名的剧作家和演员。另外，京剧、歌舞、魔术等也进入芜湖市民文化生活。其中，京剧爱好者最多。1931年11月，成立芜湖国剧研究社，12月成立芜湖艺术促进社。该社原设在上长街基督教青年会礼堂，演出场所有东寺庙小戏园、芜湖大戏院（建于1902—1906年）等。后来陆续建成的演艺场所有1912年建成的佛光大戏院，1921年建成的基督教芜湖青年会影戏部，1928年建成的芜湖电影院、广寒宫电影院，1937年建成的小娱乐戏院、新安剧场。

电影放映方面，1895年法国人发明电影，翌年传入上海。芜湖最早放映电影是在1908年，西方传教士当时放映过外国无声电影。1921年，位于上长街原湖南会馆处的基督教青年会影戏部，对外营业正式放映了芜湖的第一场电影，放映的是从上海引进的中国无声电影，如《火烧红莲寺》《白蛇传》等。随后电影又传入蚌埠、安庆、大通等地。最早的专业电影院是1928年落成的芜湖电影院（后改名为光明电影院）、国民电影院（位于进宝街湖北会馆）、明星电影院（位于二街太阳宫附近）、广寒宫电影院（位于双桐巷）。1930年前后，电影在芜湖得到了普及。

2. 教育事业的发展变化

明清时期，芜湖主要由书院和私塾进行传统的儒学教育。晚清以后，芜湖开办了近代学堂。

各类学堂的数量，以省会安庆最多。民国建立后，芜湖教育发生很大变化。1912年，学堂改为学校，终止了1906年设立的芜湖县劝学所。1914年县设视学员，1918年恢复县劝学所。1921年安徽省在芜湖设立商埠义务教育事务所，推行城区义务教育。1925年10月，成立芜湖县教育局，并贯彻教育部颁发的新学制，将小学由7年制改为6年制，将中学由5年制改为6年制。

（1）幼儿教育方面

1913年2月，安徽省立第二女子师范学校（简称“二女师”）附设有幼稚园。其后，毓秀、励志、广益等与少数县立小学相继办有幼稚园。1928年春，“二女师”改办省立第二女子中学（简称“二女中”，高中部为师范科），附设实验幼稚园。1930年，有县立幼稚园3所。1934年，有县立幼稚园1所，私立幼稚园2所。

（2）小学教育方面

原来的小学堂改称小学校。五四运动前，芜湖城区及近郊有小学30余所，到1930年前后已有公私立小学80多所。1921年开始有小学义务教育，1926年出现女子小学。芜湖第一所近代小学是1909年开办的两斋小学，该校位于芜湖县白沙圩胡家湾村（今湾沚镇西12公里），以胡氏宗祠为校舍，教师是本族中从洋学堂毕业的青年，采用黑板、粉笔上课，开设国文、算术、艺体和英语课程，是一所真正意义上的新型小学，一直办到1937年11月才被迫停课。我国著名的历史学家、古文字学家胡澱咸就毕业于此校。

（3）中等教育方面

五四运动前，芜湖有普通中学7所，师范、职业学校4所。到1925年前后，有普通中学15所，加上师范、职业学校共有20多所。1927—1933年，先后又创办私立伟亚中学、励德女学（初中部）、中山公学（中学部）等7所中学[①]。影响较大的中学有：

①安徽省立第五中学。1912年皖江中学（前身先后为中江书院、皖南中学堂、皖江中学堂）易名为安徽省立第二师范学校，1914年易名为安徽省立第五中学。1927年“四一二”事变后停办，1928年重办，更名为安徽省立芜湖初级中学。1929年秋，添设高中，改称安徽省立第七中学。1934年又改名为安徽省立芜湖中学，最后演变为现在的芜湖市第一中学。

②芜关中学。1914年，在皖南中学堂旧址复办芜关中学，命名为芜关中学（前身为皖南中学堂附设小学堂），校址在今井巷与罗家闸之间。1929年春建造了怀爽楼。1934年，改芜关中学为私立中学，同年5月开办了女子班，全校有500多名学生。抗战期间迁入歙县，坚持办学。1945年10月迁回芜湖，1952年并入芜湖市第二中学[②]。

③广益中学。是一所教会中学，原名圣雅各中学（前身为广益学堂）。1925年因反奴化教育学潮一度停办。1927年，圣雅各中学复课后校名改为广益中学。男子部在狮子山（芜湖解放后改名为芜湖市第十一中学），女子部在石桥港（芜湖解放后改名为芜湖市第十中学）。抗战时期迁至泾县茂林。

④萃文中学。位于凤凰山（前身为萃文书院）。抗日战争时期迁至重庆，抗战胜利后返回原址。芜湖解放后改名为芜湖市第四中学，现为安徽师范大学附属中学。

（4）职业教育方面

五四运动前只有两所学校。一所是1912年由安徽公学改办的甲种实业学校，1914年改名为省立第二甲种农业学校（简称“二农”）。商科分出，另立第一甲种商业学校（简称“一

① 芜湖市地方志编纂委员会:《芜湖市志(上)》,社会科学文献出版社1993年版,第581页。

② 吕俊龙:《漫话芜关中学》,载方兆本:《安徽文史资料全书·芜湖卷》,安徽人民出版社2007年版,第541-547页。

商”，不久停办，1919年又复办)。一所是1913年由公立模范两等小学校改成的乙种商业学校。五四运动后，1928年“一商”“二农”合并成立省立第二中等职业学校（简称“二职”），分设农、商两部。1934年，“二职”改名为省立芜湖高级农业职业学校（简称“高农”），商科停止招生。此外，1919年办有芜湖私立职业学校；1921年办有公立安徽职业学校，校址在高长街，设机械、木漆两科；1923年办有皖芜私立工艺学校，校址在范罗山扶风里，设化学工艺、染织工艺两科；1924年前后私立华中中学一度办为华中体育学校；1926年9月创办的私立内思高级工业职业学校（简称“内思工职”），由西班牙天主教耶稣会创设，校址设在雨耕山，有电机、机械两科。

抗日战争前夕，普通中学停办三分之二，减至8所，其中教会学校占一半。但私塾仍未停止办学，仅市区就有200多所[①]。中华人民共和国成立前，芜湖私塾尚有70多所。

3. 宗教活动的开展

民国时期，芜湖宗教已形成佛教、基督教、天主教、伊斯兰教、道教五教并存的局面，各教均有自己的宗教活动场所，组织形式也较完备。其中以佛教、基督教、天主教最盛。

芜湖天主教一直属于江南教区，1895年成立芜湖总铎区后，芜湖成为安徽天主教的主要基地。1921年9月26日，江南教区划分为江苏和安徽两个代牧区。安徽代牧区座堂设在芜湖，统辖安徽全省三道（芜湖、安庆、淮泗）教务。1929年，安庆、蚌埠两教区从芜湖代牧区分离出去，芜湖教区大为缩小，只辖芜湖、当涂、宣城、郎溪、广德、宁国、绩溪、青阳、铜陵、泾县、无为、和县、含山、巢县等24县。1937年又从芜湖教区划分出屯溪教区[②]。当时，芜湖天主教尚有北坛天主堂和河南天主堂两个分堂，以及位于租界内的芜湖圣母院，主教公署和大官山上的一座供传教士避暑歇夏之用的二层楼房。1923年开办内思男女小学各一所。1929年开办若瑟诊所，至1936年每年就诊人数8万人以上。

基督教各宗派派系繁多。据统计，从1842年至1932年的90年间，基督教各宗派到我国传教的达154个。仅在芜湖一地传教的基督教宗派就有11个（其中9个宗派是由英、美国家派来的），芜湖是安徽省基督教创办最早，派别、信徒最多的地方。这些传教士来到芜湖后，首先强占山头，作为安身居住和传教之所。如圣公会占据了狮子山和周家山，卫理公会占据了弋矶山和青山，内地会占据了小官山，宣道会占据了大官山，来复会基督会则占据了凤凰山和范罗山，还有一些后到而未占到山头的基督教会，如基督教青年会、公信会、聚会处、耶稣家庭、圣洁教会。各教会为了便于广泛传教，在芜湖还兴办了许多学校、医院、诊所。以上教会以圣公会最为活跃。19世纪70年代末美国圣公会差派传教士来芜湖，1890年前后在芜湖成立了中华圣公会皖赣教区，下设圣雅各教堂（位于花津桥石桥港）、圣爱女修道院（位于周家山，曾为新华印刷厂、海军某部营地）、圣爱堂（1916年建成的礼拜堂）等分支机构，主教办公楼设在狮子山上。创办于狮子山上的圣雅各中学在20世纪二三十年代已形成完整规模。卫理公会1887年在弋矶山创办的芜湖医院在1912—1937年有很大发展，1929年秋，蒋介石曾参观医院并为医院题字和捐款。来复会在凤凰山创办的萃文中学在20世纪二三十年代也已具完整规模。

芜湖民众多信佛教，佛寺众多。据记载，迄

① 芜湖市政协学习和文史资料委员会、芜湖市地方志编纂委员会办公室:《芜湖通史》,黄山书社2011年版,第402页。

② 张凤藻:《芜湖天主教简史》,载方兆本:《安徽文史资料全书·芜湖卷》,安徽人民出版社2007年版,第787页。

民国初年，芜湖共有庙坛52所、寺观138座。但到抗战时期，仅存完整的广济寺一所，成为佛教活动的主要场所。广济寺有“小九华”之称，迄今已有1300多年的历史。清咸丰年间（1851—1861）毁于兵火，同治、光绪年间（1862—1908）几度重修。寺内滴翠轩，曾是北宋文学家黄庭坚在芜时读书会友之处，多次兴毁，现存建筑为民国早期所建，1982年公布为市级文物保护单位。民国前，芜湖尚有道观48所，最著名的是位于古城内的城隍庙，是道教的主要活动场所。位于古城北门外的清真寺，始建于1864年，1902年有扩建，礼拜大殿、讲堂等寺房宽敞完备，为伊斯兰教信众提供了很好的活动场所。

（五）李鸿章家族在芜湖的房地产开发

清廷重臣李鸿章是中国近代史上一个极为重要的人物。李氏为合肥望族，李氏家族发迹后在合肥购置有大量田产。据说李府最盛时期在合肥有田257万亩（一说50万亩）。这些土地采取万亩建仓的办法，委以亲朋直接管理①。李鸿章兄弟六人，在芜湖拥有大量房地产的主要是李鸿章长子李经方、次子李经述、三子李经迈，以及六弟李昭庆和四弟李蕴章。大房李瀚章、三房李鹤章、五房李凤章未查明在芜湖是否有房地产。

从芜湖开埠到1931年间，是李氏家族在芜投资房地产的主要时期，他们同时也涉足一些工商业。其开发房地产的方式是先成片购买当时还是城郊的空地、荒山、荒滩，或购买私人的田园，然后开辟街道、马路，先建楼房，形成整块、整条的街区，收取房租、地租。也有购私人房屋加以改建或拆除新建，也有出租地皮给别人建房，住满若干年后收归李府所有，也有“见缝插针”式的房屋建设。开发形式很多，发展甚为迅速，几乎遍布老市区和新市区。沿河路、长街、二街、三街、渡春路、新芜路、中山路、吉和街、华盛街及河南富民桥等地区的地皮房屋，全都或绝大部分都归李府所有。此外，还兴建了不少李府自用的房屋与花园，如“钦差府”（李经方居住，位于华盛街）、“三大人公馆”（李经榘居住，位于镜湖东路）、“五大人公馆”（具体居住人不详，位于沿河路）等深宅大院，大花园、景春花园、长春花园、柳春园、西花园等私家花园②。

清代风行堂名，李氏家族在芜也设有许多堂号，分归李府各房。如“李漱兰堂”属李鸿章长子李经方名下，“李蔼吉堂”“李志勤堂”“李固本堂”分属李鸿章次子李经述、三子李经迈和六弟李昭庆名下，“李通德堂”属四弟李蕴章四子李经达名下。其中以李漱兰堂的房地产为最多，李蔼吉堂、李志勤堂次之（长街和弋江桥至中山桥一带），李固本堂（上二街、柳春园一带）也不少。

李经方（1855—1934），字伯行，李鸿章长子。1890—1892年，任驻日公使。1895年李鸿章赴日议和遇刺后，李经方出任钦差全权大臣。1910年任出使英国大臣。辛亥革命后，李经方寓居芜湖（六中校舍就是他当年的住宅）。李经方带领他的家族在芜经商，开设当铺、磨坊、洋行、保险公司，售五洋商品，开办利济轮船公司。此外，大量投资房地产，逐渐开发形成了二街、三街、吉和街、沿河街、集益里、中山路、新芜路等成片的商业区和住宅区，具体数字已无从查考。据资料记载，在19世纪50年代“李漱兰堂”捐赠办学的房产有276幢，分布在芜湖市

① 丁德照、陈素珍：《李鸿章家族》，黄山书社1994年版，第4页。

② 许知为：《李鸿章在芜湖轶事琐闻》，载方兆本：《安徽文史资料全书·芜湖卷》，安徽人民出版社2007年版，第1099-1100页。

区28条街道和里巷，占地299多亩，建筑面积约22万平方米。这只不过是李府在芜湖房地产中极小的一小部分而已，可见其全盛时期在芜湖投资房地产的庞大规模①。

李经椝（1860—1933），字仲洁，李鸿章六弟李昭庆三子。他是中国第一任驻英国公使郭嵩焘的女婿，又是李氏家族中最早来芜湖人员之一。居住在“三大人公馆”（李家人称“小花园”，现为芜湖市第八中学）。李昭庆四子李经叙（1864—1909），居住在“四大人公馆”（李家人称“长春花园”，后为芜湖少年体校一带）。李经椝一生未踏入官场，他不仅在芜经商，开办过“宝善”钱庄、“鼎玉”当铺，还拥有很多房地产。他任中国轮船招商局芜湖行栈经理，又被公推为芜湖商务总会首任总理。

李氏家族在芜湖近代进行的房地产开发，对城市功能的完善、城市面貌的改善以及城市建设方式的改变都起到了积极的作用。

（六）市政、交通设施的继续发展

1. 邮电

1912年，大清邮政局改为中华邮政局，1914年，安徽邮政管理局设于省会安庆，各地设邮政局、所。邮局分三等，每等又有甲、乙两级。芜湖邮政局是当时省内唯一的一等甲级局，属苏皖区。1934年，实行邮电合设。1935年，苏皖邮区实行分管。

芜湖电信从1883年设二等电报局开始。到1921年，芜湖已可与镇江、南京、采石、当涂、宣城、屯溪、荻港、大通、殷家汇、安庆、九江等地直接通报。1927年，可与京沪同线直达通报。1928年，芜湖电报局增设短波无线电台，为芜湖无线通信之始。1929年，南京政府建设委员会在芜湖北平路（今北京路）开设商用无线电台，与上海、南京、汉口通报。后开办了两家民营广播电台：大有丰无线广播电台（1933年开办）和亨大利无线广播电台（1934年开办）。1934年，芜湖电报局与商用电台合并。1935年、1936年，又陆续加装了至安庆、屯溪两路快机。至此，芜湖电报通信已初具规模。

芜湖电话业务，民国以后才建立。1914年，军警、官署首先安装电话。1915年，芜湖本地商人王揭慎联合商股集资创办了芜湖电话公司，1921年交通部接管经办，在中二街新建了芜湖电话局。1927年城内电话容量已达700门，实装用户512门。1936年准备将城内电话扩容至1000门，后因抗日战争爆发，1937年被迫停工。

2. 轮船客运

民国时期，芜湖轮船客运比清末更有发展。1911年，以芜湖为起讫点的航线有16条，长1691公里；起讫点不在芜湖的航线有4条，长392公里。到1934年，以芜湖为起讫点的航线增至26条，航程增至2339公里；起讫点不在芜湖的航线增至18条，长1359公里。一战以后，芜湖有11家小轮公司，到1933年只有小轮26艘。到1937年，芜湖轮运公司达到29家，船舶63艘。小轮航线主要有芜湖至庐江、南京、南陵、安庆、宣城、无为、石牌等。一战期间，外轮在芜湖贸易活动明显减弱，直到1918年以后，外国轮船吨位才逐年回升，到1922年以后所占比重竟超过80%。外轮数量、吨位均远远超过华轮，长江航运为外人所控制②。

这一时期，芜湖港的建设继续在自青弋江口起向北至弋矶山麓止3.5公里的江岸内发展。1917年，中国招商局芜湖分局开始兴建码头。

---

① 许知为:《李鸿章在芜湖轶事琐闻》,载方兆本:《安徽文史资料全书·芜湖卷》,安徽人民出版社2007年版,第1100-1101页。

② 芜湖市地方志办公室:《芜湖商业史话》,黄山书社2011年版,第190-191页。

1919年，英商相继在芜湖修建驳岸。1926年，中国招商局芜湖码头建成。到1933年，在芜湖口岸的码头船已有19座，其中华商占9座，外商占10座[①]。

据统计，芜湖港乘轮船进出境旅客人数1890年只有3.75万人次，1900年达8.17万人次，1910年竟高达64.45万人次，至1923年为51.95万人次，1924年为46.71万人次，只有小的波动。其中短程各站人数占60%以上，去上海的约占27%，去武汉的约占7%[②]。旅客人数的不断增加，既反映了芜湖城市人口流动的情况，又表明芜湖城市在区域经济中影响的扩大。

3. 市内交通

20年代开辟了中正路（今新芜路）、吉和街，30年代修建了新市口路、北平路（今北京路）、中江路、铁路基（今黄山路）和环城路等道路。1936年国货路路面加铺沥青路面，为芜湖第一条沥青道路。此时市区尚无公共汽车，市内主要交通工具是人力车（即“黄包车”），1922年有人力车600余辆，从业人员约2000人，出租车行五六家。

4. 公路

（1）芜屯路（芜湖—屯溪）

1926年由商营宣芜广长途汽车股份有限公司租用铁路路基，建芜湖至湾沚公路34公里，当年通车运营。经营芜湖至湾沚、宣城至湾沚客运，有10辆载客汽车。1934年4月，安徽省公路局改线新建，1935年1月全线通车，全长273公里，由芜屯车务管理处经营客运，有汽车43辆。

（2）芜宁路（芜湖—南京）

始称“京芜公路”，由两省分建。1928年动工，1933年全线通车，全长97公里。由吴兴周开办的京芜西段长途汽车公司经营芜湖至当涂、芜湖至南京客运，有汽车12辆。

（3）芜合路（芜湖—合肥）

1928年冬合肥到巢县段开工，1929年6月通车，时称“合巢公路”。1946年通巢县到裕溪口段，时称“合裕公路”。

（4）芜青路（芜湖—青阳）

1936年动工，后因抗日战争爆发，工程中断。

5. 铁路

20世纪初的中国，全国有2.5万余公里铁路线，90%以上控制在帝国主义列强手中，当时我国爆发了收回铁路权利运动，各省商办铁路公司相继建成。安徽商办铁路公司也于1905年成立。自此，芜湖铁路走上艰难历程，因筹划多变，时建时停。

（1）皖赣铁路（芜湖—贵溪段）

1906年12月动工，1911年建成芜湖至湾沚32公里路基及桥涵，并铺轨6公里。后因无资续办而停工。1933年铁道部将路基权收回，转让给江南铁路公司续建，1934年11月25日竣工通车。1937年，国民党为阻止日军进攻，毁坏铁路，炸毁桥梁，全线中断。

（2）江南铁路“京芜段”（南京—芜湖）

1934年8月，兴建芜湖至孙家埠段（86公里），1935年4月通车时称江南铁路“京芜段”，1949年后改称“宁芜线”。

（3）淮南铁路（田家庵—裕溪口）

1934年3月开工，1936年1月1日通车。

6. 航空

20世纪20年代末期，上海飞往汉口的沿江民用航空线——沪汉航空线，经停南京、九江两地。1930年，中国航空公司又开辟沪蓉航空

① 芜湖市政协学习和文史资料委员会、芜湖市地方志编纂委员会办公室：《芜湖通史》，黄山书社2011年版，第419页。

② 芜湖市地方志办公室：《芜湖商业史话》，黄山书社2011年版，第213-214页。

线，年底在安庆、芜湖先后设立航空站，设水上停机场，上下乘客。1930年12月23日，中国航空公司芜湖航空站正式成立并投入营业，揭开芜湖民航第一页。当时是水上飞机，可在水面和陆地起降，除货物外可搭载8名乘客。芜湖成为最早一批建有民用航空站的城市之一。

1934年修建湾里飞机场，最初只能升降着落轻型螺旋战斗机。1937年12月10日，日军占领芜湖后重新修建成为军用机场。1945年，日军投降撤退时，机场全部炸毁。

（七）芜湖近代城市规划与城市形态

1.芜湖近代城市规划

1932年，芜湖县政府曾制定城市建设规划。该规划运用城市功能区的规划思想，将芜湖规划布局为六个功能区：

①工业区。分两片，一片位于弋矶山北至小港口，已有招商局大轮码头、堆栈修船厂、三井堆栈、美孚洋油栈等。一片位于河南自旧营盘至南关一带，已有米厂、面粉厂等。此两处面积辽阔。②新市区。自弋矶山南沿租界及海关，至范罗山麓。这里华洋杂处，交通便利。③平民住宅区。自保兴埠（今黄果山、团结路）至大小官山一带。这里接近新市区及工业区，用地充足。④行政区。陶塘（今镜湖）四周附近。这里位置适中。⑤风景区。自小官山、赭山至四柱牌坊段。这里自然环境较好。⑥商业区。其他如长街、二街、吉和街、河南街等处。这里商业已经繁荣，乃原有商业区，拟逐渐加以整理[①]。该规划从当时实际考虑，指导了20世纪三四十年代芜湖城市建设。但规划范围偏小，功能分区也未涉及古城区，属于就事论事的实用性规划，尚缺乏长远的规划考虑。

1935年12月，安徽省土地局曾绘制“芜湖街市分段图”，从图中可知当时已有划分“地块”的意识。将河北从西到东划分为105个地块，将河南从东到西划分为34个地块，总共139个地块。这是当时市区的范围。地块划分依据主要考虑地形地貌，有的按照道路划分。地块大小1~10公顷，形状大多不规则。此图很有价值，注有很多地标名称，需进一步认真研究（图2-3-2）。

2.抗日战争前芜湖的城市形态

明末清初的芜湖，其城市形态是古城区的块状形态加上向西沿青弋江北侧发展的带状形态（图2-3-3）。抗日战争前的芜湖城区实际上已形成一些新的城市功能区，如新的工业区、商业区、居住区以及租界区（图2-3-4）。城市布局可概括为四个片区：①古城区（包括东门外）。古城内以居住为主，有行政管理区，也有商业区，是一处综合功能区。东门以外已有部分工业布局。此区位于城市东部。②租界区。此区位于城市西部临长江地区，20世纪初开始有远离古城区的跳跃式发展。③青弋江以北地区，俗称“河北”区。此区有较大的填充式发展，逐渐填满。西端江口地区紧邻租界区，随着中山路、新芜路、吉和街等道路的开辟，发展很快。此区以居住、商业为主，间有工业布局（如狮子山以东）与行政办公（如镜湖北侧），也是一处综合功能区。④青弋江以南地区，俗称“河南”区。沿着青弋江呈线形发展，功能以工业为主，间有居住、商业与行政办公。以上四个片区的逐渐形成，表明抗日战争前的芜湖新老市区已连成一片，城市主要在青弋江北侧发展，但已开始跨越青弋江向南蔓延式发展。可以说，20世纪30年代芜湖的城市形态已发展为西临长江的沿青弋江发展的“L”形带状城市（图2-3-5）。

① 金弌、管天文:《近代芜湖城市建设述略》，载方兆本:《安徽文史资料全书·芜湖卷》，安徽人民出版社2007年版，第410页。

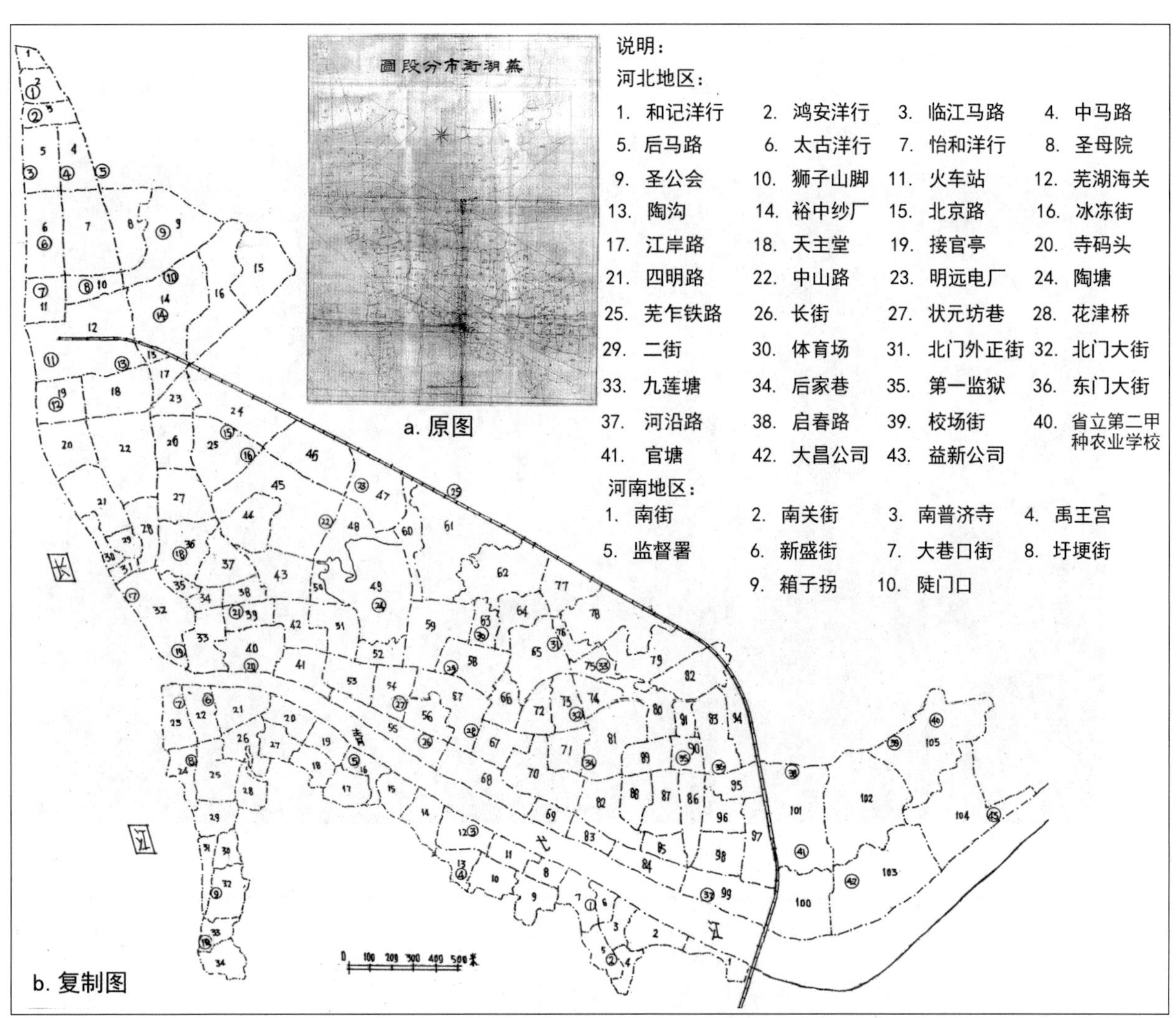
蕪湖街市分段圖
a. 原图
b. 复制图
说明：
河北地区：
1. 和记洋行 2. 鸿安洋行 3. 临江马路 4. 中马路
5. 后马路 6. 太古洋行 7. 怡和洋行 8. 圣母院
9. 圣公会 10. 狮子山脚 11. 火车站 12. 芜湖海关
13. 陶沟 14. 裕中纱厂 15. 北京路 16. 冰冻街
17. 江岸路 18. 天主堂 19. 接官亭 20. 寺码头
21. 四明路 22. 中山路 23. 明远电厂 24. 陶塘
25. 芜乍铁路 26. 长街 27. 状元坊巷 28. 花津桥
29. 二街 30. 体育场 31. 北门外正街 32. 北门大街
33. 九莲塘 34. 后家巷 35. 第一监狱 36. 东门大街
37. 河沿路 38. 启春路 39. 校场街 40. 省立第二甲种农业学校
41. 官塘 42. 大昌公司 43. 益新公司
河南地区：
1. 南街 2. 南关街 3. 南普济寺 4. 禹王宫
5. 监督署 6. 新盛街 7. 大巷口街 8. 圩埂街
9. 箱子拐 10. 陡门口
长
江
青
弋
江

图2-3-2 芜湖街市分段图

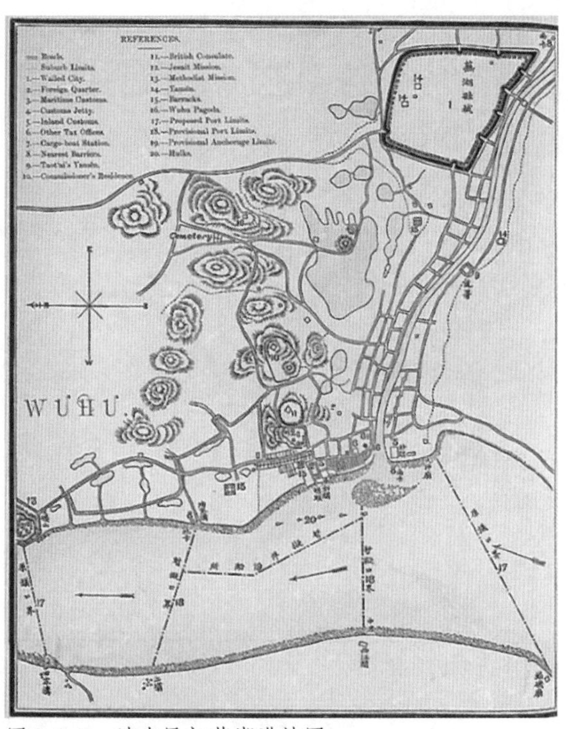
REFERENCES.
WUHU

图2-3-3 清末民初芜湖港地图

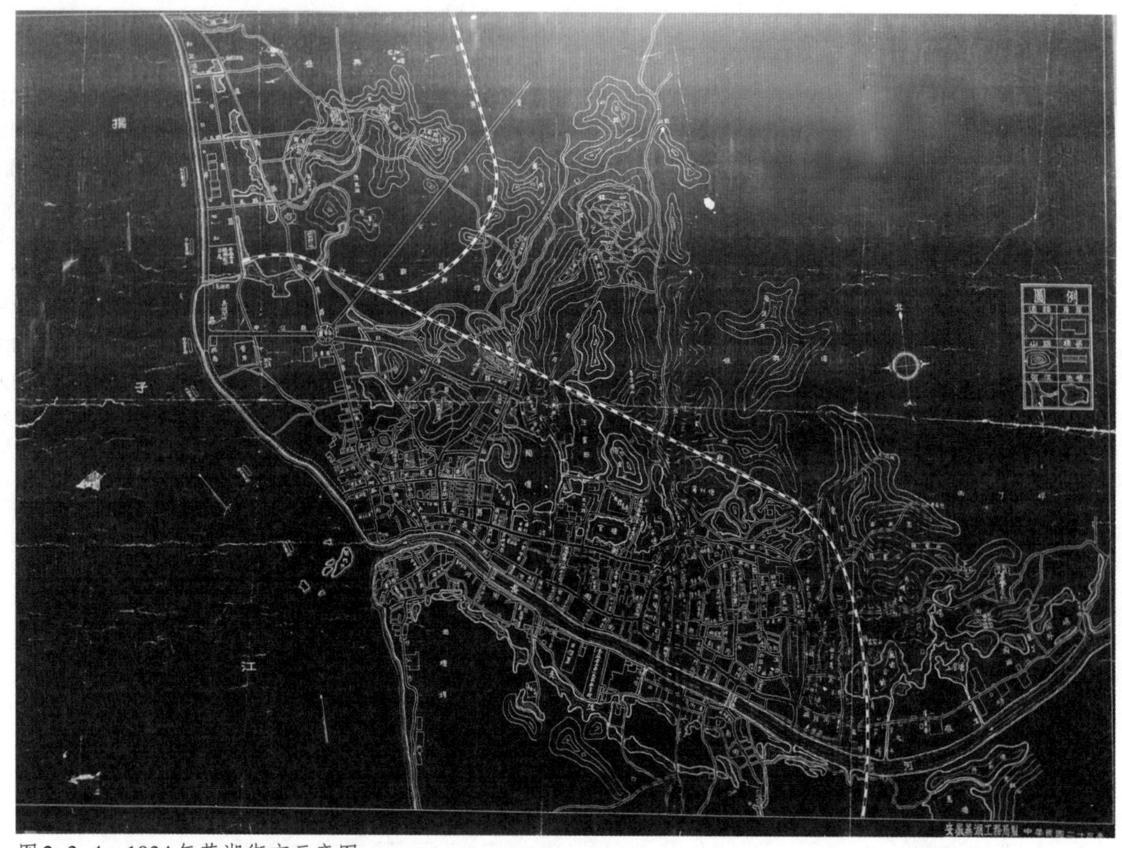

图2-3-4　1934年芜湖街市示意图

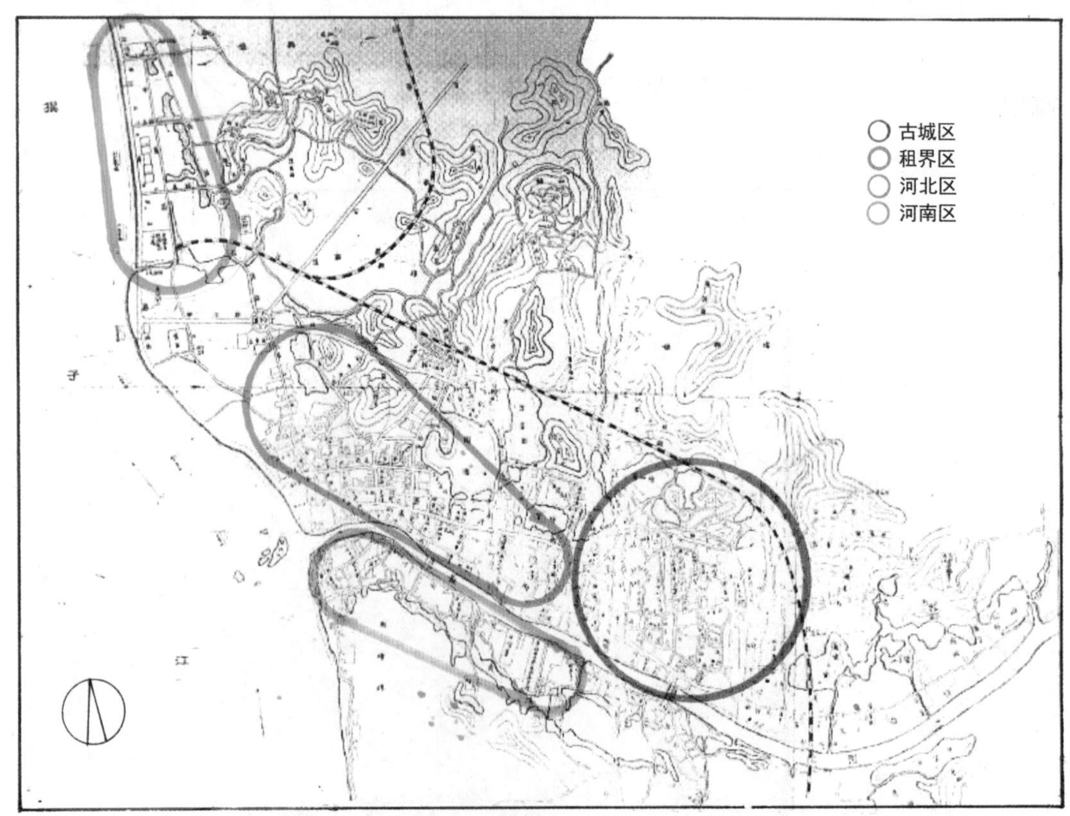

图2-3-5　抗战前芜湖城市布局分析示意图

（八）城市规模与城镇体系

1. 芜湖城市规模

关于城市人口规模，据当时县警察厅调查，1915年芜湖城区人口为92627人（17876户）。另据民国八年《芜湖县志》统计数字，“城乡总计41249户，男女各项人丁共计235166口”。两项统计基本一致，按此推算，芜湖的城镇化率在民国初年已超过35%。无论是城市人口总数还是城镇化率都高于当时的省会安庆，成为当时安徽人口规模最大的城市。据当时的芜湖海关估计，芜湖城区人口1921年为126945人，1931年增至140554人，1934年又增至170251人（比当时的省会安庆人口还多45000人）[①]。

关于城市用地规模。难以查到有关确切数据。从金弌、管天文《近代芜湖城市建设述略》一文中看到：“据1929年4月《市区图说》称市区全部面积共18.2平方公里”[②]，不知是否确切。笔者认为，此数据可能偏高。对20世纪30年代中期芜湖城市用地规模，笔者作以下估算：古城及以东以北地区约有2平方公里，租界区及紧邻地区约有1平方公里，青弋江江北其他地区约有5.5平方公里，河南地区约有1.5平方公里，合在一起城市用地共约10平方公里，建成区面积最多6平方公里。

2. 芜湖城镇体系

芜湖腹地十分广阔。芜湖凭借居于全省水道中心的地位，集长江南、北支流于一身，将皖中和皖南连为一体，大部分地区受其辐射。“从康熙初年到民国初年，（芜湖）大小市镇从10个增为18个，显见此一地区商贸活动逐渐开展的情况。”[③]悠久历史的名镇有湾沚镇、弋江镇、澛港镇、石硊镇、方村镇、荻港镇、西河镇等。民国时期兴起的有濮家店、清水河、官陡门等。其中，澛港镇“多砻坊、为粮米聚贩之所，商旅骈集、汛防要地”，距芜湖仅7.5公里。方村镇跨河两岸，“人烟繁盛，商业砻坊居多”，在县东南20公里。清水河镇“自万顷湖开垦后”，“遂增繁盛”。石硊镇“埌接南陵为驿路，今驿裁而镇如故”，在县南17.5公里。湾沚镇，早在西汉初年，这里就是“盐艘鳞集，商贩辐辏”的地方。弋江镇，早在春秋战国时期就是显扬于江南的名邑（“宣邑”）。荻港镇，早在西汉时期就是春谷县治所在。此外，尚有南板桥市、石冈市、山口市、二十里市、孤汀市、东陡市、河上桥市、老鸦山市、十里牌市、蜈蚣渡市、丝竹港市、南坝寺市、南陡门市等集市围绕，这些市镇和集市距芜湖县城大多在25公里范围以内。因此，在20世纪30年代初就形成了以芜湖为中心的由“城市—市镇—集市”构成的城镇体系，图2-3-6反映了芜湖近代城镇体系的状况。

四、芜湖近代城市发展滞缓期(1938—1949)

抗战时期，日本侵略者对芜湖人民进行残酷的殖民统治和经济掠夺，芜湖进入日伪统治时期，经济、社会遭到严重破坏，城市陷入畸形发展。

抗战胜利到芜湖解放这一时期，芜湖经济有短暂的复苏，城市建设略有发展。但是芜湖由于遭到国民党政权的统治和掠夺，政治腐败，经济衰败，社会混乱。国民党又发动全面内战，使芜湖经济再次陷入危机之中，城市发展十分滞缓。

---

① 章征科:《从旧埠到新城》,安徽人民出版社2005年版,第17页。

② 金弌、管天文:《近代芜湖城市建设述略》,载方兆本:《安徽文史资料全书·芜湖卷》,安徽人民出版社2007年版,第410页。

③ 谢国兴:《中国现代化的区域研究:安徽省(1860—1937)》,中国研究院近代史研究所1991年版,第506页。

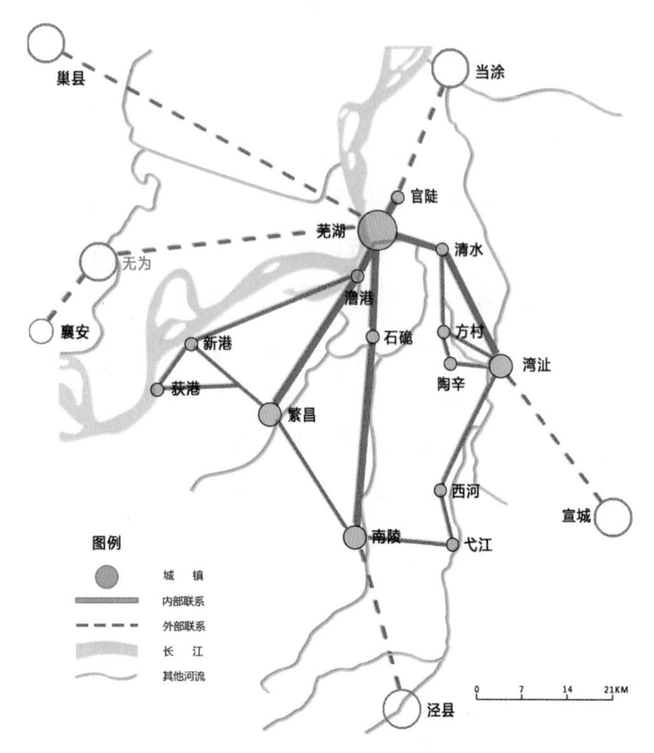

图 2-3-6 芜湖近代城镇体系示意图

(一) 日伪时期

1. 日军占领后对芜湖的破坏与掠夺

1937年12月10日，芜湖被日军占领，芜湖先于南京沦陷，是安徽省第一个沦陷的城市。之前，从1937年12月5日起，日本侵略军派飞机连续三天对芜湖狂轰滥炸，炸沉英国轮船二艘（大通号、德和号），长街、二街一片火海，浓烟裂火笼罩整个城市20余天，城市遭到严重破坏，房屋毁损无数，死伤万人以上。芜湖沦陷后日军采取野蛮的“三光”政策，对芜湖实施了长达半个月之久的烧杀抢掠，随即对芜湖实行残酷的法西斯统治。

日军主要驻扎在赭山、狮子山、范罗山和飞机场。在赭山设立了警备司令部，修建了三座楼房做兵营。日军占领裕中纱厂后先是拆毁、劫走机器，一度改成伤兵医院，继则实行“军管理”，委托裕丰纺织株式会社经营管理，1940年后实施“以华制华”政策，改为“中日合办”。益新面粉厂“军管理”后改名为“华友面粉厂益新工场”，生产面粉统一由日军分配。明远电厂设备几乎被破坏了一半，被日本华中水电株式会社占据。大昌火柴厂等厂也被日本人侵占。日军还对繁昌、当涂两地的矿产进行掠夺性开采，把芜湖米市当作其抢购粮食的主要来源地。

2. 国民党县政府的流亡与汉奸政权的建立

芜湖沦陷后，国民党县党部流亡至南陵县的俞家埠，繁昌县政府先后迁往赤砂乡的八分村、泾县的章家渡。南陵县政府流亡多处，最后落脚在刘唐乡（今烟墩乡）。从1938年到1942年，安徽由原10个行政督察区重新划为9个，芜湖属第六区，专署驻泾县。

1938年至1945年这八年中，日军先后扶植了“芜湖地方治安维持会”“伪地方自治委员会”“伪芜湖县公署”“汪伪县政府”等四个伪政权。伪政府实权实际上为日本顾问及日军驻军长官所掌握。伪政府建立后，进行了亲日卖国、反共反人民的罪恶活动，对人民进行政治迫害和经济剥削。

由于皖南山区地势险要，日军一直未能侵入。1938年8月组建的新四军军部设在泾县云岭，共计万余人。活动地区东起芜湖、宣城，西至青阳大通镇，宽约100公里，纵深约60公里，成为钳制日军出入长江交通的一个重要侧翼。新四军在皖南前线三年之中取得了无数次战争胜利，有力地打击了敌人，直至1941年1月7日“皖南事变”爆发。

3. 日伪时期的芜湖城市状况

（1）日军推行的奴化教育使芜湖教育凋敝不堪

芜湖沦陷前，3所省立中等学校，有的流离至湘西，有的迁贵池后又停办（安徽省立第五中

学)。私立中学中，1所辗转巴蜀（萃文中学），3所内迁皖南（芜关中学、建国中学、广益中学），2所停办。1938—1939年，原有教会办的中等学校5所相继开学（内思中学、毓秀中学、励德中学等），其中1所职业学校（怀让护校，1942年停办），日伪当局办有普通中学2所、商业中学1所。1941年，城区有小学11所。1945年春，有小学34所，其中县立小学设高级班的仅7所，共11个班。日军在学校推行法西斯奴化教育，小学增设日语、东亚新秩序等课程，中学规定日语为必修课。沦陷期间，尚有私塾86所。芜湖教育，大不如前，凋敝不堪。因社会动荡不安，学校时停时续。

（2）日军控制的文艺事业病态发展

1939年，建成芜湖大娱乐戏院（以演京剧为主，后改名芜湖大戏院）、芜湖新新大戏院（以演出京剧与扬剧为主），又设立芜湖庆华戏院。另外几家，如光明戏院（也叫光明电影院）、娱乐大戏院（今和平大戏院旧址）、艺术大戏院（今书画院附近）、中江大舞台（今中长街状元坊口）、复兴大舞台（今中山路大众电影院旧址）和佛光电影院（原旌德会馆旧址），上演、上映的除歌颂日本军国主义的剧目和电影外，还充斥着大量的荒唐、怪诞、恐怖和诲淫诲盗的内容。1939年秋，在万安路（今新芜路）新建了一座东洋建筑式样的电影院（日本人设计），取名“东和”，后又称东和剧场，专门为日军放映日本片。

（3）日占时期新型供水系统的建设

1938年1月，日军为供应自己的军队营房、领事馆及附属洋行用水，在裕中纱厂内建了一套日产约50吨的小型制水系统，1939年4月，日军把这套供水系统移交给日商经营。日商接收后，把市内供水与供电部门合并，成立了华中水电株式会社芜湖营业所，同年开始向市内少数居民供应自来水，每日供水量仅四五十吨。这是芜湖开始使用自来水之始。1942年，日商在太古码头建造一套日产2800吨的制水系统，1945年8月，日本投降前夕基本建成。

4. 日军垄断的商业、金融业的畸形发展

由于日军实施“以战养战”政策，对经济进行统治和垄断。对外贸易方面，进出口物资统一由日商经营。1939年，芜湖有日商约70家，由三井洋行、吉田号、瀛华洋行等日商进行控制。沦陷时期，米市渐趋低落，年输出量最多不超过100万石，完全由日军控制。商品销售方面，日军不但垄断五洋（洋油、洋皂、洋烛、洋火、洋烟），还垄断了芜湖的纱、布、食油、盐等贸易。日军还从抢购粮食、土产、各种工业原料，倾销大批日本剩余物资和各种日用品，以及重征商税三个方面对芜湖进行商业掠夺。

芜湖沦陷后，中央银行、中国银行、交通银行、农民银行，以及地方银行、商业银行纷纷撤离停业。1938年春，日伪南京政府成立的华兴银行在芜设机构，推行华兴券与日军用票的流通。1941年8月，伪中央储备银行在芜设立办事处。随着市场渐趋繁荣，钱庄陆续开业，到1941年9月，钱庄已有32家，银行增至4家（华兴银行芜湖分行、安民银行芜湖分行、日商开设的台湾银行芜湖支店、伪中央储备银行芜湖办事处）。到1943年8月，钱庄增至48家，银行增至7家，庄号质当银楼统计约120家。

5. 日军控制的工矿、交通业的强行掠夺

日军对芜湖工矿业的掠夺和控制采用“军管理”“委托经营”“中日合办”“租赁”“收买”5种手段，一般多是前3种手段。所谓“军管理”，就是企业由日本军方占领和管理，大多又委托给日本的工商企业代为经营，都是为军方服务。裕中纱厂、明远电厂等企业即如此。所谓“委托经营”，就是日军指派日本浪人或资本家自行经营，军方不予干涉，如益新面粉厂、大昌火柴厂等企业即如此。所谓“中日合办”，就是日

本军方或资本家强行加入少量股金，获取实际上的操纵权和经营权，中方资本家只是傀儡、附庸，名为“合办”，实为独占。裕中纱厂后期由“军管理”改为“中日合办”，变成永久性占有的“中一纱厂”。所谓“租赁”，就是由日本商人租办企业。繁昌县桃冲铁矿裕繁公司在抗战前是“中日合办”企业，由于资不抵债，日商华中矿业公司采取“商租”形式侵吞桃冲铁矿，日本人安部四方任矿业所所长管理铁矿，直到抗战胜利。1940年至1941年，桃冲铁矿有30万吨矿石运往日本。1942年因太平洋战争爆发，海运中断，才无法运出。1945年日本投降，日本强占桃冲铁矿的历史才终于结束。

航运交通方面，日军占领芜湖后，设立了东亚海运株式会社芜湖支店等9家航运机构，控制了芜湖的航运。铁路交通方面，宁芜线铁路全线被华中铁道株式会社霸占8年。公路交通方面，1938年，芜青公路芜湖至繁昌段简易通车。1939年，芜宁公路日军修复通车。同年，芜湖至湾沚段的芜屯公路草修通车。各公路运输线皆由日伪开办的汽车运输行组织运营。航空交通方面，湾里飞机场经日军扩建，常驻飞机一百多架。1945年日军撤退时，机场被炸毁。

（二）抗战胜利至芜湖解放时期

1. 国民党政府统治的恢复

1945年8月15日，日本正式宣布无条件投降。9月9日，在南京举行受降仪式。10月初，驻芜日军和日侨撤尽。10月12日，国民党军队开进芜湖接防，并接收日本军用物资。紧接着出现了国民党中央与地方省府（新桂系）争相接收的局面。时任安徽省政府主席、第十战区司令长官李品仙亲自坐镇芜湖主持接收，借此大发横财。

1945年9月，流亡的国民党芜湖县政府迁回芜湖旧治所。10月，筹建国民党安徽省第六行政区行政督察专员公署，辖芜湖、宣城、郎溪、广德、当涂、繁昌、南陵、泾县等县。11月1日，成立芜湖市政（府）筹备处，已有建市设想。1946年1月，芜湖市政筹备处编制了《芜湖市政实施计划概要》，对建造中山纪念堂、商场、菜市场、平民住宅、公共厕所等建筑，重建利涉桥，设置公用轮渡，开辟新马路，翻修旧马路，种植行道树，修复公园，整修体育场，改设市医院，设立图书馆等方面进行了规划，并提出如何实施。1946年8月7日，成立芜湖市政建设委员会，代替了市政筹备处，1947年春，因市县地区划分争议，芜湖市政建设委员会裁撤，芜湖建市终未实现。

2. 解放战争的推进及芜湖解放

抗日战争胜利后，国民党蒋介石政权挑起内战，进入解放战争时期。1946年初，国民党因军事进攻的失败和人民反内战运动的高涨，被迫与共产党进行重庆和平谈判，同时积极准备发动内战。由于芜湖是国民党统治的重点地区，国民党地方部队重重设防。1946年初，设立京沪警备司令部芜湖城防指挥部和安徽省第六行政区保安司令部。1947年春，中国人民解放战争开始转入战略反攻。1947年夏，刘邓大军挺进大别山，至11月下旬已建立33个县的民主政府。1947年4月，国民党设立首都卫戍司令部江芜区警备部，1948年3月，又设立芜湖指挥所。1948年11月，淮海战役打响。1949年1月，淮海战役胜利结束，紧接着拉开了渡江战役的序幕。3月，蒋介石派出第二十军到芜湖接防，4月，又派国民党第九十九军增援。1949年4月20日，南京国民政府拒绝在《国内和平协议》上签字。21日，毛泽东、朱德签发了《向全国进军的命令》，规模空前的渡江战役开始。当日，解放军解放了繁昌，22日，解放了南陵，23日，芜湖与南京同时解放。从此，芜湖进入崭新的历史阶段。

3. 文化教育事业缓慢恢复

抗日战争胜利后，大小官吏忙于劫收敌伪财产，忽视教育，各级学校恢复缓慢。

①小学教育。1946年上半年，城乡小学先后恢复上课。1948年9月，芜湖有县立小学16所，私立小学32所，在校学生9000多人。私塾也逐渐增加到200余所。

②中等教育。抗战胜利后迁芜复校的有三所：私立静文中学（1940年创办于重庆），安澜纪念学校（1943年创办于广西全州，迁芜后改办安澜高级工业职业学校），春霖中学（1944年创办于四川铜梁）。原省立芜湖中学复办第三年改名为安徽省芜湖高级中学。截至1947年9月，在芜湖复校或建校的中学共15所（学生3129人），其中省立中学2所，县立中学1所，私立中学5所，教会中学7所。中等教育较抗战前有所发展。1948年冬，安徽长江以北地区次第解放，皖东北部分中学奉命南迁，省教育厅在芜筹办青弋临时中学，容纳学生2200余人。临时中学多至17所，名为办学，实为收容。

③职业教育。除安澜高级工业职业学校外，省立立煌高级商业职业学校迁芜（定名为省立芜湖高级商业职业学校）。1945年12月，私立内思中学恢复为工业职业学校。1946年，怀让护士学校复校。同年7月，开办私立三益初级商业职业学校（由旅芜泾、旌、太三县同乡会在老浮桥南首开办）。1947年，芜湖县私立商会初级商业学校开学。私立安徽职业学校在原址废墟上重建校舍复校。至1949年春，芜湖有7所中等职业学校，学生828人。

④师范教育。1946年冬，芜湖设县立简易师范学校。1949年3月，改名为芜湖县立师范学校。

⑤高等教育。1946年10月，设在立煌县的安徽省立安徽学院迁来芜湖赭山山麓（其前身是1941年8月设立的省立临时政治学院，1942年下半年改名安徽省立师范专科学校，1943年9月扩大为安徽省立安徽学院），学生有700多人。芜湖解放后，安徽学院先与从安庆迁来的国立安徽大学合并改组成立新的安徽大学，以后发展为今天的安徽师范大学。

⑥文化艺术事业。1946年，重建安徽省立芜湖民众教育馆。同年，建成中山纪念堂电影院。1948年建成大华电影院。当时尚有国安电影院、同乐戏场、娱乐大戏院、新新大戏院等文化设施。

⑦卫生事业。仅有两个公办医院和一个教会医院。1947年，规模相对较大的弋矶山医院床位增至250张。

4. 金融与商业短暂复苏后又迅速衰落

（1）国民政府对金融业的控制与掠夺

抗日战争胜利后，国民党当局实行“劫收”政策，清理日伪金融机构，停止伪中储券的流通，法币重返芜湖，官僚资本重新控制了芜湖的金融市场。1945年底，全部停业的钱庄又纷纷筹备营业。到1946年2月，开业或试业者达54家，默许经营的“地下钱庄”有80多家。国家金融机构“4行2局1库”相继恢复。1946年复业的有中央银行、中国银行、农民银行三家芜湖分行，以及1943年已回芜、战后恢复国家银行营业的交通银行芜湖支行。中央信托局和邮政储金汇业局两个芜湖办事处，也在1946年复业。中央合作金库芜湖支库1947年复业。地方银行有安徽省银行（1948年迁芜）、芜湖县银行（1945年12月成立）。商业银行先后复业的有上海商业银行和中国实业银行两家芜湖支行。还有先后开业的中国平安、中兴产物、民安产物等保险公司。这些官僚资本控制的金融机构通过放款取息、滥发纸币、兑换伪币、收购农副产品等手段大发横财。到1949年3月，金圆券贬值到不如废纸。在恶性通货膨胀和苛捐杂税双重压榨下，市场经济萧条，钱庄、商店陆续停业清理，金融

业一片乱象。

（2）商业的短暂繁荣与迅速衰落

抗战胜利后，芜湖商业纷纷复业，1945年至1947年曾一度繁荣，达到或接近战前水平，少数行业还得到较快发展。芜湖商会所属有绸布业、百货业、钱庄业、粮食业、竹木业、茶叶业、烟业、客寓业等54个同业公会。各业会员众多，如1946年百货业有会员133家，1948年绸布业有绸布店124家。但好景不长，随着国民党政权政治、经济、军事全面崩溃，物价上涨，囤积居奇，投机倒把应运而生，捐税过重使商贾经营困难，市面呆滞萧条。此时，美国商品大量输入，西洋货代替了东洋货，“美货变成了美祸”，外货充斥市场，国产货无力竞争。到1948年底，长街已全无往日繁华景象。到新中国成立前，芜湖虽有私营商户3739家，但大多奄奄一息。1945年至1949年，芜湖米市处于低落时期，出口米量从未超过200万石，只占鼎盛时期四分之一。1948年输出量仅70余万石。

5. 交通、邮电、工矿业短暂复苏后又陷入危机

（1）交通

国民党为尽快抢占敌占区，1945年11月成立了安徽省公路局，急于恢复被破坏了的交通。同年底，交通部公路总局一局在芜湖设第二工程处。1947年改称芜湖工程处，下设芜湖、屯溪两个养路总段，逐渐恢复了芜屯路、芜青路芜湖至南陵段。芜湖汽车总站、新市口分站恢复运营。1家国营和5家私营汽车运输公司经营客货运输，开行南陵、青阳、宣城、黄池、河沥溪及南京、景德镇等地。后因战乱、公路失养失修，汽车运输萧条。在抗战期间，芜宣段的铁路站轨毁于兵火，仅京芜线通车。抗战胜利后，国民政府拆迁京芜线轨、枕，抢修津浦线，中断运输2年2个月，直到1948年9月1日，京芜线才恢复通车。

航运方面，抗战胜利后接收了日伪航业，成立安徽省运输管理处芜湖航运总站。1945年10月18日，恢复国营招商局建制，成立芜湖办事处，恢复了运输。在四大家族控制下，1948年更名为国营招商局轮船股份有限公司芜湖分公司。此时以长江大轮为主的三北公司也开始经营航运。1945年至1948年4月，芜湖民营小轮公司先后计有53家。芜湖解放前夕，招商局芜湖分公司业务基本停顿。航运业由55家减为26家，船舶由145艘减为85艘，航线减至10条。航运渐趋萧条。

（2）邮电

抗战胜利后，国民政府交通部在芜设立电信局，并在县政府设电信管理处，为地方电信之始。此阶段芜湖邮电通信事业发展缓慢，仅有电报电路6条、长途电话电路8条，长途电话交换机50门、市内电话容量400门，实装280户。

（3）工矿业

1946年6月，裕中纱厂转卖给上海申新公司，至1947年下半年才达到最高时期的生产量，但1948年产量又下降，1949年近乎停产。1946年10月，明远电厂发还给私方后勉强支撑，到1949年4月已是奄奄一息。三丰、益新、华昌、美隆四家民族资本面粉厂，从1946年到1948年先后破产、停业。日商在太古码头建的日产2800吨的制水系统，接收以后几度更名，1949年9月成立安徽省芜湖自来水厂，日供水量仅1423吨，用水户578户，吃水人口不足2万人。还有火柴厂、肥皂厂、华福工业社、惠源冰厂、王理清牧场等5个轻工业企业均已面临绝境。繁昌县桃冲铁矿因无力开采，仅在矿山设保管所。矿山千疮百孔，成为一个难以恢复生产的烂摊子。到解放时，芜湖的工业只剩下“两个半烟囱”，即明远电厂、裕中纺织厂和益新面粉厂。

（三）解放前夕的芜湖城市形态

新中国成立时，芜湖市区人口约17万人，市区面积约11.8平方公里，建成区面积约7平方公里（图2-4-1）。

当时安徽其他主要城市情况如下：①解放前的省会城市安庆。市区人口约7.88万人，市区建成区面积约3.6平方公里。城市形态为古城范围内的块状形态。②新兴城市蚌埠。市区人口约20万人，市区面积约4.7平方公里。城市形态为淮河南岸的带状形态。③1952年方成为省会城市的合肥，当时称合肥县，县城人口6~7万人，面积约7.5平方公里。城市形态为古城范围内的块状形态。

与以上三个安徽主要城市比较可知，大体上

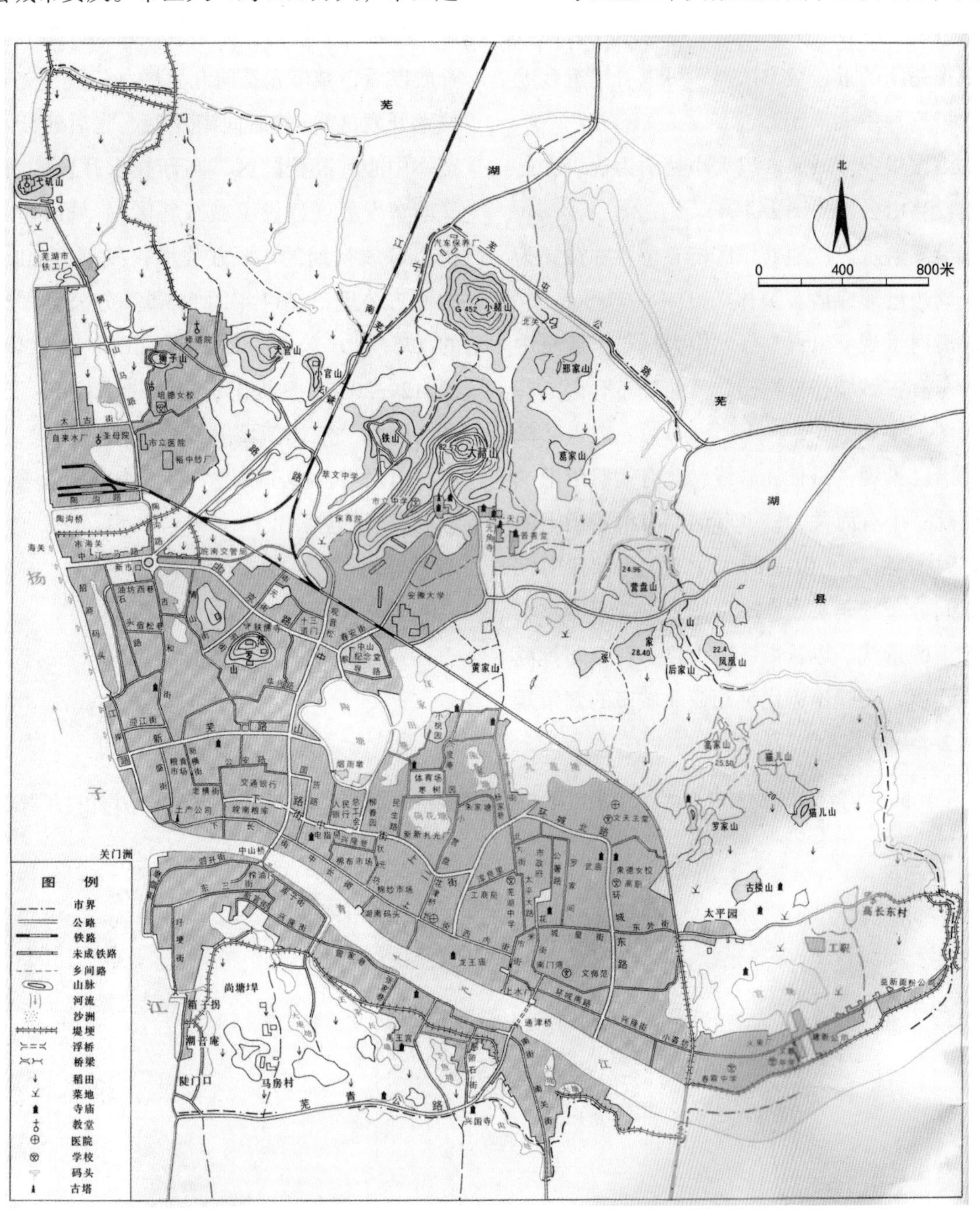

图2-4-1　1949年芜湖城区图

可以说，芜湖是安徽近代发展较快、规模最大的城市，无论是市区面积，还是建成区面积在省内都是首屈一指。

芜湖的城市形态，抗战前虽有从青弋江口向北沿长江东岸发展的趋势，但总体仍为沿青弋江发展的带状城市。抗战胜利后，芜湖西部已紧临长江，只能主要向北，少量向南、向东作蔓延式扩展，城市形态又由带状向块状形态演变（图2-4-2，图2-4-3）。

纵观芜湖的近代城市发展，可以看出近代芜湖形成了五种主要景观：

①山城景观。城区内以大小赭山为代表，已开始建设赭山公园（图2-4-4）。

②沿湖景观。以地处城区核心位置的镜湖为代表，周边已形成诸多园林（图2-4-5）。

③沿河景观。以青弋江北岸为标志，西有中江塔，东有古城城楼长虹门，其间分布有码头与浮桥（图2-4-6）。

④沿江景观。沿长江岸线，北有弋矶山上的芜湖医院，中有海关大楼（其两侧有狮子山上的圣雅各中学和鹤儿山上的天主堂），南有中江塔，其间分布有码头和仓库（图2-4-7）。

⑤街区景观。以长街、中山路、新芜路等商业街为代表，反映出近代芜湖商业城市的繁荣景象（图2-4-8）。

1945年11月1日，芜湖市政筹备处应省府要求勘察市区，绘制地图，以备申报建市需要。勘察结果上报时称："市区人口已超过20万以上，所属区域东西约长3500米，南北约长4000米，周长15000米，面积约21000市亩。"[①]实际上，以上所报数字，有所偏高，但对块状城市形态是一个实证。

芜湖进入现代以后，城市有了突飞猛进的发展。改革开放以前，城市主要是向北发展。改革开放以后，城市先是向北发展（建设了芜湖经济技术开发区），然后向南发展（先后建设了芜湖奥体中心、高校园区、高新技术开发区），接着又向东发展（建设了城东新区）。城市建成区面积由解放初期的7平方公里，发展到2003年的80平方公里，2011年的145.5平方公里，2017年的175平方公里。《芜湖市城市总体规划（2012—2030）》提出了建设"江南城区""龙湖新区"和"江北新城"三个城区的构想，"多中心、组团式、拥江发展"将成为芜湖未来城市形态的发展趋势。

① 芜湖市政协学习和文史资料委员会、芜湖市地方志编纂委员会办公室：《芜湖通史》，黄山书社2011年版，第509-510页。

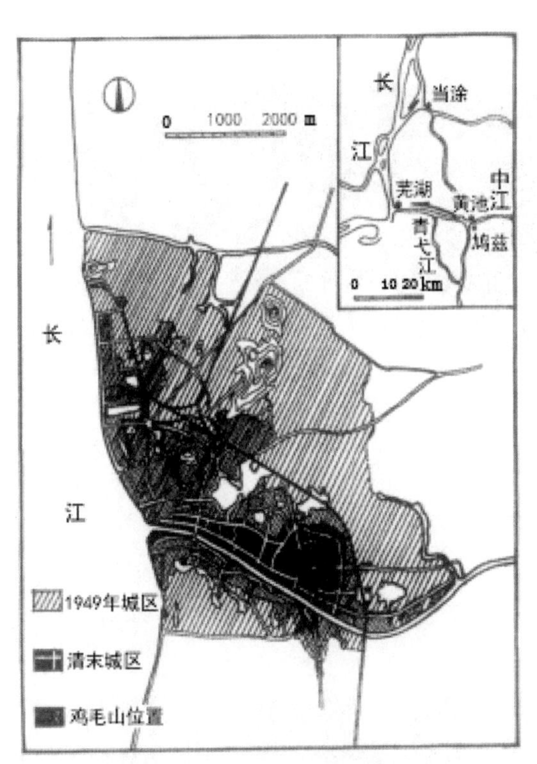

图2-4-2　芜湖城区历史发展示意图

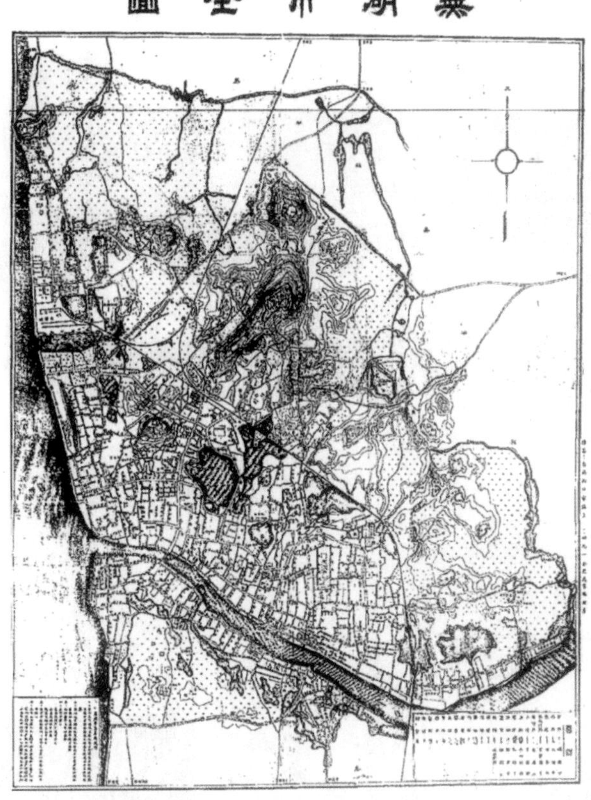

图2-4-3　1950年芜湖市全图

图2-4-4　山城景观(20世纪初的芜湖城区)

图2-4-5　沿湖景观(1928年的镜湖)

图2-4-6.a　沿河景观——中江塔

图2-4-6.b　沿河景观——长虹门(20世纪20年代)

图2-4-7　沿江景观

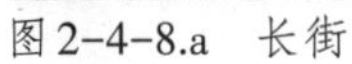
图2-4-8.a　长街

图2-4-8.b　下长街

图2-4-8.c　新芜路

图2-4-8.d　中山路

图2-4-8.e　国货路

图2-4-8.f　沿河路

第三章　芜湖近代的建筑活动（1876—1949）

城市是建筑存在的载体和大环境，建筑的发展依赖于城市的发展。芜湖近代建筑亦然，只是它还有着自己的特性和规律。

关于芜湖近代建筑史的断限，笔者不主张与芜湖近代城市发展史的断限一致。对芜湖近代城市史的断限，前文是以1840年鸦片战争爆发作为开端，以1949年4月23日芜湖解放作为下限，时间跨度约110年。这与中国近代城市史以1840年鸦片战争起至1949年中华人民共和国成立止的断限范围基本一致。对芜湖近代建筑史的断限，本书从建筑发展相对于城市发展有一定滞后性的角度考虑，结合芜湖这个特定城市近代建筑发展的特殊性，将芜湖近代建筑发展史的上限定为1876年芜湖开埠，下限定为1949年芜湖解放，时间跨度74年。这与国内其他城市根据具体情况采取各自不同的断限做法是相同的。

对芜湖近代建筑史的研究从以下三个方面展开：芜湖近代建筑发展概况，芜湖近代建筑的类型和实例，芜湖近代建筑风格。

一、芜湖近代建筑发展概况

（一）芜湖近代建筑史的开端和分期

1. 1876年芜湖开埠是芜湖近代建筑史的开端

在近代中国74个“约开口岸”中，芜湖属第三批。第一批是1842年根据《中英南京条约》对外开放的5处通商口岸：广州、福州、厦门、宁波、上海。第二批是1858年根据《中英天津条约》对外开放的10处通商口岸：牛庄（后改营口）、登州（后改烟台）、台南、淡水（后改汕头）、潮州、琼州、汉口、九江、南京、镇江，以及1860年《中英北京条约》《中法北京条约》对外开放的天津。第三批便是芜湖、宜昌、温州、北海4处对外开放的通商口岸。这些城市实际开埠时间与签约时间大多不一致，一般要略晚。可以认为，1876年芜湖开埠是芜湖近代建筑史的开始。相对于开埠最早的上海、广州等沿海城市，芜湖作为内陆沿江城市，近代建筑发展晚了30多年。在长江流域城市中，也比汉口、镇江、九江等城市晚了近20年。但芜湖社会经济发展较快，到19世纪末，已赶上镇江、九江，成为长江中下游流域仅次于上海和汉口的开放口岸。

芜湖是开埠行动较快的城市，签约的第二年就设立了海关和领事馆，并正式宣布对外开埠，是继上海、厦门、广州、天津、汉口、九江、镇江、烟台等城市之后，第9个设立租界的城市，也是我国近代在1914年以前设立的46个主要海关中第16个设立海关的城市，由此可见芜湖城市地位的重要性以及外国列强对芜湖的“重视”。从另一个侧面说明，芜湖近代建筑的发展在我国近代虽不算最早也可称发展较早的城市。

2. 1937年抗日战争的全面爆发将芜湖近代建筑史分为两个阶段

在中国近代史的整个过程中，战争频繁，政治多变，对城市和建筑发展影响极大。其中影响最大的，莫过于抗日战争。1937年日寇大举入侵中国，使正在蓬勃发展的中国近代建筑突然中止。同样地，芜湖城市建筑发展也遭受到战争的冲击。1937年12月10日，日军占领芜湖，抗日战争使芜湖近代建筑史的进程发生突变，成为两个发展阶段的转折点。第一阶段是芜湖近代建筑发展的兴盛阶段（1876—1937），历时62年；第二阶段是芜湖近代建筑发展的萧条阶段（1938—1949），历时12年。

这两个发展阶段各分为两个时期，均有明显的分界点。笔者认为，第一个阶段的分界点是1912年（辛亥革命后清王朝灭亡，1912年“中华民国”成立），1876—1911年是芜湖近代建筑的迅速发展期，1912—1937年是芜湖近代建筑的发展鼎盛期。第二个阶段的分界点是1945年9月9日（日本投降）。1938—1945年是芜湖近代建筑的发展畸形期，1946—1949年是芜湖近代建筑的发展凋零期。

（二）芜湖近代的两大建筑体系

近代建筑，顾名思义当指“社会发展进入近代历史时期经过一定的建筑活动而营造的建筑物”。所以，除了古代遗留下来尚能继续使用的“古建筑”，其他一切在中国近代历史时期建造的建筑物都应该称之为“中国近代建筑”。芜湖的近代建筑和全国其他城市一样存在着新、旧两大建筑体系，它们各自存在、各自发展并互有影响，有时还有交叉和碰撞，并贯穿于近代建筑史的全过程，且具有时强时弱、时断时续的特点。

1. 新建筑体系

新建筑体系，或称近代建筑体系。这是一种受西方建筑影响而产生的全新的建筑体系，随着近代化、城市化的进程而产生和发展。芜湖作为第三批开埠城市，这种建筑体系的建筑发展较早较快。这种建筑体系有着新的建筑类型和新的建筑功能，采用了新的建筑技术、新的建筑形式。社会发展到近代而出现的近代建筑功能（如近代教育、近代医疗、近代交通、近代影剧等）产生了新的近代建筑类型（如学校、医院、火车站、影剧院等）。由于使用了新的建筑材料（如水泥、玻璃、钢材、机制砖等），采用了新的建筑结构（砖混结构、钢筋混凝土结构、钢结构等），建立了新的设计施工队伍（设计事务所、营造厂等），运用了新的近代建筑技术，也产生了新的近代建筑形式。近代芜湖新建筑体系的建立与我国近代大城市相比虽有不小差距，但在安徽省内仍处于领先地位，尤其在公共建筑当中，留下了一些优秀的近代建筑遗产。

2. 旧建筑体系

旧建筑体系，或称传统建筑体系。这是一种在原有建筑体系基础之上延续下来的建筑体系，具有强烈的本土色彩和地域特点。芜湖作为具有悠久历史的古老城市，在古代原有的传统建筑体系基础之上有了很好的延续和发展。这种建筑体系使用传统的建筑材料（如木材、石材、砖瓦、石灰等），采用传统的建筑结构（如木结构、砖木结构等），采取传统的施工方式（由工匠组成的施工队伍），运用于传统的建筑类型（大量的民居建筑以及古建筑的修缮、恢复）。这种建筑体系到了近代并非一成不变，在新的建筑体系影响下也有渐变和发展。从芜湖的整体建筑来看，大量的民居建筑仍然采取传统建筑体系。另外，传统的商业建筑、初期的工业建筑以及较小规模的公共建筑也有采用。安徽省内除了芜湖、安庆、蚌埠少数几个城市，其他大多数城市都是以传统建筑体系为主。芜湖近代时期建造的传统建筑体系的建筑，同样留下了一些珍贵的近代建筑遗产，也应予以妥善保护。

（三）兴盛阶段的芜湖近代建筑（1876—1937）

1. 迅速发展期（1876—1911）

这一时期国内外发生的大事有：①1876年9月13日，《中英烟台条约》签订，芜湖与宜昌、温州、北海同时被辟为对外通商口岸。②19世纪60—90年代的洋务运动使得我国建设了最早的一批近代工业建筑。③1894年7月25日，中日甲午战争爆发；1895年4月17日，签订《中日马关条约》，中日甲午战争结束，割让辽东半岛、台湾全岛及附属各岛屿、澎湖列岛给日本，开放沙市、重庆、苏州、杭州为商埠，同时解除机器进口的禁令，允许外国人在中国就地设厂。④1900年5月28日，英、德、俄、法、美、日、意、奥八国联军侵华战争爆发，7月14日攻占天津，8月14日攻占北京，12月27日清政府照允八国联军提出的《议和大纲》十二条。⑤1904年2月8日，日本突袭旅顺，日俄战争爆发。⑥1905年9月2日，清政府决定自次年起废止科举，继续推行1901年开始的教育改革。⑦1911年10月10日，武昌起义爆发，各地纷纷宣布独立，相继成立军政府。

这一时期芜湖城市发展的大事有：①1876年，芜湖开埠和划定租界区；1905年6月28日，芜湖租界正式开辟。租界区的建设带动了濒临长江地区的发展，促进了老城区向西拓展。②1882年，芜湖米市正式形成，并立即得到快速发展。米市的兴起带动了芜湖运输业、金融业、商业、服务业、建筑业等各业的发展。③1902年，芜湖设立马路工程局，这是芜湖最早的城市建设管理机构。同年开辟了大马路（今中山路）和二街，扩大了商业街区，加上原来繁盛的长街，使得古城区和租界区连成一片。④1905年，在李经芳、李经椝（李鸿章家族）的策划下，成立了芜湖商务总会，20世纪初商户已达三千余户，经商者达五万人，芜湖成为安徽的商业中心。⑤李鸿章家族开始进入芜湖，李氏家族对芜湖房地产的大量开发，明显地扩大了芜湖的建成区。⑥至1911年，芜湖市区人口约9万人（县警察厅调查1915年城区人口为9.26万人），市区面积约4平方公里。

这一时期芜湖近代建筑发展的主要类型有：以英驻芜领事署、英商太古洋行等为代表的办公建筑，以天主教约瑟堂、基督教圣雅各堂等为代表的教堂建筑，以益新面粉厂、明远电厂等为代表的工业建筑，以及大量建设的居住建筑、商业建筑。

从现在已知的较为优秀的近代建筑来看，这个时期芜湖主要的建筑活动有：

①英驻芜领事署（1877）[①]，位于范罗山顶（图3-1-1）。

②英驻芜领事官邸（1887），位于雨耕山顶

① 注：括号内数字为建筑始建年份；以下凡建筑后面括注四位数字，该数字即为该建筑始建年份。

（图3–1–2）。

③芜湖基督教圣雅各教堂（1883），位于花津路东侧（图3–1–3）。

④芜湖基督教牧师楼（1883），位于圣雅各教堂北侧（图3–1–4）。

⑤芜湖天主堂（约瑟堂）（1889年建，1891年毁，1895年重建），位于鹤儿山西麓（图3–1–5）。

⑥芜湖天主教神父楼（1893），位于天主堂东南侧（图3–1–6）。

⑦芜湖清真寺（1864年始建，1902年扩建），位于北门外北廓铺（今上二街）（图3–1–7）。

⑧芜湖医院专家楼（1900年前），位于医院院长楼西侧临江山腰处（图3–1–8）。

⑨芜湖大戏院（1902—1906），位于中山路中段西侧（图3–1–9）。

⑩芜湖海关税务司署（1905年前），位于范罗山英驻芜领事馆东侧略低处（图3–1–10）。

⑪英商太古洋行办公楼（1905），位于原租界区三区，二马路西端北侧（图3–1–11）。

⑫英商怡和洋行办公楼（1907），位于原租界区二区，二马路西端南侧（图3–1–12）。

⑬芜湖益新面粉厂三层制粉大楼（1906年建，1909年毁），位于城东郊大砻坊、青弋江北岸。

⑭芜湖明远电厂老发电厂房（1907），位于古城西门外下十五铺（今明远宾馆位置）。

⑮芜湖圣雅各中学博仁堂（1910），位于狮子山顶（图3–1–13）。

图3–1–2　英驻芜领事官邸

图3–1–3　芜湖基督教圣雅各教堂

图3–1–1　英驻芜领事署

图3–1–4　芜湖基督教牧师楼

图3-1-5.a　芜湖天主堂(摄于1895年)

图3-1-5.b　芜湖天主堂(摄于1934年后)

图3-1-6　芜湖天主教神父楼(摄于1893年)

图3-1-7　芜湖清真寺

图3-1-8　芜湖医院专家楼

图3-1-9　芜湖大戏院

图3-1-10　芜湖海关税务司署

图3-1-11　英商太古洋行办公楼

图3-1-12　英商怡和洋行办公楼

图3-1-13　芜湖圣雅各中学博仁堂

2. 发展鼎盛期（1912—1937）

这一时期国内外发生的大事有：①1911年辛亥革命后清王朝灭亡，1912年1月1日“中华民国”成立。袁世凯篡夺政权后，中国进入北洋军阀统治时期，长达16年之久。②1914年第一次世界大战爆发，1918年11月11日，第一次世界大战结束。中国民族资本伺机得到较大发展。③1927年“四一二”事变后，南京国民政府成立。④1921年7月，中国共产党第一次全国代表大会在上海召开，中国共产党正式诞生。1927年8月1日，中共中央领导了南昌起义，打响了武装反抗国民党反动派的第一枪，这是中国共产党独立领导武装斗争、创建人民军队的开始。中国共产党的成立与中国人民军队的诞生，改变了中国近代史的进程。⑤1931年“九一八”事变后，日本帝国主义占领全东北，建设了伪“满洲国”的政治中心长春，沈阳、哈尔滨、大连、旅顺、鞍山、抚顺都变成了殖民地城市。日本企图把东北作为侵略中国的基地，全国已暗藏危机。

这一时期芜湖城市发展的大事有：①各国外商及宗教势力不仅在租界区内，更多的在租界外占地建房，建公司，开洋行，设工厂，造教堂，办医院，建学校，大肆开展建筑活动。各国轮船公司几乎垄断了芜湖的长江运输业，芜湖成为外国资本主义工业品的倾销地和农土产品以及各种物资、原料的供应地。②从1914年起芜湖成为安徽“三道”之一，芜湖道治设在芜湖，管理皖南23县，芜湖县被列为甲等县，在省内政治地位得到提高。南京国民政府成立后，1928年废道存县，芜湖仍为甲等县，直属安徽省。1932年，实行督察专员公署制度后，列为十个行政督察区之一。③近代工业、矿业有较大发展，近代商业、金融业继续发展，到抗日战争前夕芜湖已成为全省的金融中心。④芜湖米市进入兴盛期，1926年以后逐渐衰落。⑤李鸿章家族在芜湖的房地产开发进入高峰期。⑥“十里长街”商业进入鼎盛时期，外国商品也打入长街市场。⑦芜湖近代教育全面推进，幼儿教育、中小学教育、职业教育、师范教育，均有较大发展。⑧近代交通发展很快，除了航运与公路交通，铁路及航空运输均有起步。⑨城市各个功能区已经出现，西临长江的沿青弋江发展的带状城市形态已经形成。1932年，开始城市建设规划的工作，将芜湖规划布局为六个城市功能区。1935年，开始芜湖各用地的地块划分，将全区划分为139个地块（其中河北105个地块，河南34个地块）。⑩抗日战争前，芜湖市区人口约有17万，市区面积约10平方公里，建成区面积约6平方公里。

这一时期芜湖近代建筑发展的主要类型有：以芜湖海关关廨大楼为代表的办公建筑，以中国银行芜湖分行大楼为代表的银行建筑，以萃文中学、内思高级工业职业学校为代表的学校建筑，以裕中纱厂为代表的工业建筑，以天主教圣母院、基督教牧师楼为代表的教会建筑等，以及范罗山、狮子山、弋矶山等处的完整建筑群。

从现在已知的较为优秀的近代建筑来看，这一时期芜湖主要的建筑活动有：

①芜湖天主教修士楼（1912），位于大官山顶（图3-1-14）。

②萃文中学竟成楼（1912），位于凤凰山（图3-1-15）。

③萃文中学校长楼（1912），位于凤凰山竟成楼西侧（图3-1-16）。

④芜湖模范监狱（1918），位于古城内（图3-1-17）。

⑤芜湖海关税务司职员宿舍楼（1919年前），位于范罗山英驻芜领事署西南侧山腰处（图3-1-18）。

⑥芜湖海关关廨大楼（1916～1919），位于陶沟以南长江岸边（图3-1-19）。

⑦芜湖裕中纱厂主厂房（1918），位于狮子山东南侧（图3-1-20）。

⑧芜湖益新面粉厂四层制粉大楼（1919），位于大砻坊原三层制粉大楼原址（图3-1-21）。

⑨芜湖裕中纱厂办公楼（约1918），位于主厂房南侧（图3-1-22）。

⑩英商亚细亚煤油公司办公楼（1920），位于铁山山腰（图3-1-23）。

⑪芜湖基督教狮子山牧师楼（约20世纪20年代），位于狮子山北麓（图3-1-24）。

⑫芜湖基督教圣公会修道院（约20世纪20年代），位于周家山（今长江路与银湖南路交叉口西北角）（图3-1-25）。

⑬芜湖医院沈克非、陈翠贞故居（1922），位于医院病房大楼东侧山腰处（图3-1-26）。

⑭芜湖圣雅各中学义德堂（1924），位于博仁堂东北侧（图3-1-27）。

⑮英商太古洋行洋员住宅（约20世纪20年代），位于原租界区四区一段，中马路东侧（图3-1-28）。

⑯芜湖明远电厂扩建后新发电厂房（1925），位于原明远电厂厂区内（图3-1-29）。

⑰芜湖医院院长楼（1925），位于医院病房大楼西南侧山腰处（图3-1-30）。

⑱芜湖医院病房大楼（1927年，1937年续建东翼），位于弋矶山顶（图3-1-31）。

⑲中国银行芜湖分行大楼（1927），位于二街中段、道路北侧（图3-1-32）。

⑳芜湖天主教圣母院（1933），位于租界区二区二段（今第一人民医院内）（图3-1-33）。

㉑芜湖天主教主教楼（1933），位于圣母院东侧（图3-1-34）。

㉒芜湖铁路老火车站站房楼（1934），位于陶沟北侧长江岸边（图3-1-35）。

㉓芜湖内思高级工业职业学校教学楼（1934），位于雨耕山南麓（图3-1-36）。

㉔芜湖圣雅各中学经方堂（1936），位于博仁堂西北侧（图3-1-37）。

㉕芜湖中山堂（1934），位于大赭山山腰（图3-1-38）。

图3-1-14 芜湖天主教修士楼

图3-1-15 萃文中学竟成楼

图3-1-16 萃文中学校长楼

图3-1-17　芜湖模范监狱

图3-1-18　芜湖海关税务司职员宿舍楼

图3-1-19　芜湖海关关廨大楼

图3-1-20　芜湖裕中纱厂主厂房

图3-1-21　芜湖益新面粉厂四层制粉大楼

图3-1-22　芜湖裕中纱厂办公楼

图3-1-23　英商亚细亚煤油公司办公楼

图3-1-26　芜湖医院沈克非、陈翠贞故居

图3-1-24　芜湖基督教狮子山牧师楼

图3-1-27　芜湖圣雅各中学义德堂

图3-1-25　芜湖基督教圣公会修道院

图3-1-28　英商太古洋行洋员住宅

图3-1-29　芜湖明远电厂扩建后新发电厂房

图3-1-30　芜湖医院院长楼

图3-1-31　芜湖医院病房大楼

图3-1-32　中国银行芜湖分行大楼

图3-1-33　芜湖天主教圣母院

图3-1-34　芜湖天主教主教楼

图3-1-37　芜湖圣雅各中学经方堂

图3-1-35　芜湖铁路老火车站站房楼

图3-1-38.a　芜湖中山堂鸟瞰图

图3-1-36　芜湖内思高级工业职业学校教学楼

图3-1-38.b　芜湖中山堂南立面图

（四）萧条阶段的芜湖近代建筑（1938—1949）

1. 畸形发展期（1938—1945）

这一时期国内外发生的大事有：①1937年7月7日，日军发起卢沟桥事变，抗日战争全面爆发。中国沿海、沿江大部分通商口岸和经济最发达的地区沦陷，建筑活动总体上陷入衰退和停滞。②1938年，德国侵占奥地利和捷克，1939年进攻波兰，第二次世界大战全面爆发，各交战国的民用建筑活动几乎全部陷于停顿。③1945年8月6日，美国在日本广岛投下第一颗原子弹；8月8日，苏联对日宣战；8月14日，日本天皇正式宣布无条件投降。

这一时期芜湖城市发展的大事有：①1937年12月10日，日军占领芜湖后，先是破坏，后便掠夺，芜湖遭到近八年的残酷统治。②国民党政府流亡，在日军操纵下伪政权成立，城市畸形发展。③1945年10月10日，驻芜地区日军万余人向国民党代表正式投降，国民党军队占领了芜湖。

这一时期的芜湖建筑特点是：日本洋行、商店林立，鸦片烟馆和赌场遍布，妓院纷设各处。歌妓院多处，主要为日军服务的影剧院、洗澡堂、照相馆等也多有开设。

这一时期建筑活动不多，值得一提的主要有：

①日本制铁株式会社芜湖支局小住宅（约1938），位于租界区太古租界三区中部（图3-1-39）。

②芜湖东和电影院（1939），位于新芜路中段南侧（图3-1-40）。

③侵华日军驻芜警备司令部营房（约1939），位于赭山（在今安徽师范大学赭山校园内）（图3-1-41）。

④日商吉田榨油厂（1940），位于青弋江南岸利涉桥（1946年改建后称中山桥）头东侧（图3-1-42）。

图3-1-39　日本制铁株式会社芜湖支局小住宅

图3-1-40　芜湖东和电影院（后改称人民电影院）

图3-1-41　侵华日军驻芜警备司令部营房

图3-1-42　日商吉田榨油厂

2. 发展凋零期（1946—1949）

这一时期国内发生的大事有：①1946年1月10日，国民党被迫同中国共产党签订停战协定，宣布停止内战。但最后内战还是不可避免，直到全国各地先后解放。②1946年5月14日，国民政府明令开放南京、芜湖、九江、汉口四埠。③1948年11月6日，淮海战役打响，安徽省长江以北城市先后解放。④1948年12月，国民党安徽政府由合肥迁安庆，之后又迁至屯溪。⑤1949年4月21日，中国人民解放军发起渡江战役，23日晚解放了南京，24日凌晨2时许，占领了国民党“总统府”，象征着中国人民革命取得了决定性的胜利。芜湖、安庆也于23日获得解放。⑥1949年10月1日，中华人民共和国成立，中国历史进入现代史的新阶段。

这一时期芜湖城市发展的大事有：①抗战胜利后，由于政局不稳，金融市场混乱，民族工商业衰落，米市更趋于没落，但服务性行业得到一定发展，城市向消费性方向转变。②1945年11月1日，成立芜湖市政筹备处，已有建市设想。1946年8月7日，成立芜湖市政建设委员会，加快设市进程。1947年春，因种种原因，该机构被裁撤，芜湖建市计划未能实现。

这一时期芜湖无大规模的建筑活动，建筑类型多为中小型的公共服务性项目，如会堂、旅馆、饭店、澡堂、理发店、照相馆、洗染店、商场、娱乐场等。

这一时期建筑活动很少，可以提起的主要有：

①芜湖中山纪念堂（1946），位于当时的北京路与春安路丁字路口（图3-1-43）。

②芜湖基督教外国主教公署（约1946），位于狮子山顶西北部（图3-1-44）。

③芜湖基督教中国主教公署（约1946），位于狮子山顶基督教外国主教公署东侧百米处山腰（图3-1-45）。

图3-1-43　芜湖中山纪念堂(后改称工人俱乐部)

图3-1-44　芜湖基督教外国主教公署

图3-1-45　芜湖基督教中国主教公署

以上各个时期的芜湖近代建筑的分布有以下几个特点：①主要分布在新市区和租界区；②大多临近长江和青弋江；③外国人尤其是外国教会所建造的建筑大多分布在各个山头上（图3-1-46）。

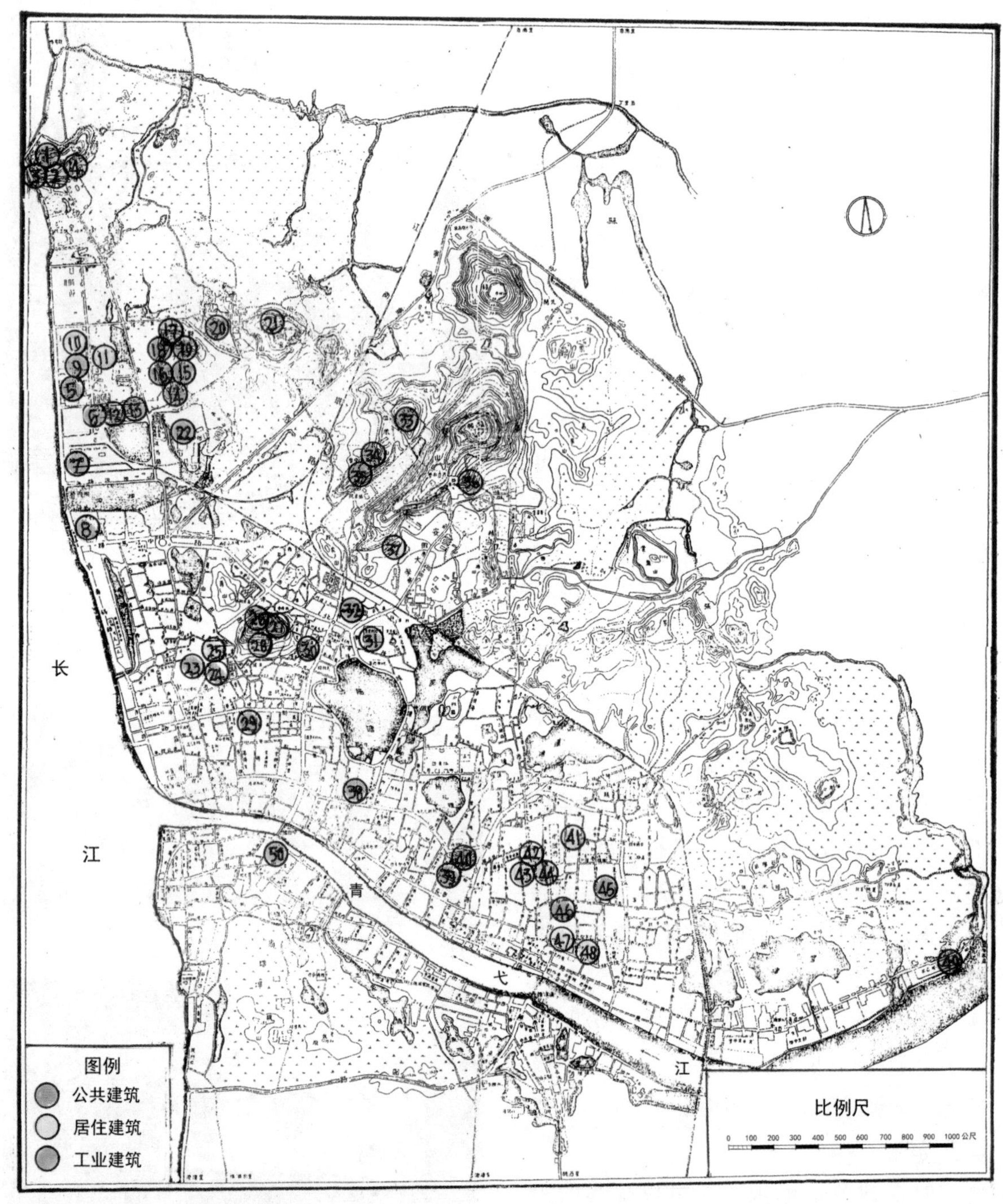

图 3-1-46　芜湖近代建筑分布示意图

说明：

①芜湖医院病房大楼　②芜湖医院院长楼　③芜湖医院专家楼　④芜湖医院沈克非、陈翠贞故居
⑤英商太古洋行办公楼　⑥英商怡和洋行办公楼　⑦芜湖铁路老火车站站房楼　⑧芜湖海关关廨大楼
⑨日本制铁株式会社厂房　⑩日本制铁株式会社芜湖支局小住宅　⑪英商太古洋行洋员住宅　⑫芜湖天主教圣母院
⑬芜湖天主教主教楼　⑭圣雅各中学博仁堂　⑮圣雅各中学义德堂　⑯圣雅各中学经方堂
⑰芜湖基督教牧师楼　⑱芜湖基督教外国主教公署　⑲芜湖基督教中国主教公署　⑳芜湖基督教圣公会修道院
㉑芜湖天主教修士楼　㉒芜湖裕中纱厂　㉓芜湖天主堂及神父楼　㉔芜湖内思高级工业职业学校教学楼
㉕英驻芜领事官邸　㉖英驻芜领事署　㉗芜湖海关税务司署　㉘芜湖海关税务司职员宿舍楼
㉙芜湖东和电影院　㉚芜湖大戏院(复兴大舞台)　㉛中山纪念堂　㉜芜湖明远电厂
㉝英商亚细亚煤油公司　㉞萃文中学竟成楼　㉟萃文中学校长楼　㊱芜湖中山堂
㊲侵华日军驻芜警备司令部营房　㊳中国银行芜湖分行大楼　㊴基督教圣雅各教堂　㊵芜湖清真寺
㊶公署路郑宅　㊷段谦厚堂　㊸太平大路潘宅　㊹太平大路俞宅
㊺芜湖模范监狱　㊻芜湖古城正大旅社　㊼芜湖古城“小天朝”　㊽雅积楼
㊾芜湖益新面粉厂　㊿日商吉田榨油厂

二、芜湖近代建筑的类型与实例

建筑类型的划分可有多种方式。对于芜湖近代建筑，按照其特点，也为表述方便，主要依功能性质划分为以下八种类型：①馆署、洋行建筑，②宗教建筑，③学校建筑，④医院建筑，⑤工业建筑，⑥金融建筑，⑦其他公共建筑，⑧居住建筑。

(一) 馆署、洋行建筑

芜湖近代因对外开埠通商并设有租界，故有领事馆、海关等建筑，也有诸多外商洋行的办公建筑。这些建筑建造时间较早，在安徽省内是首屈一指的，在全国范围内也算得上是较早的。

1. 馆署建筑

(1) 英驻芜领事署 (1877) [图3-2-1]

1876年《中英烟台条约》签订，将芜湖辟为通商口岸。第二年，就在距长江不到700米，海拔36米高的范罗山山顶建造了英驻芜领事署，这是芜湖最早的一幢规模较大、规格较高的优秀近代建筑。据资料记载，1877年到1909年的33年间，英国一共向芜湖派驻过11名领事，最初的两位英国领事是达文波和柯韪良。芜湖领事署的建馆速度在全国各通商口岸中位居前列。据查证，上海开埠后英国领事馆并未立即建馆，而是先租用了一座较大的住宅。六年后，1849年才建成正式的领事馆。因1870年毁于火灾，1873年又重建新馆，就是现在上海外滩的英国驻沪领事馆，该馆只早于芜湖领事署四年建成。又如武汉，1861年在汉口兴建了英国领事馆，集办公与住宿于一体，两幢主体建筑现仅存一幢。1865年，汉口兴建的法国领事馆，1891年毁于大火，现存的建筑是1892年重建的新楼，其规模与规格皆不及芜湖领事署。

英驻芜领事署为两层砖木结构（局部有砖混结构），建筑面积约918平方米（不包括阁楼）。建筑坐北朝南，南偏西15度（图3-2-1A.c）。平面近似正方形，面阔约24.08米，进深约19.07米（图3-2-1A.a/b）。

平面布局基本对称，南、西、东三面均有深达3.5米的外廊，南面有主入口，另两面有次入口，北面有通往内院附属建筑的出口，四个出入口都开在正中间。从南面主入口登上五级石阶，步入门廊，两侧房间的突出部分对空间有所围合，这种处理并不多见，很有特色。进入大厅后，又有一个设有壁炉的放大成八角形的空间，可进行一定规模的活动，别具匠心。大厅东、西两侧各有两间设有壁炉的接待和办公用房。大厅后部有制作精美的三跑木楼梯通向二层，楼梯平台下有通向后院的门斗，门斗两侧是厨卫等附属用房。一层平面的西北角尚设有一座内部使用的带有铁栏杆的钢筋混凝土楼梯，可直通二楼及阁楼。二层平面与底层相似，中间的大厅面积略有缩小，西侧两个大房间的空间显得完整。在雨耕山领事官邸未建的十几年间，二楼作为领事的住宿之处，所以布置有起居室和带卫生间的卧室。从二层楼梯间北侧的过厅向北可通向长达13.46米的外阳台，阳台栏杆是用石材拼装而成。阁楼层由互通的三个空间组成，既是贮藏室，又是瞭望室，通过老虎窗可向四面眺望。一、二层各主要房间开向外廊的门是由半玻门和百叶门组合的双层木门，而阁楼的老虎窗是由玻璃窗和百叶窗组合的双层窗。

英驻芜领事署因木地板下有架空层，故而室内外高差达到85厘米。室内层高较高，底层层高约4.64米，二层层高约4.84米。利用木屋架内空间形成的阁楼层净高约2.56米，因坡屋面原因，阁楼层靠外墙处净高只有0.9～1.4米。此建筑的檐口高度约9.74米，屋脊高度约14.79米。作为两层建筑，能达到这个高度，相当于普通的三层

建筑，算是高大的了（图3-2-1B.a）。除了各主要房间采用木地板外，从防水考虑卫生间和一、二层的外廊都采用了红黑两色相并的高级地砖。底层大厅因公共活动的需要，采用了花岗石地面。

英驻芜领事署的外立面特别精致，其建筑造型采用了当时在我国租界区内流行的“券廊式”，亦称“殖民地式”的建筑形式。西方殖民者早年在印度、东南亚地区多有建造，以适应热带气候的需要。英驻芜领事署的券廊处理别有特色。南立面特别强调券廊，每层都用了9个连续拱券，有大有小，区别对待。中间主入口处拱券最大，对应大厅；两端拱券次之，对应券廊；其他两组由3个小拱券组合的拱券则对应内部的主要功能使用房间；可谓内容与形式的高度统一（图3-2-1B.b）。为了更加突出主入口，这里还设计了双柱。另外两个侧立面基本对称，都是底层用了6个连续拱券，也是有大有小，区别对待。而二层少做了一个拱券，是因为次入口上方是一个房间，便在实墙面上开了窗。对应建筑中附属用房的外墙也作了同样处理（图3-2-1B.c）。这样，三个重要立面主次分明、重点突出、相得益彰。该建筑的清水外墙面处理也与众不同，南、东、西三个立面以红砖为主，砖柱以红砖包角砌筑，其间在竖向上用青砖错缝砌筑，显得清秀挺拔（图3-2-1C.a/b/d/e）。柱有砖柱和石柱，拱也有砖拱和石拱，它们的组合和变化，使立面显得生动。檐下的齿状装饰处理和柱头的重点装饰使建筑更添生气。北立面是背立面，以青砖砌筑，只在窗楣和门套上用红砖加以装饰，也别具一格（图3-2-1C.f）。该建筑的屋面也处理得丰富多彩，采用有短脊的四坡顶瓦楞铁皮屋面，修缮时改用了红瓦。屋面坡度并不陡，约27度。屋面上8个老虎窗特别醒目，尤其是位于建筑出入口上方的3个老虎窗，采用“后巴洛克式”的手法作了重点艺术处理，成为整个建筑的“画龙点睛”之笔，前来观光者都会抬头注视（图3-2-1C.c）。屋顶上高耸的红砖砌筑的五个壁炉烟囱，也成了重要的建筑语言，其顶部设计特别精细。总之，英驻芜领事署的建筑设计显得华丽而庄重。

此楼由英国建筑师设计，平面紧凑，造型精美，内外装修及施工质量均属上乘，一直保存完好。2004年，英驻芜领事署被安徽省人民政府公布为第五批省级文物保护单位。2010年，芜湖市委及市政府机构搬出范罗山，2012年，芜湖市旅游投资公司对该建筑进行了整体修缮。2013年，英驻芜领事署旧址被国务院公布为第七批全国重点文物保护单位。

特别要提到笔者在芜湖市房地产管理局查阅到的两张早年的范罗山规划图，均由当年的英国建筑师手绘，特别珍贵。一张绘于1905年，一张绘于1919年（图3-2-1D.a/b）。图3-2-1D.a左下角标明绘于1905年，右下角建筑师“大卫”签名后注有1913年字样，说明此时对原图有调整。图中绘有两幢主要建筑，西面的建筑即建于1877年的英驻芜领事署，东面的建筑是芜湖海关税务司署，可见此图应是税务司署建成后绘制。图中还绘有等高线并注有高程（英制），并画出了道路。从图中可知：①范罗山英驻芜领事署建筑群整个用地外形并不规整，其范围应是按地形地貌而划定，只有南半部基本上划到山脚。按图中所注，可知总用地面积约66.44亩（约合4.43公顷）。②总用地有两个出入口，均位于山脚。出南大门可通向当时的城市中心区，出西大门可通1887年建成的英驻芜领事官邸。③总用地整个地形为北高、南低。领事署位于北端最高处，其附属建筑紧贴北面围墙。室外标高高于南大门约86英尺（约合26.2米），相当于现在的黄海标高35.63米。④道路走向自由，充分结合地形。道路分布均匀，道路宽度已分等级。南大门和西大门均设有门卫室，都有便捷的道路通向山顶的领事署。总用地东侧围墙内的道路应为建造税务司署后才修通。⑤在1913年以前范罗山上的绿化已初步成形，图中已标出三个大草坪，树木也基本成林。⑥从范罗山总平面图可以看出，已有两条明显的规划轴线。主轴线北端是领事署，次轴线北端是税务司署，两轴线南端汇合在南大门。主体建筑位于轴线尽端且是最高处，十分显要。从图中还可以看出，领事署朝向之所以南偏西，既考虑了结合地形，又巧妙地将轴线做了转折处理，取得景观效果的变化。从以上分析可以看出，此总平面图规划水平之高。图纸右下角总工程师大卫1913年的签字说明这份规划图已得到他的认可。笔者根据解放初的芜湖地形图绘出了范罗山英驻芜领事署建筑群总平面示意图，可知建筑物所在黄海标高及实际道路情况（图3-2-1E）。

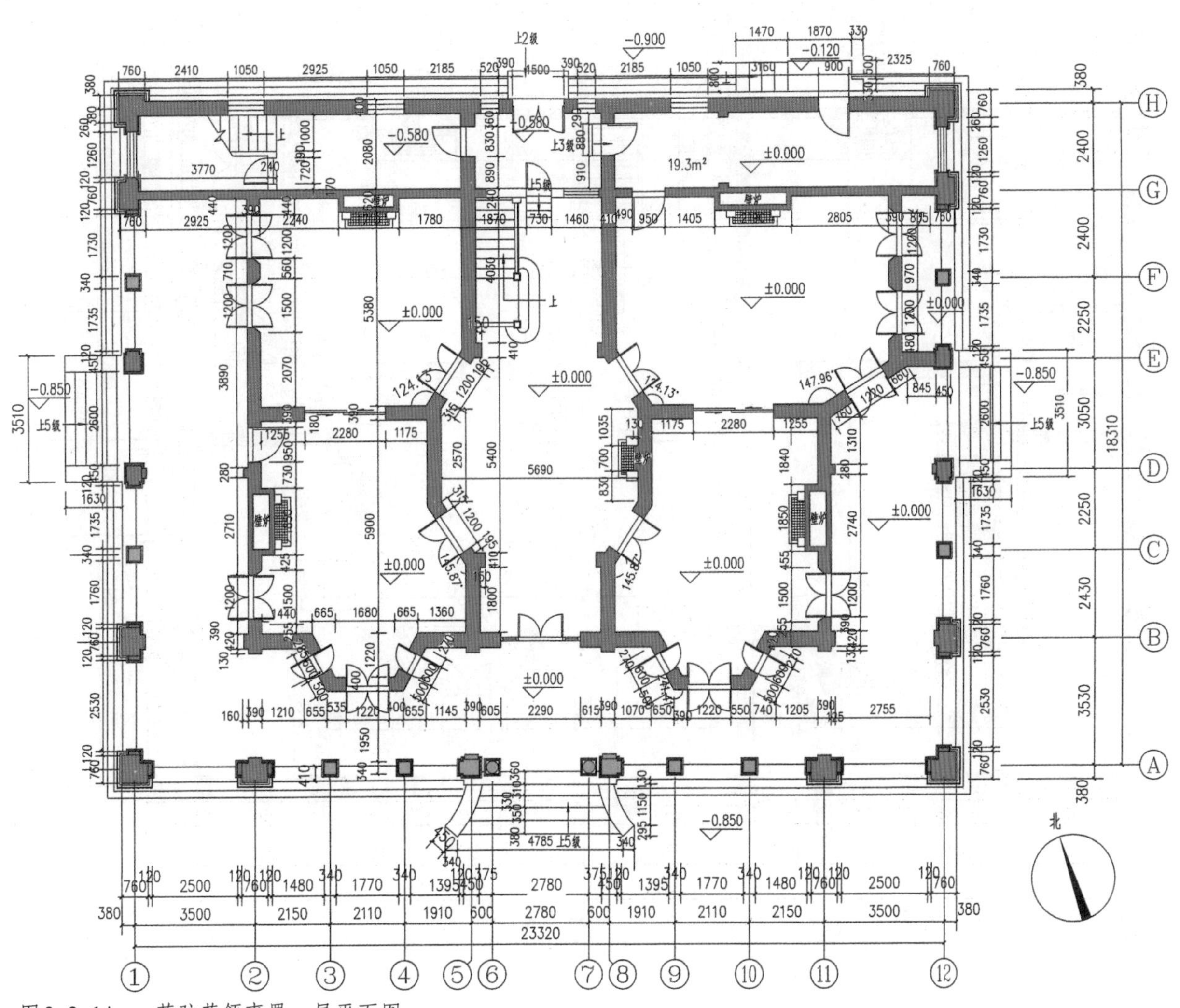

图3-2-1A.a　英驻芜领事署一层平面图

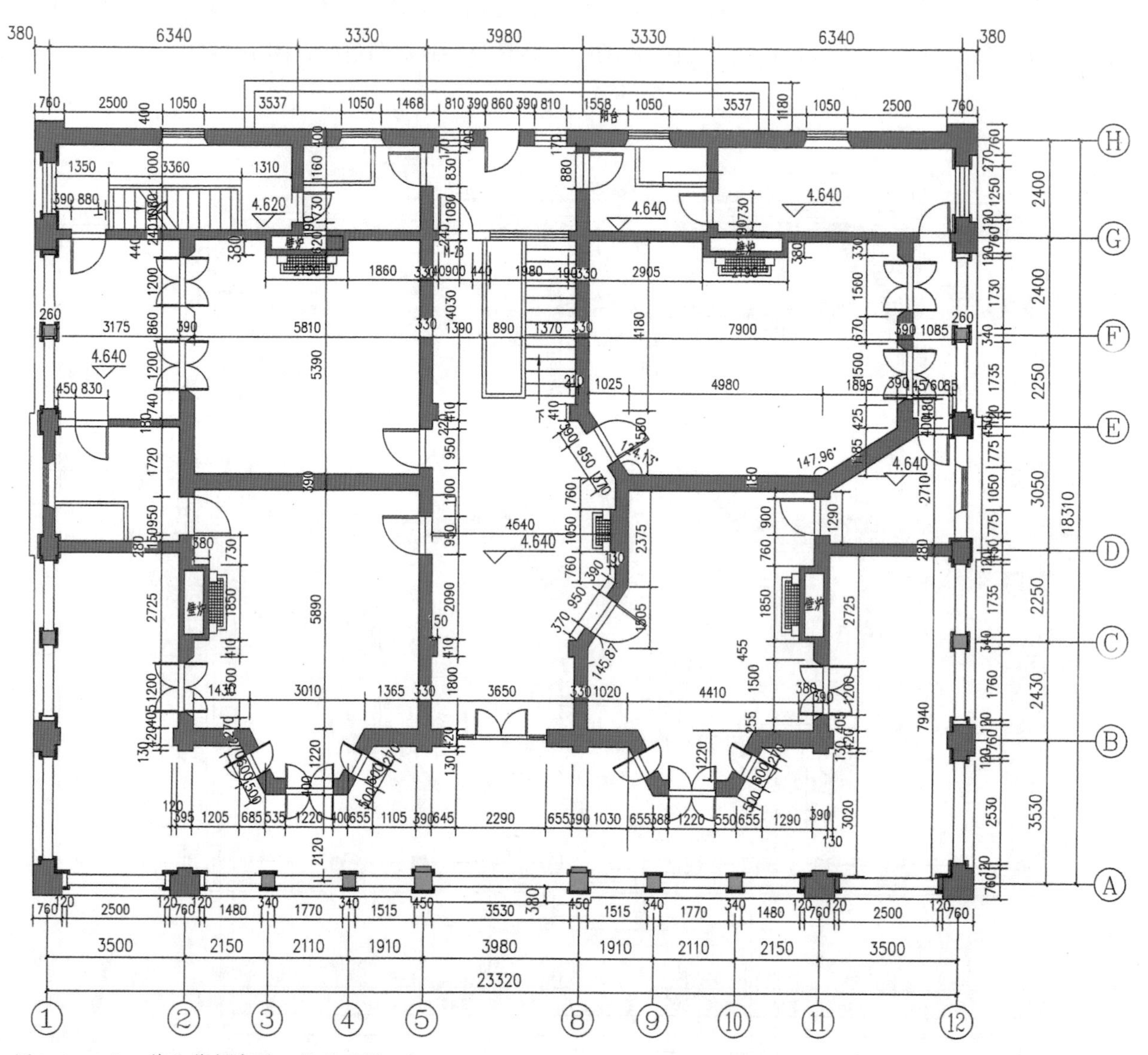

图 3-2-1A.b　英驻芜领事署二层平面图

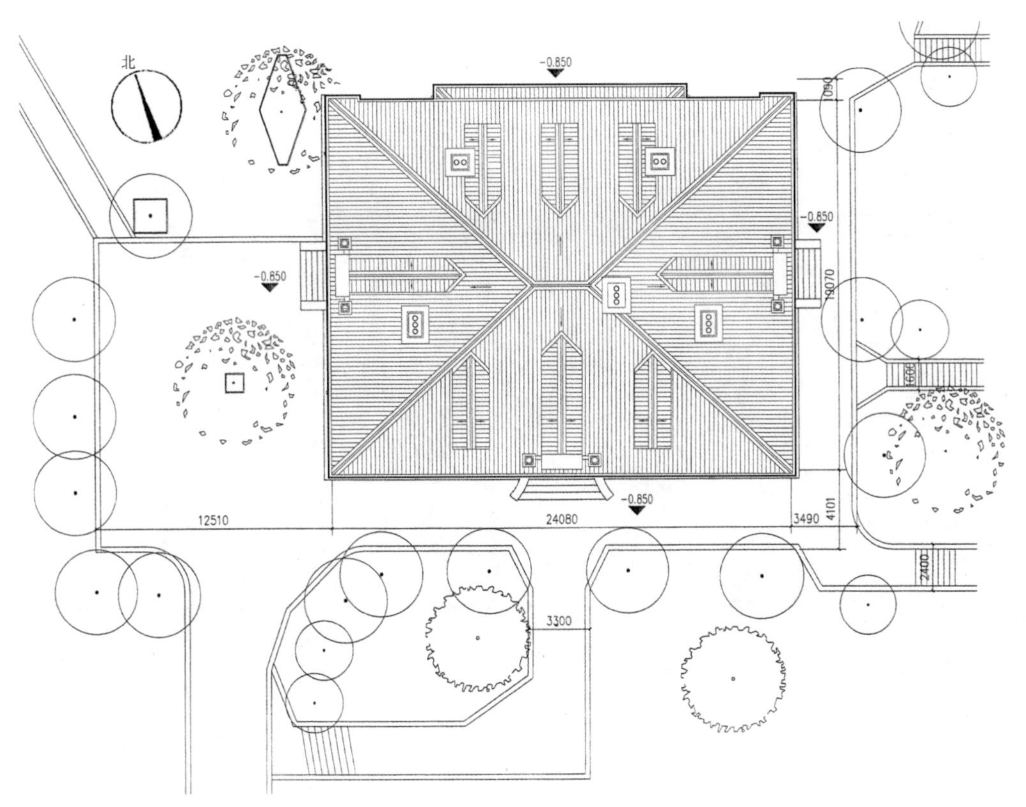

图3-2-1A.c 英驻芜领事署总平面图

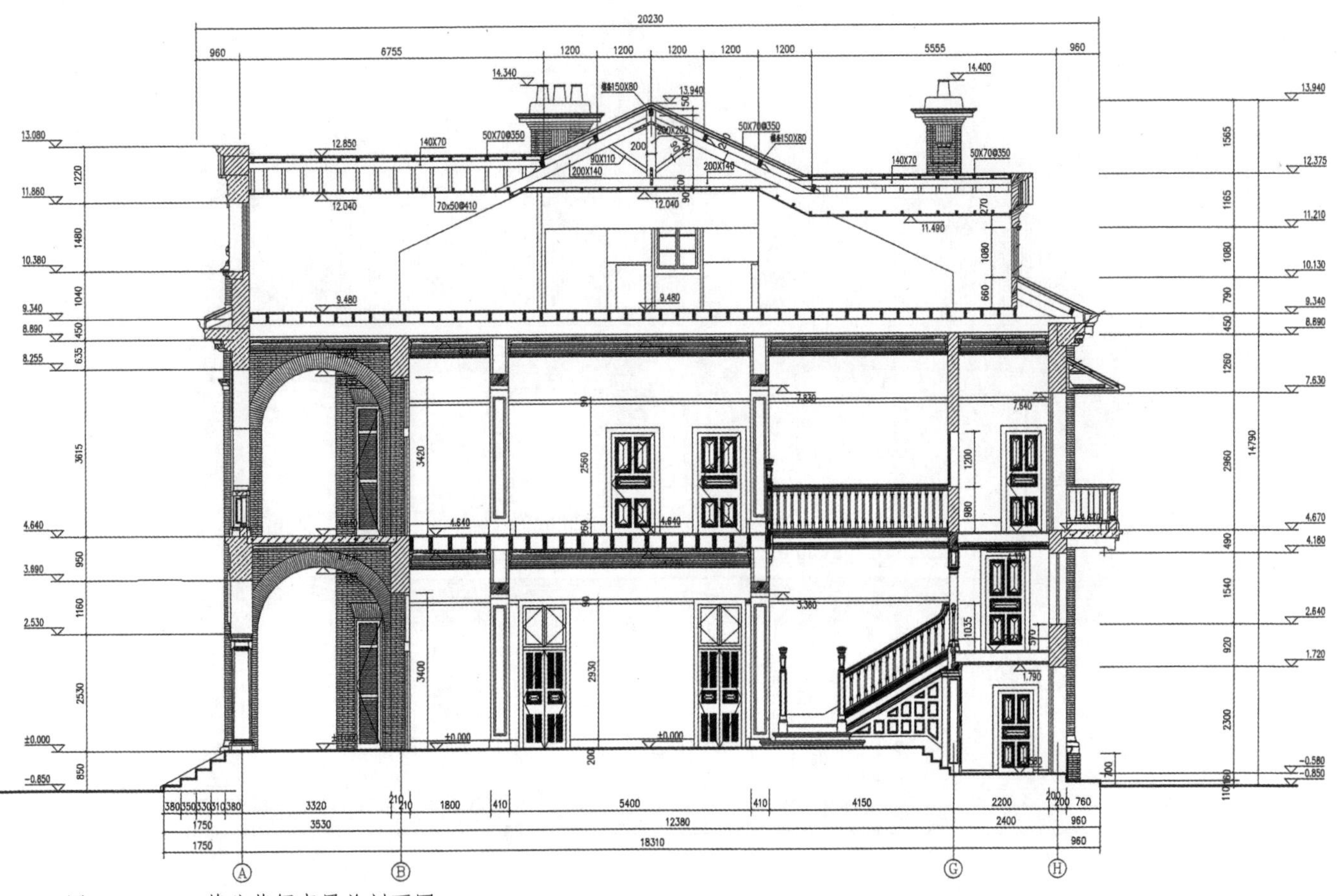

图3-2-1B.a 英驻芜领事署总剖面图

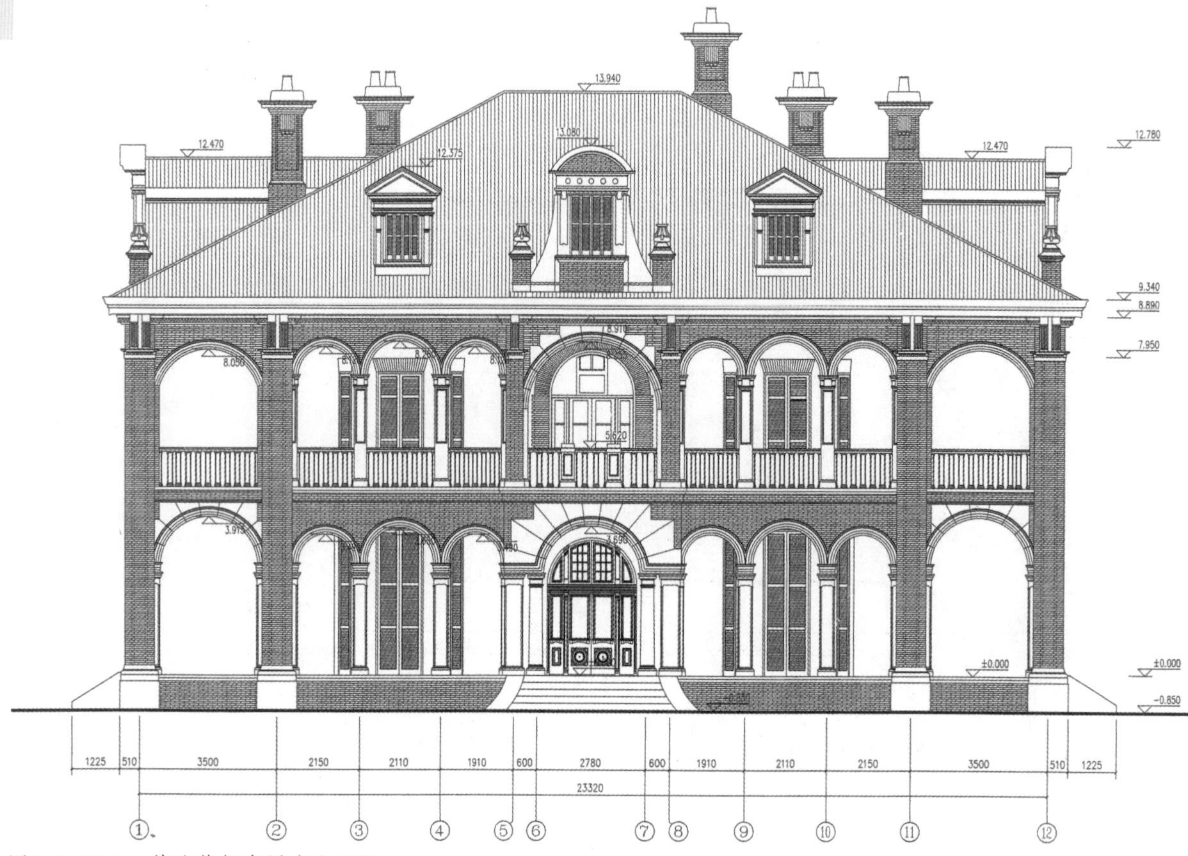

图 3-2-1B.b　英驻芜领事署南立面图

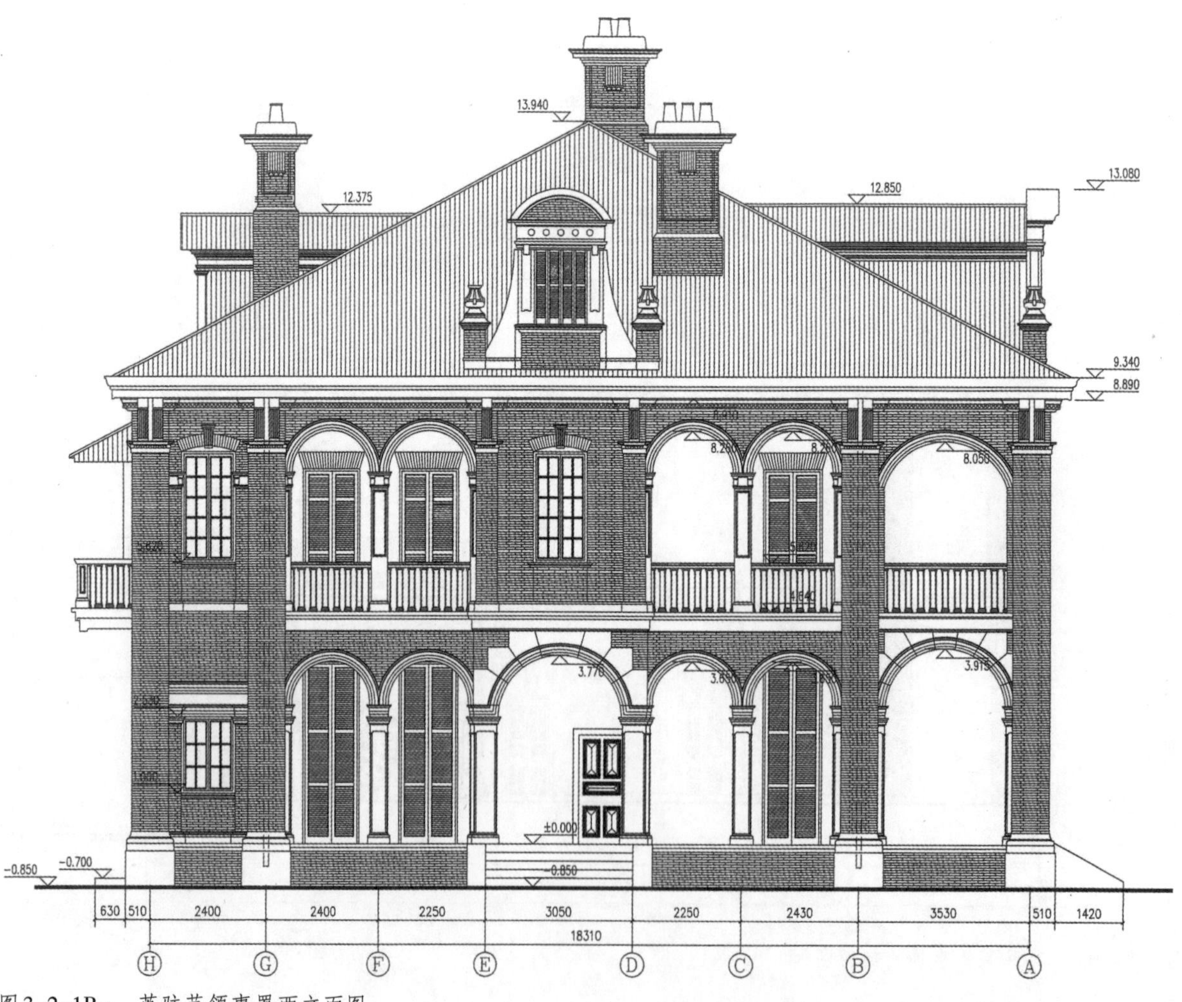

图 3-2-1B.c　英驻芜领事署西立面图

图3-2-1C.a　英驻芜领事署南立面(摄于2012年)

图3-2-1C.b　英驻芜领事署东外廊(摄于2012年)

图3-2-1C.c　英驻芜领事署南立面细部设计

图3-2-1C.d　英驻芜领事署东立面(摄于2012年)

图3-2-1C.e　英驻芜领事署西立面(摄于2012年)

图3-2-1C.f　英驻芜领事署北立面(摄于2012年)

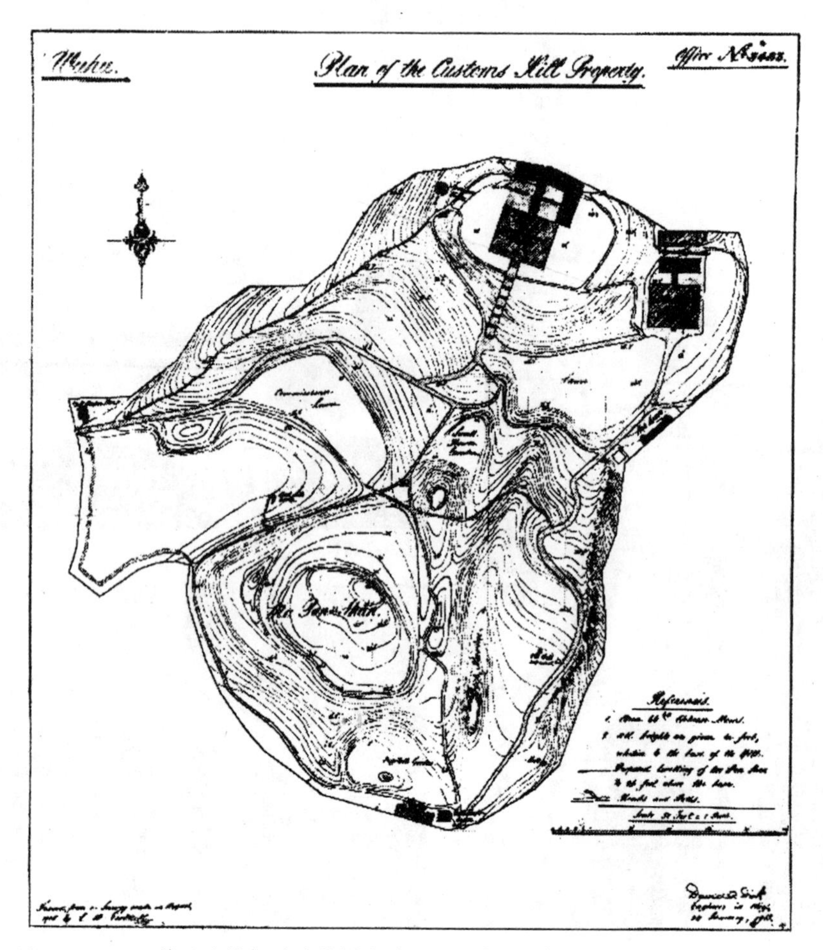

图3-2-1D.a　英国建筑师手绘范罗山总平面图(1905年绘制)

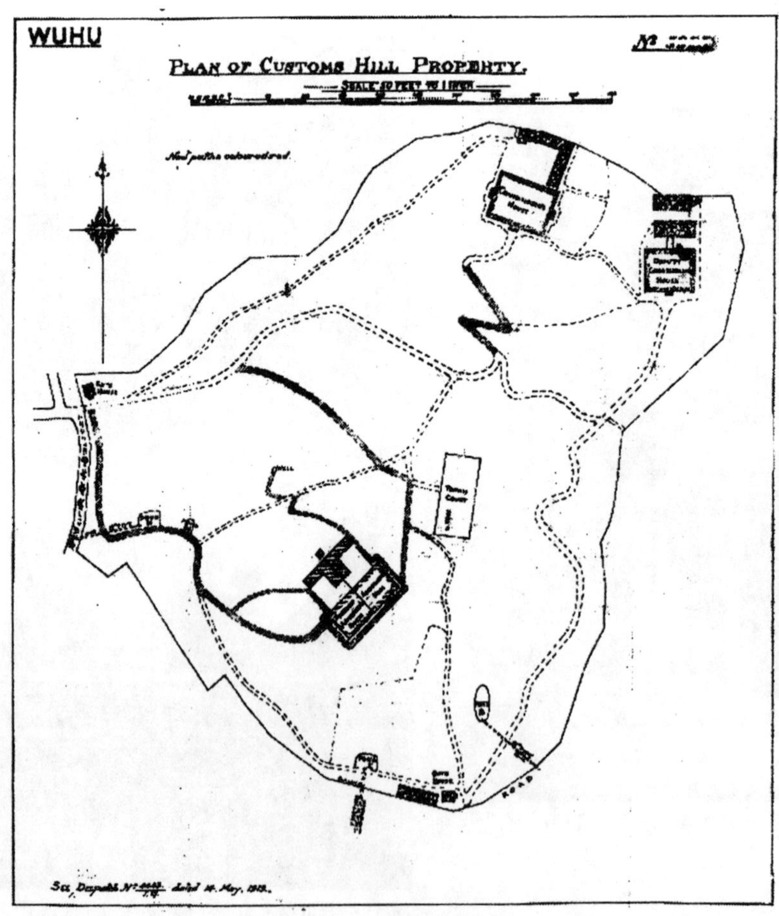

图3-2-1D.b　英国建筑师手绘范罗山总平面图(1919年绘制)

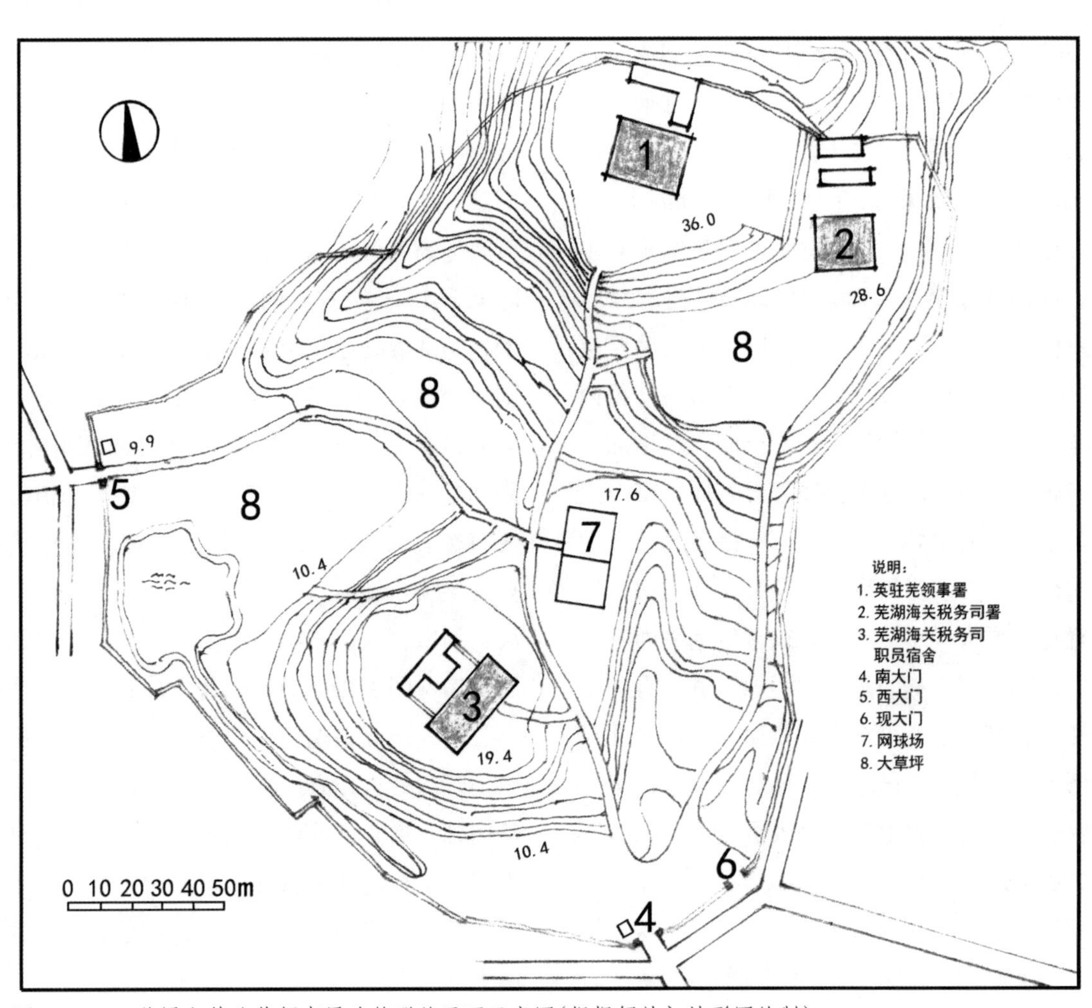

图3-2-1E 范罗山英驻芜领事署建筑群总平面示意图(根据解放初地形图绘制)

（2）英驻芜领事官邸（1887）［图3-2-2］

1877年建造英驻芜领事署后，为了改善领事署官员的居住条件，1887年英国政府在距离范罗山不远的雨耕山上，建造了驻芜领事官邸。雨耕山低且小，西与鹤儿山毗连，东北方向与范罗山只隔一条青山街向南延伸的牛奶坊（街巷名）。

该领事官邸为两层砖木结构，坐北朝南，建筑面积约713平方米。建筑平面近似正方形，面阔约20.2米，进深约17.7米。一、二层南面和西面均有外廊，南廊深约2.8米，西廊南半深约3.2米，北半深约2.4米。官邸南面正中略偏东有主入口，西面北端有次入口。两入口处均有台阶6步，室内外高差1米。从南入口进入南廊后穿过门斗进入门厅。门厅设计成“刀把”形，使得西廊南宽北窄，既合理利用了内部空间，又增加了南面走廊的面积。门厅两侧布置有客厅和带卫生间的卧室，均有壁炉。门厅后部有醒目而精致的三跑木楼梯。二层为领事、副领事居住用房，平面布置与一层大同小异，只是东端住宅平面有所变化。特别值得一提的是，主楼梯东侧还有一小型楼梯间，其一层既可与门厅相通，又可向北与东北侧附属建筑（今已不存）相通。向上也可另行登临二楼，疑为保卫与后勤人员专用楼梯（图3-2-2.a/b/c）。

领事官邸仍采用“券廊式”，从1919年拍摄的照片（图3-1-2）可见，拱券的起拱高度较小。现在保存的建筑已改成平梁，已非原貌，建筑表现力有所降低。原来建筑的外墙是清水青砖墙，后来做了外粉刷，呈现效果也有所改变。值得注意的是，该建筑三个角部的廊柱，原来是由二至三个细柱组成，既稳重又秀气，后来改成大的“L”形柱，效果也不如从前。从老照片（图3-1-2）还可看出，英驻芜领事官邸底层的东南角曾附建有一个阳光房，今已不存。该建筑的屋顶为带有短脊的四坡顶，为灰色瓦楞铁皮屋面。因屋顶坡度不大，故未设阁楼，有四个壁炉烟囱突出屋面。整个官邸造型显得简洁朴实。

这里特别要提到《芜湖旧影 甲子流光（1876—1936）》一书，书中载有一张“1887年英驻芜领事官邸建筑群平面图”，实际这是一张总平面图（图3-2-2.e）。从图中可知：①总用地外形并不规则，系依雨耕山的地形地貌而定。对照现在的地形图，领事官邸主体建筑位于山顶，黄海标高为22.8米，总用地东面地形较陡，很快降低到11米左右。南面从山顶平台先降至19.8米，到围墙处已降至14.8米。北面坡道略陡，到围墙处降至16.2米。西面坡度先陡后缓，先急降至16.3米（也就是图中大草坪处），到围墙处再降到14.7米，再向西130米左右到吉和街已降到黄海标高12米。②总用地面积按图中比例尺推算，约0.8公顷（合12亩）。③总平面建筑布局：领事官邸位于山顶中部，其东北侧紧邻为附属用房（图3-2-2.d）。东北方建有治安官住所及办公室，西北角院门处建有用人房兼门卫房，东南角院门处也建有门卫房。④用地外围情况：西院门外有道路，北经青山街可通英驻芜领事署西大门，南行转西通吉和街可至天主教堂。东南角处院门外，十余米即交通路，可通英驻芜领事署南大门。

此官邸后来曾作为“内思工职”的学校办公楼，“文化大革命”后曾作为安徽机电学院办公用房。2014年，为了建设雨耕山文化创意产业园，对英驻芜领事官邸进行了整体修缮，该建筑得到了保护和再利用。

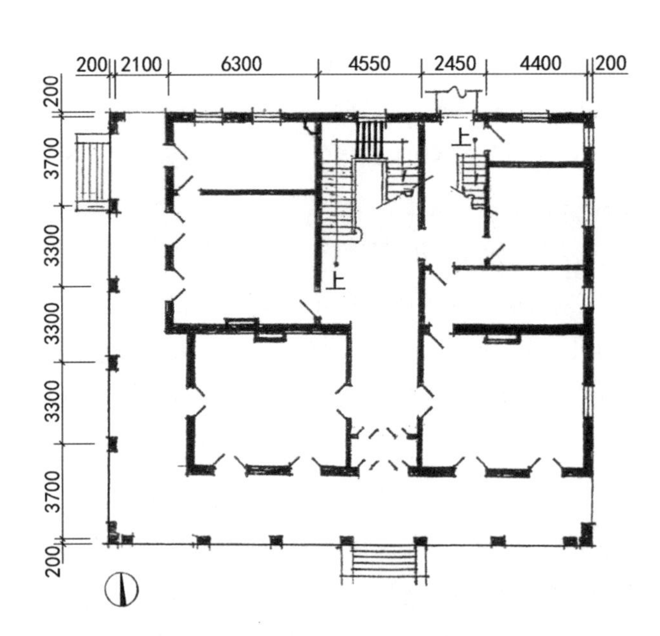

图3-2-2.a　英驻芜领事官邸一层平面图

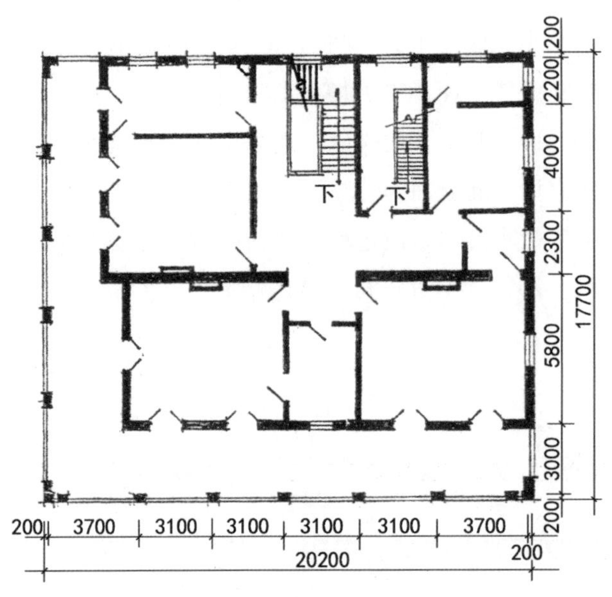

图3-2-2.b　英驻芜领事官邸二层平面图

图3-2-2.c　英驻芜领事官邸西南面

图3-2-2.d　英驻芜领事官邸附属建筑

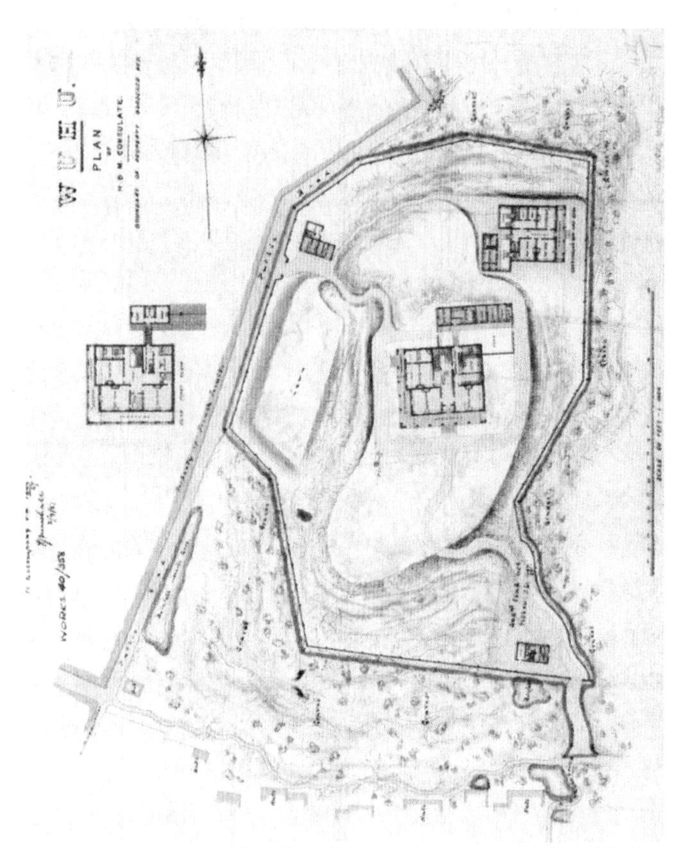

图3-2-2.e　1887年英驻芜领事官邸建筑群平面图(载于《芜湖旧影　甲子流光(1876—1936)》第56页)

（3）芜湖海关税务司署（1905年前）［图3-2-3］

此楼位于范罗山山顶英驻芜领事署东侧略低处，两楼相距约44米，地形高差约7米，有台阶式坡道相通。从1905年绘制的范罗山总平面图（图3-2-1D.a）可知，当时已有直接西通西大门和南通南大门的下山道路，其距离均为220米左右。税务司署的建造年代尚未发现确切记载，根据1905年绘制的范罗山总平面图推断此建筑应建于1905年以前，也许就是1905年。笔者推测此图很可能就是为了此楼的建造而绘制。

该建筑朝向正南，平面近似正方形，面阔约19.98米，进深约16.66米，建筑面积约666平方米，为两层砖木结构。芜湖海关税务司署平面布局与英驻芜领事署很相似，只是做了简化。一、二层平面均设有东、南、西三面外廊，走廊宽度皆为2.55米。底层南外廊中部设有出入口，经过三级台阶穿过走廊即可进入净宽为2.52米的长条形门厅。门厅后部有上二层的两跑木楼梯，楼梯北侧设有门斗，可通雇员住所等附属建筑的后院，门斗两侧是卫生间等附属用房。一层门厅两侧各有两间设有壁炉的办公室，且前后都可以互通，也都有两樘通走廊的双扇木门（图3-2-3.a）。二层平面与底层相似，只是用途不同，为设有客厅、卧屋、卫生间的两套住房（图3-2-3.b）。

芜湖税务司署的尺度略小于英驻芜领事署。底层室内外高差现为0.33米（原来大于此尺寸）。一层层高约4.48米，二层层高约4.09米，檐口高度约8.88米，屋脊高度约13.23米（图3-2-3.c）。办公室、住房为木楼地面，走廊、卫生间为水磨石楼地面，底层门厅为大理石地面。此建筑未设阁楼，屋顶内部空间并未利用。屋顶为带短脊的四坡瓦楞铁皮屋面，屋顶坡度较缓，仅有25度。

芜湖海关税务司署的造型设计较为简洁。南立面一、二两层均为七个连续拱券，只是两端拱跨略小。底层拱为半圆形，二层拱高减小、拱脚加长，使立面显得更加生动（图3-2-3.d）。两个侧立面均为上下两排六个连续拱券，处理手法同正立面。北立面为背立面，只作简单处理。外墙面为混水砖墙，白色粉刷墙面。整体造型庄重典雅。2012年对其进行了整体修缮。

图3-2-3.a　芜湖海关税务司署修缮一层平面图

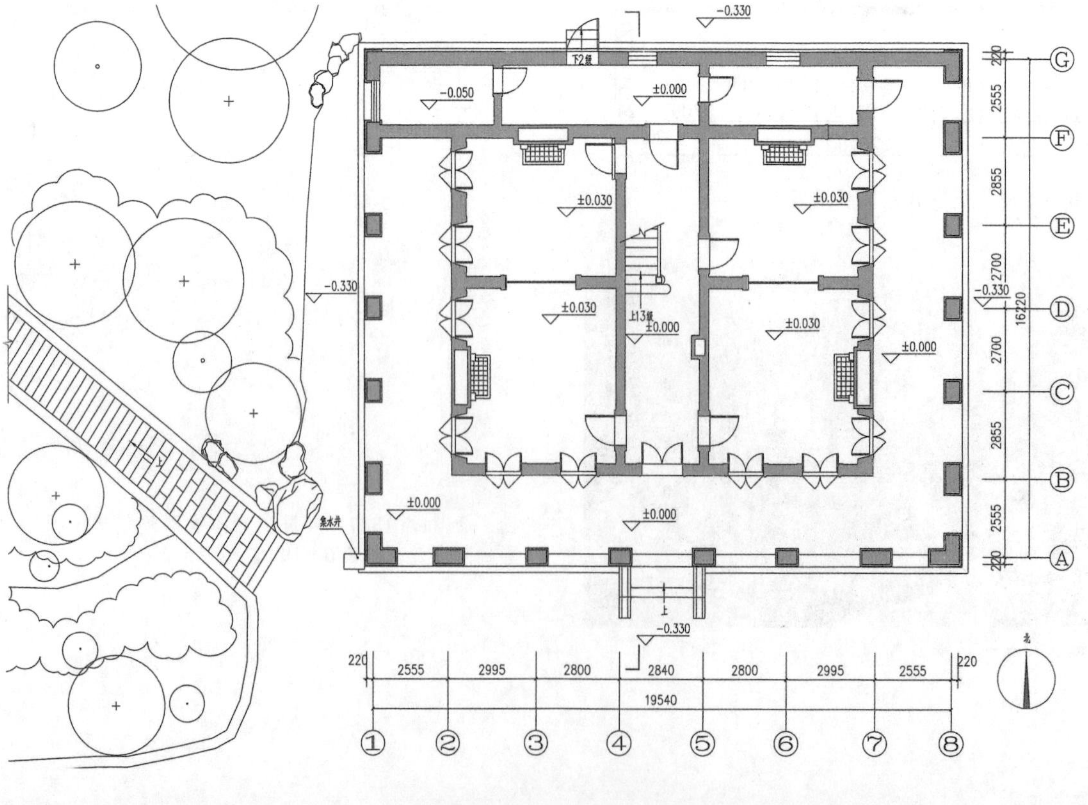

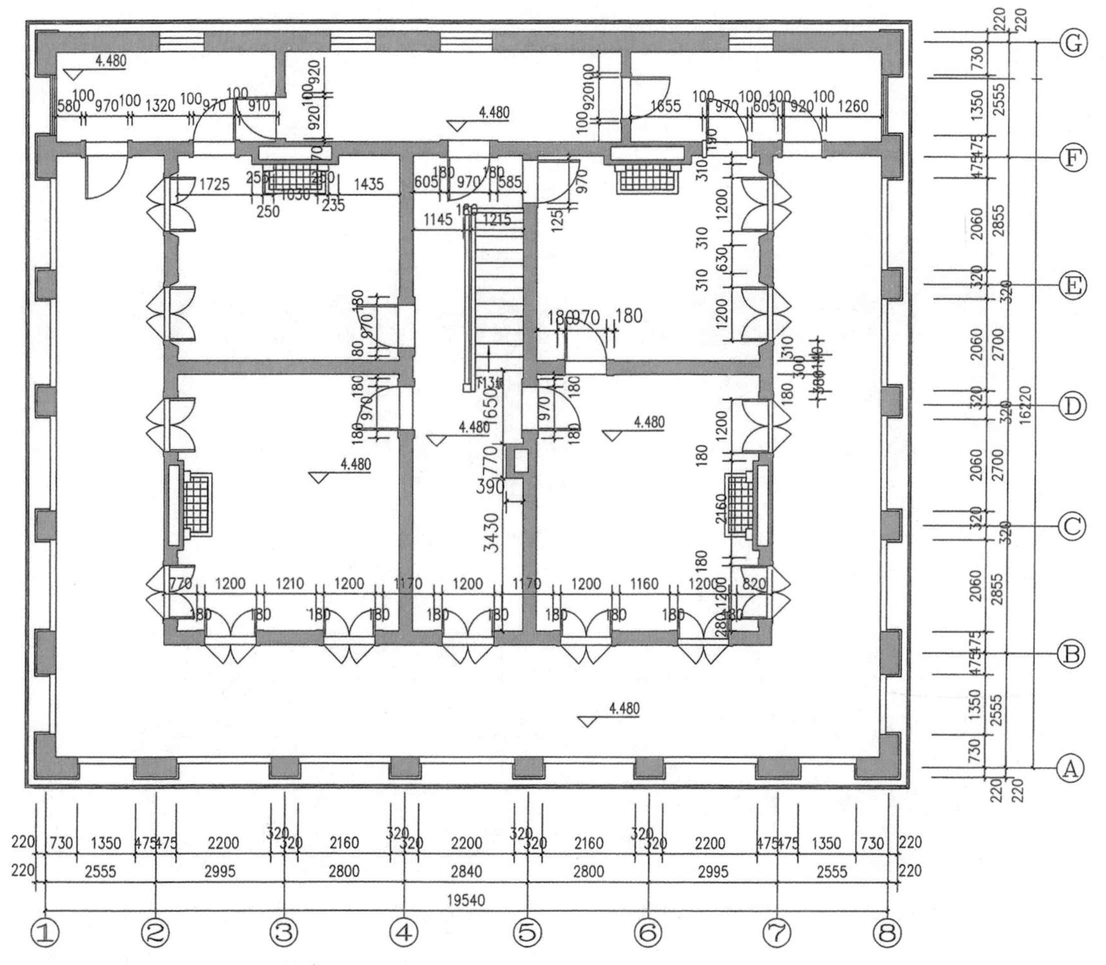

图3-2-3.b　芜湖海关税务司署修缮二层平面图

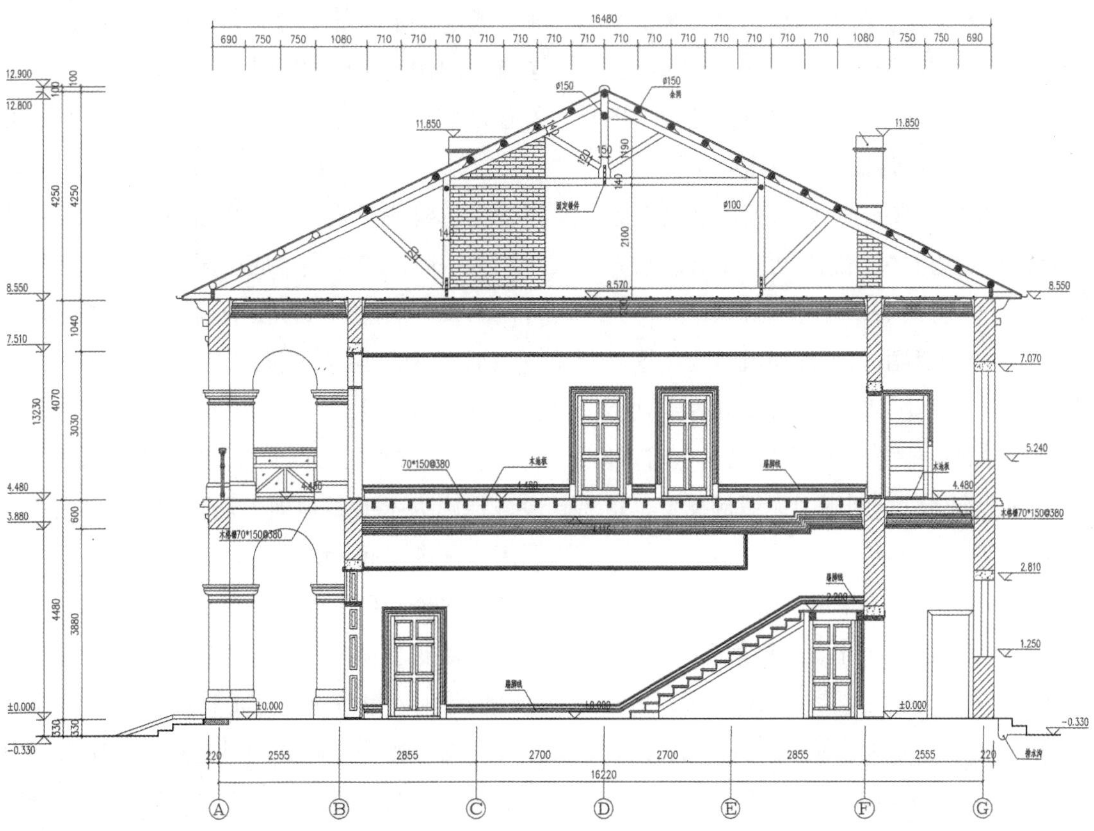

图3-2-3.c　芜湖海关税务司署修缮剖面图

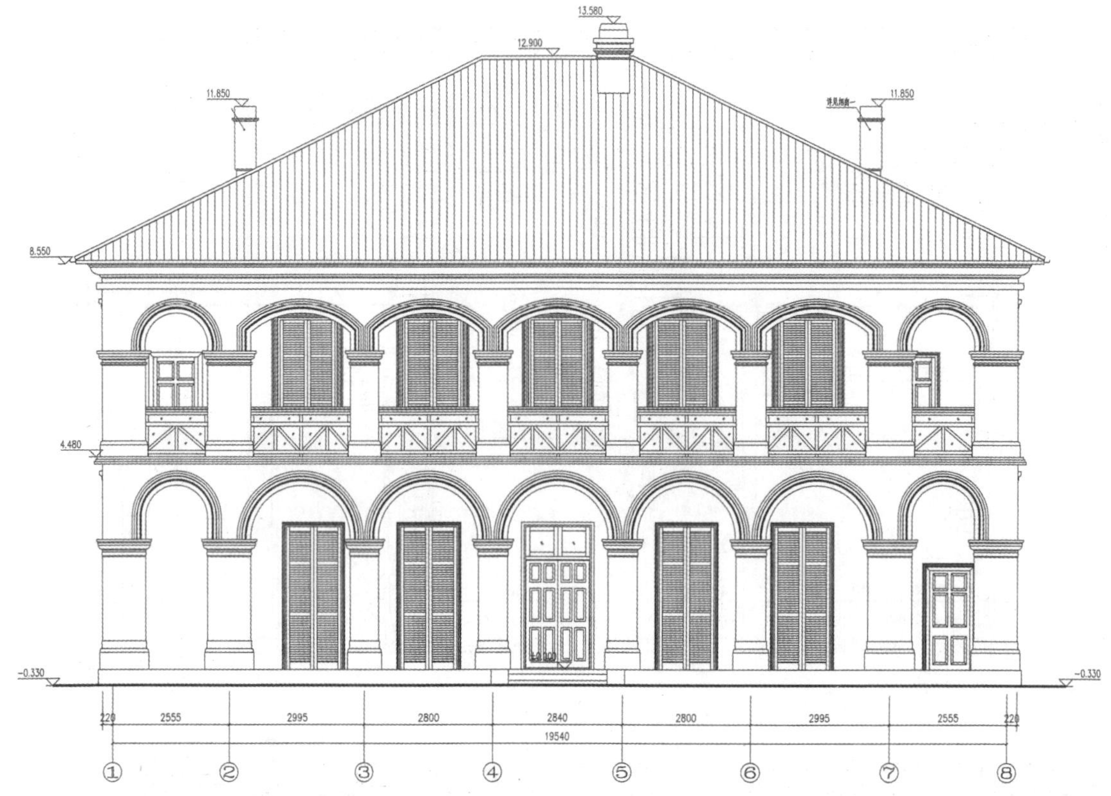

图3-2-3.d　芜湖海关税务司署修缮南立面图

(4) 芜湖海关税务司职员宿舍楼（1919年前）[图3-2-4]

此楼位于范罗山顶英驻芜领事署西南山腰处，相距约150米，处于黄海标高为19.6米的平台上。建造年代无明确记载，笔者从1919年5月绘制的范罗山总平面图上第一次见到此建筑（图3-2-1D.b）。而1913年调整的范罗山总平面图上并无此建筑（图3-2-1D.a），如短期内有此项建设计划，该图应透露有关信息。可以推知，税务司职员宿舍楼可能建于1917—1919年，也许1919年5月绘制的范罗山总平面图就是为了这项工程而绘制的。图中在宿舍楼东北20多米处标有网球场，并在总用地内绘出深色道路，也许计划建设，也许已经建成，因图中无图例标示，这里仅是推测。

此处原是一小山头，削平后仍比周围还高，与北面高差还有3米多，与西北面高差竟达9米多。不仅是受地形影响，可能主要是从景观考虑，为使宿舍楼面向南大门，也是为了便于组织交通，建筑朝向安排不够好，朝南偏东达到48度。

宿舍楼为两层砖木结构，矩形平面，面阔约28.16米，进深约13.49米，建筑面积约776平方米（不包括阁楼）。仅东南、西南两面设置外廊，既组织了内部交通又可作阳台使用，还起到了遮阳的作用。西端是带眷职员住户，一、二层各住一户。底层住户由西北角通过门斗单独入户，二层住户由北侧室外楼梯另行入户。东端两层皆为单身职员宿舍，每层各有宿舍3间，另有合用卫生间。单身宿舍底层居住职员由南北两个方向出入，二层居住职员有内外两座楼梯可以上下。后院为单层两坡顶附属用房，为厨房、餐厅、仆役住室及马厩。附房出檐深远，很有特色，有一定建筑艺术价值（图3-2-4.a/b）。该宿舍楼走廊为水磨石地面，居住用房为木楼地面。利用屋顶内空间设计有阁楼，宿舍楼东、西两部分皆有木楼梯可上阁楼存物或瞭望。

该楼底层室内外高差约0.72米，只在东端第二柱间设有4级台阶。其他柱间原来都设计有木栏杆，这样使得走廊能同时起到阳台作用。为了分隔东、西两部分宿舍，走廊中间设有带门的隔墙。此楼底层净高约3.67米，二层净高约3.36米。作为居住建筑，净高算是较高的。檐口高度约8.01米，屋脊高度约11.97米，也算够高大的了（图3-2-4.c）。屋顶为长屋脊四坡瓦楞铁皮屋面，屋面坡度为27度。

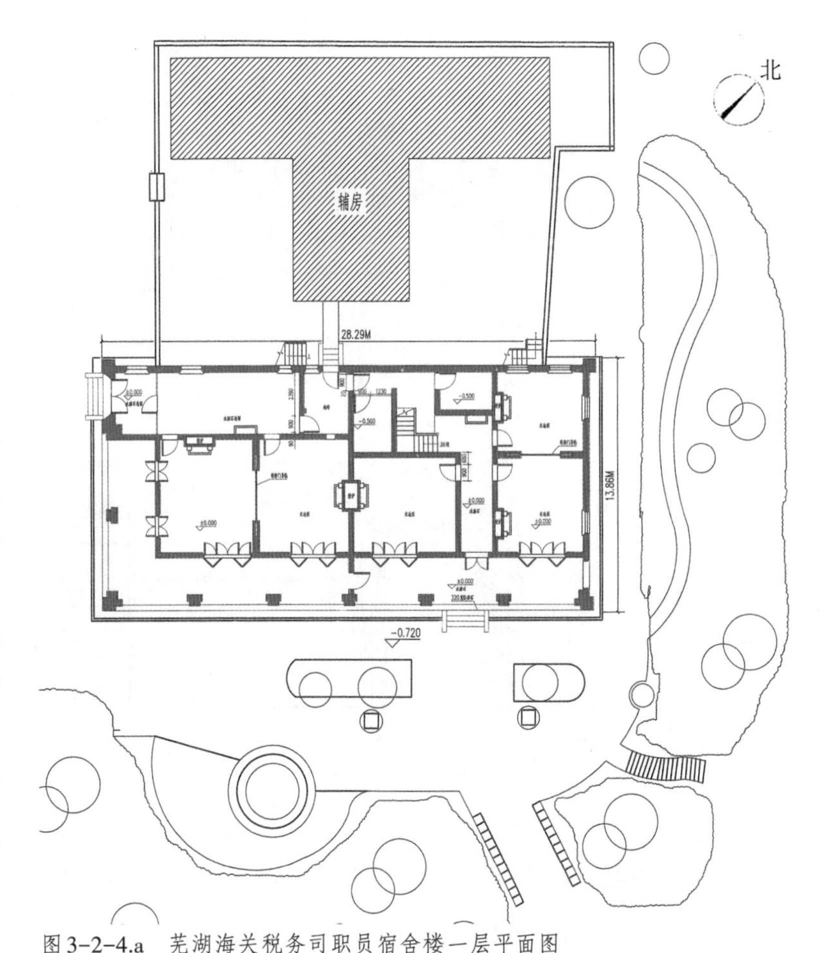

图3-2-4.a　芜湖海关税务司职员宿舍楼一层平面图

芜湖海关税务司职员宿舍楼建筑造型设计得亲切宜人。外墙为丁顺间砌的清水红砖柱，墙面也是丁顺间砌，但顺砌的是红砖，丁砌的是青砖。一、二层皆为六开间柱廊，未处理为拱券，只在走廊东山墙处做了砖砌拱券。立面上两层通高的砖柱作了凹凸处理，楼层栏杆下0.67米高横梁作了复杂的线条处理。檐下梁和栏杆下梁的白色饰面与红色墙面互相衬托，有一定的表现力。南面屋面上的两个老虎窗与两个壁炉烟囱，也使立面生色不少（图3-2-4.d）。2012年对其进行了整体修缮，可惜后院建筑内现有住户难以搬出未能得到有效修缮。

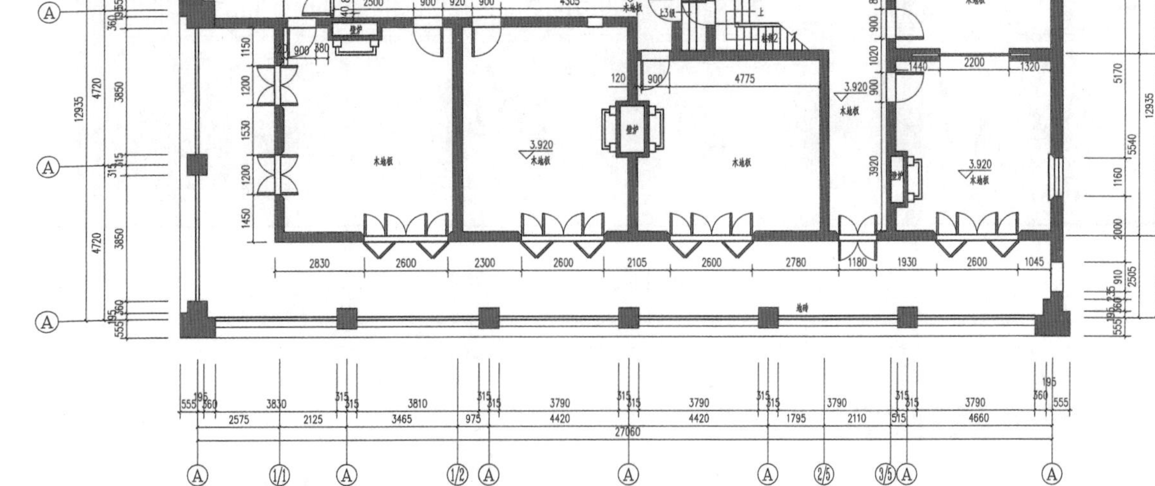

图3-2-4.b　芜湖海关税务司职员宿舍楼二层平面图

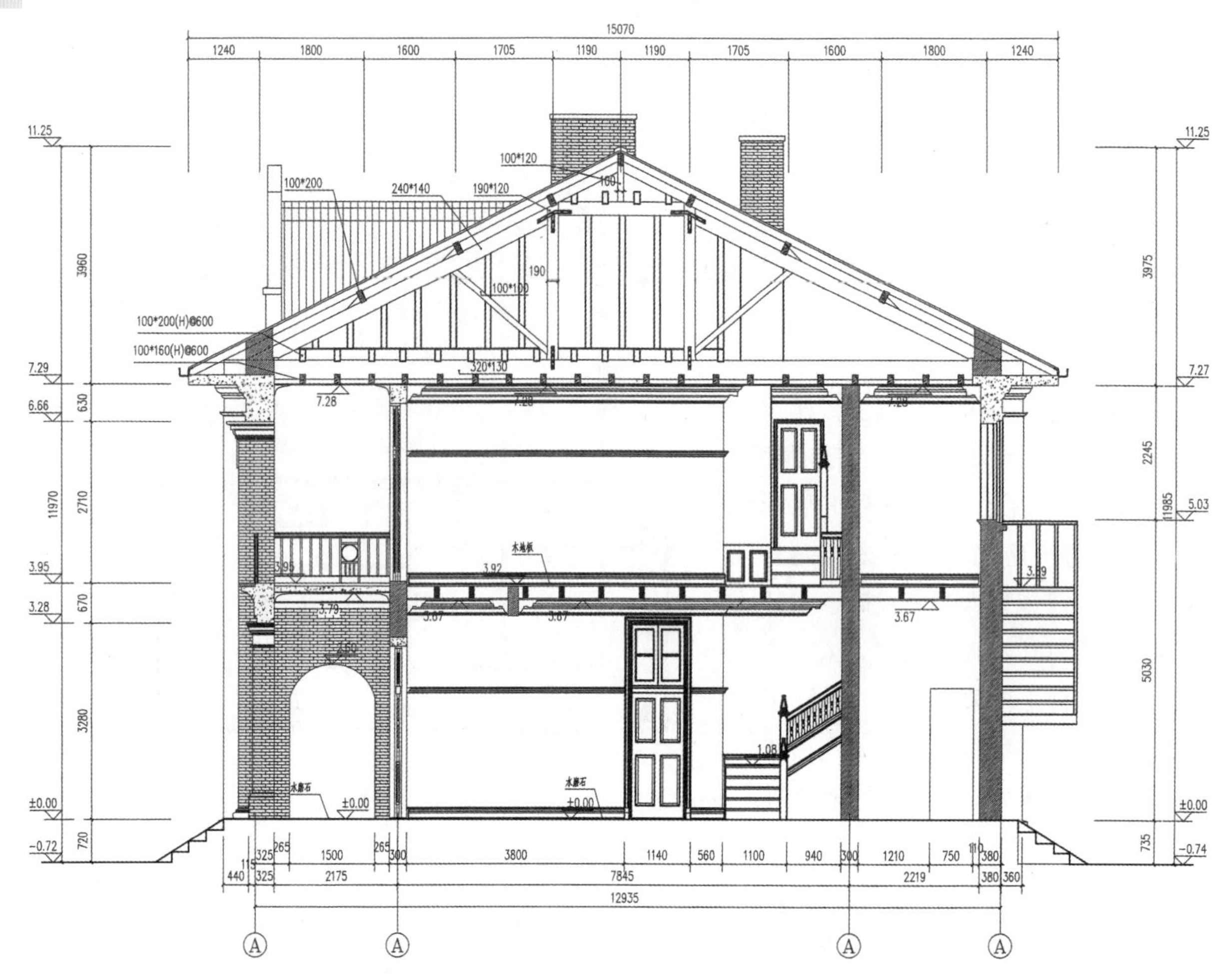

图 3-2-4.c　芜湖海关税务司职员宿舍楼剖面图

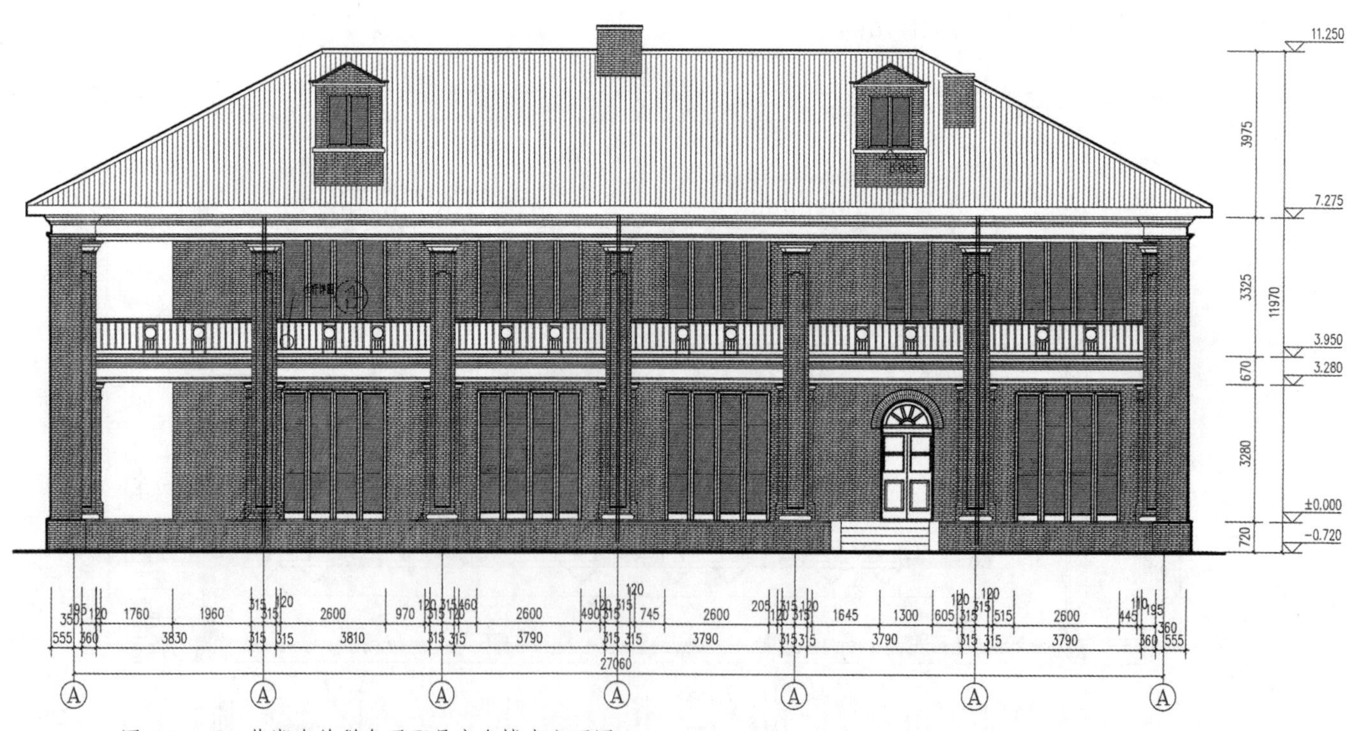

图 3-2-4.d　芜湖海关税务司职员宿舍楼南立面图

（5）芜湖海关关廨大楼（1916—1919）［图3-2-5］

芜湖自1876年被辟为对外通商口岸以后，于1877年2月18日设立海关，定为三等海关，4月1日正式开关，称为“芜湖关”，是我国近代设立的第16个海关。与1854年6月最早设立的上海“江海关”相比，晚了23年。与1862年1月设立的汉口“江汉关”相比，晚了15年。从长江流域看，比1891年3月设立的“重庆关”要早13年，比1899年5月设立的南京“金陵关”要早22年。可见“芜湖关”是我国近代设立较早的海关之一。

芜湖海关设立之初并未立即建房，而是在青弋江口的中江塔附近租用民房办公。1899年5月正式开展业务，至年底时，七个月进出口贸易总净值即达到163.2万余两关平银。第二年贸易总净值翻了整整一倍，达到321.9万余两关平银。1878年，进口贸易共征税款3.1421万两，十年后征税款达56.9195万两，超过18倍。到了1905年共征税款高达114.4万余两，与1878年相比竟超36倍①。

芜湖海关专门征收轮船装运进出口货物的税款，还兼管港口、航政，代办邮政、气象等业务，也负责稽查鸦片走私。在清政府统治时期，各地海关长期由税务司控制，全国海关由总税务司统一管理。总税务司一直由英国人充任，1859年首任总税务司即英国人李泰国，1863年总税务司由英国人赫德继任。赫德任职长达四十多年，不仅控制了中国海关，还插手外交事务，深得清廷信任。地方税务司也多由英、美、德等国人担任。自芜湖海关设立至清末的三十多年间，税务司几乎一二年更换一任，如吴德禄（美）、吉罗福（美）、裴式模（英）、墨贤理（美）、赫美玲（德）等都在芜湖税务司任过职②。由于地方管理的需要，芜湖也设有海关监督。只是芜湖海关税务司对芜湖海关监督的指示经常拒不执行或拖延不办，因此，芜湖海关监督形同虚设。潘赞化（1885—1959），老同盟会会员，为人正直，为官清正。1912年担任芜湖海关监督时，不愿把关税上缴财政部，而是汇寄到上海同盟会。孙中山先生巡视芜湖时，接见了潘赞化，赞扬了潘的义举。潘赞化在芜任职期间偶遇当时只有17岁的张玉良（后改名潘玉良，成为著名画家），为她的身世和才情所感动，1913年在主婚人陈独秀主持下巧结良缘，传为佳话。

1937年芜湖沦陷后，海关被日本人控制。1946年7月，芜湖海关被国民政府裁撤，芜湖进出口贸易由南京海关兼管。海关大楼成为当时的安徽省货物税局办公楼。中华人民共和国成立后，大楼被长江芜湖航道处接收使用。1988年，建设芜湖新的客运港大楼，芜湖海关大楼进入建筑用地范围。笔者当时在芜湖市规划设计院承担了此项目的规划设计工作，向有关部门建议缩短客运港大楼建筑长度并适当将建筑南移，使得海关大楼得以保存。

现存的芜湖海关关廨大楼始建于1916年，选址在陶沟南侧，与租界区很近。历时三年，于1919年7月14日正式建成，耗费关平银19.4万两。此楼位于长江岸边，坐东朝西，面对大江。大楼为砖木混凝土混合结构，建筑面积约831.68平方米（不包括阁楼）。主楼两层，西、南、东三面有柱廊，平面近似正方形，面阔约21.94米，进深约18.86米。塔楼五层，位于主楼西立面中部，一半插入走廊，一半突出墙面，平面为5.5米×5.5米的正方形（图3-2-5A.a）。沿江马路旁

① 张华、齐金辉：《芜湖海关百年史略》，载方兆本：《安徽文史资料全书·芜湖卷》，安徽人民出版社2007年版，第346-353页。

② 中国社会科学院近代史研究所翻译室：《近代来华外国人名辞典》，中国社会科学出版社1984年版，第55、170、201、326、522页。

的西入口是主入口，穿过塔楼即可进入南、北两个营业大厅。东面走廊对应塔楼处设有门斗，是次入口，应为内部人员使用，可直接进入营业大厅。南北两个营业大厅内各有两根做工精细的木柱，用以减少木梁的跨度（图3-2-5A.c）。二楼是办公用房，西面经过塔楼内楼梯登临顶层瞭望室，东侧有露天钢梯可以直接下至后院（此梯今已不存）（图3-2-5A.b）。

海关大楼底层室内外高差为0.6米，主楼一、二层层高均为3.9米。因屋顶坡度较陡，有30度，且屋顶空间较大，设计有贮藏用阁楼，可由三层塔楼进入。主楼为四坡瓦楞铁皮屋面，檐口高度约8.2米，屋顶高度约14.2米。主楼底层为水磨石地面，二层为木楼面。塔楼底层室内外相平，层高约4.5米，二层层高约3.6米，三层层高约3.1米，四层层高约4.5米。五层是瞭望层，有专门木楼梯登临，层高约4.45米。据笔者考证，塔楼屋顶原为八角形攒尖顶瓦楞铁皮屋面，檐口高度约20.15米，塔尖高度约21.65米（图3-2-5A.d/e）。

芜湖海关大楼外墙为清水红砖墙，建筑形体由沉稳的主楼和高耸的塔楼两部分组成。四个立面都具有表现力。西立面是沿江立面，也是主要立面，采取以塔楼为轴线的对称式，高与低的对比产生了丰富的建筑轮廓线，同时主楼柱廊的“虚”与塔楼墙体的“实”互相衬托，使建筑显得十分庄重（图3-2-5B.a）。作了重点建筑艺术处理的塔楼特别引人注目，方形平面四个角在立面上作了变形处理。下面两层角部墙面稍稍后退做成假柱，柱顶有塔形装饰，第三层以上各层都做成抹去角的八角形。另外，作了重点部位的细部处理。一是将建筑入口处一层的门和二层的窗统一处理，其上增加的圆窗周围又做了细致的装饰（图3-2-5B.e）。二是将三、四层立面作重点处理，在四个圆形钟面上方加上突起的拱形装饰，拱檐下有齿，拱脚下也有装饰。三是在塔楼顶部将第五层的墙体虚化，更利于瞭望。同时，加八棱锥形的塔尖，既完整了立面，也是很好的收头处理。其他立面设计得也很精致，主要是重点处理砧柱和檐下的线条装饰。从侧面看，由于塔楼在主楼之前，增加了建筑的动感（图3-2-5B.b/c/d）。主楼的坡屋面上原来有耸立的三个壁炉烟囱，可惜早已不存，影响了造型效果（图3-2-5A.f）。芜湖海关关廨大楼矗立江岸，已成为芜湖近代的标志性建筑之一。

20世纪80年代末，笔者在武汉有关单位曾查阅到一张“芜湖旧海关房产地盘图”，十分珍贵（图3-2-5A.g）。图中所示与1919年编纂的《芜湖县志》对芜湖海关的描述基本一致。从图中可知：①芜湖海关总用地面积约3.3公顷（合49.5亩），南北宽约170米，东西长约195米（扣除沿江马路宽度）。②总用地分南北两个部分，北部占地约三分之二，用于海关建筑群，南部占地约三分之一，用于足球场。③海关大楼位于北部用地两端的中间，其北面是码头房、货栈和水手住房，南面是外班洋员俱乐部。海关大楼东面是巡江事务处（监察长住宅）、未婚关员宿舍和已婚验货员宿舍。80年代，以上的附属建筑大多尚在，今均已不存。

2004年，芜湖海关关廨大楼被安徽省人民政府公布为第五批省级文物保护单位。2008年，芜湖市滨江公园建设指挥部对其进行了整体修缮，芜湖市滨江公园管理处筹划在该建筑内设立海关展览馆，可能是从展览需要出发，内部分隔稍有调整。总体修缮效果较好，可惜塔楼顶上的尖顶没有恢复，使建筑形象不够完整，留下了一点遗憾。此尖顶早先确实存在，从历史照片上可以看见（图3-2-5A.f），从网络上查到的当时一张速写也可看到[①]。笔者1988年现场调查时，走访附近居住的老人也曾得到证实，他们描述曾亲眼看见芜湖沦陷前该塔顶毁于日本人的轰炸。

① 王东:《安徽商人与芜湖》,《大江晚报》2017年2月5日版。

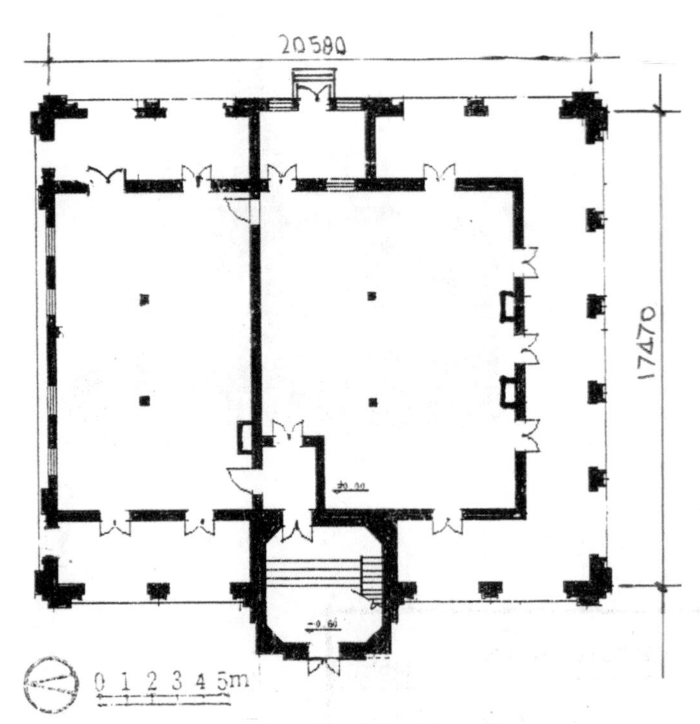

图3-2-5A.a　芜湖海关关廨大楼一层平面图

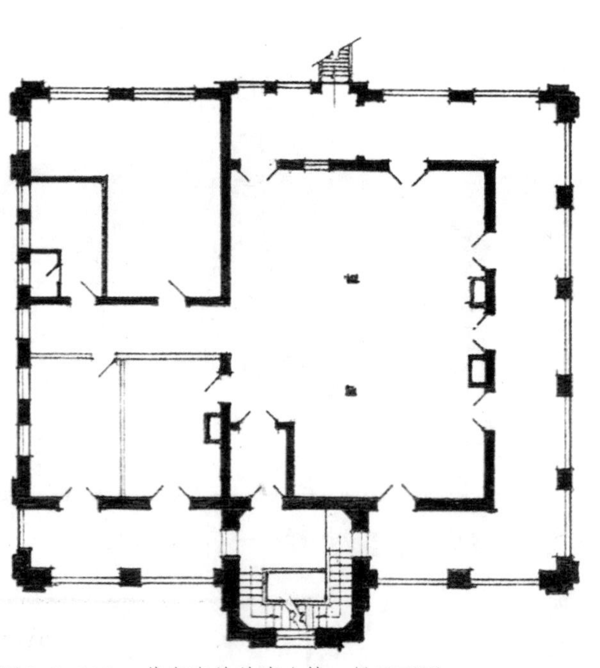
图3-2-5A.b　芜湖海关关廨大楼二层平面图

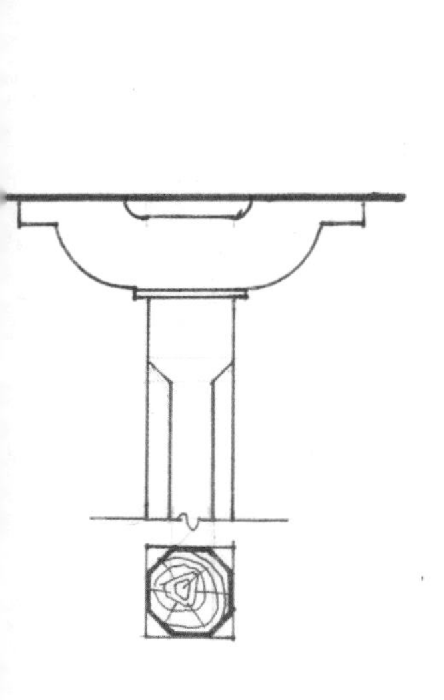
图3-2-5A.c　芜湖海关关廨大楼内柱示意图

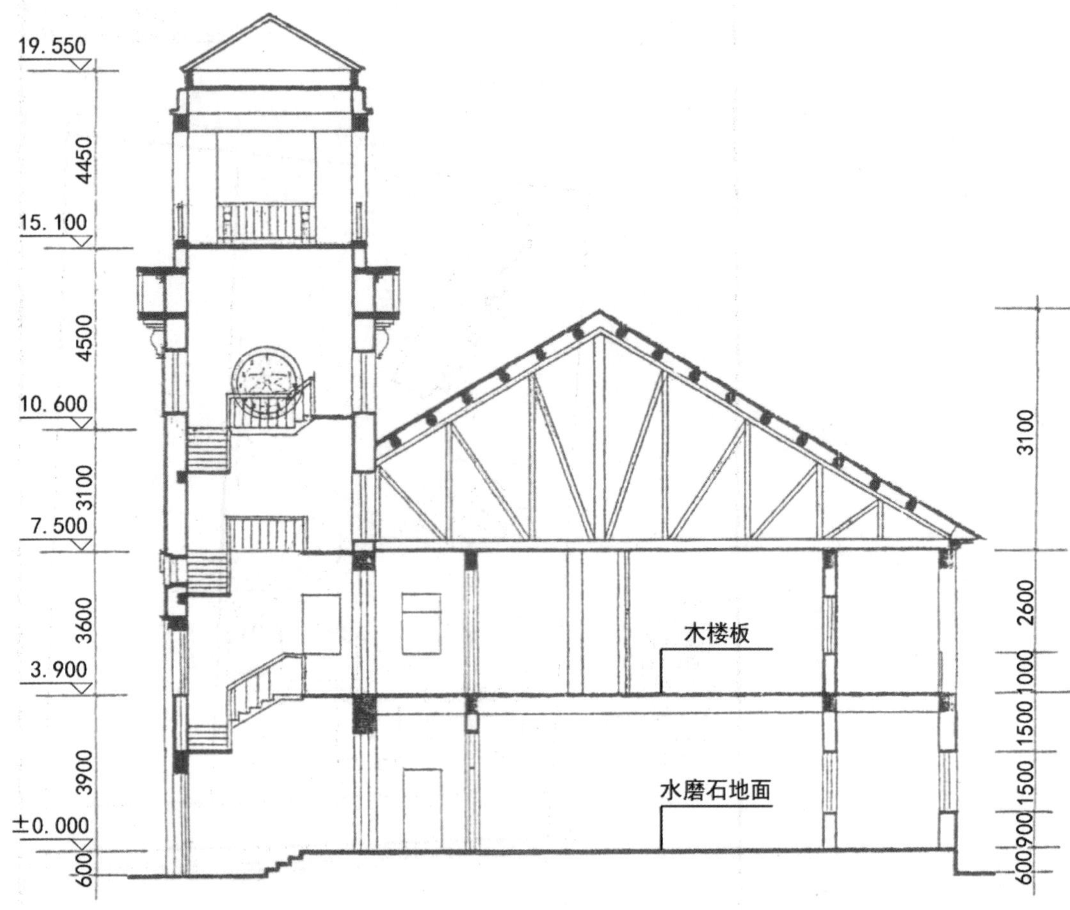

图3-2-5A.d　芜湖海关关廨大楼剖面图

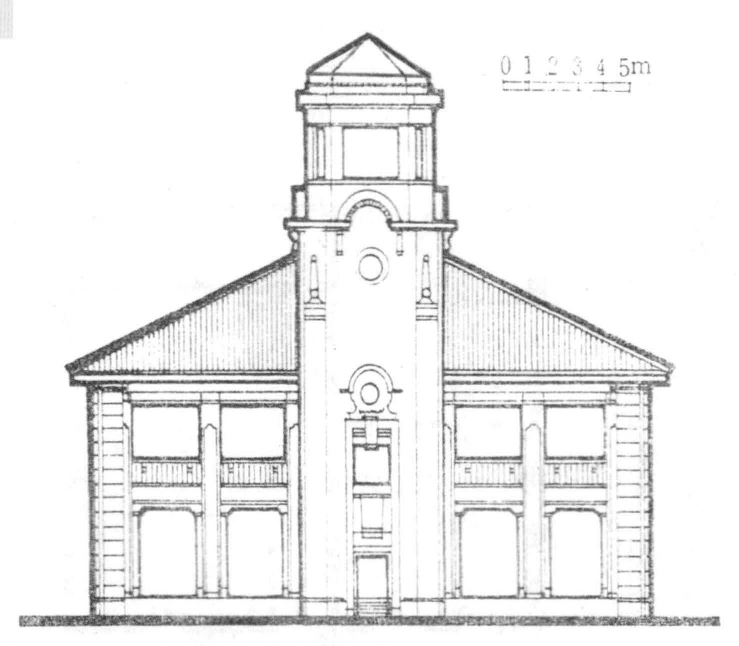

图3-2-5A.e　芜湖海关关廨大楼立面图

图3-2-5A.f　芜湖海关关廨大楼(摄于1934年)

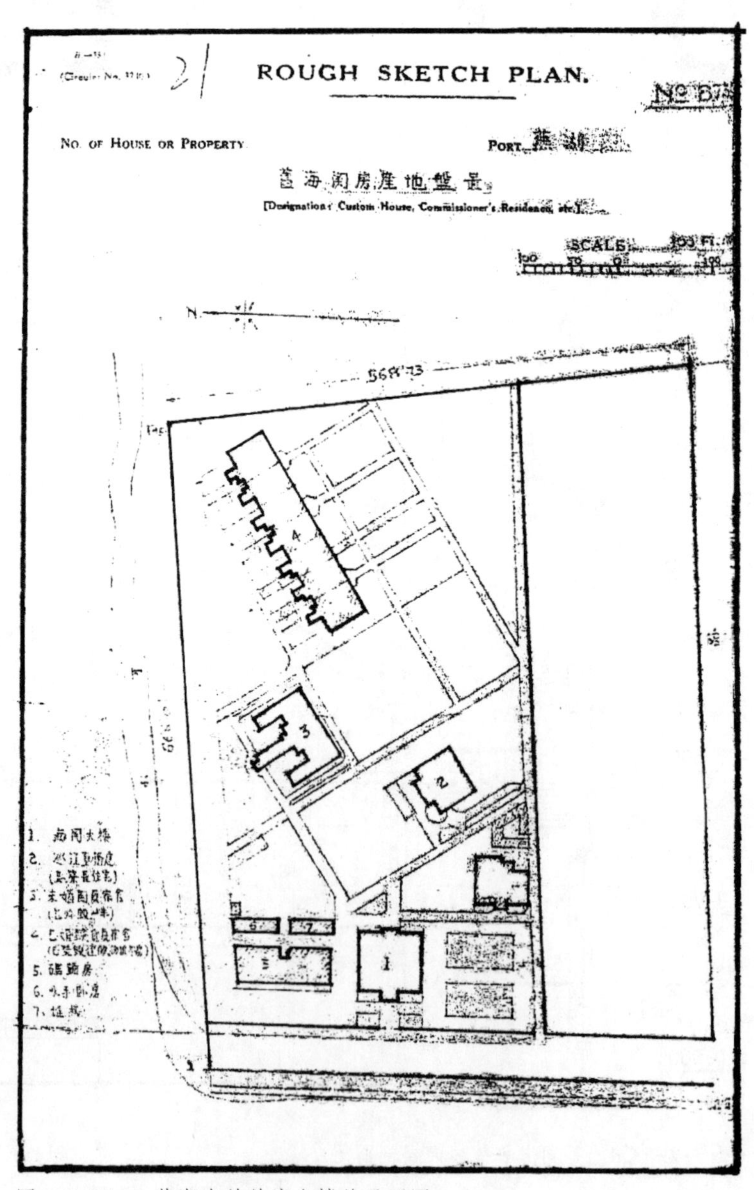

图3-2-5A.g　芜湖海关关廨大楼总平面图

图3-2-5B.a　芜湖海关关廨大楼正立面

图3-2-5B.d　芜湖海关关廨大楼细部设计

图3-2-5B.b　芜湖海关关廨大楼东南面

图3-2-5B.c　芜湖海关关廨大楼东北面

图3-2-5B.e　芜湖海关关廨大楼钟楼

2. 洋行建筑

（1）英商太古洋行办公楼（1905）[图3-2-6]

太古洋行是一家老牌的英资洋行，由约翰·斯怀尔创立于利物浦。1866年，巴特菲尔德成为太古洋行的合伙人，1874年成为太古洋行的第二大股东，后成为太古洋行公司董事长，开创了太古洋行的辉煌时期。1872年，太古洋行组建中国航业公司，主营航运业，首先进入上海开展业务。1875年，在汉口江边建成16幢厂房、仓库（现保留着一幢建于1918年的四层办公楼）。1891年进入重庆开展业务。进入芜湖后，先是建设码头和仓库，1905年在租界区建了这幢太古洋行办公楼（图3-2-6.a）。

该建筑位于租界区内二马路（今太古街）北侧江边，坐东朝西，矩形平面，南北三开间，宽约14.24米，东西五开间，长约18.24米，建筑面积约361.7平方米。西端二开间两层，为四坡顶瓦楞铁皮屋面。东端三开间一层，为四坡歇山顶瓦楞铁皮屋面，外墙全部为清水红砖墙面。

建筑主入口在西端，穿过门斗和三跑式楼梯间可直接进入营业大厅。底层均为水磨石地面（图3-2-6.b），二层部分的底层是两间大办公室，二层木楼板的两间是经理居室，水磨石楼面的两间应是卫生间和厨房（图3-2-6.c）。

该建筑底层室内外高差0.45米。一层层高约4.2米，满足营业办公需要。二层层高较低，约3米，仅考虑满足居住需要。

与平面简单实用的设计手法相一致，太古洋行办公楼的立面设计也简约朴实，仅在正立面设计了三个拱形窗，在入口处重点设计了水磨石窗套和门上的西洋式山花。墙下有水刷石勒脚，一、二层之间设计了突出墙面较多的腰线，且与单层部分檐下线脚相通，增加其整体感。建筑造型处理主要是在屋面运用了高低不同的四坡屋面处理方式，使侧立面形成体型变化（图3-2-6.d）。

抗战胜利后，外国轮船公司全部退出长江航运，此楼由国民政府接管。中华人民共和国成立后，长期为多户住家居住，营业大厅多有分隔，但营业大厅内0.7米宽、1.3米高的木质开票台一直存在，笔者曾亲眼所见。2004年，芜湖市人民政府公布此建筑为市级文物保护单位。2008年某小区开发，将该楼进行了易地重建，移至二马路南侧，向南移动了约20米。可惜并未采用原来砖块（11厘米×23厘米×6.3厘米）和木屋架，平面、造型及结构形式均有小变化，使文物建筑价值有所下降。

图3-2-6.a　英商太古洋行办公楼（摄于2000年）

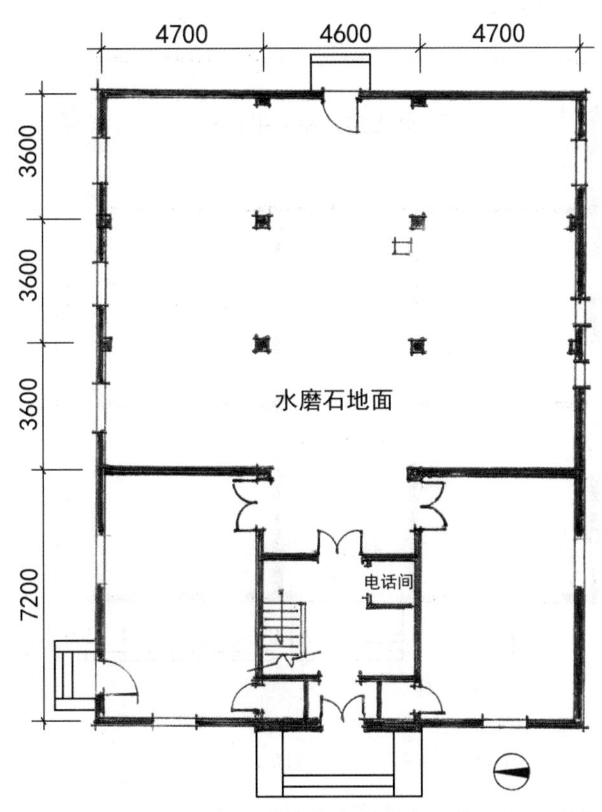

图3-2-6.b 英商太古洋行办公楼一层平面图

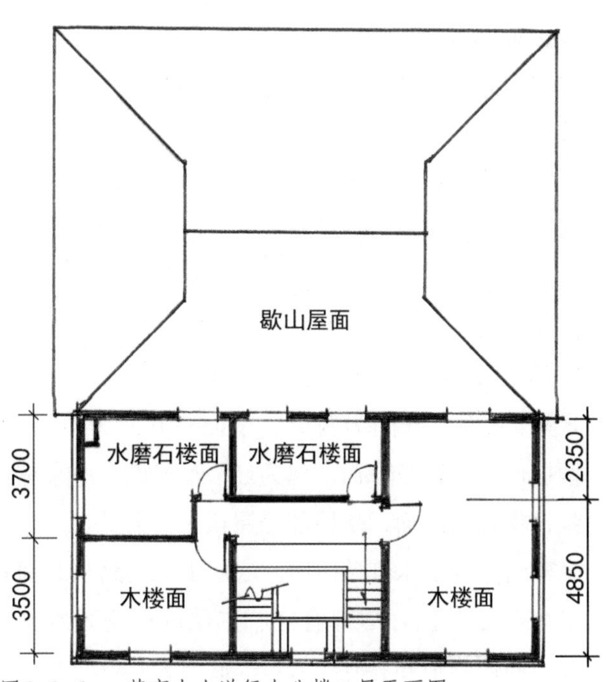

图3-2-6.c 英商太古洋行办公楼二层平面图

图3-2-6.d 英商太古洋行办公楼(摄于1920年)

（2）英商怡和洋行办公楼（1907）［图3-2-7］

怡和洋行早在1881年就在芜湖设立机构，经营航运与出口贸易业务。1907年，在租界区建造了此办公楼，同时还建造了码头、仓库、货栈，经营规模仅次于太古洋行。

该建筑位于租界区二区一段，东与后来的圣母院毗邻，西与后建的自来水厂隔着怡和巷。建筑坐南朝北，面对二马路。平面近似方形，建筑面积约330平方米（图3-2-7）。东西三开间，面阔约13.12米。南北也是三开间，面阔约14.15米[①]。北面二开间为两层，南面一开间为单层，两层部分为四坡屋面，现为红平瓦屋面，原来应是瓦楞铁皮屋面，单层部分屋顶为露天平台。整个建筑皆为清水红砖砖墙。底层由二马路从北面进入门厅，门厅后部有登临二层的三跑式木楼梯。西侧临怡和巷有次入口。底层为营业与办公用房，水泥地面，二层为居住用房，木楼板楼面。底层室内外高差0.45米，底层层高约3.8米，一、二层层高均为3.2米。立面造型简洁，无特殊装饰处理，是一幢经济实用型建筑。局部平屋顶的处理方式当时并不多见。

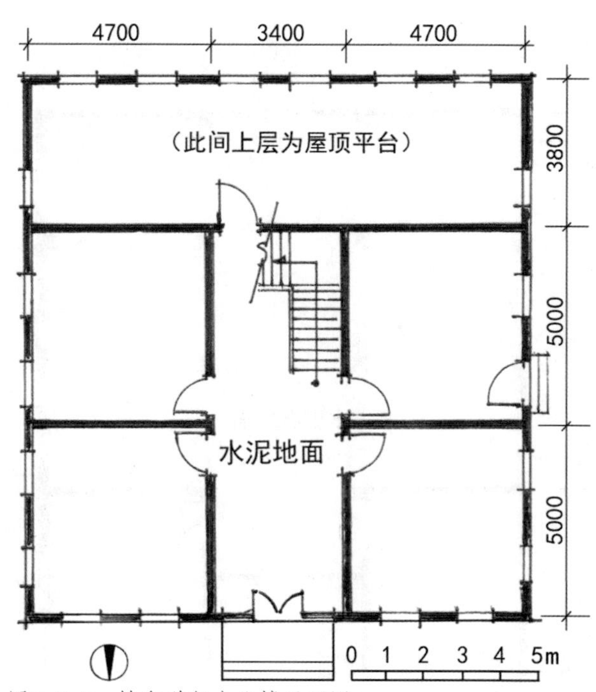

图3-2-7　怡和洋行办公楼平面图

芜湖解放后，弋矶山派出所曾在此办公，后改为居住用房，现已无人居住。经过110多年的风雨洗礼，目前保存状况较差，急需修缮保护。

（3）英商亚细亚煤油公司办公楼（1920）［图3-2-8］

此建筑位于铁山南部半山腰，是英商亚细亚煤油公司建于1920年的办公楼，隶属南京亚细亚煤油公司（图3-2-8.a～f）。建筑朝向东南，是为了适应场地西北高东南低的地形。建筑平面不够规整，由西楼、北楼、南楼三部分组成，总建筑面积约2178平方米。大楼入口设在西楼西南角斜面上，面对前面的广场。进入大楼后是一过厅，向右直接通南楼的一层，向左上半层后进入门厅。门厅东侧有一座单跑楼梯下半层可通北楼的一层，另有两座单跑楼梯，分别上半层后可进入北楼与南楼的二层。北楼与南楼的一层和二层虽楼地面相平，但并不相通。这是一种非常巧妙的交通组织设计，非常少见。

南、北楼的西侧均设有封闭式走廊，南楼东侧尚设有长、短两处阳台。西楼门厅的楼上设有大会议室。此建筑为两层砖混结构，原为青砖清水墙。北楼与南楼的主体部分是统一的四坡顶屋面，机制红瓦屋面，其余为平屋顶。

芜湖解放后，此楼作为铁山宾馆的一栋客房楼，被称为“烟岚楼”，一直使用至今。1958年，毛泽东、刘少奇、朱德曾先后下榻烟岚楼，使此楼更添纪念意义。20世纪八九十年代曾多次对此楼进行过维修。2011年对其又做了重新装修，外观及主体均未改变，保存状况较好。2017年10月，此建筑被芜湖市人民政府公布为市级文物保护单位。

① 注：此处数据由芜湖市文物局提供，由于现场建筑周围搭建太多，数据可能存在一定误差。

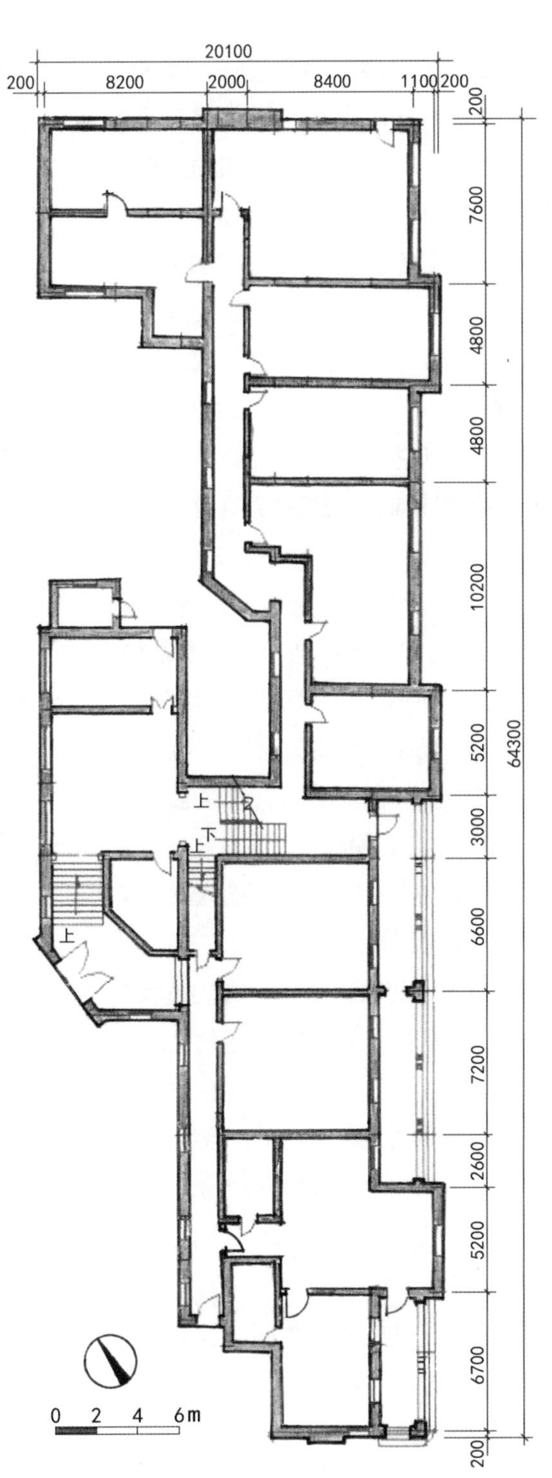

图 3-2-8.a　英商亚细亚煤油公司办公楼一层平面图

图 3-2-8.b　英商亚细亚煤油公司办公楼西面入口

图 3-2-8.c　英商亚细亚煤油公司办公楼东南面

图 3-2-8.d　英商亚细亚煤油公司办公楼南门

图 3-2-8.e　英商亚细亚煤油公司办公楼东面阳台

图 3-2-8.f　英商亚细亚煤油公司办公楼鸟瞰

（二）宗教建筑

1844年《中美望厦条约》中规定：外国人在中国的通商口岸可以修礼拜堂。1858年，中国同英、法、俄、美四国签订了《天津条约》，允许传教士自由进入内地传教、建立教堂，从而使西方宗教在中国又开始了大规模的传教和建造教堂的活动。芜湖近代作为对外通商的口岸，各宗教的建筑活动较为活跃，这里重点研究从事宗教活动的建筑。

1. 芜湖天主教建筑

（1）芜湖天主堂（1895）[图3-2-9]

1874年，天主教传教士法国人金式玉来到芜湖，先在沿江购得一片土地建造了几间简陋的小屋，用于传教，也曾作为宁国府被驱逐的神父们的避难所。1878年3月，金神父又买进了附近的一片土地，扩大用地后正式建造了住宅和教堂，其位置就在吉和街与迎江街的交会处。1886年，金式玉又购得半个鹤儿山，意图在此正式建造住院及圣堂。1887年动工建造住院，即现在的“神父楼”。1889年6月，在江南教区倪怀纶主教主持下举行了圣堂（即现在的“天主堂”）的奠基礼。以上情况系1991年8月笔者走访张凤藻神父时，他所告知。1891年5月，发生了轰动全国的“芜湖教案”，正在建造中的圣堂被焚毁。后经清政府与法国领事馆议结赔款十三万两白银，同年6月20日开始在原址重建教堂。10月，芜湖哥老会又发动了第二次反洋教斗争。事态平息后，第二年（1892）新教堂重建工作又复开始，直至1895年教堂终于落成，时称“圣约瑟大堂”。6月16日，滕伯禄神父在新大堂内作了弥撒。二十天后，江南主教倪怀纶专程祝圣了新堂，并作了大礼弥撒。同年8月，成立了芜湖总铎区，辖区包括太平府、庐州府、和州、滁州。常驻芜湖的是滕伯禄和两位辅理修士。从历史照片可知，当时并未建造教堂顶部的钟楼，也未见教堂顶部山花上的耶稣塑像（图3-2-9A.a/b）。直到1931年才加建了钟楼顶部的穹隆，使天主堂主立面终于完整。同时，祭堂后部增建为二层，扩大了更衣室等用房。从1934年的一张老照片上已见完整的钟楼，但仍未见教堂顶部的耶稣塑像。耶稣塑像的安置时间推测应是在1935—1948年。这里有一个插曲，那就是1931年为建天文台，在天主堂东面八角亭东北侧山地，由裴礼相神父督造了一座日晷。教堂钟楼上的大自鸣钟据说是以它为标准测时的，报时准确。此天文台在抗战初期被日机炸毁，这段历史几乎被人遗忘[①]。

芜湖天主堂总体上属砖木结构，砖墙承重，木屋架，瓦屋面。局部有砖石结构、砖混结构。基本平面为拉丁十字形，五廊型巴西利卡式。主体属单层建筑，局部有两层，钟楼为四层。建筑总宽约26米，总长约37米，建筑面积约1500平方米（图3-2-9A.c/d/e/f）。该建筑所处地势较高，坐东朝西，面对长江。西端入口前有一石砌大平台，宽约2米，长约17米。通过十级踏步登上高约1.5米的大平台后，有三樘大门可进入教堂，中门宽约2米，边门宽约1.6米。教堂内纵向有四排高大的八角形石柱，分隔出五个空间。中间通廊空间最为高大，跨度约6.8米，高约14米。两个次间通廊宽约3.5米，高约6.4米。两个边廊宽约3.1米，稍低，分有隔间。空间大小的变化突出了中央通廊。设有祭坛的横廊跨度与高度均与中央通廊相同，又增加了教堂内部主要空间的连续性和完整性。教堂室内天花均由半圆形拱券和交叉拱券组成，形成了一定的宗教氛围。此教堂共设三座祭台，正中间是耶稣养父圣约瑟的祭台，背后有半圆形平面的墙龛加以烘托。其左侧是圣母玛利亚的

① 张凤藻：《芜湖天主教简史》，载方兆本：《安徽文史资料全书·芜湖卷》，安徽人民出版社2007年版，第785-786页。

祭台，右侧是圣子耶稣的祭台。三座祭台均有彩色塑像。教堂内壁上方还有描绘圣经故事的四十幅精美的彩色宗教画，使教堂的宗教氛围更为浓烈（图3-2-9B.d/g）。

芜湖天主堂为法国罗曼式建筑。西立面是主要立面，横、竖两个方向均采用了三段式的设计手法。横向分为左、中、右三段，竖向分为底层、中间层和顶部三段。横三段可以给人此建筑的总体印象，竖三段对建筑细部作了重点处理。中段底层是教堂的主要入口大门，尺寸较大，门框线角层层后退，两侧有简化了的科林新式双柱，门头是半圆拱。二层有三联式假拱窗，拱下有圆柱，其上是大直径的圆形玫瑰窗（象征天堂）。屋顶山尖上矗立着5米高的耶稣塑像（原为铜质，现为汉白玉），耶稣俯视大江，头顶光环，双臂平伸，与身体形成十字形，有着强烈的宗教和艺术的感染力（图3-2-9B.f）。左右两段是完全对称的塔楼，增添了教堂的稳定感和庄重感。底层是教堂的次入口大门，尺寸较正门略小，两侧有单柱。二层是双联式假拱窗，拱下有圆柱。塔楼一、二层的四角有浅棕色花岩石扶壁柱。三层是双联式拱形窗，窗侧有圆柱。四层是单个拱形窗，窗侧有单圆柱。塔楼三、四层的四角有圆柱。顶部是钟楼，上有穹隆顶，顶上有大型镂空十字架，最高处约30米。塔楼的角柱使教堂具有挺拔感，塑像与穹隆顶丰富了教堂的轮廓线（图3-2-9B.a/b/c）。由于芜湖天主堂的立面有点像法国的巴黎圣母院，故有“小巴黎圣母院”之称。1916年建成的天津西开教堂也是法国罗曼式建筑，与芜湖天主堂有相似之处。芜湖天主堂的南、北两个侧立面相似，基本对称，只是南立面塔楼处增加了两层高度的花岗石砌筑的多边形平面楼梯间（内有石质圆形中柱式旋转踏步）。对应于教堂内部边廊的立面是由花岗石扶壁柱分隔的四个开间，各间开有拱形窗，清水青砖砌筑墙体，下有花岗石砌筑勒脚，上有红平瓦屋面（疑最初为小青瓦屋面），檐口高约7.9米。经坡屋面后退后可见中央通廊的高侧窗，墙面处理手法同底层，其顶部也是红平瓦屋面，檐口高度约15.5米，屋脊高度约17.6米。对应于教堂内部横廊的立面是其山墙面，大面积的是清水青砖墙面，二层中间开大型玫瑰窗。一层中间开有拱形门，经室外平台、踏步可逐级而下。山墙面两个墙角均设有花岗石扶壁柱（图3-2-9B.e）。

芜湖解放后，芜湖天主堂继续作为天主教的宗教活动场所，且一直是芜湖教区的总堂。截至1950年，芜湖教区座堂（指有传教士常年居住的教堂）尚有30所。20世纪50年代初，芜湖天主教会成立了“三自”革新委员会（后改名为芜湖市天主教爱国会），从此走上独立自主自办教会之路。芜湖天主堂在“文化大革命”期间遭到破坏，一度被用作印刷厂、展览馆。改革开放后，才逐渐得以恢复。1982年、1993年对其进行过两次维修。2004年进行了大修，基本恢复历史原貌（只是清水青砖墙墙面未能复原），同年被安徽省人民政府公布为省级重点文物保护单位。2013年5月，天主堂与其附属建筑神父楼、圣母院、主教公署、修士楼一起，被国务院合并公布为第七批全国重点文物保护单位。

与国内现存天主教堂比较，芜湖天主堂有如下特点：①建筑年代较早，1895年就基本建成并投入使用。而上海徐家汇天主堂1904年始建，1910年才落成。②属国内现存少有的罗曼式风格教堂建筑之一。如1887年建成的北京西什库教堂，1888年建成的广州石室圣心大教堂，1903年建成的天津望海楼教堂等均属哥特式风格教堂。③教堂规模较大，形制较高，为五廊型，与华东第一教堂徐家汇教堂相同，故有“华东第二教堂”之称。同为罗曼式教堂的天津西开教堂则采用的是三廊型。

图 3-2-9A.a　芜湖天主堂西南面(摄于晚清)

图 3-2-9A.b　芜湖天主堂西北面(摄于晚清)

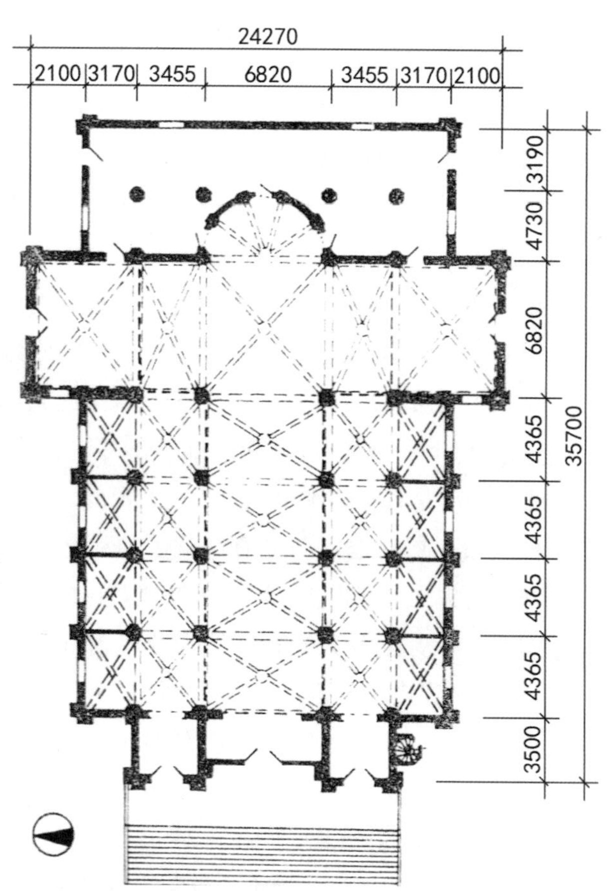

图 3-2-9A.c　芜湖天主堂平面图

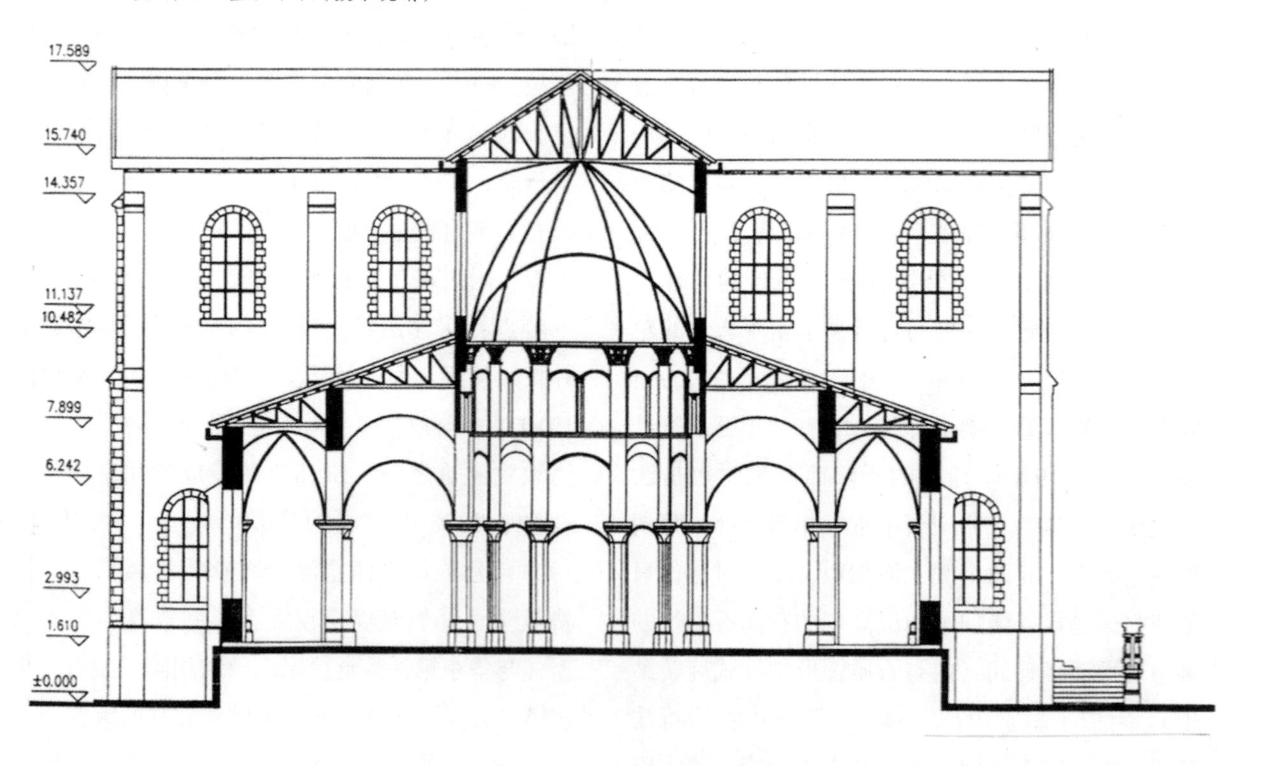

图 3-2-9A.d　芜湖天主堂剖面图

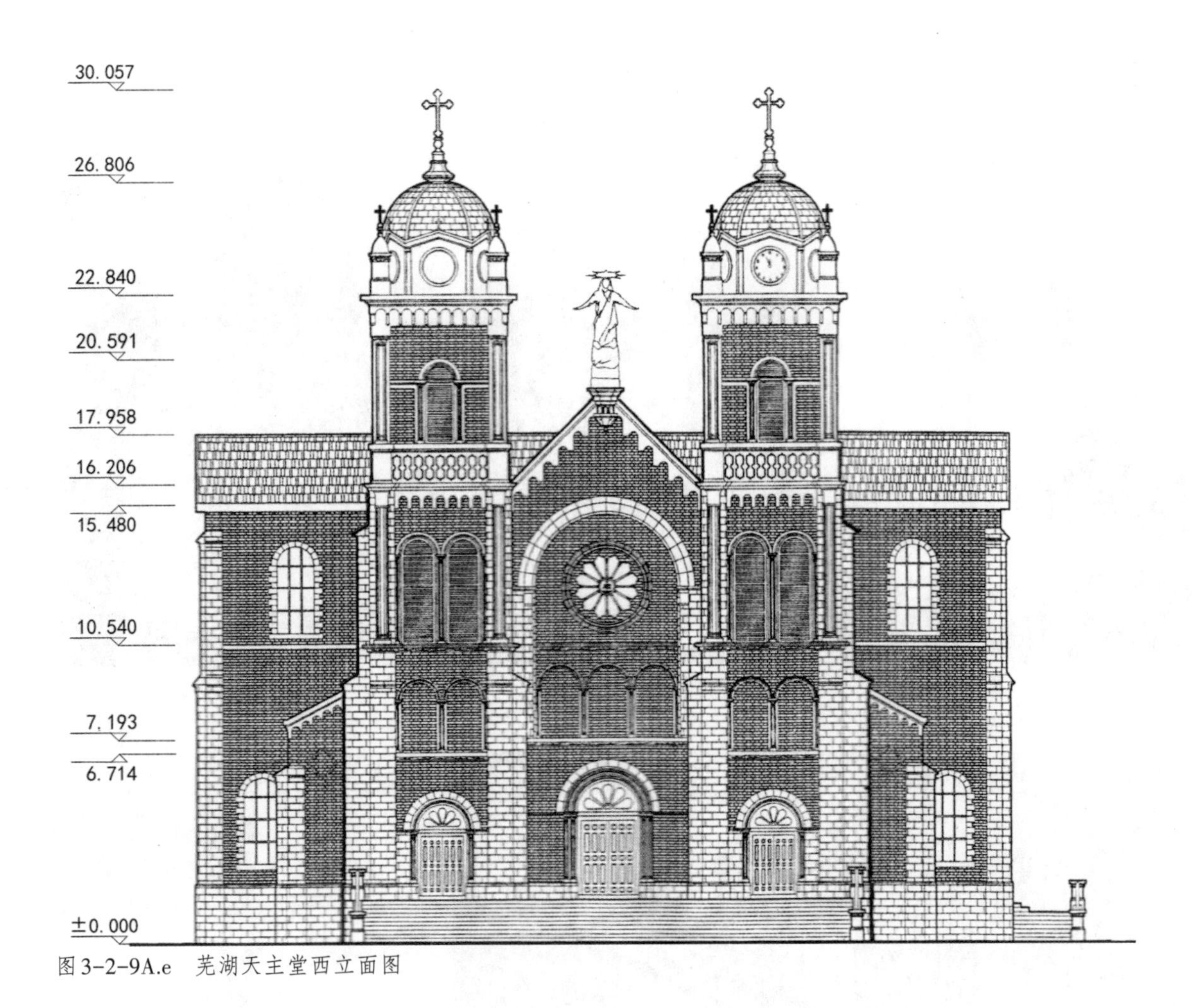

图 3-2-9A.e　芜湖天主堂西立面图

图 3-2-9A.f　芜湖天主堂西南立面图

图3-2-9B.a　芜湖天主堂西北面

图3-2-9B.b　芜湖天主堂西面

图3-2-9B.c　芜湖天主堂仰视

图3-2-9B.d　芜湖天主堂内景

图3-2-9B.e　芜湖天主堂西南面

图3-2-9B.f　芜湖天主堂耶稣像

图3-2-9B.g　芜湖天主堂内景

(2) 芜湖天主教神父楼(1893)[图3-2-10]

此建筑位于芜湖天主堂东南侧，北面就是鹤儿山。现存建筑分三个部分，主楼位于西端，与北楼一起最先建造，东楼为以后加建。

神父楼始建于1887年，1890年建成。在1891年发生的“芜湖教案”中被焚毁，后经重建，1893年建成。1893年拍摄的一张老照片(图3-1-6)足以证明此楼当时已经竣工，主楼四层十三开间照片拍摄完整。北楼露出一角，也是四层，但屋顶坡度十分平缓。主楼坐北朝南，北侧有带窗外廊。笔者收集有1985年芜湖市房地产管理局房屋普查时所绘的各层平面图，以及2013年天主教堂委托测绘的现状图。从图中可知，主楼十三开间的东西两端各两间均为4.1米宽，中间9间均为4.4米宽，加上外墙厚度约0.4米，全长约56.4米。房间进深约6.6米，廊宽约3.3米，加上墙厚，建筑进深约10.3米。主楼既是天主教神父的寓所，也供江南教区众多修士们来芜歇夏之用。主楼走廊外侧有6.7米宽、7.9米长的楼梯间。走廊东端北侧有16.8米×15.8米体量较大的北楼，最初用作图书馆，后来改作小型医院。这两部分建筑面积约4200平方米。东楼何时建造不详，20世纪初拍摄的神父楼老照片中尚看不到东楼，说明最早也是在此后建造。东楼共四开间，与主楼连接处是楼梯间，其他三间为满足主楼配套功能而建。东西长约15.9米，南北宽约9.7米，建筑面积近800平方米(图3-2-10.a/b)。神父楼前有广场(兼足球场)。后山建有凉厅，二层可与之相通。当时山上饲养奶牛，供应传教士饮用牛奶。

从立面看，神父楼虽分期建造，但构图统一、完整。底层层高较低，窗较小，主要用作储藏，花岗石墙面，二至四层皆为清水青砖墙面。主楼正中间三间墙面略微突出，此处有直接进入二层门厅的室外露天踏步，为避免伸出过多，分别从东、西两侧登临。东端加建的四间墙面略微后退，因其层高与主楼一致，外墙腰线和檐口均与主楼相通，檐口高度均为14.5米。屋面坡度较陡，达40度，屋顶空间内做了大面积的阁楼，除了两端间，南、北各开了十五个老虎窗，解决了每个房间和北廊的采光通风问题。老虎窗一字排开，别有风味(图3-2-10.d/e)。屋脊高度有18.3米，屋面原为瓦楞铁皮屋面。

从剖面图(图3-2-10.c)看，神父楼底层为水泥地面，二层以上均为木楼面。底层层高约2.4米，二层层高约4.1米，三层层高约4米，四层层高约3.75米。为便于利用屋顶空间，木屋架设计精巧，加大断面，减少构件，仅在脊檩下设了一个垂直木柱。老虎窗开得宽大，延伸至外墙面处，既加大了室内房间面积，也增加了采光面积。

芜湖解放后，此楼曾先后作为芜湖机械学校的学生宿舍和职工宿舍，有多次改建。1986年对其进行过抗震加固，并在主楼北侧走廊外加建了厨房。1998年8月，学校请芜湖市房屋安全鉴定处做过安全鉴定，1999年按要求进行了维修加固，并重新砌筑了北侧山坡的片石护坡。2013年对其进行了一次大修，拆除了北侧加建的厨房。2014年，为了建设雨耕山酒文化创意产业园，室内外又进行一次装修，使该建筑得到了保护和再利用。可惜直上主楼的室外阶梯仍未得到恢复。

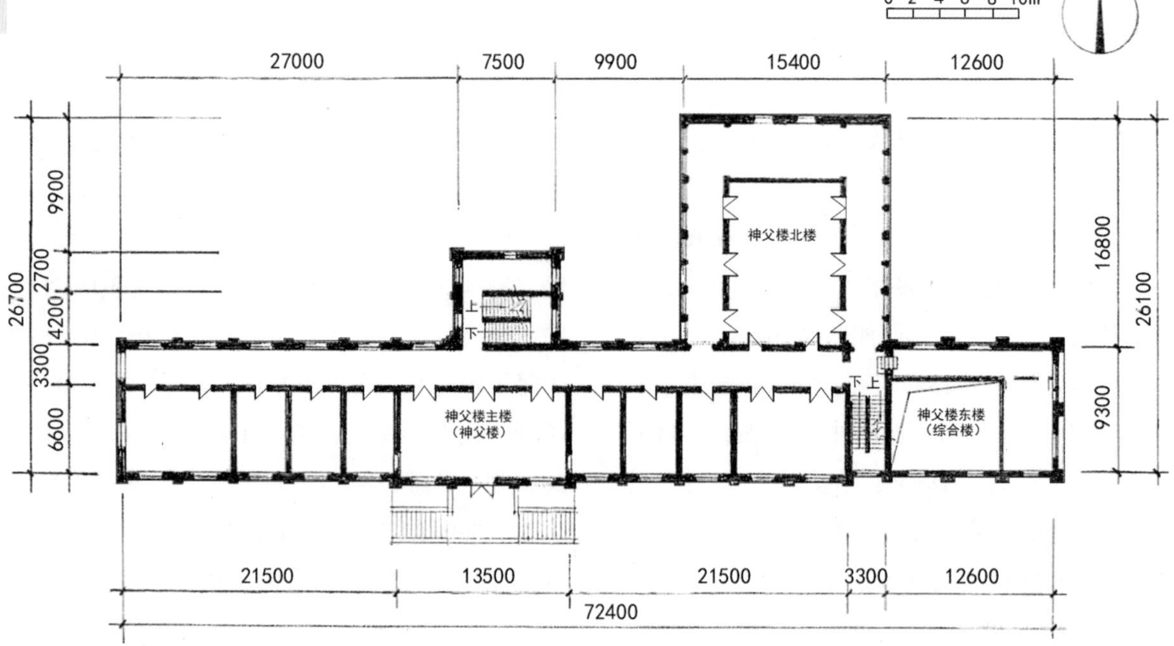

图3-2-10.a　芜湖天主教神父楼二层剖面图

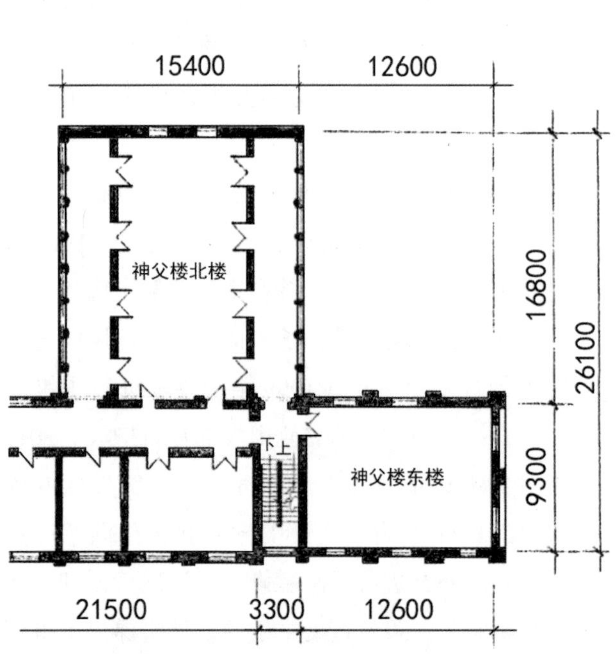

图3-2-10.b　芜湖天主教神父楼三层平面图

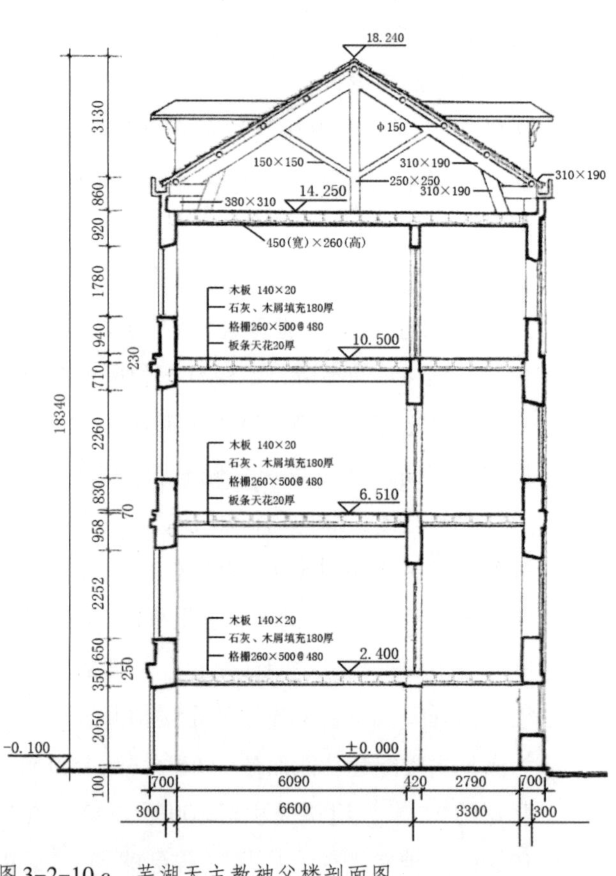

图3-2-10.c　芜湖天主教神父楼剖面图

图3-2-10.d　芜湖天主教神父楼(摄于1934年)

图3-2-10.e　芜湖天主教神父楼(摄于2013年)

（3）芜湖天主教修士楼（1912）［图3-2-11］

此建筑建于1912年，位于大官山顶，原为李漱兰堂的一座三层楼房，是当时李鸿章家族为了在芜湖经营房地产及办砖瓦窑厂之需而建的一幢办公楼，也兼作私人别墅使用①。到了1925年，芜湖教会学校曾掀起一场声势浩大的反帝反封建反奴化教育的爱国运动。为了接纳因参与运动而失学的四百多名学生，按照中共安徽地方组织的指示，在大官山和澛港分别创办了民生和新民两所私立中学。在大官山创办的民生中学租用了李漱兰堂的这幢楼房，作为教学用房。二十多年前，笔者在芜湖市房地产管理局档案室亲眼见过此楼的一张平面图，图中清楚注明是民生中学（图3-2-11.a）。1926年建立了中共民生中学秘密支部，这里成为当时芜湖地下党经常活动的场所。直到1928年1月17日，发生了芜湖“蒲草堂事件”，在被捕的31人中，三分之一是民生中学的学生，校长宫乔岩及李克农等其他四位老师也遭到通缉。安徽省政府悍然下令解散了民生中学，之后这幢建筑便成为芜湖天主教的修士楼。为了适应修士楼的需要，房间分隔与楼梯间位置有所调整（图3-2-11.b）。

大官山并不算高，东北部较陡，西南部平缓，从西面山坡登上后即可见到建筑的西山墙。该建筑所处地势高敞，视野开阔，林木苍翠，环境宜人。建筑朝向南偏西30多度，概因地形而定。此楼为砖混结构，基本平面为长方形。除东山墙外，三面有外廊，尚有内廊。建筑长约29米，宽约14.5米，建筑面积约1800平方米。西南角与东南角有露天踏步直上二楼，西北角有45度斜向伸出的同为三层楼高的方亭，可用以眺望江景。此楼底层层高较低，约2.1米，为辅助用房，水泥地面。二、三层为主要功能用房，木楼板。屋面为硬山双坡顶，外廊为单坡顶，均是瓦楞铁皮屋面。值得注意的是，外廊柱与房间隔墙大多并不在一条轴线上，可见屋架主要是靠外柱和纵墙承重。主体建筑部分从南立面看到的是不等距的十开间，而内部分隔却是八开间。此建筑的立面简洁，基本上是中式，只是在外廊栏杆上采用了西式的花瓶图样。由于西立面面对上山道路按主立面处理，斜向伸出的三层方亭、人字形山墙、外廊、外踏步成为主要构图要素，统一中有变化。

芜湖解放后此楼收归国有，曾为海军某部使用，后归还芜湖天主教会。1977年、2008年对其进行了部分维修，现保存完好。

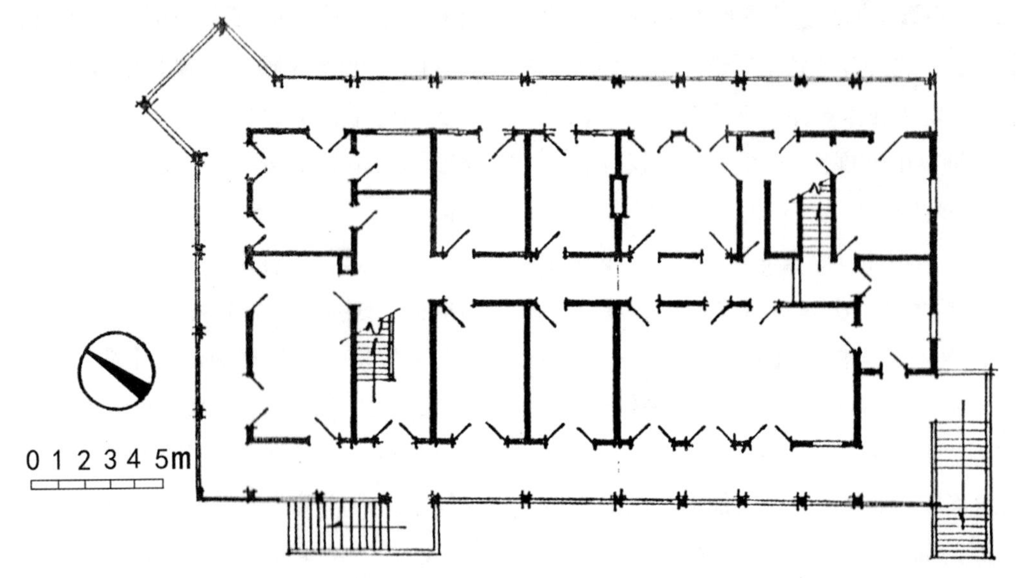

图3-2-11.a　芜湖天主教修士楼二层平面图(1928年以前)

① 李贤彬:《芜湖山志》,载方兆本:《安徽文史资料全书·芜湖卷》,安徽人民出版社2007年版,第744页。

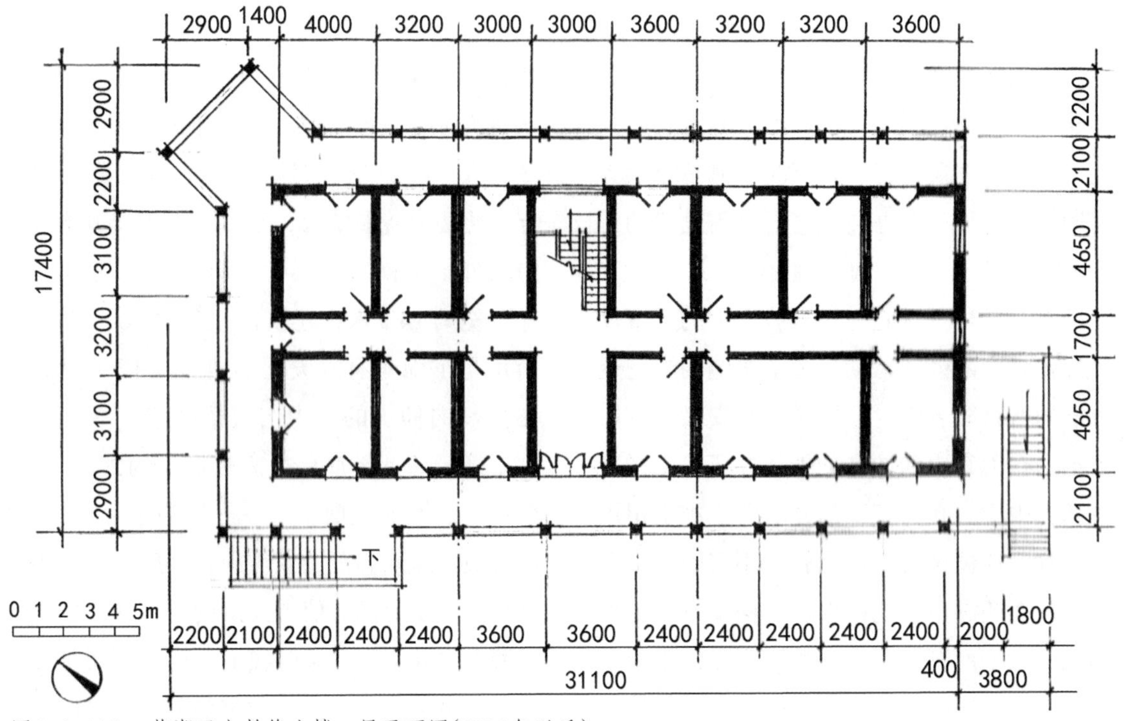

图3-2-11.b 芜湖天主教修士楼二层平面图(1928年以后)

(4) 芜湖天主教主教楼（1933）[图3-2-12]

主教楼亦称主教公署，位于原芜湖租界区二区三段，后马路（今吉和北路）西侧。建于1933年，曾是芜湖代牧区首任主教西班牙人胡其昭（1923年正式就任芜湖教区主教）和继任主教西班牙人蒲庐（1928年来芜，1936年正式就任芜湖教区主教，1952年离芜）的寓所和办公处。主教楼与西侧的圣母院同时建造，相距约10米，共同形成一个大院，北面有一条主要道路，南面有一条次要道路。院内花木葱茏，四季常青。当时在主教楼南面种下的九棵广玉兰，今已粗壮高大，被芜湖市人民政府公布为芜湖的名木古树。

主教楼坐南朝北（略偏东），主入口设在北侧，面对主要道路，次入口设在南侧，通次要道路。主、次入口均偏于建筑西部，当时东侧并未设出入口。该建筑是砖混结构，看起来是两层，实际上是四层。一、二层安排主要使用功能。建筑面积约861平方米。加上下面的半地下室和上面的阁楼层，总建筑面积约1644平方米，非常经济实用。建筑平面为长方形。横向共有七开间，每开间约3.7米，只有西端一间加大为5.1米，总长度约27.7米。东端设有外廊，兼起阳台作用。纵向南、北两面是房间，中间是约2.75米宽的内廊，总宽度约15.55米。底层安排有客厅，也有客房（图3-2-12.b）。二层是办公室和卧房，还设有小圣堂。此建筑除了南侧偏西处设了专上二楼的木楼梯外，在北侧中间又专设了上阁楼的楼梯间，为踏步宽1.2米的四跑式木楼梯。阁楼层西端收进一开间，成为六开间，仍设内廊，屋顶为四坡顶。为解决每个房间的采光通风问题，开了十个宽而深的老虎窗（图3-2-12.c）。地下室为半地下室，开有高侧窗，下沉约0.5米，层高约2米，西侧正中有出入口。其他各层层高较高，一、二层层高约4米，阁楼层高约3米。

主教楼立面处理简洁，中西结合，偏欧式。主要处理手法是采用清水青砖砌筑，在檐下、腰线、门窗头、窗台等处用清水红砖砌筑，形成横向线条，每间墙柱略突出于外墙，形成竖向线条分隔。加上坡屋顶上的十个老虎窗，建筑造型处理得既生动又亲切。东立面迎街，功能需要的外廊形成深深的阴影，6根通高廊柱十分醒目。廊券起拱极小，水泥栏杆采用了西式花瓶式样。五开间柱廊一般中间较宽，因这里对应的是内廊，反而稍窄，内外一致，表里如一（图3-1-34）。南、北立面处理手法相同，东端一间是空透的外廊，西端一间处理成单坡顶屋面，非对称处理（图3-2-12.a/e/f）。中间五间窗户做了重点处理，一层窗头略微起拱，二层做成略尖的双联拱形窗（图3-2-12.d），而窗楣处理两层一致。南立面东端外梯恐为以后增设。西立面只做了简单处理，直上一层的室外踏步恐也为以后所加。

芜湖解放后，此楼一直为芜湖第一人民医院使用，至今保存完好。2005年12月，芜湖市人民政府公布主教楼为市级重点文物保护单位。2008年有过一次维修，2017年初，改变建筑用途时做过一次认真修缮。

图3-2-12.a　芜湖天主教主教楼鸟瞰

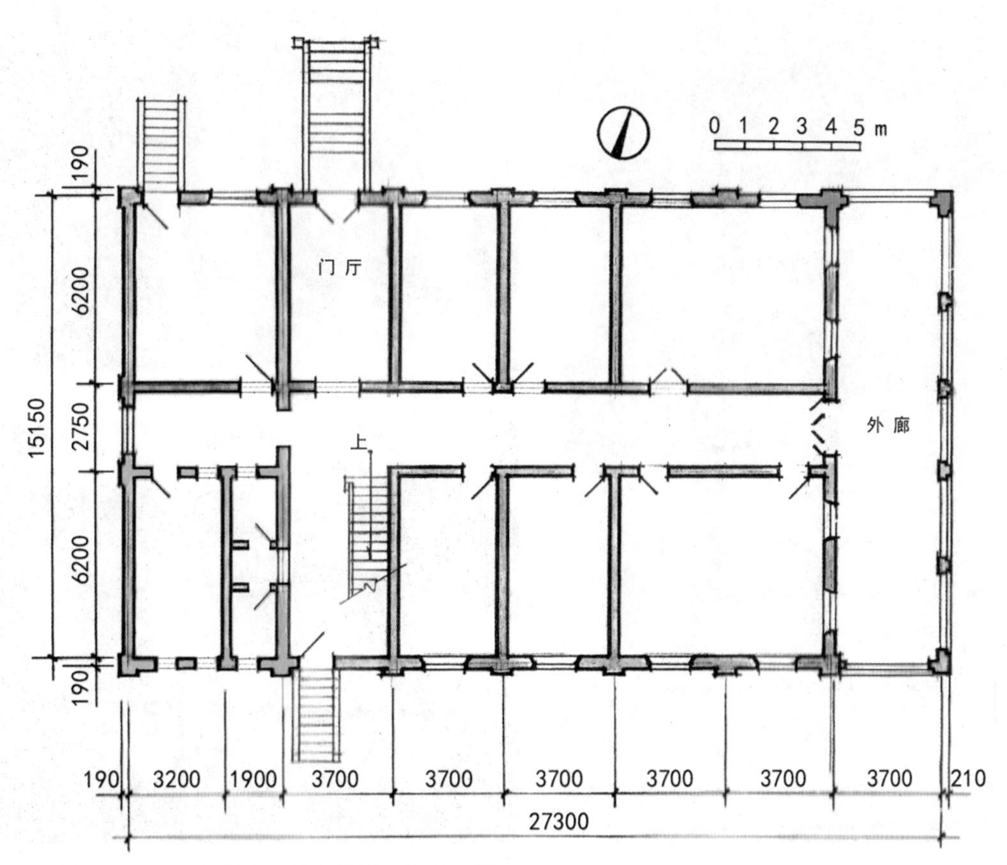

图3-2-12.b　芜湖天主教主教楼一层平面图

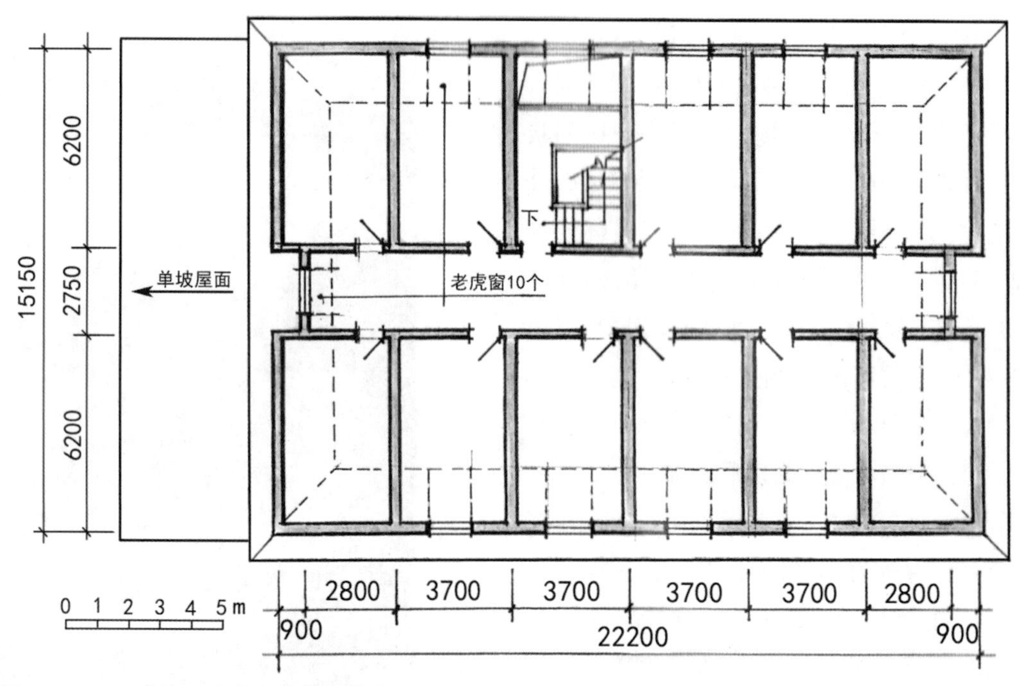

图3-2-12.c　芜湖天主教主教楼阁楼层平面图

图3-2-12.d　芜湖天主教主教楼窗户细部设计

图3-2-12.e　芜湖天主教主教楼西北面

图3-2-12.f　芜湖天主教主教楼南立面局部

（5）芜湖天主教圣母院（1933）［图3-2-13］

圣母院由芜湖天主教会创办，西班牙人设计监造。该建筑位于原芜湖租界区二区二段，与主教楼紧邻。1931年动工兴建，历时两年，1933年建成。此楼又称修女楼，系修女学习、布道之所。这里曾做过育婴堂、贫民小学、内思女子中学和难民收容所。

圣母院坐南朝北，偏东约9度，三层砖木结构，局部砖混结构。规模和体量均较大，看起来是三层，实际上是四层。一至三层安排主要使用功能，建筑面积约3130平方米。下面的半地下室，下沉0.7米，层高约2.3米，北外廊、半地下室四面均开有较大的高侧窗，建筑面积约1160平方米。合在一起，总建筑面积约4290平方米。建筑平面是对称平面，形状类似“王”字形，一竖是建筑的主体部分，进深约9.4米，一层有封闭式北外廊，二、三层转变成中间内廊，这种走廊位置的转换做法很少见，“三横”中的东、西两横南北向均突出3.9米。中间一横向北突出也是3.9米，而向南突出多达16.8米，这是为了满足较大面积的祭堂需要（图3-2-13.a/b）。

大楼的出入口有三处，均设在北面。正中间是主入口（图3-2-13.c/e），通过11级直跑两跑式石砌台阶进入一层门厅，正对的是面积近200平方米的礼拜堂。左右均有2.1米宽的走廊，走廊尽端分别设有宽大的楼梯间，下可通半地下堂，上可通阁楼。两边走廊的中间还分别设有次入口，11级石砌踏步一跑而上。从室外直接进入半地下室的出入口现在有九处，各个方向均可进入，分布均匀。半地下室北廊两端和中部这三处是进出的主要通道。在第三层北面中部尚有一座上阁楼层的专用木楼梯，净宽1.4米，直角形两跑。阁楼层内部分隔较少，是一面积近千平方米的较大空间，因只设了七个老虎窗，通风、采光较差，只能作为储藏空间。

圣母院立面主要处理手法是清水青砖墙面，檐下、腰线、窗头、窗台等处用清水红砖砌筑，形成横向分隔线条，使建筑稳重而有生气。由于建筑长达77.4米，作为主立面的北立面做了重点处理，采用“五段式”构图，打破长墙面的单调。中间主入口的这一段用4根通高的扶墙柱将墙面分为三间，中间加宽以突出尖拱形大门。门前是带欧式栏杆的石砌大台阶，加大了气势。门上是起拱很小的4个连续拱形窗，窗侧均有圆柱，加强了艺术表现力。顶部是类似马头墙造型的四步式平斜结合的山尖，丰富了建筑的轮廓线。不足的是，山尖西侧后加的方形立方形体破坏了建筑顶部轮廓线的完整效果。从1933年圣母院的一张历史照片中并未看到这一部分，建议拆除，恢复原貌（图3-2-13.d）[①]。大楼东西山墙外的露天台阶恐为后建，尚需进一步考证。

1951年起，该建筑由芜湖市第一人民医院作为病房大楼使用。1980年落实宗教政策，圣母院产权重新交还芜湖市天主教爱国会，由芜湖市第一人民医院继续租用，至今保存完好。2008年对其进行过一次维修。2012年，圣母院被安徽省人民政府公布为第六批省级文物保护单位。

① 芜湖市文物局:《芜湖旧影　甲子流光(1876—1936)》,芜湖市文物局2016年印,第49页。

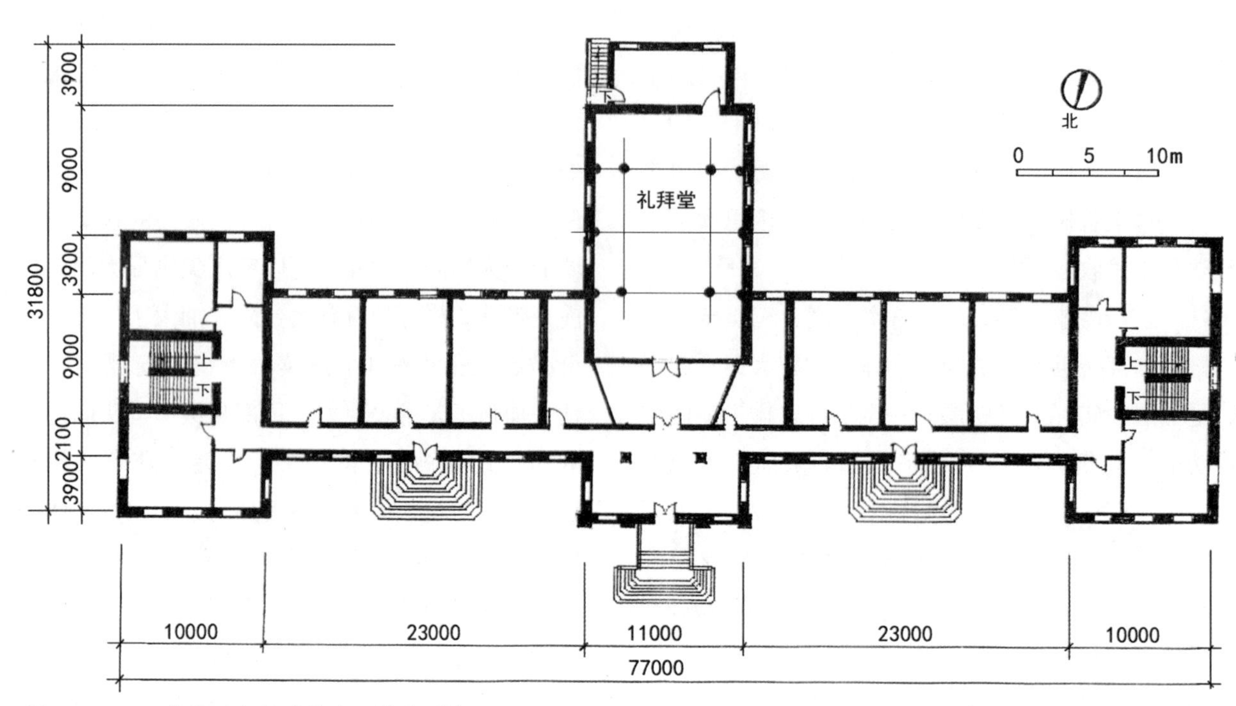

图3-2-13.a　芜湖天主教圣母院一层平面图

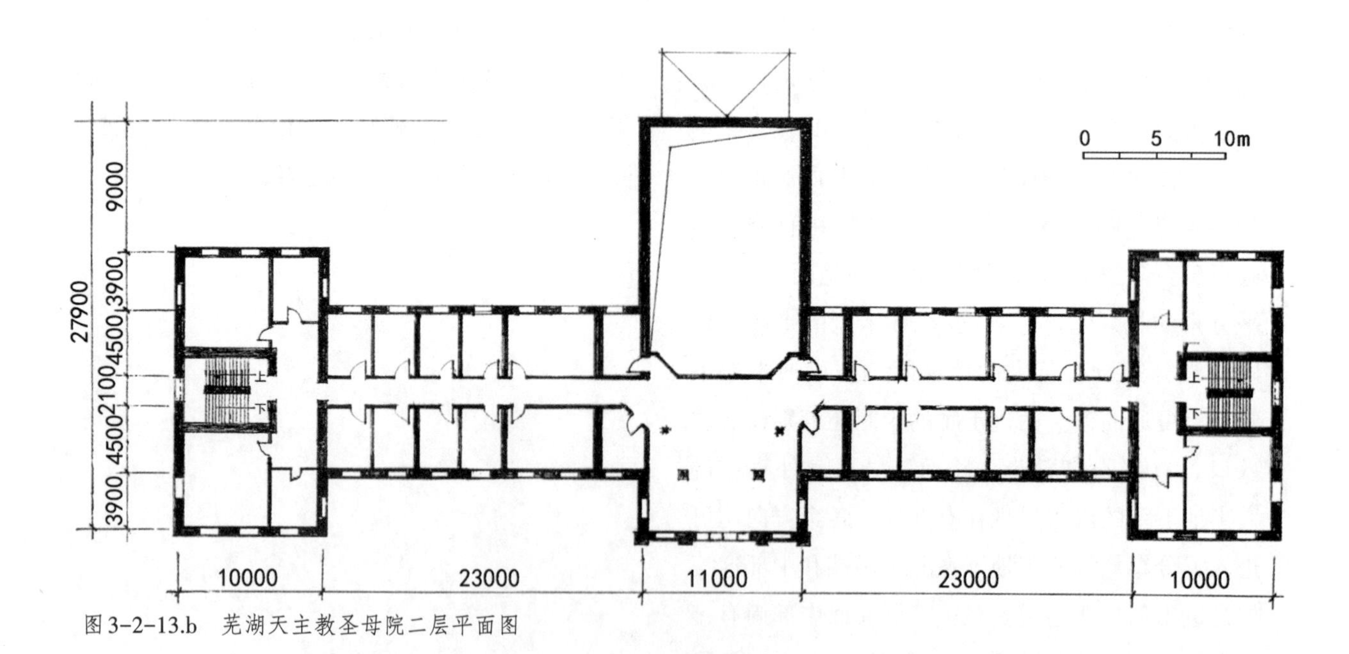

图3-2-13.b　芜湖天主教圣母院二层平面图

图3-2-13.c 芜湖天主教圣母院北面(复原后立面)

图3-2-13.d 芜湖天主教圣母院(摄于1933年)

图3-2-13.e 芜湖天主教圣母院主入口

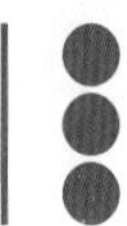

2. 芜湖基督教建筑

（1）芜湖基督教圣雅各教堂（1883）[图3-2-14]

芜湖圣雅各教堂位于花津路东侧，1883年由基督教圣公会建造。芜湖基督教圣公会来源于美国，不仅办理芜湖的传教事务，还管辖皖赣教区圣公会的传教事务。约在1850年前后，美国圣公会派传教士韩仁敦主教来到芜湖，主持皖赣教区事务，在狮子山山顶建造了一座主教办公楼。芜湖教区，之后曾出过两位有名的教职人员，均是南陵县圣公会的会长。一位是郑和甫会长，后来被中国基督教圣公会提升为主教的第一位华人。一位是陈见真会长，后来被提升为中国基督教圣公会总主教，新中国成立后，曾担任全国基督教三自爱国委员会副主委①。芜湖基督教圣公会的开创者是美国传教士卢义德会长，他来芜后即在二街石桥港购地建造了现存的这座圣雅各教堂。

圣雅各教堂大致坐西朝东，平面呈“T”字形（内部空间呈拉丁十字形），简洁实用。南北最宽处约16米，东西总长约28米，建筑面积约389平方米，可容纳800多人参加活动（图3-2-14.a）。此教堂为对称平面，东端有一个主要出入口，中部南、北各有一个次要出入口，西端南、北还各有一个教职人员出入口。从东端主入口穿过塔楼下的过厅很快能进入圣堂。内部空间较大，跨度为9.6米，进深方向共有6间，近讲坛处两侧有侧厅，为不加大结构跨度，设了4个支撑柱。圣堂两侧有高大的尖拱形窗。宣教用的讲台高出0.16米，木地面。讲台后即圣坛。

芜湖圣雅各教堂为哥特式建筑风格，采用砖木结构。建筑立面朴实，外墙采用灰色青砖清水式砌筑，仅在窗台处用红砖砌出线条，窗顶尖拱也采用红砖起拱，窗间墙和西山墙处用红砖砌出菱形图案（图3-2-14.c）。建筑造型中对钟塔进行了重点处理（图3-2-14.b）。位于建筑东端的钟塔共有四层，底层是主入口，室内外高差仅三级踏步。大门两旁有高达三层的扶墙砖柱，门上有两圈拱形装饰，中间用红砖砌成半圆形拱，拱上还有山尖形的突出线条（图3-2-14.d）。二层正面开圆形窗，另三面开窄而高的尖拱窗。三层四面皆开尖拱窗，四层有收分，下部四面分别开有并列的两个尖拱窗，上部又做了一次收分，设有钟面或圆形窗。各层之间皆用水泥线条分隔。顶部是高耸的四棱锥形尖塔，塔顶是十字架标志，皆以红色饰面。为与大尖塔呼应，在教堂“T”平面的六个角均设了带十字架的小尖塔。

圣雅各教堂曾于1986年、1998年、2005年多次进行维修，塔楼正立面及部分墙体线条做了水泥拉毛，其立体结构仍保留原样。2010年，由于花津桥建设需要，花津路加宽，圣雅各教堂整体向东平移了10米，保存完好。2012年，芜湖圣雅各教堂与基督教外国主教公署、芜湖基督教牧师楼等建筑，被安徽省人民政府合并公布为第七批省级文物保护单位。2017年上半年，对其又进行了一次整体修缮。

① 李贤彬：《芜湖基督教历史的片断回忆》，载方兆本：《安徽文史资料全书·芜湖卷》，安徽人民出版社2007年版，第770页。

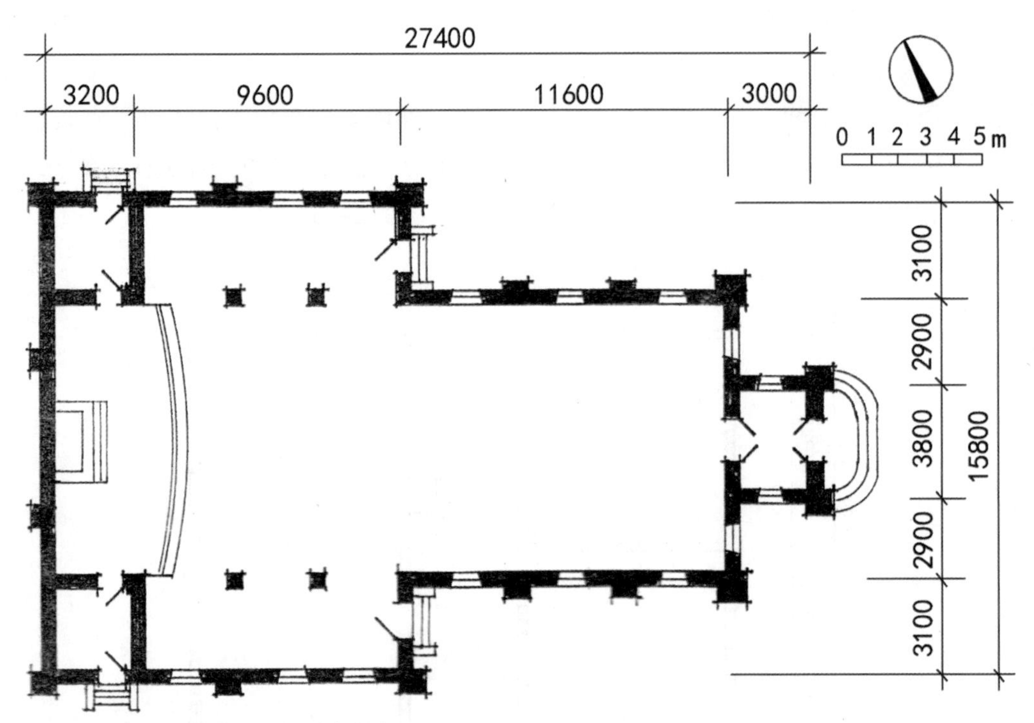

图3-2-14.a　芜湖基督教圣雅各教堂平面图

图3-2-14.b　芜湖基督教圣雅各教堂东立面修缮效果图

图3-2-14.c　芜湖基督教圣雅各教堂东南面

图3-2-14.d　芜湖基督教圣雅各教堂主入口

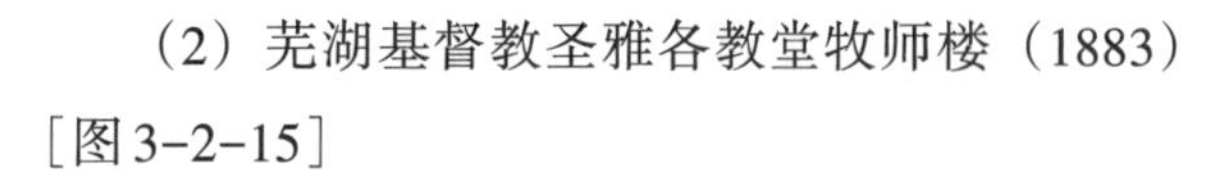

（2）芜湖基督教圣雅各教堂牧师楼（1883）［图3-2-15］

该牧师楼位于圣雅各教堂东北侧，与圣雅各教堂同时建造。两层砖木结构，大致坐北朝南，略偏西。矩形平面，面阔三间，全长约12.64米，进深两间，约9.92米。建筑面积约250.8平方米（图3-2-15.a）。建筑平面简单，中间一间较窄，仅为2.7米，南北向有主次出入口，前为凹入式门廊，后为楼梯间。东、西两间是主要功能用房，宽约4.85米。二层的变化是南向两开间做了开敞式外廊，并采用了欧式的花瓶栏杆，丰富了立面。外墙采用灰色青砖清水式砌筑，仅在窗头、窗台、勒脚处用红砖作横向线条处理，朴实无华（图3-2-15.b）。

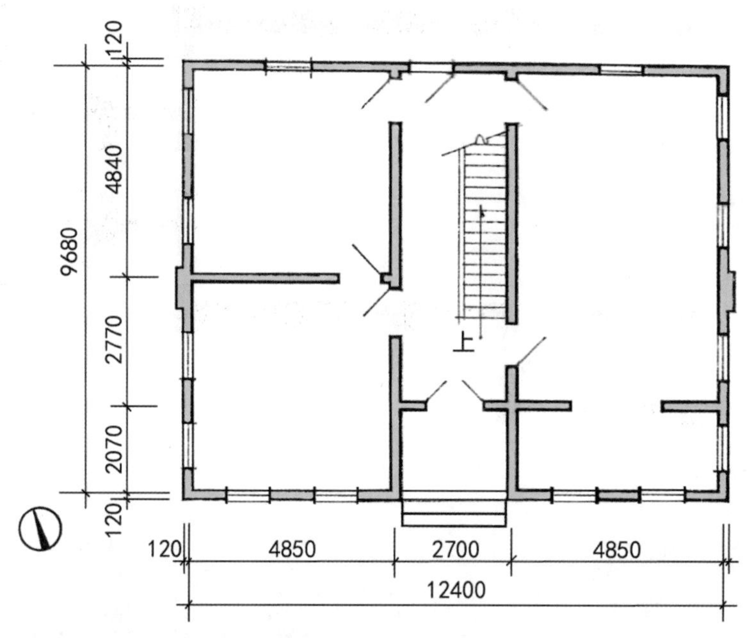

图3-2-15.a　芜湖基督教牧师楼平面图

图3-2-15.b　芜湖基督教牧师楼西南面

（3）芜湖基督教外国主教公署（1946）［图3-2-16］

该建筑位于狮子山山顶的西北部，约建于抗战胜利后的1946年，是芜湖基督教第二任主教、美籍传教士葛兴仁的住所。这里曾建有第一位主教美籍传教士韩仁敦的住所，今已不存。

葛兴仁主教公署坐北朝南，北面是山坡，南面是台地。主体部分为两层砖木结构，歇山顶屋面。面阔四间，长约15.36米，东端两间后退1.8米，第二开间为楼梯间，南北分别设有主次出入口。进深两间，宽约10.46米。结合地形高低，西端下设有架空层，稍高于室外地面。东北角附属部分为单层，悬山顶两坡屋面。南开间比北开间后退1.8米，内与主体部分相通，外有东向单独出入口。两部分建筑面积合计约342平方米（图3-2-16.b）。建筑造型采用中式建筑形式，外墙为清水青砖墙面，屋面为机制灰色平瓦屋面。建筑处理手法平面有进退、立面有错落，形成造型的变化（图3-2-16.a）。

此建筑现为王稼祥纪念园陈列用房。北侧利用地形高差有较多扩建，陈列馆主入口改至北侧。

图3-2-16.a　芜湖基督教外国主教公署

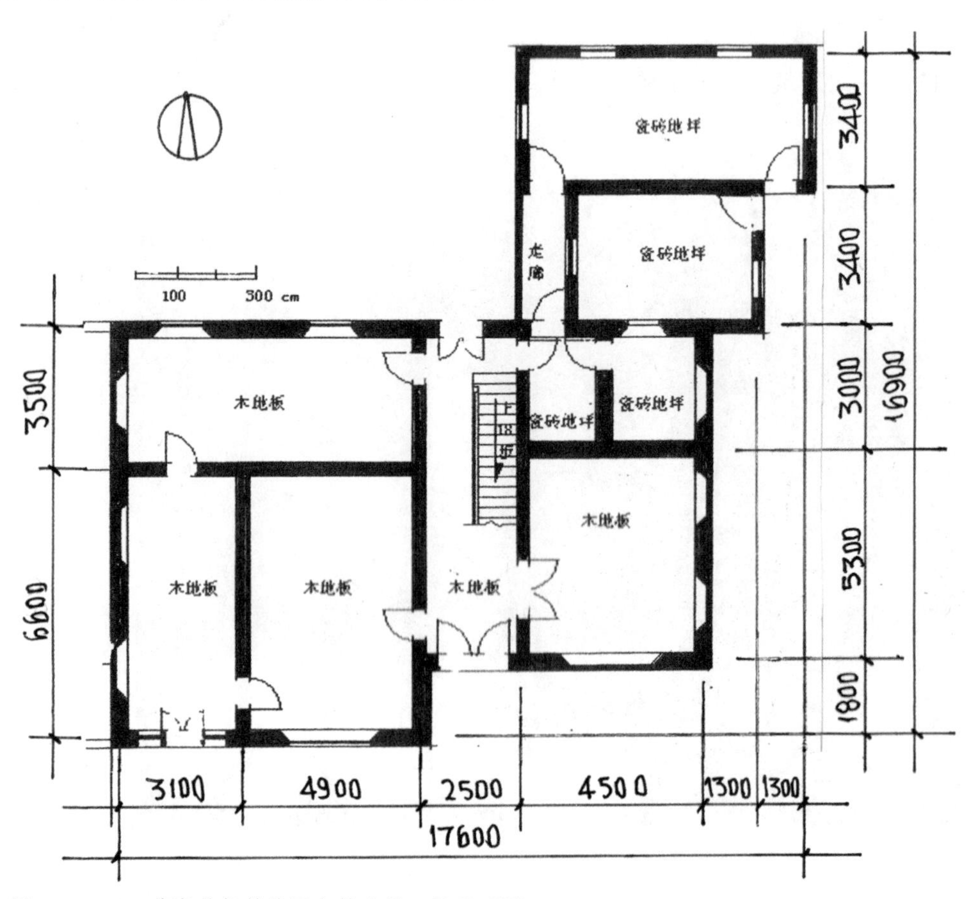

图3-2-16.b　芜湖基督教外国主教公署一层平面图

(4) 芜湖基督教中国主教公署（约1946）[图3-2-17]

该建筑位于外国主教公署东南不足百米处的山腰，约建于1946年，是华人主教陈建真的住所。

主教公署坐北朝南，偏西19度，为两层砖木结构。平面规整，呈南北方向略长的矩形。面阔两间，长约8.96米。进深三间，长约11.64米。南面一开间为单层，三坡屋面，西南角是入口门廊，南、西两面可进。北面两二开间为两层，悬山顶两坡屋面，西北角房间一分为二，南间为楼梯间。利用屋顶空间设计有较大面积的阁楼层，开有长条形单坡老虎窗。所以看上去是两层，实际为三层。两部分建筑面积合计约270平方米（图3-2-17.a）。建筑造型基本上采用中式建筑形式，外墙为清水青砖墙面，屋面为机制灰色平瓦屋面。建筑处理手法形体有高低、墙面有突出（楼梯间与壁炉烟囱）、门廊有凹进，形成造型的变化（图3-2-17.b）。此建筑现为王稼祥纪念园藏馆的管理用房。

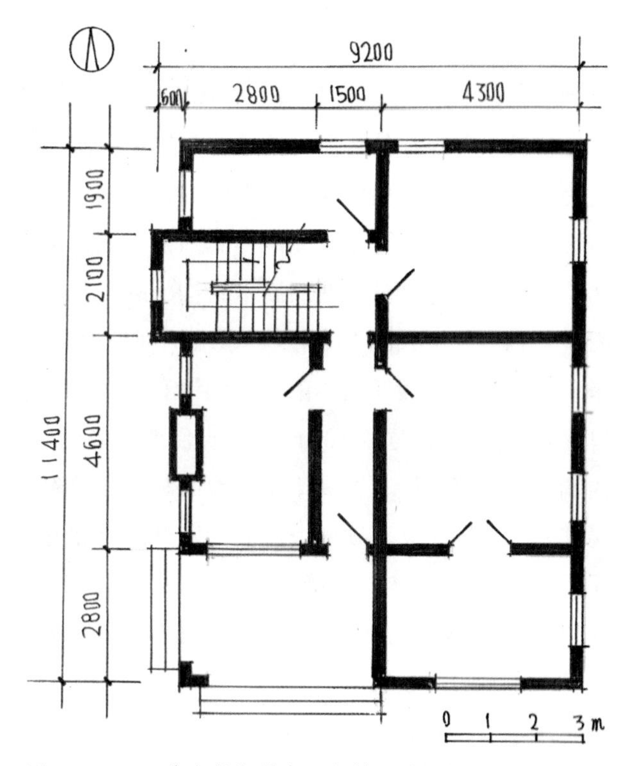

图3-2-17.a 芜湖基督教中国主教公署一层平面图

图3-2-17.b 芜湖基督教中国主教公署

（5）芜湖基督教狮子山牧师楼（20世纪20年代）［图3-2-18］

该牧师楼位于狮子山北麓山脚，南距基督教外国主教公署约100米，由中华圣公会建造，约建于20世纪20年代。

该建筑基本上南北向，略偏西几度。矩形平面，三面有外廊，主入口在北面，所以设置了少有的北外廊。面阔五间，中间开间是前后设门的约3米宽楼梯间，两边开间是约2.2米宽的外廊，另两个约5.2米宽的开间是功能房间，总长约18.16米。从东、西外廊柱网上看进深有四开间，从内部平面看实际上是三开间，北面是约2.5米的北外廊，南面是约3.1米宽的辅助功能房间，中间是约5.7米进深的主要功能房间，总进深约11.66米（图3-2-18.a）。此为两层砖木结构建筑，建筑面积约424平方米。室外地面自南向北有缓坡，北面室内外高差约0.6米，南面只有0.3米。檐口高度约7.49米，屋脊高度约10.58米。外墙为清水红砖墙面，外廊砖砌廊柱较宽，屋顶为四坡顶，机制红板瓦屋面（图3-2-18.b）。立面简洁，无过多装饰。此楼多年前改为职工住房，经过修缮已基本恢复原貌。

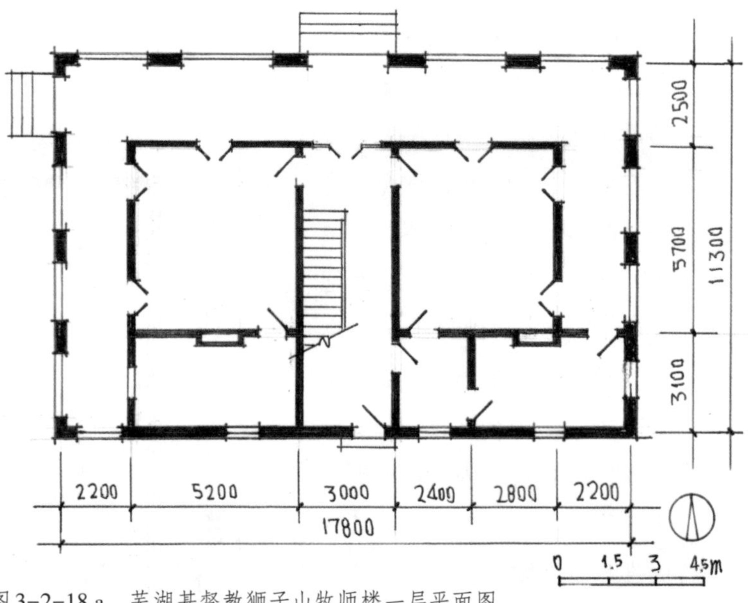

图3-2-18.a　芜湖基督教狮子山牧师楼一层平面图

图3-2-18.b　芜湖基督教狮子山牧师楼

（6）芜湖基督教华牧师楼（20世纪20年代）[图3-2-19]

华牧师是中华基督会美籍传教士华思科，华思科夫妇曾住在此处，当地居民称此楼为华牧师楼。此楼位于芜湖古城太平大路17号，建于20世纪20年代。约于1880年，南京基督总会派美籍传教士徐宏藻来芜创设中华基督教会，总会堂先后设在古城内的薪市街和米市街，所以后来建造牧师楼时便选址在附近。

该建筑坐北朝南，略偏东，四层砖混结构。矩形平面，面阔三间，中间是楼梯间，两侧是约4.8米宽功能房间，总长约12.31米，进深约9.18米（图3-2-19.a）。楼南入口处有长约7.73米、宽约3米的三层高开敞式门廊，总建筑面积约560平方米。底层层高约2.48米，水磨石地面。二、三层层高分别约为2.93米、2.83米，四层实为阁楼层，净高约2.25米，层高均不高。外墙为清水青砖墙面，屋顶为悬山两坡顶。此楼底层不设楼梯间，室外露天踏步直上二层门廊，再进入楼梯间，这种处理手法在牧师楼中实不多见（图3-2-19.b）。门廊栏杆采用了西式花瓶样式，显示了中西结合的风格。

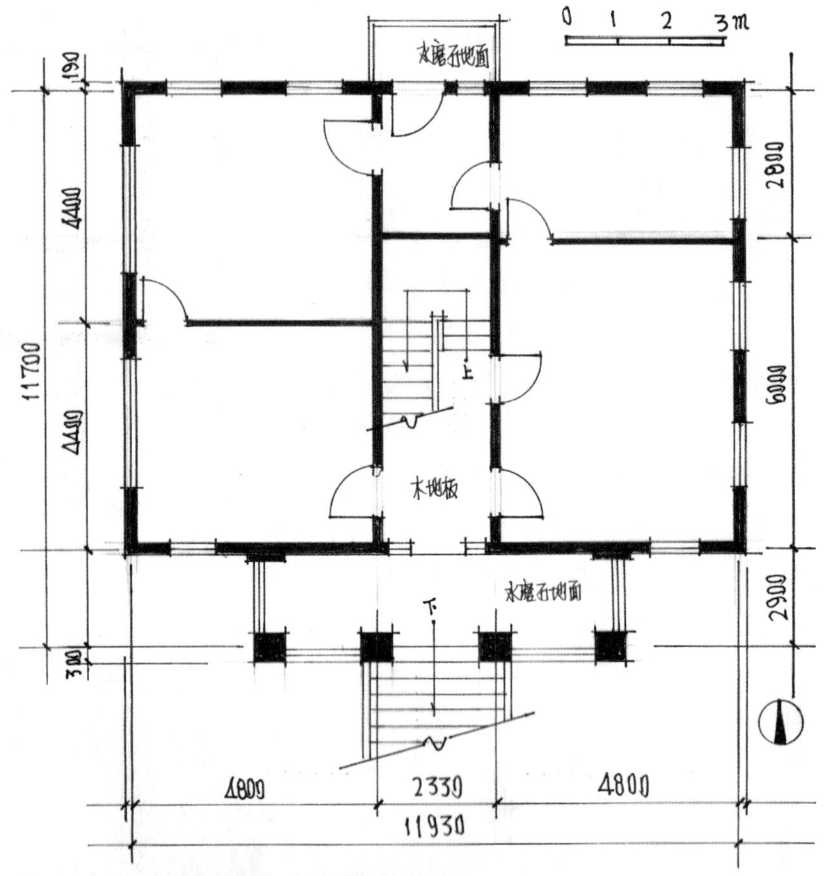

图3-2-19.a　芜湖基督教华牧师楼二层平面图

图3-2-19.b　芜湖基督教华牧师楼修缮效果图

芜湖解放后，此楼曾先后作为办公用房及住房，有违章搭建，保护不够充分。作为古城内仅存的一处外国教会建筑，理应受到更好的保护和利用。

3. 伊斯兰教建筑：芜湖清真寺（1864）［图3-2-20］

芜湖清真寺位于上二街与上菜市（巷）交叉口的西南角，始建于1864年，扩建于1902年。抗战时期寺房大部损坏，后经教友筹资得以修复，还增建了清真女寺①。"文化大革命"期间清真寺曾改作他用，1980年落实宗教政策后，历时一年半的修缮，1982年恢复了宗教活动。2005年对清真寺南侧两层附属建筑进行了改建，新楼仍为两层，采用伊斯兰教的特有风格，建造了邦克楼、穹隆顶，加大了门厅，设立了女礼拜殿，改善了男、女淋浴室的使用条件。2013年对芜湖清真寺进行了整体勘察、测绘，完成了维修设计，之后对清真寺北侧原有古建部分进行了整体全面的修缮，基本上恢复了清末时期的原貌。

现存的芜湖清真寺北侧主体建筑部分为中国古典建筑风格，总体为矩形平面，有东西轴线，南北对称。东西长约27.44米，南北宽约11.82米，占地面积约324.34平方米（图3-2-20.a）。这一部分的出入口设在礼拜殿和对殿之间天井的南侧，通过南侧的门厅进入，门厅东面的清真寺大门原来采用的是徽派建筑民居的风格（图3-2-20.e）。西面是礼拜殿，坐西朝东；东面是对殿，坐东朝西。之间的内院东西两侧是两殿的外廊，为避风雨，两廊中部有方亭连接，亭的两侧天井，各有一个约0.7米深，2.97米×3.93米的水池。走廊地面与水池皆用条石铺砌（图3-2-20.c/d）。

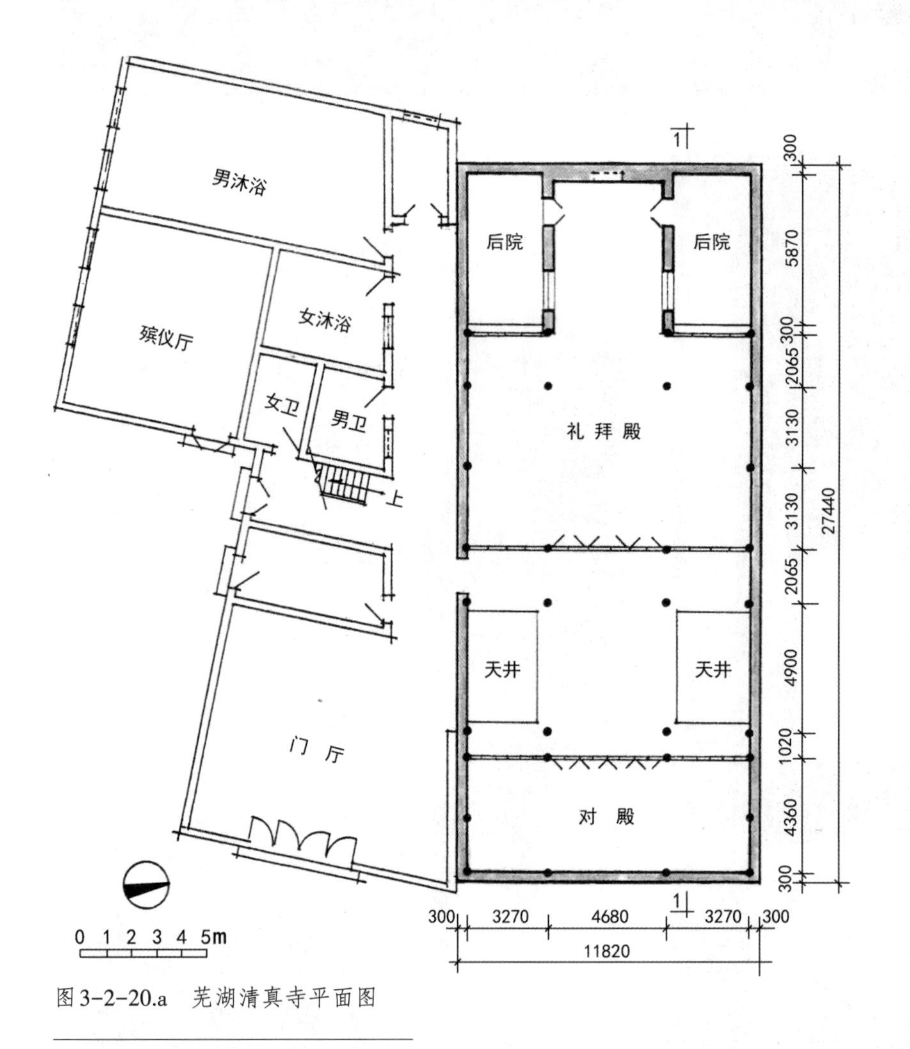

图3-2-20.a 芜湖清真寺平面图

对殿面阔三间，进深两间，设有西外廊，建筑面积约68平方米（图3-2-20.g，Ⓐ～Ⓒ轴线）。西面木隔扇，明间8扇，两次间各6扇，通高约3.25米。礼拜殿面阔三间，进深三间，设有东外廊（图3-2-20.c），建筑面积约139平方米（图3-2-20.g，Ⓓ～Ⓗ轴线）。东面木隔扇，明间6扇，两次间各4扇，通高约3.26米（图3-2-20.f）。两殿的明间均采用抬梁式梁架，次间山墙处均采用穿斗式梁架，皆为硬山式双坡屋顶，蝴蝶瓦屋面。两殿露明部分的木构件全部髹漆红色。两殿30厘米厚的山墙

① 金同生、金仲平：《芜湖回民与清真寺》，载方兆本：《安徽文史资料全书·芜湖卷》，安徽人民出版社2007年版，第783页。

连成通长的马头墙。位于礼拜殿西端的讲坛为阿訇领诵《古兰经》时使用。西面山墙加厚至约0.63米，内置经龛。讲坛与礼拜殿皆为架空式木地板，上铺绿色地毯（图3-2-20.b）。

芜湖清真寺是皖南地区重要的穆斯林活动场所。每逢伊斯兰教三大节日——开斋节、古尔邦节和圣纪节，芜湖及皖南一带穆斯林纷纷来到清真寺，沐浴更衣，参加会礼。平时也有正常的宗教活动。2005年，芜湖市人民政府公布清真寺为市级文物保护单位。

图3-2-20.b　芜湖清真寺礼拜内景

图3-2-20.d　芜湖清真寺内院

图3-2-20.c　芜湖清真寺礼拜殿东廊

图3-2-20.e　20世纪80年代芜湖清真寺东大门

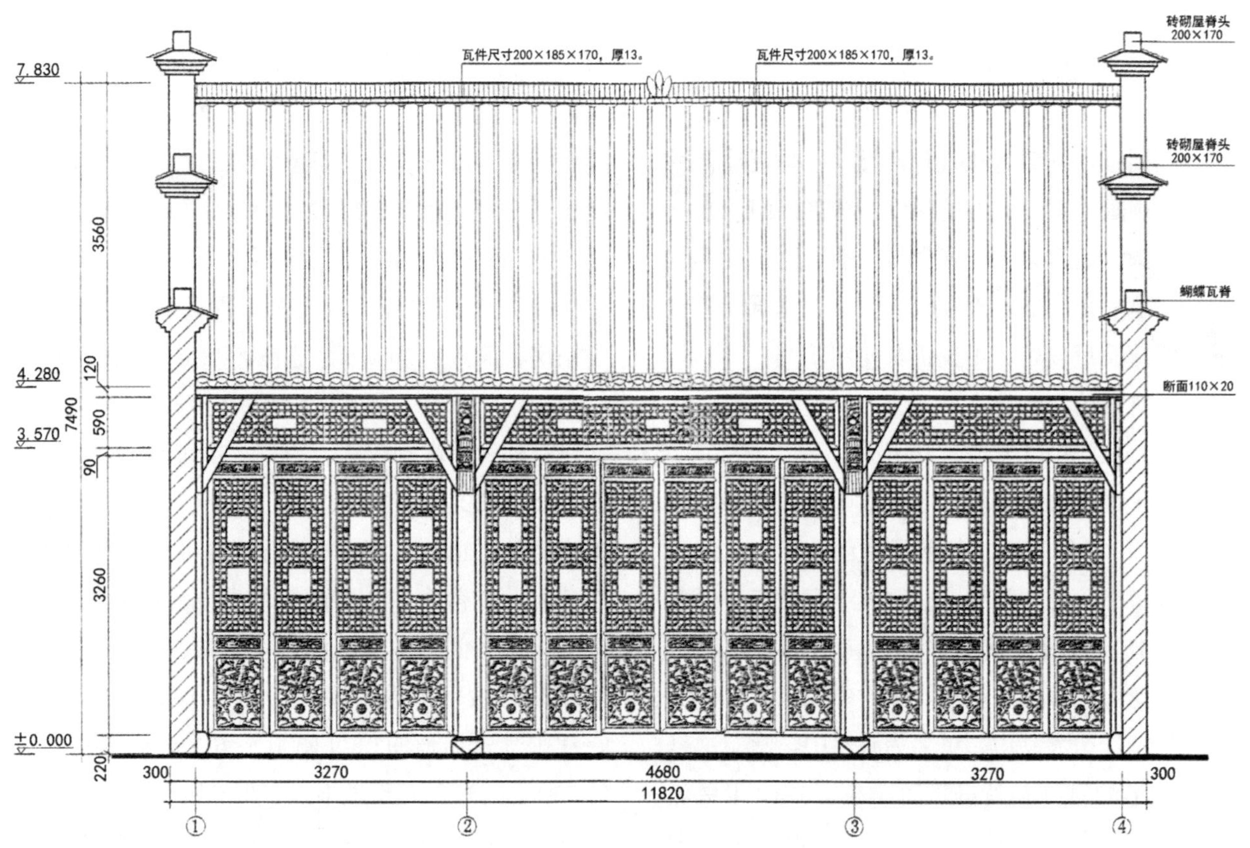

图 3-2-20.f　芜湖清真寺立面图

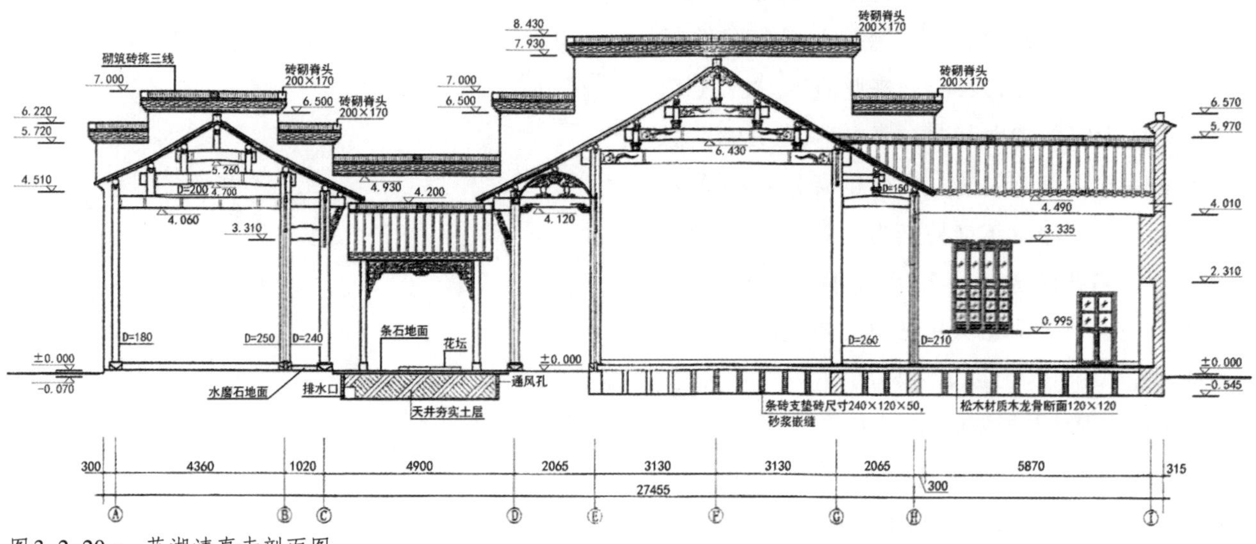

图 3-2-20.g　芜湖清真寺剖面图

（三）学校建筑

芜湖近代的教育建筑有两类，一是废除科举制以后中国人自己开办的学堂，一是外国传教士进入中国以后创办的新式学校。前者建筑规模较小，建筑质量一般，现存较少。后者建筑规模较大，建筑质量较好，不少仍在使用。

1. 官办公立学校

（1）皖江中学堂暨省立五中

位于大赭山西南坡（今安徽师范大学赭山校区内），1903年官办。其前身是创办于清乾隆三十年（1765）的中江书院，原位于青弋江南岸蔡庙巷，1870年迁址到城内东内街梧桐巷。袁昶任徽宁池太广分道道员时，扩建中江书院，1903年底学校迁至大赭山，更名为皖江中学堂，这是芜湖最早的官办初特等教育学校。1912年更名为安徽省立第二师范学校，1914年改名为安徽省立第五中学（简称“省立五中”），成为安徽省最早建立的省立中学之一。中国近代史上许多著名人物在此留下足迹，如陈独秀、刘希平、高语罕等人都曾在此任教，蒋光慈、吴组缃等都曾在此就读，恽代英1921年曾来此演讲。1928年此校易名为安徽省立芜湖初级中学，1929年易名为安徽省立第七中学，1934年易名为安徽省立芜湖中学，1948年又易名为安徽省立芜湖高级中学。芜湖解放初易名为芜湖市第一中学，2005年12月，芜湖市人民政府公布皖江中学堂暨省立五中旧址为市级文物保护单位。现旧址内仍有住户，保护状况不好。

①皖江中学堂旧址（1903）（图3-2-21）。用地呈长条形，东西宽约20米，南北长约80米。建筑朝向受地形影响，依山势从西南向东北逐渐升高，建筑朝南偏西约45度。其建筑布局很有特色，校舍均为平房，砖木结构，采取三进院落式。第一进位于用地南端，大门前有一平台，从东侧道路登20级石阶（分两跑）可上（图3-2-21.a）。进校门后是一三合院，三面有外廊，建筑内设有门房等附属用房（图3-2-21.b）。向北登10级石阶（两跑）即进入第二进院落，是一高于第一进院落约1.5米的大平台，向东有16级（两跑）石阶经圆洞门可通校园东侧的道路（图3-2-21.c）。向北上6级石阶可进入五开间的办公用房，面阔约20.6米，进深约11.6米。此为校园内的主体建筑，位置居中，视野开阔。南北侧均设有外廊，南廊较宽，约有2.3米，北廊较窄，仅1.3米，20厘米粗的木檐柱高约4米。从中间2米净宽的过道（北端有6级石阶）可进入第三进院落，此院落内东、西两侧均是七开间的教室，北侧是五开间的教室，南侧有“T”字形的室外空间，可供学生进行课间活动（图3-2-21.d）。皖江中学堂用地面积约1600平方米，建筑面积约850平方米，面积虽不大，但布局紧凑，经济实用，校园书香氛围浓厚，还带有过去书院建筑的余韵。

图3-2-21.a　皖江中学堂南入口

图3-2-21.b　皖江中学堂第一进建筑

图3-2-21.c　皖江中学堂东入口

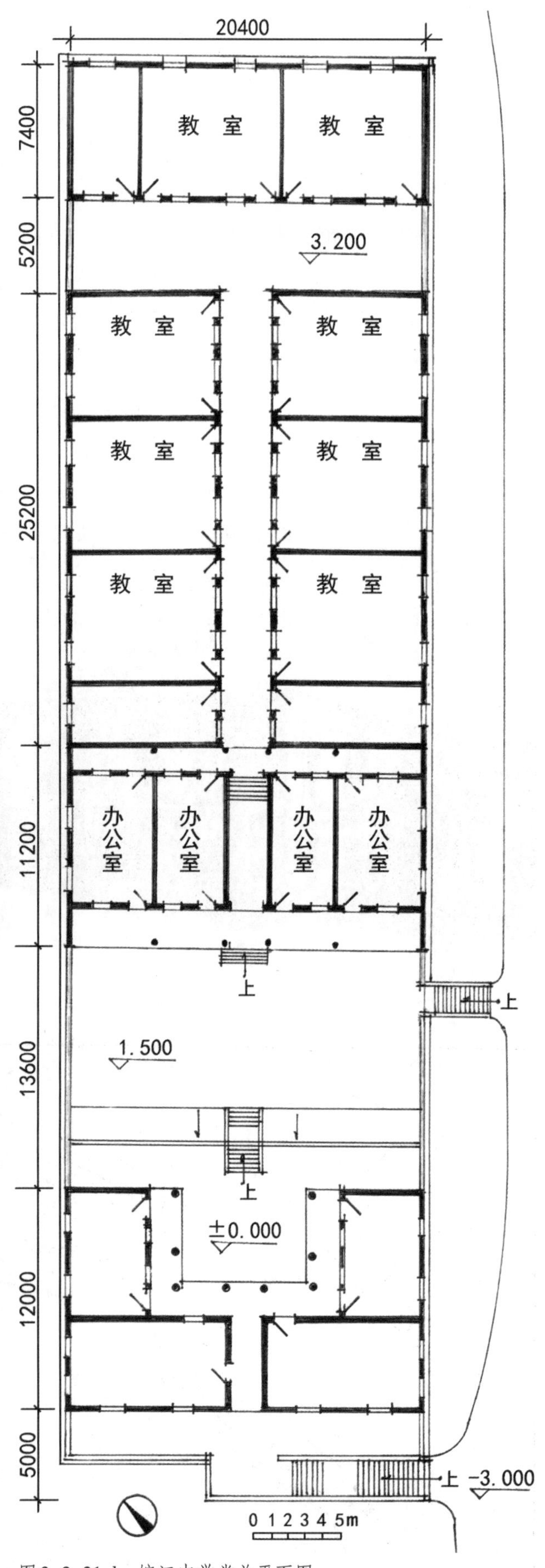

图3-2-21.d　皖江中学堂总平面图

②“省立五中”乐育楼旧址（1914）（图3-2-22）。乐育楼位于皖江中学堂西南侧，相距约150米，处于一条坡脊的平台上，标高低于皖江中学堂大门约14米。此为1914年皖江中学堂改为安徽省立第五中学时所建（图3-2-22.a）。原先有两座教学大楼，北为乐育楼，南为怀爽楼（为纪念袁昶而命名），前者尚在，后者今已不存。从1950年绘制的“芜湖市全图”可见两楼相距仅十余米，呈“L”形垂直关系。乐育楼朝向为南偏东约33度，东侧有路可通上山道路（图3-2-22.b）。此楼为两层砖木结构，局部有砖混结构，青砖清水砖墙，红平瓦屋面（图3-2-22.c）。该建筑面阔约24.66米，进深约16.66米，建筑面积约820平方米。建筑底层入口处有2.6米×4.2米门廊，圆柱直径0.4米，采用西方柱式，顶部为二楼的阳台，装有铸铁栏杆。门厅净宽约4米，后部有“二合一”两跑木楼梯，踏步高16厘米，深28厘米。第一跑16步，净宽约1.1米；第二跑9步，净宽约1.35米（图3-2-22.d）。门厅两侧有约2.3米宽内廊，各通两间教室。教室长度均为10.05米，北教室宽为6.1米，南教室加宽到7.9米。底层内廊两端各有通向室外的疏散门一樘（图3-2-22.e）。二层平面基本同一层，两层楼共有教室8间。一层层高约4米，二层层高约3.7米。

此校发展到1934年以后的省立芜湖中学时期，校园面积已扩大许多，校舍面积也有所增加，已是一所有相当规模的中学（图3-2-22.f）。

图3-2-22.a “省立五中”乐育楼历史照片

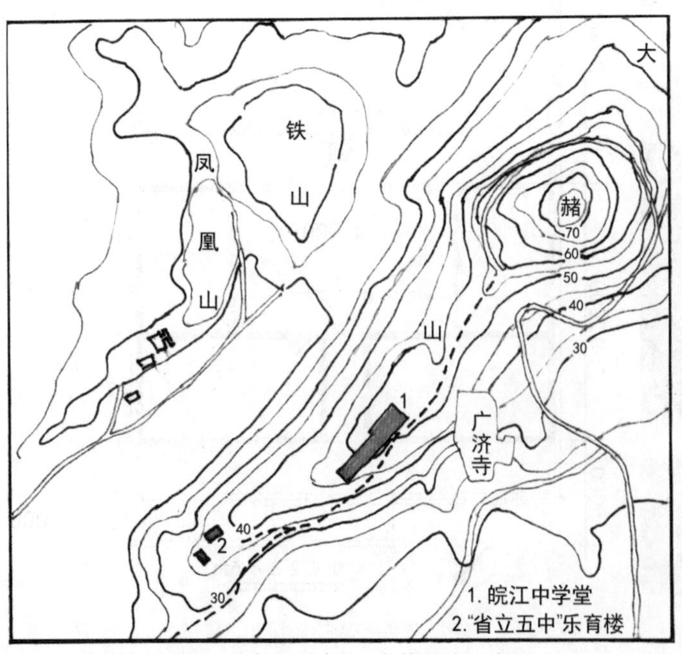

图3-2-22.b “省立五中”乐育楼周边示意图

图3-2-22.c “省立五中”乐育楼鸟瞰（现状）

图3-2-22.d “省立五中”乐育楼木楼梯

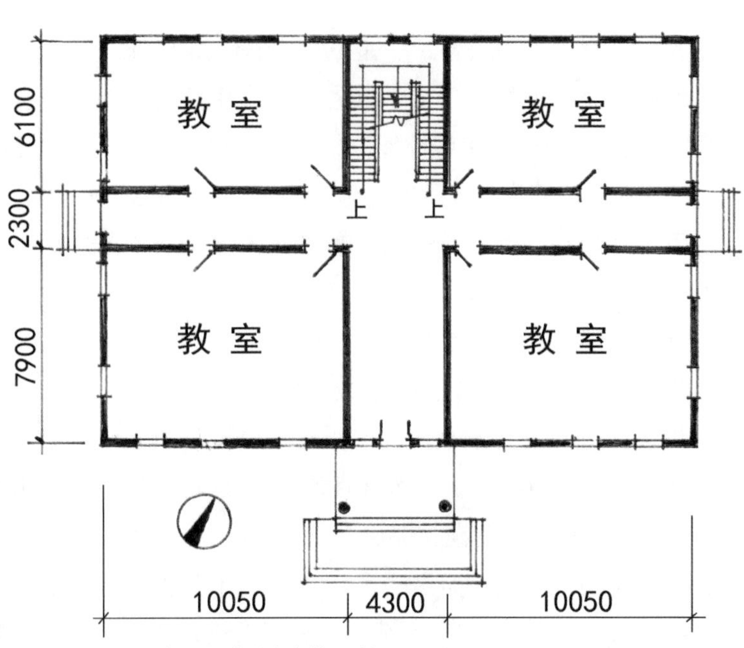

图3-2-22.e “省立五中”乐育楼一层平面图

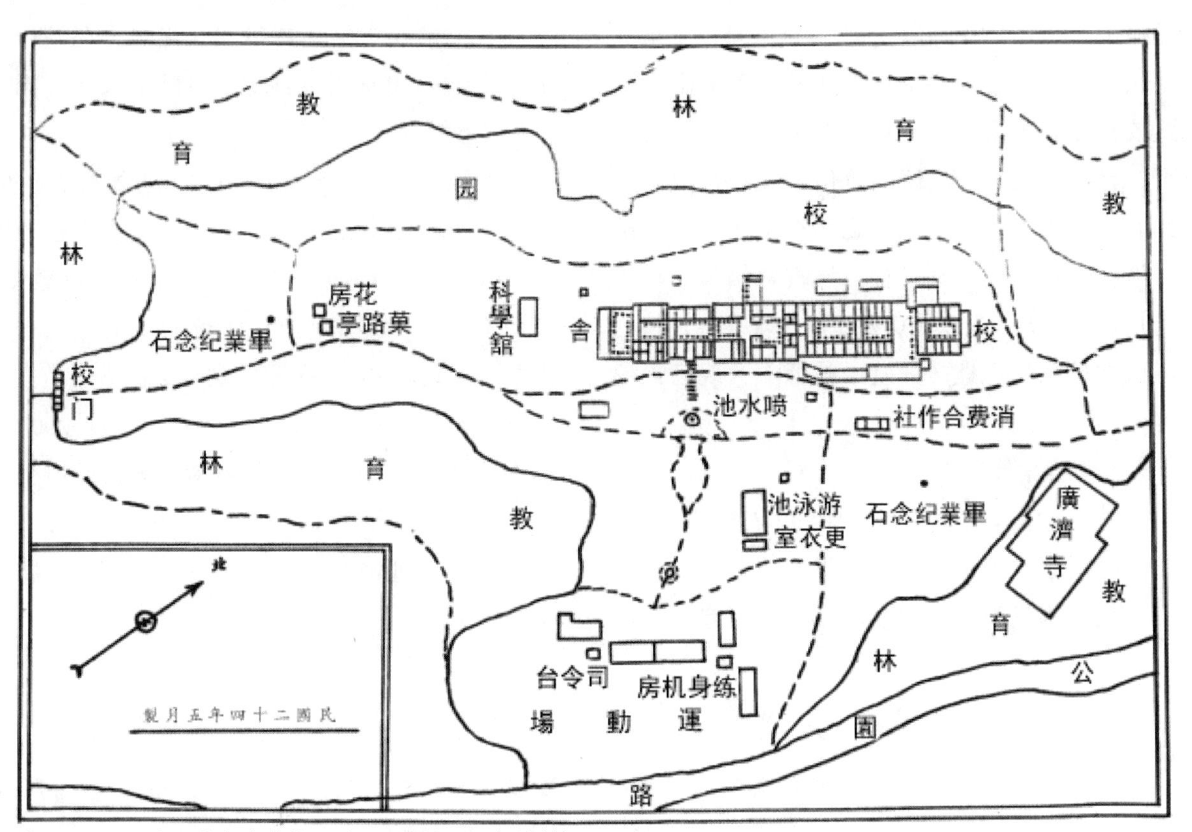

图3-2-22.f 省立芜湖中学校园总平面图(1935年绘制)

（2）省立第二甲种农业学校

根据清廷“区别于官办之外加一公立”之规定，芜湖创办了两所公立中学，一是1904年李光炯创办的安徽公学，一是1906年李光炯、阮仲勉创办的安徽女子中学（省立二女中前身）。安徽公学于1911年将校址由中二街米捐局巷迁至东门外教场街新址。先后在公学执教的有柏文蔚、陈独秀、苏曼殊等人。1912年易名为省立第二甲种实业学校，分设农、商两科。1914年分出商科后，易名为省立第二甲种农业学校（简称“二农”）。1914年同盟会会员、教育家汪雨相（汪道涵的父亲）任教“二农”，后任校长。恽代英1921年初、1925年4月曾两次来校演讲。1926年4月中共芜湖支部成立，“二农”是中国共产党的三个党小组之一。1928年，中共安徽第二届临时委员会成立，省委秘密机关设在“二农”。从这里走出的学生中，有20多人在红军中任师团级以上干部，还有一些担任县市以上地下党领导，其中多人为革命事业献出宝贵生命[①]。此校在芜湖革命史和教育史上留下了辉煌的一页，具有很高的历史研究价值和文物价值。在2007年开展第三次全国文物普查工作时省立第二甲种农业学校旧址（含二层教学楼与学校大门）被公布为“近现代重要史迹及代表性建筑”。可惜在后来的房地产开发中被拆除，现已无迹可寻。

2. 教会学校

（1）圣雅各中学（图3-2-23/24/25）

1897年，美国基督教中华圣公会传教士卢义德租赁华圣街房屋创办广益学堂，起初只设小学部。1902年在石桥港圣雅各教堂旁兴建校舍，1903年学堂迁入新址后更名为圣雅各中学，扩大为中小学两部。1909年卢义德求助于美国万博仁师母，幸得捐款，又在狮子山头购地造房，1910年教学大楼建成后圣雅各中学迁此设立高中部，石桥港旧校址遂成为初中部[②]。王稼祥、李克农和阿英曾先后在圣雅各中学就读。1927年中国人接替美国人担任校长，恢复广益中学校名。1937年底芜湖沦陷后，在泾县设立芜湖私立广益中学茂林分校，1938年8月正式开学。抗日战争胜利后，于1946年8月重返芜湖。由于教会洋人的阻挠广益中学未能进入狮子山校舍，只得局促在石桥港狭窄的校区。1946年，原办在安庆的培德女中迁来芜湖狮子山复校。解放初期，改设为私立培德女中（图3-2-23A.a），1954年曾改为安徽师范学院附属中学，1959年改名为芜湖市第十一中学，后来一度改称延安中学，1972年又更名为芜湖市第十一中学。2003年增挂“安徽师范大学外国语学校”校牌。

圣雅各中学位于狮子山顶，黄海标高约21米，高于西侧道路约10米。校西南方有进校园的坡道，坡道南侧有一座教堂（圣马可教堂，今已不存）。校园东侧当时尚有一足球场（今已恢复为运动场）。现存博仁堂、义德堂、经方堂三幢建筑，保存完好（图3-2-23A.b）。2004年10月，圣雅各中学旧址被安徽省人民政府公布为第五批省级文物保护单位。2013年5月，圣雅各中学旧址被公布为第七批全国重点文物保护单位。

① 芜湖市文物管理委员会办公室:《鸠兹古韵——芜湖市第三次全国文物普查成果汇编》,黄山书社2013年版,第178页。

② 翟其寅:《漫话芜湖广益(圣雅阁)中学》,载方兆本:《安徽文史资料全书·芜湖卷》,安徽人民出版社2007年版,第562页。

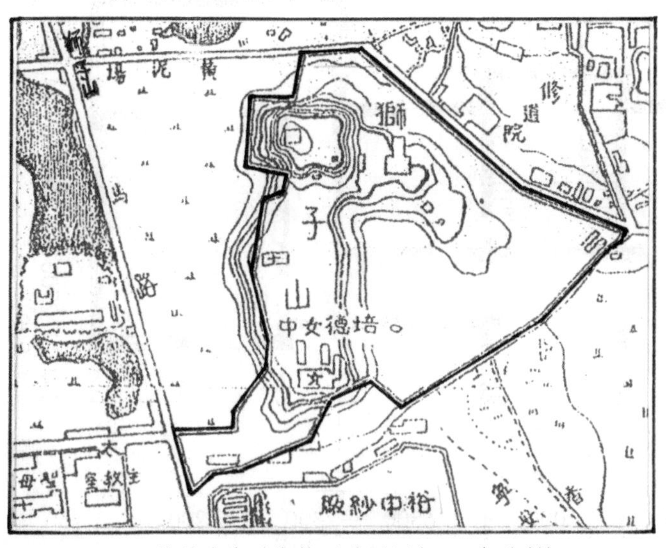

图3-2-23A.a 培德女中时期校园范围图(1946年绘制)

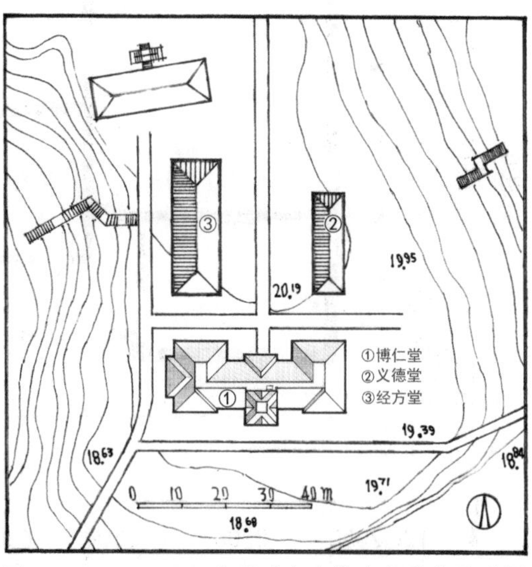

图3-2-23A.b 1936年圣雅各中学建筑群总平面图

①博仁堂（图3-2-23B）。建于1910年，因得万博仁捐款而建，故此教学大楼名为“博仁堂”。此楼位于狮子山顶的南端，坐北朝南，平面近似于“王”字形，以塔楼和楼梯间为中轴线，东西两边基本对称（图3-2-23B.b）。通面阔约42.02米，通进深约17.3米，建筑面积约1800平方米。主体部分为三层砖木结构，主要安排为教室，有少量办公室。南面有券廊式短外廊，联系楼梯间与各个用房。西端突出部分为三开间的拱券外廊，可眺望江景（图3-2-23B.f）。东端三楼中间两樘窗的窗外设有附墙钢梯，可供紧急疏散时使用。建筑中部开间宽约6米，进深约13.6米，北侧约7.6米是四层高楼梯间，底层前后通校园，第四层通阁楼层。南侧6米是塔楼，一半平面突出于墙外，层层与楼梯间相通，底层是门廊，二至四层是办公室，四层现有木梯可上五层，又另有较陡的木梯可通过屋顶检修孔直上屋脊平台（图3-2-23B.a）。塔楼的五六层是钟楼层。塔楼细部设计华丽，底层大门两旁有西方古典柱式（图3-2-23B.e），顶部屋面变化多端，塔楼不仅丰富了建筑的轮廓线，也成为整个建筑的构图中心，建筑外墙通体为红砖清水墙，屋顶为深色瓦楞铁皮屋面。整个建筑显得美观大气，处理得最精彩的当属屋顶。建筑主体部分屋顶坡度约40度，由两坡屋面与四坡屋面相互穿插，塔楼部分屋顶坡度约65度，坡度较陡。在四坡屋面形成的方形四棱台基础上又从四面插入两坡尖顶，造型特别丰富。塔楼顶部也做了带铁质栏杆的平台，与屋脊平台互为呼应，实为锦上添花（图3-2-23B.c/d）。此楼现为芜湖市第十一中学办公大楼。

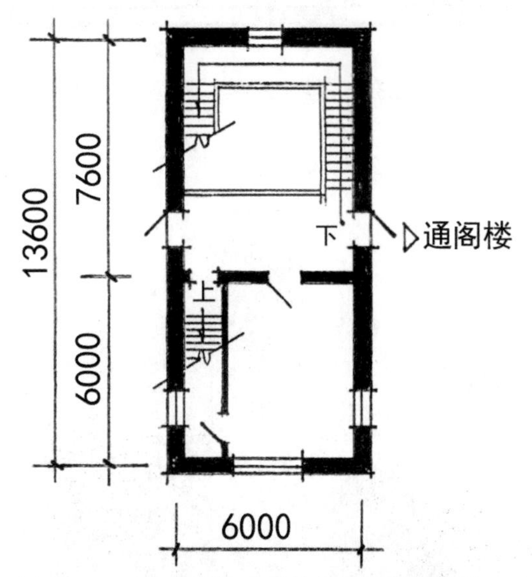

图3-2-23B.a 圣雅各中学博仁堂四层平面图

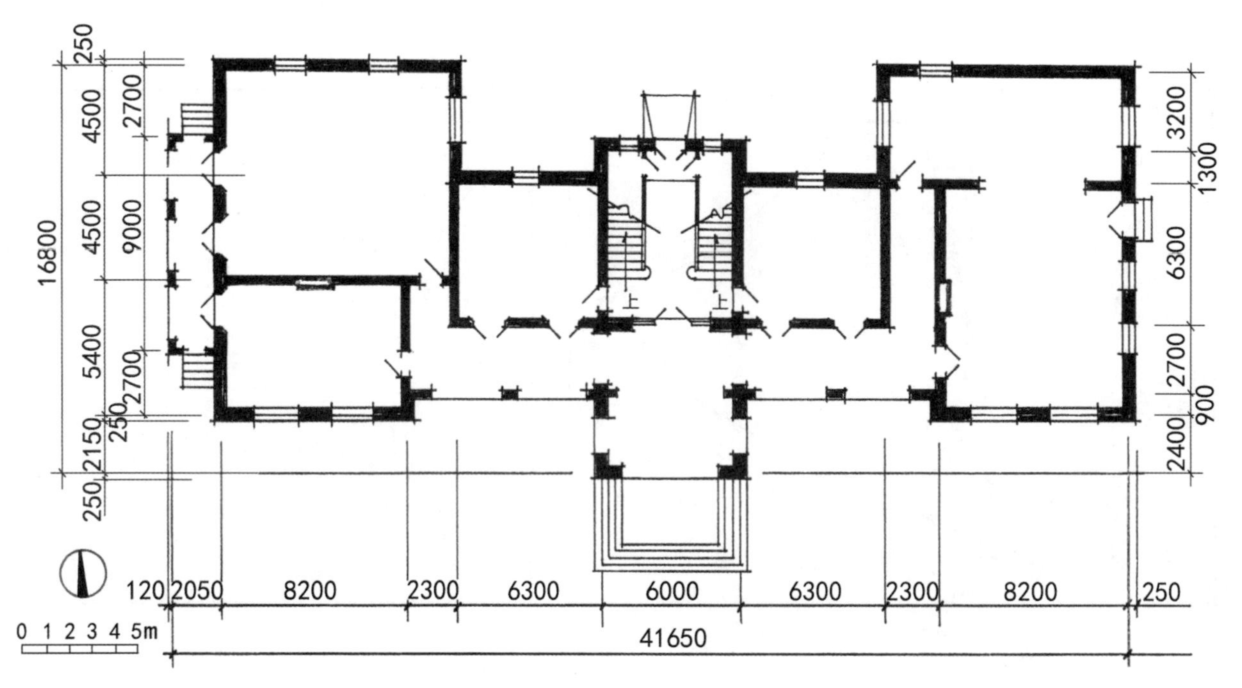

图 3-2-23B.b　圣雅各中学博仁堂一层平面图

图 3-2-23B.c　圣雅各中学博仁堂立面图

图 3-2-23B.e　圣雅各中学博仁堂南入口

图 3-2-23B.d　圣雅各中学博仁堂远景

图 3-2-23B.f　圣雅各中学博仁堂西南面

②义德堂（图3-2-24）。此楼建于1924年，位于博仁堂东北侧，为芜湖基督教中华圣公会第一任会长卢义德捐资建造，故名为“义德堂”。这是一幢纯粹的教学楼，平面很简单，中间2.8米开间是楼梯间，两边是教室。建筑坐东朝西，二层砖木结构，红砖清水墙，四坡顶瓦楞铁皮屋面。建筑长度约22.17米，宽度约6.87米，建筑面积约305平方米（图3-2-24.a）。建筑立面仅在入口大门处做了重点处理，门的上部为半圆拱，门的周边做了跳出的线角，门的顶部做了半圆拱形门楣（图3-2-24.b）。此楼现在仍作为教学楼使用。

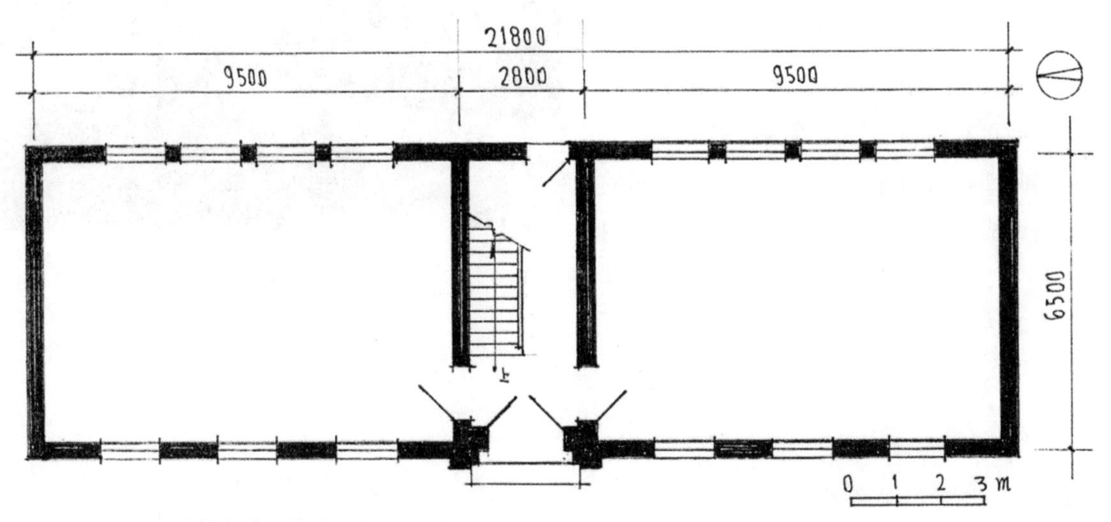

图3-2-24.a　圣雅各中学义德堂一层平面图

图3-2-24.b　圣雅各中学义德堂

③经方堂（图3-2-25）。此楼建于1936年，位于博仁堂西北侧，为李鸿章长子李经方捐资建造，故名为“经方堂”。这是一座大礼堂，兼作大教室。平面设计简单，南端是3.65米开间的楼梯间，前后均设有门厅，专门为二层大教室使用。建筑坐西朝东，二层砖混结构，红砖清水墙，四坡顶瓦楞铁皮屋面。建筑长度约30.52米，宽度约10.97米，建筑面积约670平方米（图3-2-25.b）。一层礼堂内为水泥地面，设有木质讲台，东西两侧均设有疏散门。二楼布置了三间教室，其东侧设置了封闭式外廊。经方堂比义德堂体量大，立面稍有处理。一是以两层的上下窗为一组，将墙间墙略微后退；二是以七开间中间的一间二层窗做成拱形窗。另外，对楼梯间的大门做了重点处理，做带线角的水磨石门套（图3-2-25.a）。此楼至今仍在使用。

图3-2-25.a　圣雅各中学经方堂外景

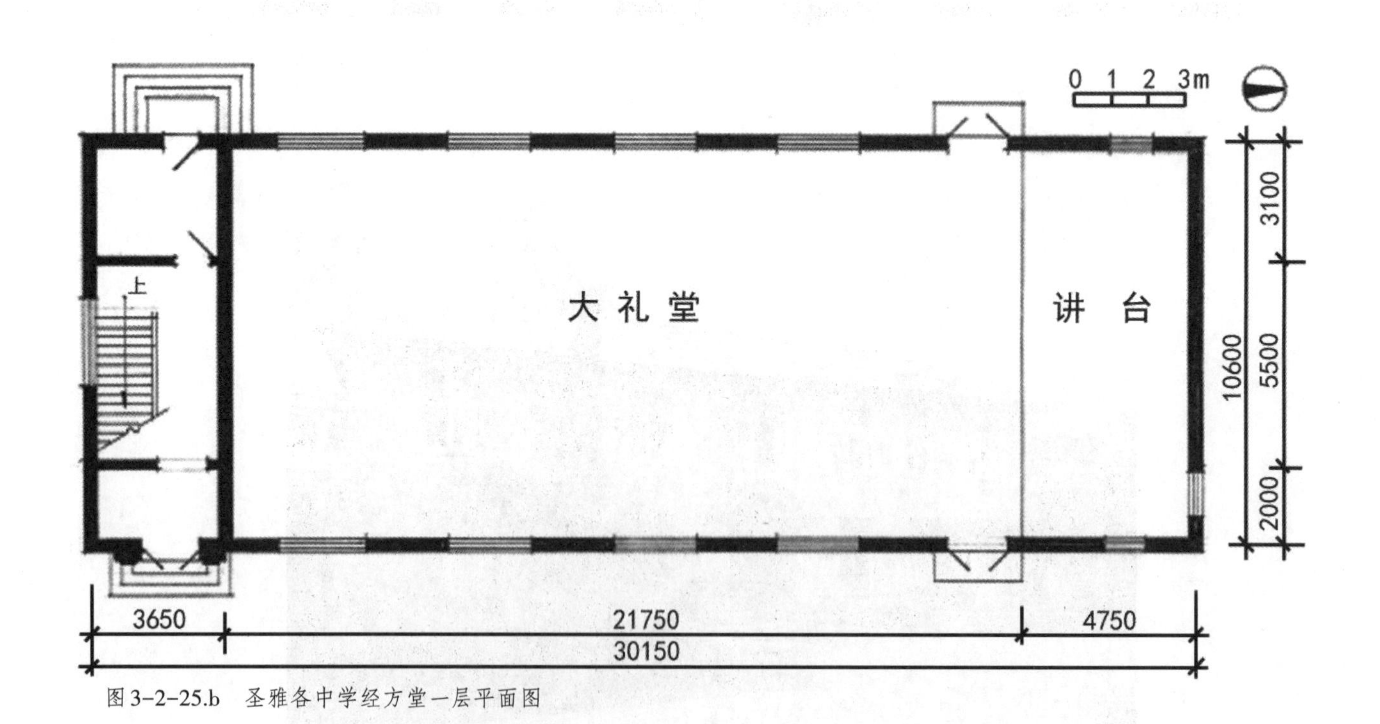

图3-2-25.b　圣雅各中学经方堂一层平面图

(2) 萃文中学

1903年，芜湖基督教来复会美国传教士毕竟成在青山街后巷15号造了两间房屋，创办了育英学堂。1906年改名萃文书院，此时规模甚小，仅有一个班。不久，在凤凰山兴建校舍，后书院迁至凤凰山，约在1910年以前，改名为萃文学堂①。1921年改名为萃文中学，并添建膳堂、大礼堂等建筑。1932年开始招收女生，实行男女合校。1937年抗日战争时期，芜湖沦陷后萃文中学迁校至重庆磁器口对岸石子山，名为"萃文中学渝校"，一度聘梁漱溟为该校董事长。芜湖沦陷期间，萃文中学校址曾被日本国民高等学校所占。1945年抗战胜利后，萃文中学又迁回芜湖凤凰山原址复校。1952年由人民政府接管后改名为第四中学。1959年更名为安徽师范大学附属中学，1960年暑期将安徽师范大学附属中学校迁至小官山。2005年萃文中学旧址被芜湖市人民政府公布为市级文物保护单位。

萃文中学地处铁山余脉之凤凰山，校园占地较大，约70亩。总平面外形不规则。西侧地势较为低平，山势从西南到东北逐渐由黄海标高10米升高至23米。校园建设并未大动土方，而是因地制宜，依山就势，将校舍布置在19米和21米的两个台地上，使校园置于林地、花园之中（图3-2-26.a）。该建筑朝向也未拘泥于正南正北，而是自然布置。19米高台地上教学大楼竟成楼朝向西南，背靠铁山，西向开阔的运动区。办公楼与竟成楼呈"L"形垂直布置，面朝西北，围合出一个设有旗台的小广场。21米高台地上，大礼堂与鸿藻堂、尔敦堂平行布置，面向东南，可俯视铁山脚下的广场。萃文中学的校园在20世纪30年代就已形成完整规模，学校设施较为齐全，除教学楼、办公楼外，礼堂、寝室、膳堂、诊疗室、浴室、水炉、厕所等一应俱全。作为教会学校，一进学校大门，路旁就建有礼拜堂（哥特式小型教堂，今已不存）。学校的体育设施更是多样，足球场、篮球场、排球场、羽毛球场，甚至网球场都有布置。这在传统学校中是很少见的，在我国近代中学校园中也不多见。

①竟成楼（图3-2-26）。萃文中学的主要教学楼，是凤凰山校区最早建造的一幢建筑。具体建成于何时，一直难有定论。通常认为此楼建成于1912年，笔者始终难以苟同。竟成楼门楼上方，第二、三层楼窗间墙上曾镌刻有"竟成楼"三个字，左下角尚注有年号，可惜在"文化大革命"中遭到破坏。二十多年前我曾去辨认，"竟成楼"尚能认出，但左下角年号已模糊不清。据笔者分析，竟成楼可能是1908年开工，1910年建成，理由如下：第一，胡邦甯先生在《芜湖萃文中学的变迁》一文中说"……育英学堂，1906年改名为萃文书院……不久，在凤凰山兴建校舍。"既是"不久"，也就可以理解为"一二年"，顶多"二三年"。第二，2010年该校曾举办"竟成楼百年华诞庆祝大会"，很多老校友都赶来参加，可见1910年建成竟成楼极有可能。第三，1952届（毕业）老校友陈思佑曾撰文《"竟成楼"我们的摇篮》，提到"1909年建楼"，应指此楼已施工。同届老校友季一坤也曾撰文《竟成楼记》，直接写明："……转购凤凰山为校址。1910年建教学楼于其上，冠名竟成，逾今整百年矣！"讲得很清楚了。

竟成楼坐东朝西，朝向南偏西62度。平面采用简单的矩形，长约24.87米，进深约15.77米，入口处的楼梯间向前突出约2.2米，底层有设柱的钢筋混凝土大雨篷。北楼为三层砖混结构，建筑面积约1219平方米（不包括阁楼和门廊）。平面布局采用内廊式，每层设教室四间，教师休息室一间（外设有凹廊）（图3-2-26.b）。底层层高约3.6米，楼层层高约3.3米。楼梯为

① 胡邦甯:《芜湖萃文中学的变迁》,载方兆本:《安徽文史资料全书·芜湖卷》,安徽人民出版社2007年版,第530页。

“二合一”式钢筋混凝土结构楼梯，木楼地面，局部有水磨石地面，屋盖结构为木屋架，上做四坡瓦楞铁皮屋面。屋面坡度较陡，内部阁楼做储藏之用，四面开有老虎窗。立面采用对称式构图，楼梯间处做重点处理。外墙原采用清水红砖墙（水泥砂浆饰面为后加），一、二层之间有腰线。整个建筑风格带有欧洲风格（图3-2-26.c/d/e/f）。

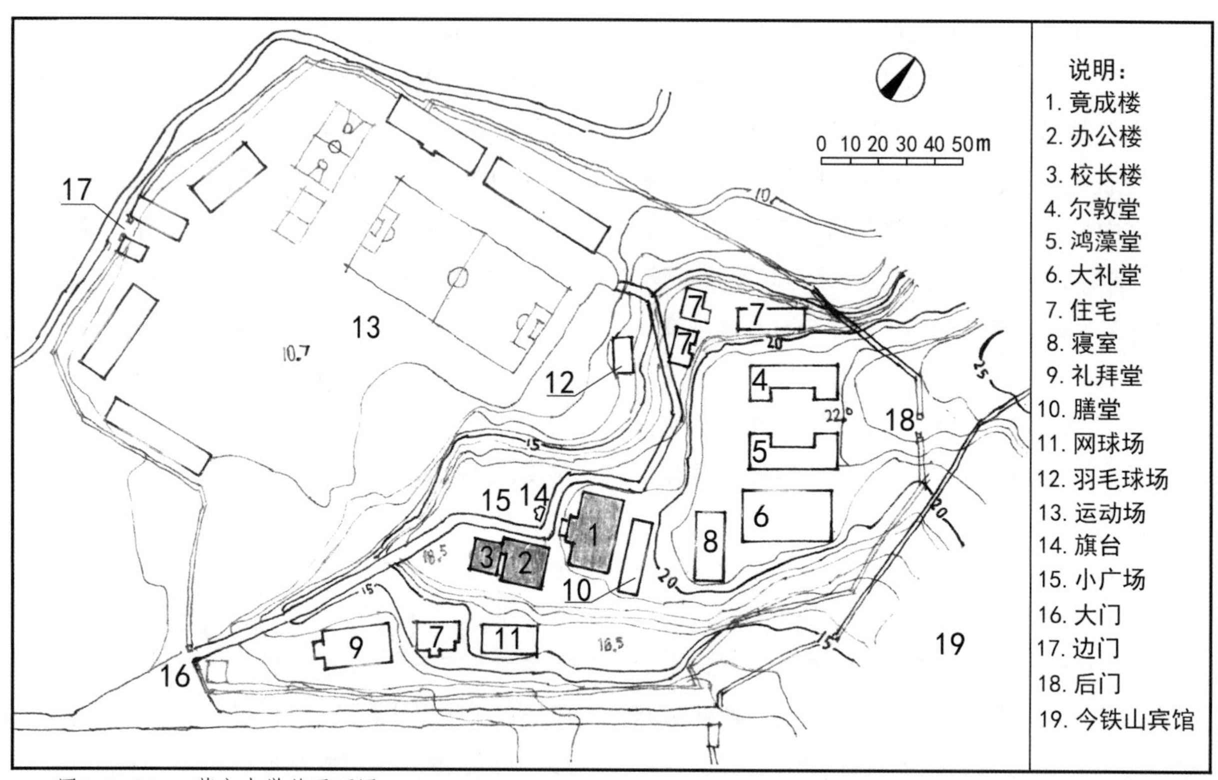

图3-2-26.a 萃文中学总平面图

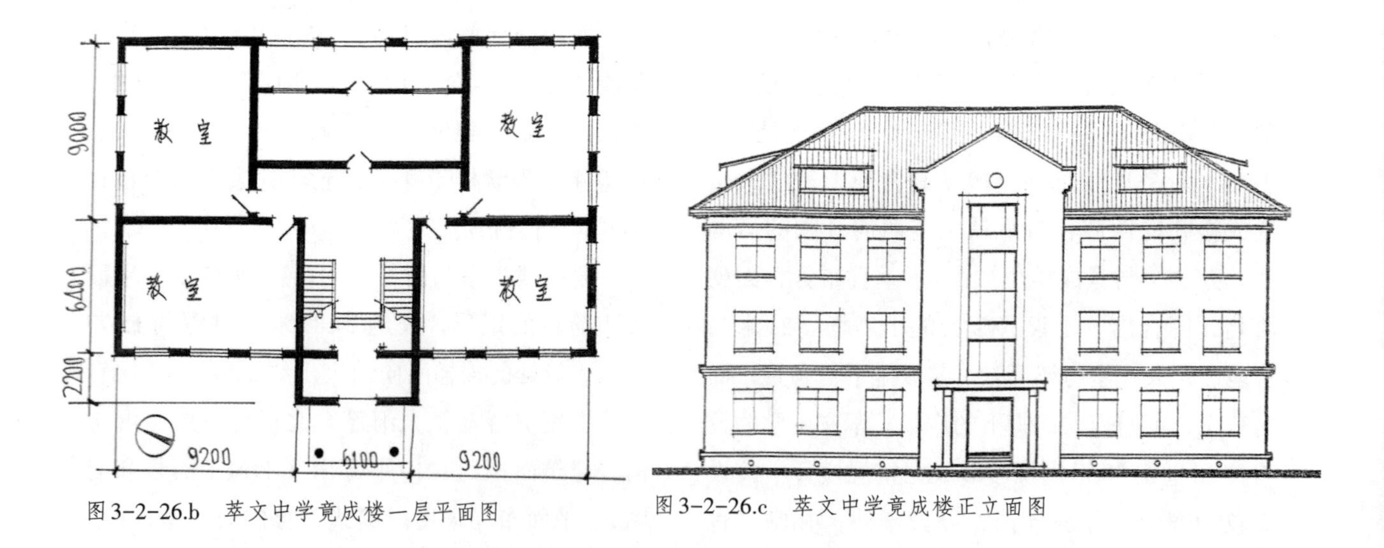

图3-2-26.b 萃文中学竟成楼一层平面图

图3-2-26.c 萃文中学竟成楼正立面图

图3-2-26.d 萃文中学竟成楼东南面

图3-2-26.e 萃文中学竟成楼正面

图3-2-26.f 萃文中学历史照片

②办公楼（图3-2-27）。位于竟成楼西南侧，相距约9米。此楼坐南朝北，朝向南偏东28度，平面接近正方形，东西面阔约12.7米，南北进深约14.5米，四周都有1.7米宽外廊。西北角有一座约2.4米宽、5.3米长的楼梯间。办公楼内部分隔灵活，底层有净宽约1.2米的南北向内廊，两侧共有五间办公室，二层有净宽约2.1米的东西向内廊，两侧共有四间办公室（图3-2-27.a/b）。此楼为两层砖木结构，建筑面积约394平方米。清水青砖墙面，四坡屋顶，楼梯间处为两坡屋顶，现为机制红平瓦屋面，疑原为瓦楞铁皮屋面。笔者原以为此办公楼与竟成楼同时建成，从后来发现的历史照片可知，最初的办公楼并无外廊，且与竟成楼有连廊连接（图3-2-27.c，图3-2-26.f），何时改建为现存的办公楼成了疑问。

③校长楼（图3-2-28）。位于办公楼西侧，通过楼梯间连接为一整体，所以也有将两幢楼合称为教务处楼。此楼平面也近似正方形，面阔约12.4米，进深约10.97米（与办公楼廊内墙体平齐），此楼面向校园主要道路和楼前广场的西面和北面各有三开间的拱券券廊，且有短内廊。一、二层平面大同小异。一层西南角有一单独出入口，东侧并不与办公楼相通。二层东北角通过短外廊与楼梯间相通。楼内并无一、二层直接联系的楼梯间，二层有登临阁楼的专用木楼梯（图3-2-28.a/b）。阁楼层通风采光良好，南、西、北三面开有老虎窗。校长楼为清水红砖墙，四坡顶瓦楞铁皮屋面（图3-2-28.c/d），建筑形式明显地采用了欧式风格，这与美籍校长的审美有直接关系。此校长楼建于何时，同样成了一个谜：如果与办公楼同时建造，两楼又紧密地连接在一起，为什么采取红砖和青砖两种不同的墙体。笔者认为可能有两种原因，一种可能是为了突出校长楼，另一种可能是并非同时建造。从校长楼内无楼梯间可以断定：校长楼略迟于办公楼建造。当然，校长楼具体建于何时尚需作进一步考证。

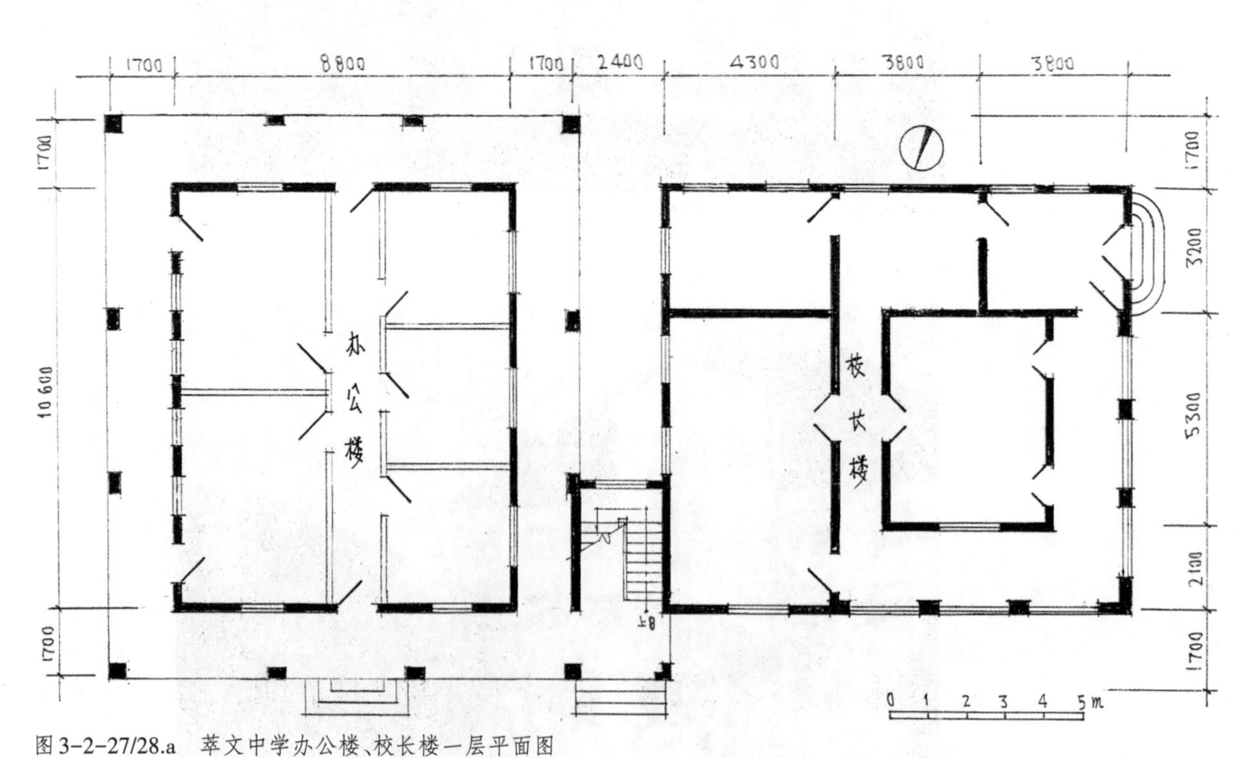

图3-2-27/28.a　萃文中学办公楼、校长楼一层平面图

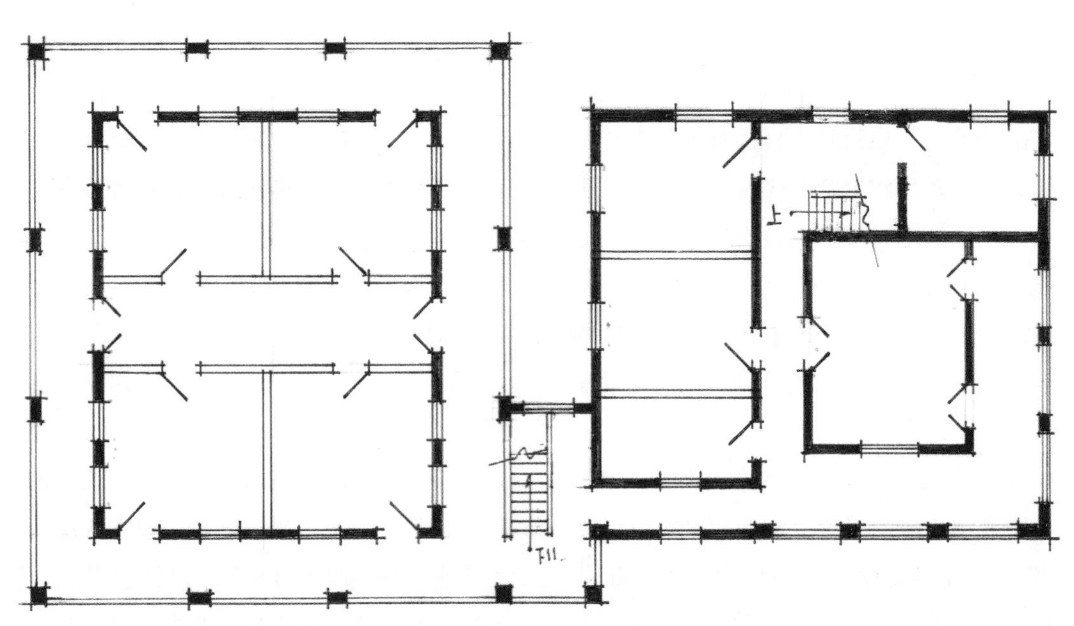

图3-2-27/28.b　萃文中学办公楼、校长楼二层平面图

图3-2-27.c　萃文中学办公楼西北面

图3-2-28.c　萃文中学校长楼西南面

图3-2-28.d　萃文中学校长楼鸟瞰

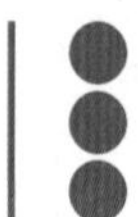

（3）内思高级工业职业学校（1935）［图3-2-29］

1934年，芜湖天主教总堂从英国人手中购买了位于雨耕山的英驻芜领事官邸及附近大片土地，在离天主堂东南约100米处原英驻芜领事官邸南侧开始建造教学大楼，由西班牙籍传教士蒲庐主持施工，1935年12月16日竣工，创办了芜湖内思高级工业职业学校。领事官邸成为学校的办公楼。学校设有电机、机械两科，男生部设在雨耕山，女生部设在江边的天主教圣母院内。还附设有小学，有男生220名，女生184名。内思高级工业职业学校成为当时芜湖规模最大的私立教会学校。1937年芜湖沦陷后，内思高级工业职业学校改为普通中学，1945年12月又恢复为高级工业职业学校。芜湖解放后，学校与天主教分离，1952年改名为芜湖工业学校，1955年易名为芜湖电力学校，1972年更名为芜湖机械学校。1978年12月，成立安徽机电学院。1986年6月，安徽机电学院迁出（今更名为安徽工程大学），原址恢复为芜湖机械学校。2003年6月，升格为安徽机电职业技术学院，此楼成为教学楼之一。2011年，学院完全迁出，该楼交由镜湖区政府管理，对其进行了修缮，现在成为雨耕山文化产业园的核心建筑，并获得安徽省级文化产业示范基地、安徽省级特色商业示范街区、4A级旅游景区等荣誉称号。2012年，内思高级工业职业学校旧址被安徽省人民政府公布为第六批省级文物保护单位。

内思高级工业职业学校教学楼背靠雨耕山，依山而建，坐北朝南，朝向南偏东只有4度。该建筑采取分散体量的手法，虽占地较大但布局灵活，总面阔约94米，总进深约65米（不包括实习车间），总建筑面积约11481平方米。其建筑规模庞大，功能众多，包括教室、实验室、实习车间、图书馆、大礼堂、办公室等用房，采用集中布置的规划手法，既节约用地又使用方便。该建筑主体部分为四层砖混结构，局部五层。第一层是储藏用等辅助用房，层高较低，约2.6米，其他楼层是主要功能用房，层高较高，约4米。南入口为主入口，设有混凝土露天外台阶，从中间上，后两边分，再通过两跑式台阶登上同一个平台，便可进入教学楼第二层的主门厅。北入口为次入口，这里地势高于南入口室外地坪约8米，从雨耕山上可直接进入教学楼的第三层，教学楼西面有辅助入口，通过南北两面上的室外台阶可登上狭长的敞开式外廊，可直接进入第二层。东面则可通过室内楼梯和室外长长的台阶下到山脚下的操场。操场标高比教学楼南入口处的室外地面还要低约3.8米，比教学楼北入口处的室外地坪要低约11.8米。两个内院的标高比二层楼面略低（图3-2-29.a）。从上可知，此教学楼的设计紧密结合地形，巧妙布置出入口，合理组织水平和重直交通，真可谓独具匠心。

内思高级工业职业学校教学楼平面形状大体上呈“日”字形。北面一排西半部是内廊式教学楼，安排了18个班的教室，东半部是实验楼。南面一排封闭外廊式教学楼，同样安排了18个班的教室。两排建筑之间，东西端和中部，在三处连结体设置了连廊、楼梯间及各种辅助房间，其中以中部连廊最宽，净宽达4米，这里正对整个建筑的南、北出入口，人流量最大。两排建筑与三个连接体之间围合成东、西两个内庭院，成为学生们课间休息与活动的室外空间。此外，在这组建筑的东北角是两层东西向的实习车间，东南角是四层高度的礼堂与图书馆。人流较多的礼堂设在底层，有两层高度的空间，上部有三面回廊。礼堂楼座后部有直通室外的露天疏散楼梯，两侧回廊也可直通二楼教室的走廊。礼堂上的第三层是同样有着两层高度空间的图书馆，也有三面回廊。整个建筑的功能分区合理，动静分设，交通联系方便，又互不干扰。

内思高级工业职业学校教学楼采用清水青砖

外墙，配以暗红色木门窗和红色机制平瓦屋面，显得既淡雅又艳丽（图3-2-29.d）。该建筑的建筑风格为中西合璧。墙面突出垂直线条，屋面采用两坡顶硬山。南立面作为主立面，重点处理主入口，中间三开间突出于两边教室墙面，又升起为五层，顶部平屋顶做了西式栏杆，底层入口处做了气派的西式教室外台阶（图3-2-29.b）。加上多处山墙顶部的徽派马头墙的式样，中西文化得到很好的融合（图3-2-29.c/e）。

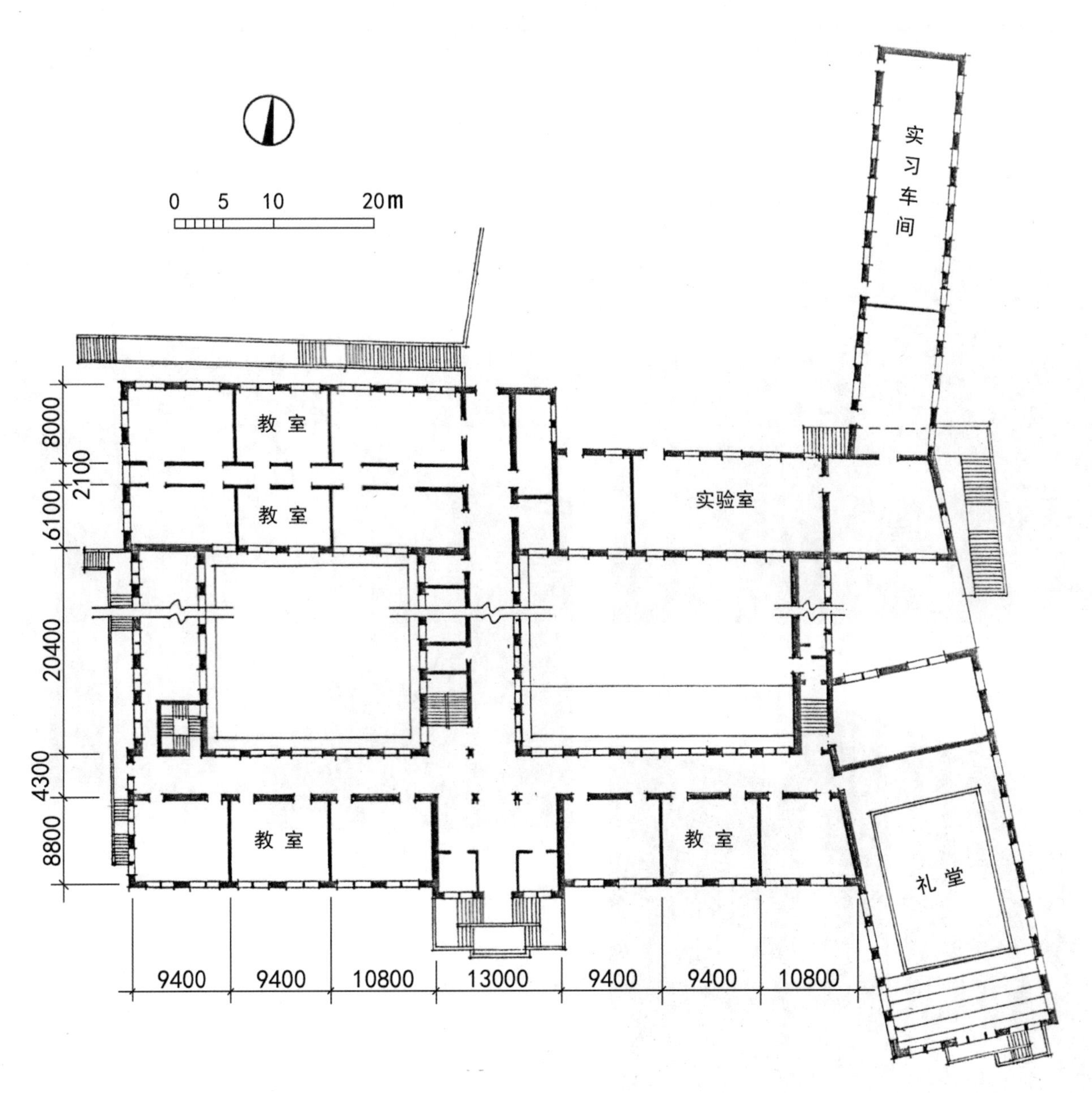

图3-2-29.a　内思高级工业职业学校教学楼平面图

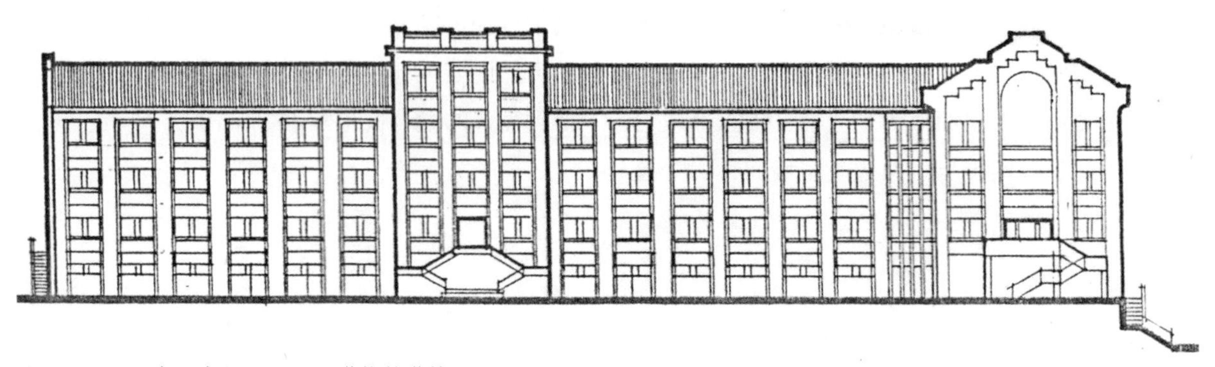

图 3-2-29.b　内思高级工业职业学校教学楼立面图

图 3-2-29.c　内思高级工业职业学校教学楼西面

图 3-2-29.d　内思高级工业职业学校教学楼中部南面

图 3-2-29.e　内思高级工业职业学校教学楼东部

（四）医院建筑

芜湖的医院建筑有两类，一是中医建筑，一是西医建筑。中医一般开私人诊所，且常为前所后宅式建筑，如芜湖的一代名医李少白①，专长内科和儿科，曾在古城内的太平大路开设过“中医李少白诊所”。有的在中药房设坐堂医生，药店也起到诊所作用。西医传入后，起初由教会开办诊所或医院。如1887年天主教在芜湖开办一所设置25张病床的小型医院，1929年开办若瑟诊所，1943年开办内思诊所。基督教也开办诊所或医院，规模最大、影响最广的当属“芜湖医院”。

“芜湖医院”是今皖南医学院附属弋矶山医院的前身，位于租界区以北的弋矶山（图3-2-30A.g，图3-2-30B.a/b）。弋矶山因弋矶而得名，弋矶是长江沿岸24矶之一，矶石临江，悬崖陡峭，地势险要。南宋时在此设过馆驿（驿站），故弋矶山也名驿矶山。美国传教士维吉尔·哈特（中文名赫斐秋，1840—1904）1865年来华，先后负责筹备创设了芜湖、南京和镇江的基督教美以美会（后改称卫理公会）②。1883年哈特购得弋矶山的一片土地，立起了“美以美会医院界”界碑，准备创办医院③。美国美以美会传教医师斯图尔特（中文名斯图尔，1859—1911），1886年来华，在南京美以美会创办的医院任职。1889年在芜湖为美以美会设立医院，边传教边行医④，取名“芜湖医院”，世名“弋矶山医院”，这是安徽省最早的一所教会创办的规模最大的西医医院。1895年，医学博士埃杰顿·哈特（中文名赫怀仁，维吉尔·哈特次子，1868—1913）来到芜湖医院主持工作，医院有所发展（图3-2-30A.a/b）。美国医学博士、公共卫生学硕士罗伯特·布朗（中文名包让）1913年接替医院院长后，募集资金，经过两年筹措，两年施工，于1927年春新的病房大楼大部分建成（图3-2-30A.c/d/f）。因资金不足，病房大楼未建的东翼，1935年开始补建，1936年完工（图3-2-30A.e）。至此，整座病房大楼全部建成，医院病床增到150张（图3-2-30B.c）。新建东翼时，对原来的东翼设计图做了少量调整。一是东翼北部的宽度考虑实际需要适当加宽，一是东翼三层的南山墙处增加了外阳台，与整体仍然保持一致。抗日战争时期，1942年4月，日军强占医院，改为专为日军服务的陆军医院。原医院中外职工全部赶出，直至抗战胜利后的1946年1月，医院才由教会接管。芜湖解放后，医院由芜湖市人民政府接管，1951年8月24日，改名为皖南芜湖医院。1952年10月更名为安徽省第二康复医院，1956年8月改名为安徽省立第二医院。1958年9月，恢复为芜湖弋矶山医院。1969年1月起，曾一度撤销医院。1972年3月起，成为安徽医学院皖南分院附属医院。1974年6月以后，改名为皖南医学院附属医院。1986年以后改称皖南医学院弋矶山医院。

芜湖医院现存的五幢近代建筑有：①芜湖医院病房大楼，②院长楼，③专家楼，④沈克非、陈翠贞夫妇故居，⑤芜湖医院南大门。

① 李少白(1909—1986)，安徽芜湖人。民国二十六年(1937)毕业于苏州国医研究院。中华人民共和国成立后，牵头建立了芜湖中医联合诊所，任第一任所长，后该诊所扩建为芜湖市中医医院。

② 中国社会科学院近代史研究所翻译室：《近代来华外国人名辞典》，中国社会科学出版社1981年版，第194页。

③ 芜湖市文物管理委员会办公室：《鸠兹古韵——芜湖市第三次全国文物普查成果汇编》，黄山书社2013年版，第164页。

④ 中国社会科学院近代史研究所翻译室：《近代来华外国人名辞典》，中国社会科学出版社1981年版，第461页。

1. 芜湖医院病房大楼（1927）[图3-2-30A/B]

此建筑位于弋矶山顶的北麓，楼前室外地坪标高海拔约30米。大楼坐北朝南，朝向为南偏东17度。此建筑由上海布莱克·威尔逊建筑设计公司的美国建筑师Mckim、Mead、White（麦克姆、米德和怀特）设计（图3-2-30A.f）。从设计图可以看到，建筑布局紧密结合地形，前为三层，后为六层。上面三层是各科病房，男女分设，顶层是特别病房。大楼底层有环形车道可直接抵达大门前（图3-2-30A.f1/f3）。二层从抬高1米的广场台地通过16级室外大台阶可直接登临。穿过二层楼的门厅，正对的是礼拜堂，反映出教会医院的特点（图3-2-30B.c）。下面三层从上到下分别是厨房层、洗衣房层和锅炉房层。负三层为锅炉房，北侧有直接通向室外的两个单独出入口。负二层的洗衣房，东侧有室外单跑楼梯下达负三层的室外地面，上至负一层的厨房间（图3-2-30A.f3/f4/f5）。门厅北侧的电梯和楼梯贯通上下五层楼，是整个建筑的交通枢纽，建筑东、西两端还各有一座辅助楼梯。该病房大楼上面三层，平面形状类似"门"字形。中间的一"横"是主体，长约67.6米，进深约11米，其中部向北伸出约19米，是北翼（六层），既满足使用要求，又增加了结构的稳定性。其东、西两端均向南伸出约23米，为东、西两翼（三层），既考虑了功能需要，又减小了建筑长度，且围合了建筑前的室外空间。楼内设备较为先进，当时已经装有自备发电机，贯通五层楼的蒸汽升降机（相当于后来的电梯），电器开关操作的护士呼唤系统、冷热水系统、集中供暖系统，并拥有X射线机等大型医疗器械及完善的手术室，这在当时全国范围内都算是先进的。另外，芜湖医院还汇集了当时国内外的不少名医，宋美龄等很多名人都曾来此就医。芜湖医院在20世纪二三十年代就成为长江中下游颇有名气的医院，曾与北京协和医院共同享誉南北。

该病房大楼采用砖混结构，总建筑面积约5474平方米，清水红砖墙，钢筋混凝土楼梯和楼板，水磨石楼地面，木屋架，红色机制平瓦屋面。

建筑造型采用了外形反映内部功能的处理手法，不做过多装饰。建筑形式按欧式建筑设计。时任院长包让认为："宁愿用西方式样建筑，而不用中国式样……如在外国式建筑物上装上一个中国式屋顶，既不满意，也不实际。"他认为西医院即"外国式建筑物"，当然不能装上一个"中国式屋顶"。芜湖医院的屋顶设计是将主体部分设计为四坡顶，其两侧与北翼用两坡顶与四坡顶相贯，而东、西两翼设计为带有西式栏杆的可上人的平屋顶，做成了西方式样的屋顶。重点处理中部南入口和北翼，是建筑立面设计的另一个手法。首先从楼前绿化庭院的规划上将其作为中轴线上的对景，抬高的庭院隔开了环形车道的干扰，入口处的宽大台阶增加了建筑的气势也突出了入口。两层楼高的西方柱式和山花更标明了这是一幢"西方式样"的医院建筑（3-2-30B.d/e/f/g）。北翼立面从江面上看很显眼，因有六层高度，本身就显得挺拔，加上悬山式两坡顶和山墙面的凸窗处理，更增加了建筑的表现力（图3-2-30B.h）。

2011—2012年对芜湖医院旧址进行过修缮，至今保存完好。2012年，被安徽省人民政府公布为第六批省级文物保护单位。

图3-2-30A.a　芜湖医院(摄于1900年)

图3-2-30A.c　芜湖医院江景(摄于1928年)

图3-2-30A.b　芜湖医院江景(摄于1900年)

图3-2-30A.d　芜湖医院病房大楼(摄于1928年)

图3-2-30A.e　芜湖医院病房大楼(摄于1936年)

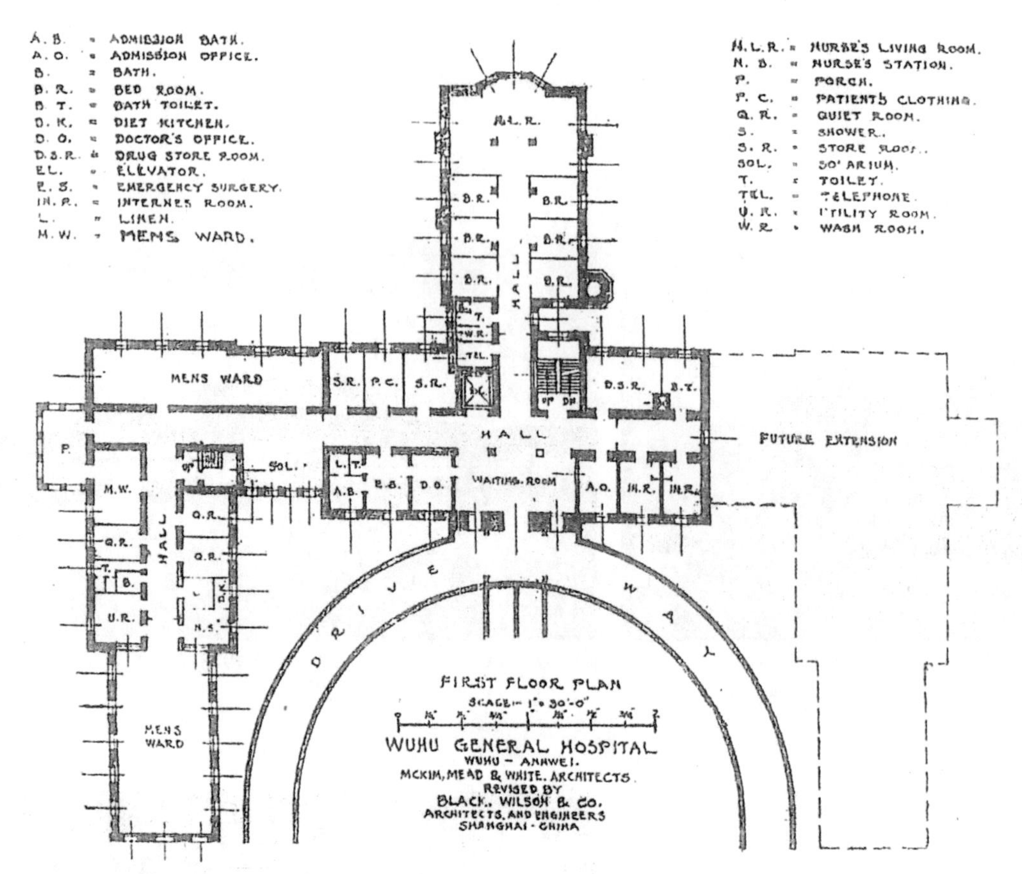

图3-2-30A.f1　芜湖医院一层平面图

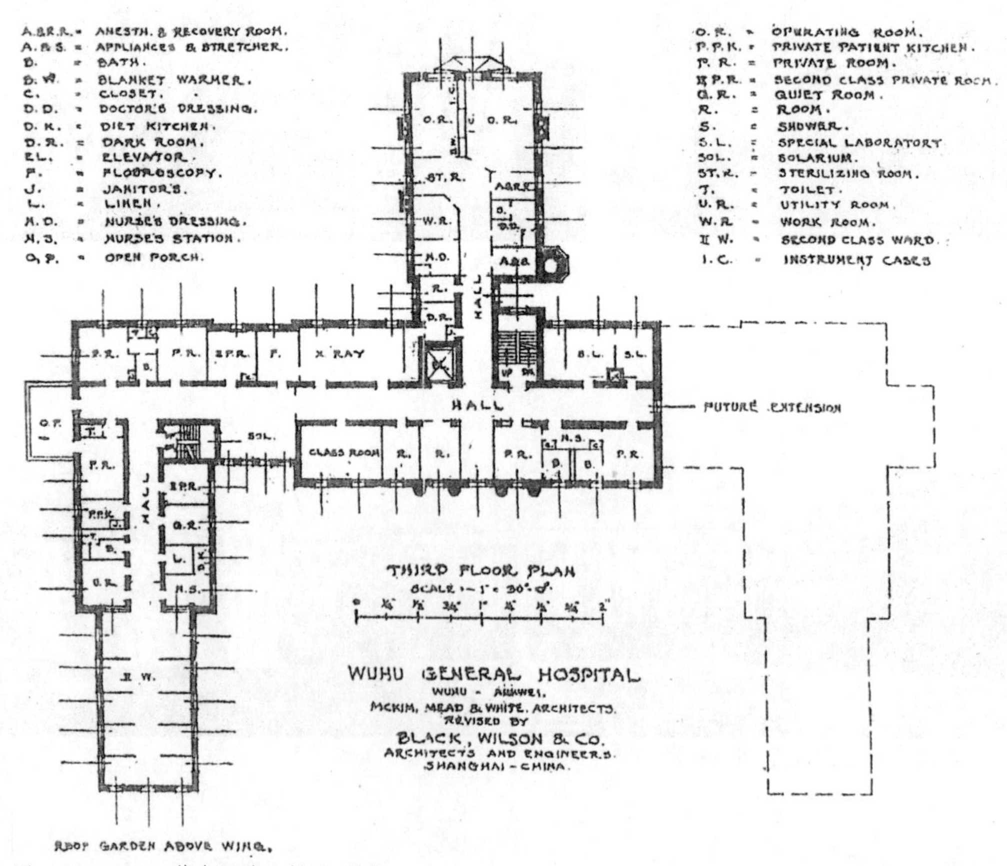

图3-2-30A.f2　芜湖医院三层平面图

L. = LAUNDRY.
L.S. = LINEN STORE.
M.&S.R. = MATRON & SEWING ROOM.
M.T. = MEN TOILET.
N.D.R. = NURSE'S DINING ROOM
S. = SHOWER.

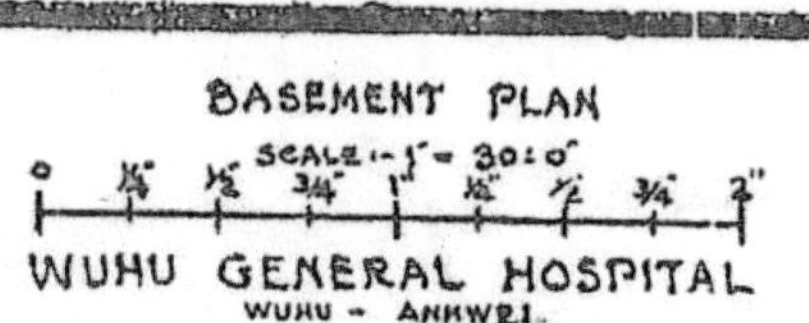

图 3-2-30A.f3　芜湖医院地下室平面图

S.D.R. = STEAM DRYING ROOM.
S.R. = STORE ROOM.
T. = TOILET.
V.R. = VEGETABLE RECEIVING.
W.D.R. = WORKMENS DINING ROOM.
W.T. = WOMEN TOILET.

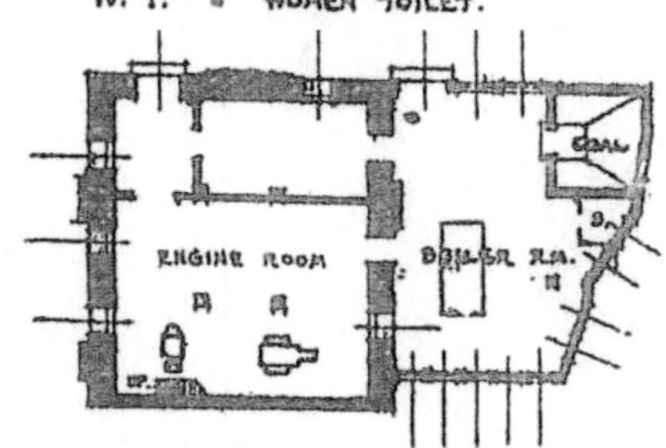

图 3-2-30A.f4　芜湖医院锅炉房平面图

D.D. = DIRTY DRESSINGS.
D.D.R. = DOCTOR'S DINING ROOM,
D.K. = DIET KITCHEN.
D.R. = DINING ROOM.
EL. = ELEVATOR.
E.M. = ELEVATOR MACHINERY.
IR.R. = IRONING ROOM.

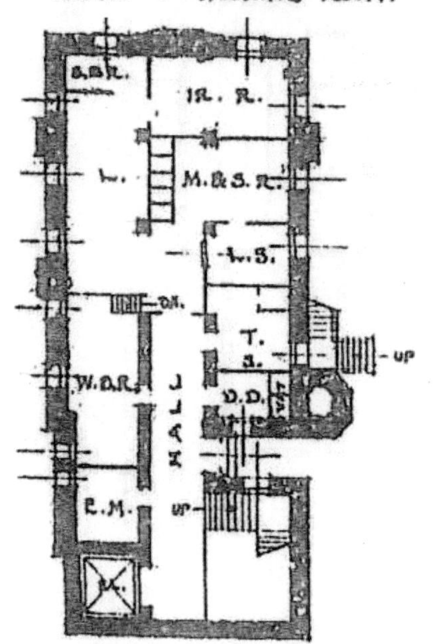

图 3-2-30A.f5　芜湖医院洗衣房平面图

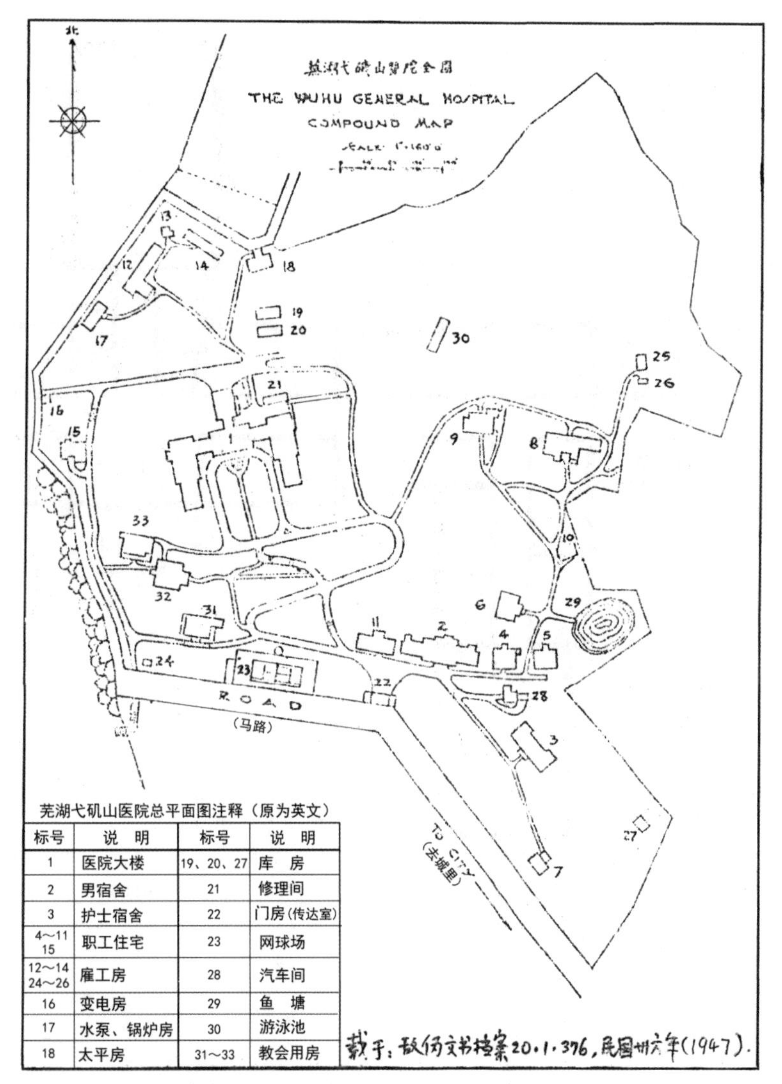

芜湖弋矶山医院总平面图注释（原为英文）

标号	说　明	标号	说　明
1	医院大楼	19、20、27	库　房
2	男宿舍	21	修理间
3	护士宿舍	22	门房(传达室)
4～11 15	职工住宅	23	网球场
12～14 24～26	雇工房	28	汽车间
16	变电房	29	鱼　塘
17	水泵、锅炉房	30	游泳池
18	太平房	31～33	教会用房

图 3-2-30A.g　芜湖弋矶山医院总平面图

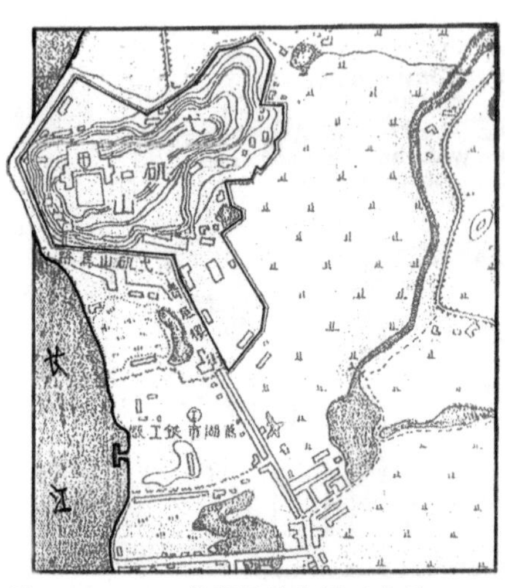

图 3-2-30B.a　芜湖医院位置示意图

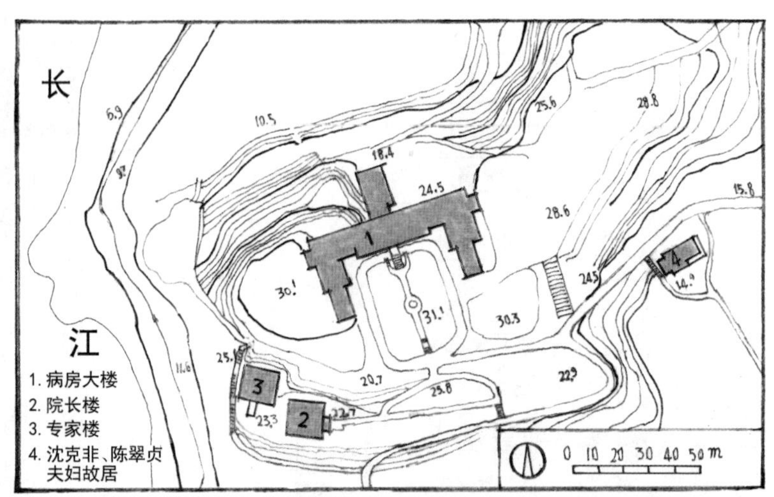

图 3-2-30B.b　芜湖医院总平面图

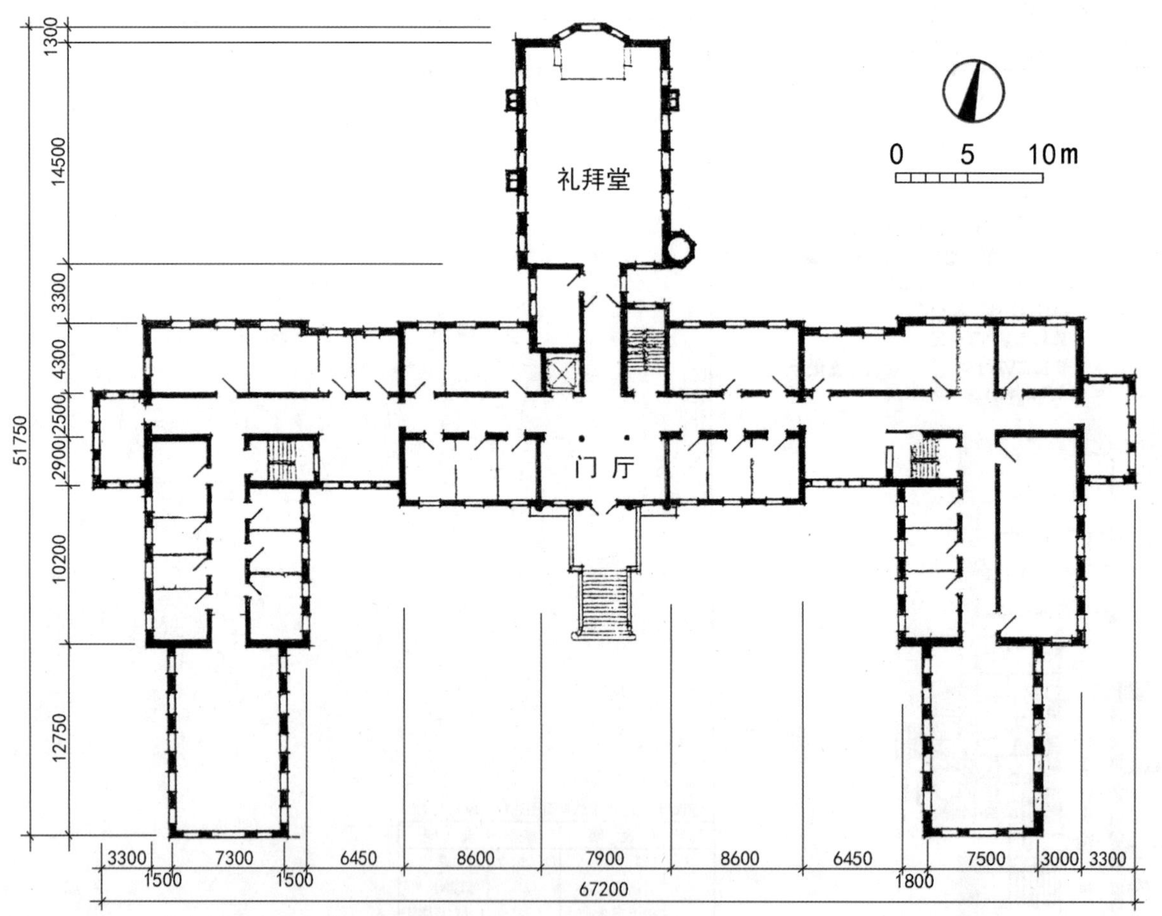

图 3-2-30B.c　芜湖医院病房大楼二层平面图

图 3-2-30B.d　芜湖医院病房大楼南面

图 3-2-30B.e　芜湖医院病房大楼南入口侧立面

图 3-2-30B.g　芜湖医院病房大楼南入口山花特写

图 3-2-30B.f　芜湖医院病房大楼南入口正立面

图 3-2-30B.h　芜湖医院病房大楼北面

2.芜湖医院院长楼（约1925）[图3-2-31]

院长楼的建造年代，一般认为是“二十世纪初”，笔者认为证据不足。1910年芜湖已建有两幢专家楼，可能其中一幢就暂作院长楼使用。新的病房未建造之前不大可能建造院长楼。在1900年拍摄的几张历史照片中均未出现此建筑。笔者推断该院长楼建于1925年，此时病房大楼也已动工，同时施工的可能性较大。芜湖解放后，此楼曾作为职工宿舍，2003年9月以后作为医院公务用房，现为弋矶山医院院史陈列馆。

该建筑坐西朝东，朝向为南偏西约9度。此楼所处地形北高南低，标高约低于病房大楼8米，东侧有路可与医院内部道路相通。建筑主体部分为两层砖木结构，平面形状为矩形，南北宽约14.1米，东西长约16.3米。下有地下室，墙体为毛石，墙厚约63厘米，用水泥砂浆砌筑。北面有采光天井，同时设有下地下室的室外台阶。地下室南面墙体露出南侧坡地，可直接对外开窗。建筑顶部利用屋顶空间设有阁楼层，四面均开有较大的老虎窗。东面中部主入口处设有两层高门廊，长约6.1米，深约3.4米。底层门廊带有传达室，二层为凹阳台，其屋顶为通阁楼层的露台（图3-2-31.a/d）。总建筑面积约730平方米（包括阁楼层，未计地下室）。第一层经门廊进入门厅，南、北两侧是客厅和办公室，西侧是处于建筑正中间的间接采光楼梯间（图3-2-31.g/i/j），再向西则是过厅，南设卧室，北有卫生间，西有通往室外的后门（图3-2-31.e）。一层层高约3.25米，二楼平面与底层略有不同，西北角设计了一间带卫生间的卧室（图3-2-31.c/f）。

院长楼建筑造型与病房大楼同为欧式风格，简约、典雅，都是红墙红瓦，色彩处理一致。在设计上，对东面入口处的门廊做了重点处理，加上北面的凸窗，西面突出外墙面的高耸壁炉烟囱和突出屋面的四个方向上的老虎窗，使得整个建筑造型显得生动而富于变化（图3-2-31.b/h）。

图3-2-31.a　芜湖医院院长楼东面

图3-2-31.c　芜湖医院院长楼二层西北角卧室内景

图3-2-31.b　芜湖医院院长楼西北面

图3-2-31.d　芜湖医院院长楼阁楼通露台

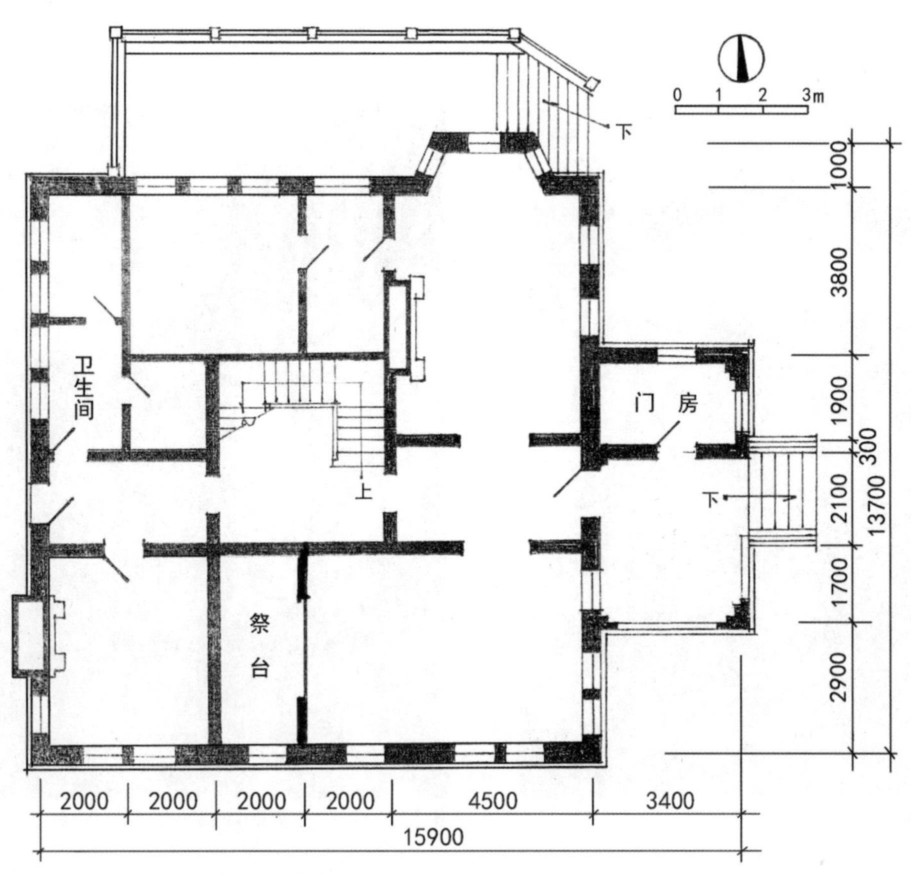

图3-2-31.e 芜湖医院院长楼一层平面图

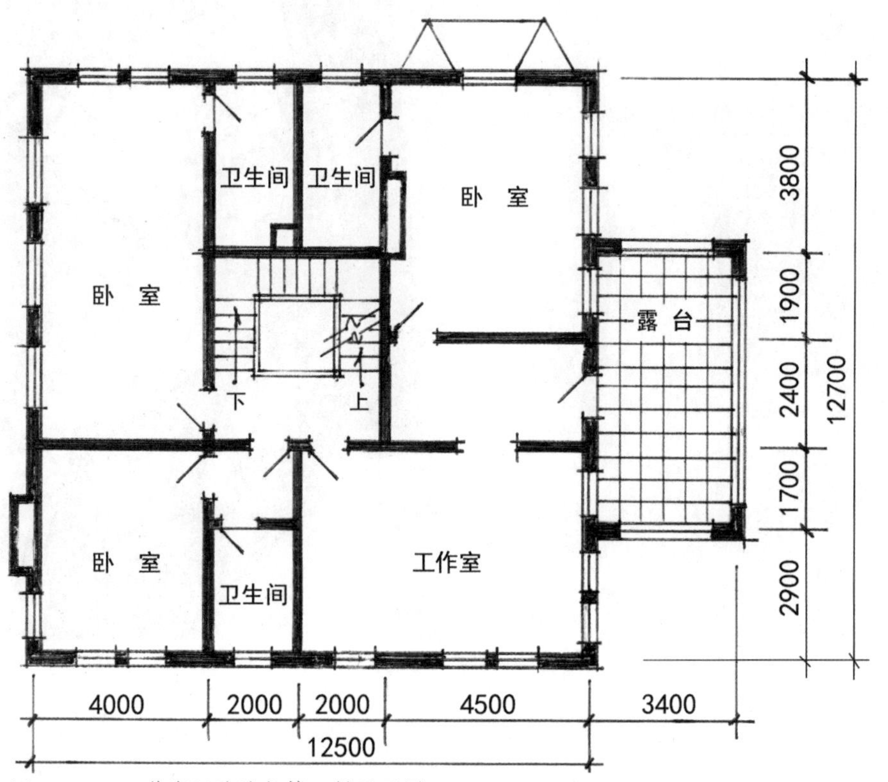

图3-2-31.f 芜湖医院院长楼二层平面图

图 3-2-31.g　芜湖医院院长楼局部内景

图 3-2-31.i　芜湖医院院长楼底层楼梯

图 3-2-31.h　芜湖医院院长楼凸窗

图 3-2-31.j　芜湖医院院长楼上阁楼楼梯

3.芜湖医院专家楼（1900年前）[图3-2-32]

专家楼的建造年代，一般认为是“二十世纪初”。笔者从芜湖市文物局编著的《芜湖旧影 甲子流光（1876—1936）》一书中，看到六张摄于1900年的照片都有该楼影像，东面五开间和南面六开间的柱廊清晰可见①。这说明专家楼最迟于1900年已建成。《芜湖旧影 甲子流光（1876—1936）》书中照片可能是此楼建成后的纪念照。从书中照片还看到山脚有南面六开间和西面四开间柱廊的另一幢两层楼房，很可能是另一幢专家楼。在1950年绘制的“芜湖市全图”中也可见到所标出的平面位置，只是这一幢专家楼今已不存。现存专家楼芜湖解放前为外聘专家居住，如美籍医生耿体兰、华谒兰博士、布朗博士，中国著名肺科专家吴绍青、外科专家沈克非及夫人儿科专家陈翠贞，妇科专家阳毓亭，护理学家瑞景兰等都曾陆续居住于此。芜湖解放后，曾为职工宿舍，2003年9月起作为病案管理科用房。

现存的专家楼位于芜湖病房大楼西南方向，其东南方与院长楼相邻，两楼最近处间距只有4米。专家楼比院长楼更加临近江边，两侧有由南向北的登山台阶，向上通过73步台阶可到达山顶的台地，向下通过44步台阶可与东面的医院内部道路相通，向东登上9步台阶即可到达专家楼前的台地，再向东可通院长楼西面的后门，也可向北绕过院长楼到达院长楼东面的正门。

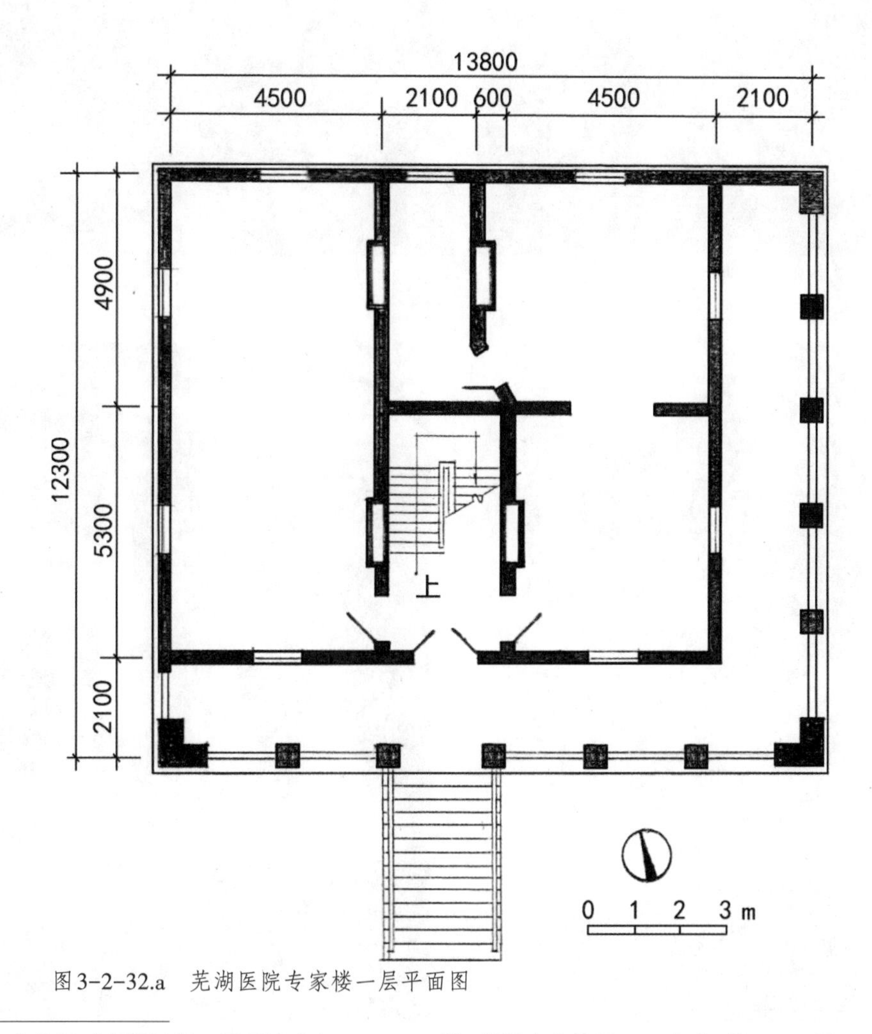

图3-2-32.a　芜湖医院专家楼一层平面图

① 芜湖市文物局:《芜湖旧影　甲子流光(1876—1936)》,芜湖市文物局2016年印,第82-84页。

该建筑坐北朝南，朝向为南偏西约12度。此楼底层室内地面标高比院长楼的相应标高约高2米，从楼前台地需上14级宽台阶才可进入专家楼（图3-2-32.e）。此楼平面为矩形，东西宽约14.2米，南北深约12.7米，建筑面积约360平方米（图3-2-32.a）。南面设有六开间的外廊，东面设有五开间的外廊，廊宽约2.1米，建筑内部分隔简单，一、二层平面基本相同，都是中间一开间南是楼梯间，北是卫生间，两侧都是居住用房，一共设有四个壁炉。此建筑为二层砖木结构，清水青砖墙，木楼梯，木楼地面（除走廊），木屋顶，四坡顶机制青平瓦屋面（图3-2-32.b/d）。此建筑还设有约2.1米高地下室。

专家楼为券廊式建筑，欧式风格明显，砖柱粗壮但拱券做得很秀气，铁栏杆做得很精美。因时代久远，墙面现加贴了青色面砖（图3-2-32.c）。

图3-2-32.b 芜湖医院专家楼近照

图3-2-32.d 芜湖医院专家楼

图3-2-32.c 芜湖医院专家楼局部

图3-2-32.e 芜湖医院专家楼南入口

4.沈克非、陈翠贞故居(约1928)[图3-2-33]

沈克非[①]、陈翠贞[②]故居位于弋矶山东部半山腰，西距病房大楼约70米。有人认为建于1922年。沈克非、陈翠贞故居何时建造尚无确切资料，因两位专家曾住过专家楼，笔者推测此楼可能于1928年建成，作为他们的住所。该楼坐南朝北，朝向为南偏东33度。所处地形北高南低，建筑北侧道路是医院内部东西向的主要道路，所以故居入口设于建筑的北侧。从北面看故居为两层(图3-2-33.b)，从南面看故居为三层(图3-2-33.c)。最下面的一层实际上是地下层，层高2.4米。只有南侧可开采光窗，不能做主要功能用房，只能当做负一层。地下层平面大致为矩形，东西长约17.4米，南北宽约10.7米，片石墙体。一层平面东南角有后退，形成一层的平台(图3-2-33.a)。一层设有客厅和工作室，有卫生间。二层平面西南角又有后退，形成二层的露台，二层平面形成约7.4米×12米的规则矩形，房间由木隔墙分隔，布置有卧室和卫生间。原来是四坡屋顶，后来改成中式的歇山顶。不计算负一层，故居的建筑面积约224平方米。

该建筑为二层砖木结构，清水红砖墙，木楼梯，木楼板，木屋架，瓦屋面。一层层高约2.8米，二层净高约2.5米。此楼总体上为中式建筑，平面有变化，立面有进退，高低有错落，有一定的建筑特色，保存状况尚可，现为弋矶山医院的办公用房。

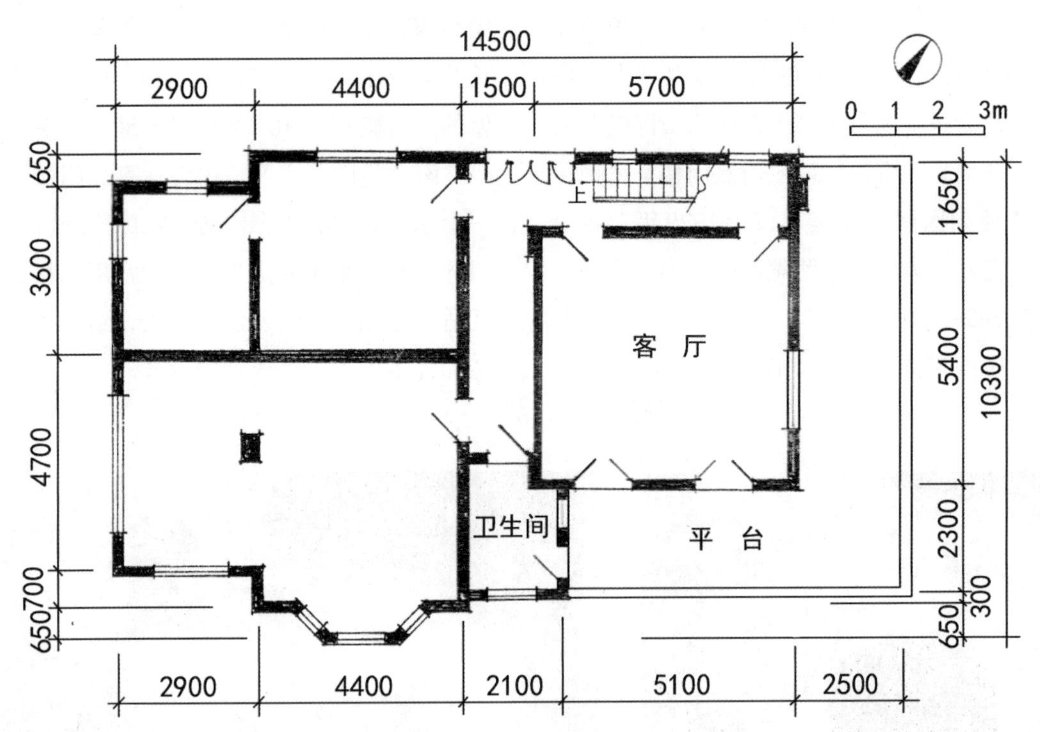

图3-2-33.a 沈克非、陈翠贞故居一层平面图

① 沈克非(1898—1972)，浙江嵊州人。留美医学博士，中国外科学的奠基人之一，1927—1929年任芜湖医院外科主任，后历任南京中央医院院长，中华医学会理事长，中国人民解放军医学科学院副院长，上海第一医学院副院长、中山医院院长。

② 陈翠贞(1898—1958)，北京人。留美医学博士，中华儿科学的奠基人之一，创办并主编《中华儿科杂志》，1927—1929年任芜湖医院妇幼科主任，后任上海第一医学院附属儿科医院院长。

图3-2-33.b　沈克非、陈翠贞故居北面

图3-2-33.c　沈克非、陈翠贞故居鸟瞰

5.芜湖医院南大门（1929）［图3-2-34］

这是一座不应忽视的弋矶山医院的现存建筑，位于弋矶山医院南侧的山坡下，曾是芜湖医院的标志性建筑之一（图3-2-34.a/b）。1928年11月，时任国民政府主席的蒋介石在视察芜湖医院时，曾为医院题写了“芜湖弋矶山医院”几个大字，并捐款三百银元以供增建门楼。依此可以推知，芜湖医院大门应建成于1929年。至今保存基本完好，大门上“芜湖医院”四个字尚可辨认（图3-2-34.e）。

芜湖医院南大门平、立面均为对称式设计，建筑造型朴实简洁，不追求高大奢华。正中是人字形的山墙上，有一大二小的起拱不高的门洞，东西两侧是4.8米×5.3米的两个传达室。四坡顶屋面与人字形门楼高低呼应，形象完整。大门全长约17.2米，呈水平方向展开，墙体全用一面平整的毛石砌筑，用水泥砂浆勾缝（图3-2-34.c/d/e）。南大门的背立面，由传达室和门楼围合成了一个亲和的空间（图3-2-34.f）。芜湖医院南大门的材料虽采用的是当地产的常用材料，但它尺度适宜、比例恰当、造型朴实，给人的感觉十分亲和，不失为一个成功的设计。

图3-2-34.a　芜湖医院南大门(20世纪20年代)

图3-2-34.b　芜湖医院的汽车(20世纪20年代)

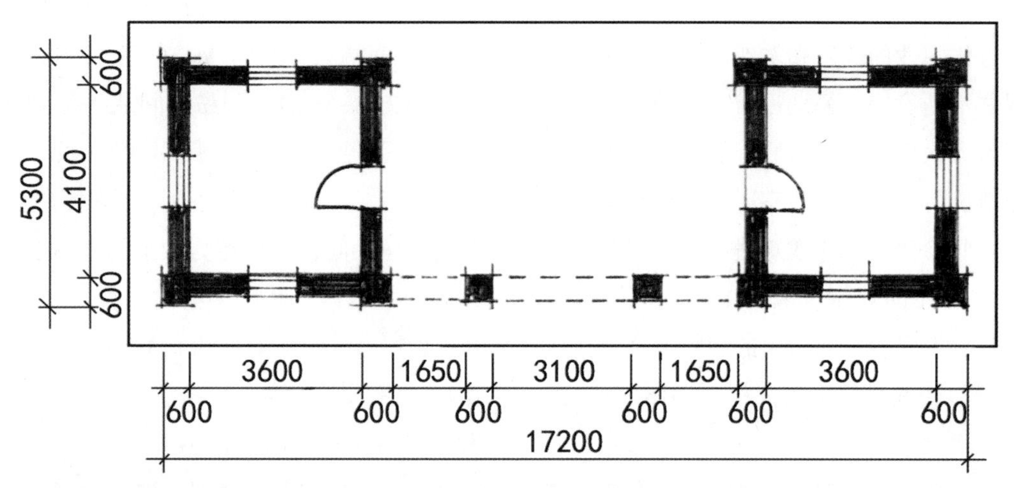

图3-2-34.c 芜湖医院南大门平面图

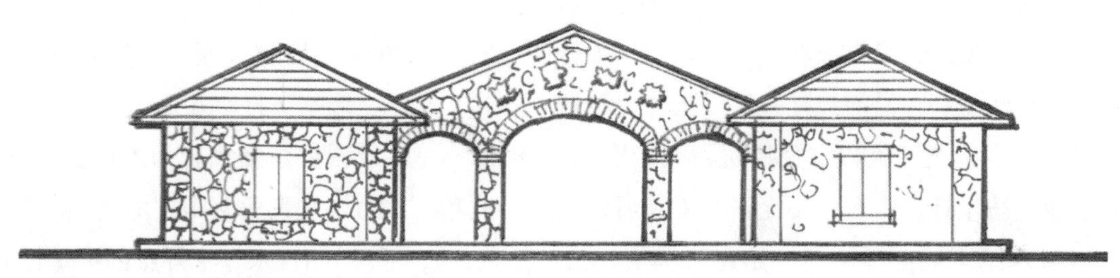

图3-2-34.d 芜湖医院南大门立面图

图3-2-34.e 芜湖医院南大门正面

图3-2-34.f 芜湖医院南大门背面

（五）工业建筑

随着近代工业的产生和发展，近代工业建筑开始出现并不断发展。芜湖近代工业的发展，较我国东南沿海大城市有所滞后，但在安徽省内仍处于领先地位，产生过一些有影响的近代工业建筑。可惜这些珍贵的工业建筑遗产，大多今已不存。解放初还在的规模较大的工厂“两个半烟囱”如今只剩下了益新面粉厂的制粉大楼。

1. 芜湖益新面粉厂制粉大楼（1916）［图3-2-35］

芜湖米市的形成，促进了米粮加工企业的产生。1890年，民族资本家章维藩抓住时机创办了芜湖益新米面机器公司。原选定青弋江入江口以北一带为厂址，地方乡绅以“竖立烟囱有伤风水”为由竭力反对，只得改在城东金马门外大砻坊，在青弋江的一片沿河滩地建厂。土建快要竣工之时，芜湖道道尹又以“使用机器碾米磨粉，影响本地砻坊生计”为名，不允许开工。后改向香港英国殖民当局办理注册，始在1894年开工投产。三年后，直到1897年5月才经清政府正式批准注册①。该厂是安徽省最早的近代民族资本企业，也是我国最早开办的机器面粉厂之一。投产后，生意兴隆，获利颇丰。为图发展，1906年更新机器，进口设备，另建了一幢三层砖木结构制粉楼。1909年此楼毁于一场火灾。后又到处筹措，扩大投资到35万元，购置了英国全套新型制粉设备（被亨利西蒙公司称为“远东第一用户”）。1916年，四层制粉大楼在原址上重建竣工，恢复生产。年产面粉30万袋，其产品“飞鹰牌”（商标）面粉畅销全国，被誉为全国头牌面粉。

这幢制粉楼按生产工艺流程要求采取多层工业厂房形式，受当时经济和技术水平限制，仍采用砖木结构。该楼坐东朝西，单跨八开间，跨度约10米。北端五开间为制粉车间，开间宽度约2.5米；南端三开间为清麦车间，开间宽度约2.7米（图3-2-35.a）。制粉车间从一层到四层分别为装包间、磨粉间、筛子间、分级间，阁楼层为集尘器间。清麦车间从下到上分别为毛麦间、清麦间、净麦间，阁楼层为着水间。各层之间由垂直提升井运输。底层层高约5米，楼层层高约4米。四层合计建筑面积约1035平方米（不包括外廊），另有安置设备的阁楼层约231平方米。外墙为带壁柱（0.77米×0.12米）的青砖实砌清水墙，墙体厚度逐层减薄。底层墙厚0.72米，以上各层分别为0.6、0.52、0.42米。内部下面三层尚有木柱（0.29米×0.29米）承重。制粉和清麦两车间之间有0.42米厚承重墙，增强了建筑的整体性，同时伸出屋面成为防火墙。所有墙体均用“糯米稀”砌筑，墙基下打有木桩。底层木地板下有1.5米高地垄墙。各层楼面皆为木楼板。制粉车间西北角有0.96米宽直角两跑式木楼梯一座（图3-2-35.e），后墙外1.3米宽木外廊的一端设有0.6米宽单跑式木楼梯一座（南北两端分层交错设置）。屋顶为梯形屋架（上弦0.24米×0.14米，下弦0.28米×0.14米，竖杆0.21米×0.14米），屋架上为木檩条、木椽条、木望板、瓦楞铁皮屋面。屋架内空间为阁楼，前后两坡屋面上各开六个老虎窗采光（图3-2-35.c/h）。此楼南端西侧紧连靠近江边的麦库，北端东侧连接内设拉丝床和车床的机修车间，北侧连接发电机房和锅炉房（图3-2-35.b）。总平面布局甚为合理（图3-2-35.d）。

该多层生产厂房进行过维修加固，结构基本完好，外观仍为原貌，一直到1989年都还在生产面粉。

2012年益新公司旧址被公布为芜湖市第四

① 章向荣：《芜湖益新公司创建始末》，载方兆本：《安徽文史资料全书·芜湖卷》，安徽人民出版社2007年版，第357页。

批文物保护单位。2014年被列入安徽省政府“861”重点项目计划，提出要依托益新公司旧址，建设大砻坊创意园。经过两年的策划、规划和建设，2016年大砻坊工业创意文化园开园。益新公司的这幢制粉大楼经过认真的修缮，得以再利用，底层作为芜湖铁画艺术陈列馆对外开放(图3-2-35.f/g)。

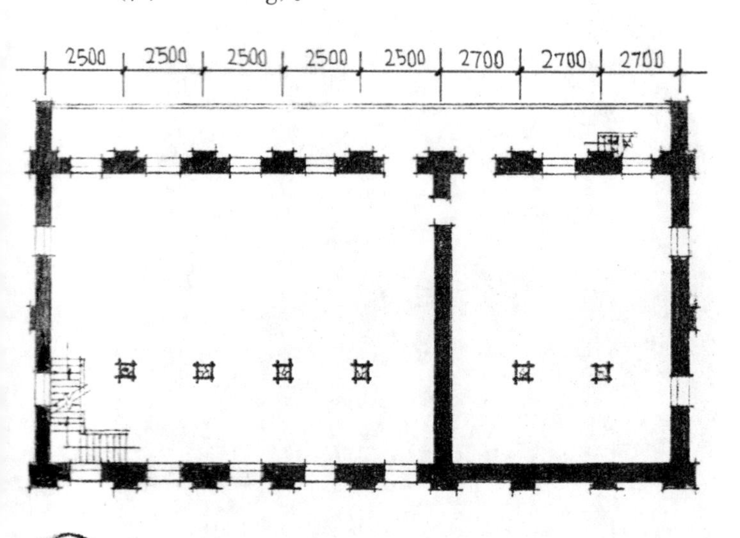

图3-2-35.a 芜湖益新面粉厂制粉大楼二层平面图

图3-2-35.b 芜湖益新面粉厂制粉大楼临河东北角

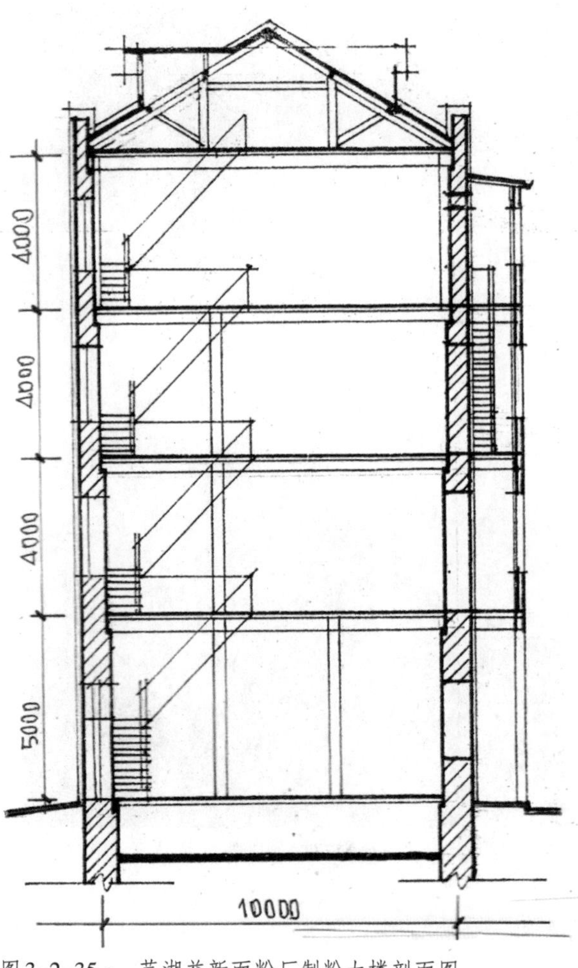

图3-2-35.c 芜湖益新面粉厂制粉大楼剖面图

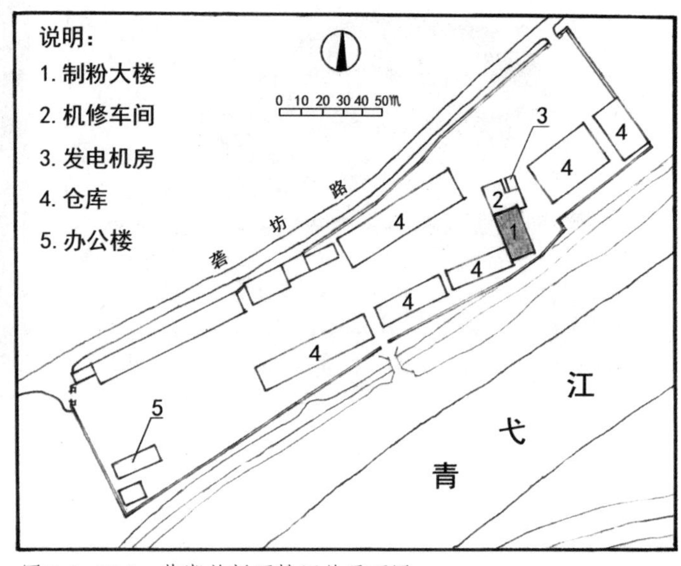

图3-2-35.d 芜湖益新面粉厂总平面图

图3-2-35.e 芜湖益新面粉厂制粉大楼四层车间木楼梯

图3-2-35.g 芜湖益新面粉厂制粉大楼西北面

图3-2-35.f 芜湖益新面粉厂制粉大楼临河山墙顶部

图3-2-35.h 芜湖益新面粉厂制粉大楼阁楼层

2. 芜湖裕中纱厂

(1) 主厂房(1918)[图3-2-36]

裕中纱厂是芜湖纺织厂的前身，是安徽省最早的一家近代棉纺企业(图3-2-36.b)。1916年，皖籍豪绅陈绍吾、宁松泉、江干卿等人，通过周学熙的关系，以20万两盐税为资金，经过袁世凯政府农商部批准，创办了芜湖裕中第一纺织有限公司。用5万两银子在狮子山南麓征得土地71亩，又用5万两银子开始建造裕中纱厂的厂房，另10万两银子通过上海洋行向英国订购了机器[①]。1918年底主厂房告竣，紧接着安装设备，并公开招股80万银元。首任董事长为陈绍吾，副董事长为刘晦之[②]。1919年10月正式投产，职工近千名。共开纱锭18400枚，以“三多”“四喜”为商标生产10支、16支粗纱。主要销往省内，少数销往南京一带。

从厂区总平面图看，其外形很不规则。北面是狮子山脚，其他三面以水沟隔开。厂区西侧有通往原租界区后马路(今吉和北路)的出入口，厂区南端也有跨过沟渠的出入口。厂区南部设门房、办公楼(二层，有内天井)，中部布置生产车间和仓库等用房，北部是拥挤的工人住房。全部房屋建筑面积约10432平方米。主厂房东西向，南端出入口设有“搜检栅”。厂房南端西侧设有水塔，北端西侧连有发电机房和锅炉房(图3-2-36.a)。

该主厂房由一纵跨、一横跨拼接而成，纵跨的宽度约31.5米，即横跨的长度。开间分别约为4.5米和5.25米。层高约4米，均为两层。纵跨是粗纱车间和细纱车间，采用砖木结构。外部为0.37米厚青砖清水墙，承重砖墩0.72米×0.72米，每开间设两樘立式中悬窗。内部底层有木柱，二层无柱，木楼梯、木楼板、木屋架。四坡顶屋面，屋脊处有通长气楼天窗。瓦楞铁皮屋面坡度较缓，为利于防水，木楼板上加了油毡层。横跨是清花车间和梳棉车间，采用砖混结构。外部为承重砖墙，内部底层有钢筋混凝土柱，二层无柱。钢筋混凝土楼板，两坡顶屋顶，仍用木屋架，瓦楞铁皮屋面，同一建筑取不同结构形式，很有特点。此厂房规模较大，建筑面积达4637平方米(图3-2-36.c/d)。1954年1月遭受火灾，砖木结构厂房和设备尽毁，十分可惜。

(2) 办公楼(约1918)[图3-2-37]

裕中纱厂办公楼位于厂区南端的厂前区，一进厂区大门就能见到这幢办公楼。此楼建造年代无确切资料，从布局、结构、用料来看，很可能与主厂房同时建成，从生产管理角度考虑也是说得通的。此楼坐北朝南，平面呈“口”字形，面阔约26.6米，七开间，总进深约22.8米。南北两幢两坡顶两层建筑，相距约7.6米，东西两端均有两坡顶两层连接体，围合成一个内院(图3-2-37.b)。建筑的南北两面中部皆有出入口，东侧尚有次入口。内院四周有回廊，回廊西北角与东南角各有一木楼梯。此楼为两层砖木结构，清水青砖墙，木楼板，木屋架，青瓦屋面，建筑面积约1120平方米。立面设计较为朴实，只是在大面积的青灰色墙面上窗头、窗台、腰线等处用红砖砌出横向线条，门楣、窗楣处用了红砖发券，未做过多装饰(图3-2-37.a)。内部环境较为舒适，曾有“小香港”之称。特别要提到的是，办公楼南侧曾建有通长的二层木制外廊，细部设计十分精美，施工制作也很精细(图3-1-22)，20世纪80年代尚存，大约拆除于90年代。

---

① 王鹤鸣、施立业:《安徽近代经济轨迹》，安徽人民出版社1991年版，第348页。

② 刘晦之(1879—1962)，安徽庐江人。上海实业银行经理，清朝四川总督刘秉璋之子，北洋大臣李鸿章的女婿。

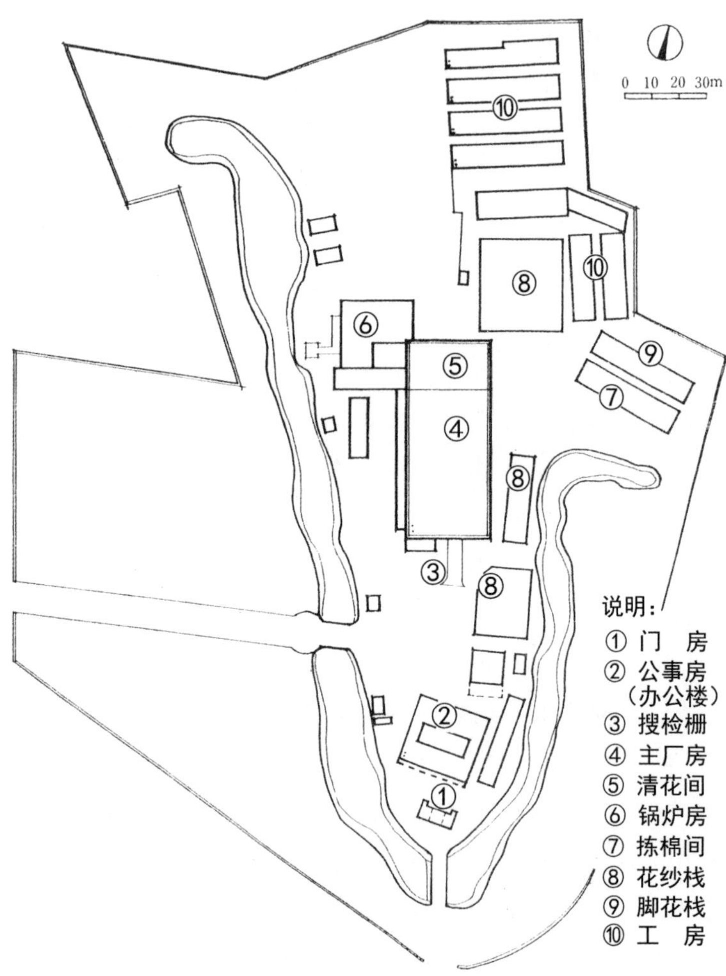

图3-2-36.a 芜湖裕中纱厂总平面图
（注：此图根据20世纪30年代“芜湖裕中全厂草图”绘制）

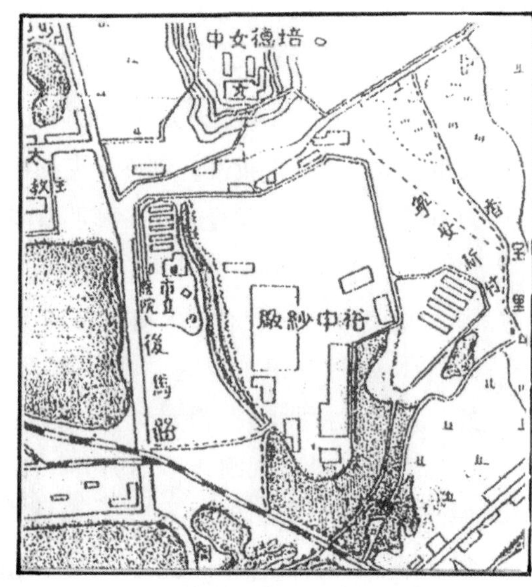

图3-2-36.b 芜湖裕中纱厂位置示意图

图3-2-36.c 芜湖裕中纱厂主厂房南面

图 3-2-36.d　芜湖裕中纱厂主厂房内景

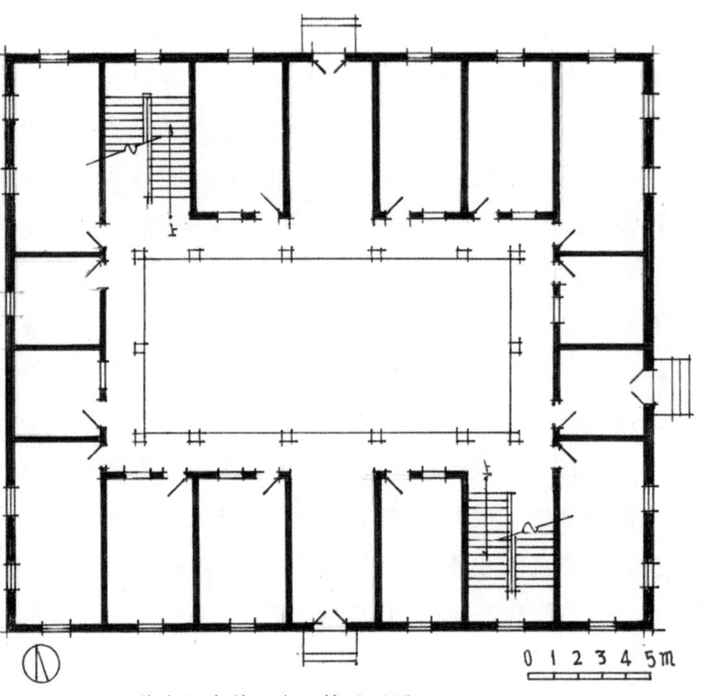

图 3-2-37.b　芜湖裕中纱厂办公楼平面图

图 3-2-37.a　芜湖裕中纱厂办公楼东面

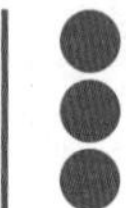

3. 芜湖明远电厂发电厂房（1925）[图3-2-38]

1906年，民族资本家吴兴周等人集资白银12万两筹办芜湖明远电灯股份有限公司，开创了安徽省的电力工业史。电厂选址在当时西门外下十五里铺（今明远宾馆位置），占地20余亩（图3-2-38.c/e）。此处距陶塘（即镜湖）较近，取水方便。1907年，由法国工程师设计的第一幢发电厂房建成。1908年装设了进口的200匹马力蒸汽轮机两台，125千瓦发电机两台。当年奉准农工商部注册立案，以"黑白月亮"为商标，投产发电。后增加股本，扩建汽轮发电机组，并重新建造厂房。1925年，在新建成的发电房内增添德国西门子厂制造的640千瓦汽轮发电机组一台，投产发电。1928年，又增加西门子厂1520千瓦汽轮发电机组一台，装机总容量达2410千瓦，居安徽首位。1929年，更名为芜湖明远电气股份有限公司，同时加入全国民营电业联合会（图3-2-38.f/g）。

1925年建成的这座发电厂房采用钢筋混凝土框架结构，单跨六柱间，跨度约15米，柱距按工艺需要大小不一。外形尺寸，东西宽约16米，南北长约23.4米。厂房内大部设夹层，合计建筑面积约586平方米（图3-2-38.a）。厂房西侧建有锅炉房，锅炉给水开始通过简易的沉淀池和沙滤池。1942年城区建起自来水厂后，锅炉给水改用自来水。锅炉房为砖木结构，烟囱为六角形，用红砖砌成，顶部内径有一米（图3-2-38.f）。主厂房主体结构为现浇整体式钢筋混凝土框架结构，框架梁柱和夹层楼板梁柱皆为现浇整体式钢筋混凝土，主筋为方形截面带人字纹钢筋。框架柱断面按受力不同尺寸不一。西边一排为0.5米×1.2米，角柱0.5米×0.9米，东边一排皆为0.5米×0.8米。围护结构为青砖实砌墙。东面墙体厚0.7米，其他厚0.37米，南北山墙有扶墙柱。吊车梁顶面高度以上外墙厚度统一为0.37米，山墙到顶，中间五榀三角形木屋架置于东西两面墙上而不受柱距限制。屋面为瓦楞铁皮。南山墙处有约4米宽主入口。北端三柱间夹层下为3.3米层高凝汽室，上为发电机平台。东侧4米宽夹层下为4.4米层高升压站母线室，上为配电平台。檐口高近14米，屋脊高约19米（图3-2-38.b）。芜湖解放后，此发电厂房进行过加固维修，直到1961年才停止运行。1966年发电厂房改为皖南供电局变压器检修车间，烟囱随之拆除。1989年厂区用地改变用途，该发电厂房被拆除。当时笔者赶到现场，对厂房进行了测绘，书中插图（图3-2-38.a/b/d）即当时所绘。

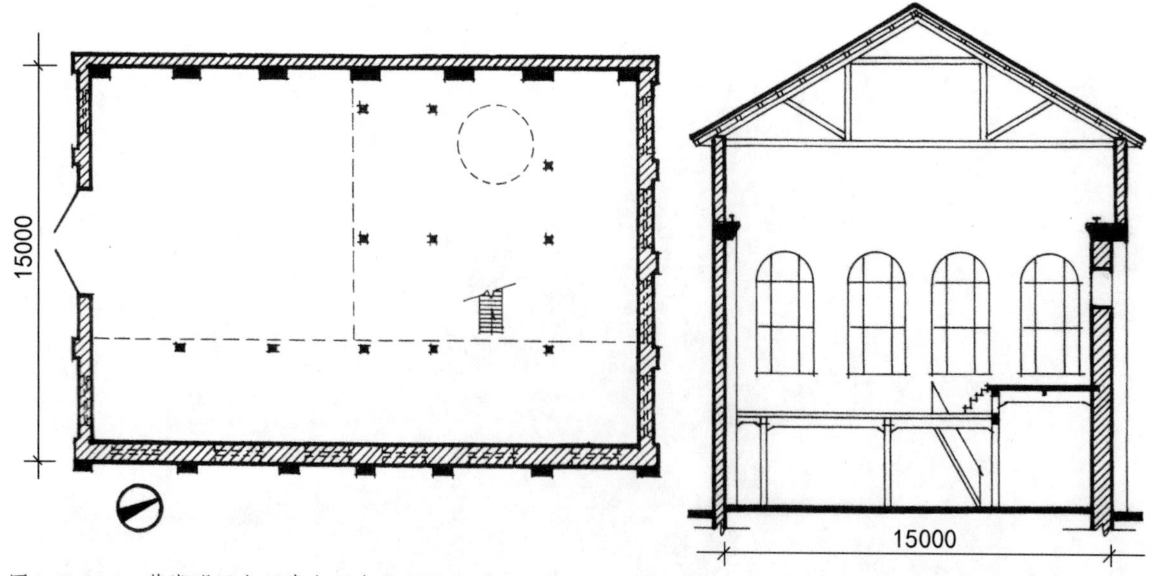

图3-2-38.a　芜湖明远电厂发电厂房平面图

图3-2-38.b　芜湖明远电厂发电厂房剖面图

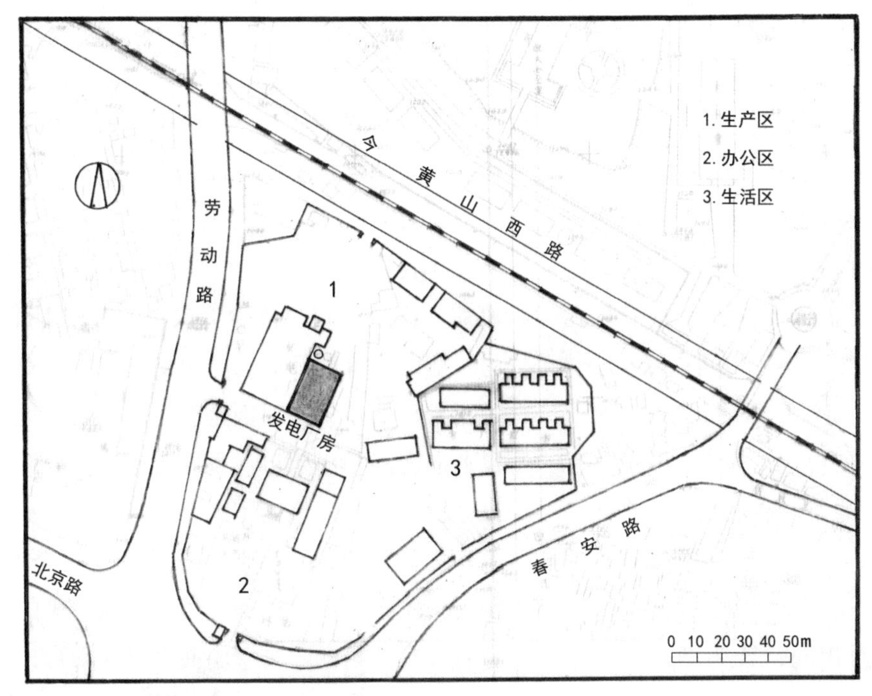

图 3-2-38.c　芜湖明远电厂总平面图

图 3-2-38.d　芜湖明远电厂发电厂房透视图

图 3-2-38.f　芜湖明远电厂北面

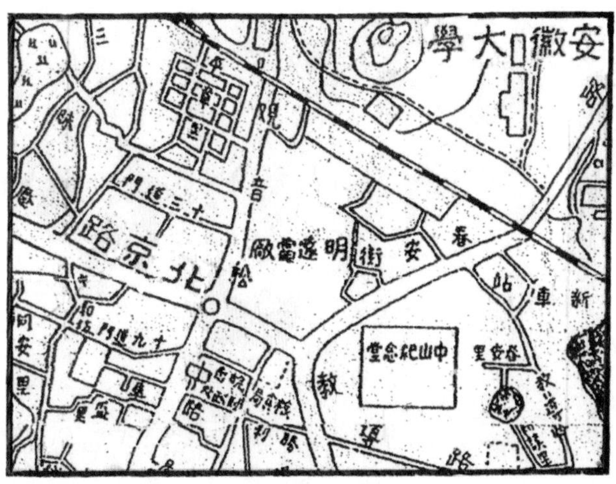

图 3-2-38.e　芜湖明远电厂位置示意图

图 3-2-38.g　芜湖明远电厂厂区一角

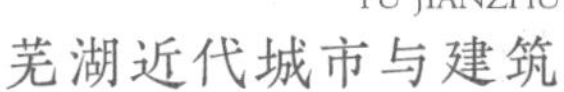

4. 日本制铁株式会社建筑群

1938年以后，日本制铁株式会社在日占时期于芜湖太古租界区三区设立，位于中马路（今健康路）以西，面积约11亩，是日本侵华、掠夺芜湖的一个历史见证。至21世纪初尚存两层楼房四幢，北面一幢是办公楼，中间一幢是小住宅，南面两幢是生产车间。厂区建设显得仓促，生产车间规模不大，办公楼设计简单，只有小住宅经过精心设计。抗日战争胜利后，改作他用。

（1）日本制铁株式会社生产车间（约1938）[图3-2-39]

两幢生产车间平面相同，皆为两层砖混结构，两坡顶悬山屋面。车间一幢坐北朝南，一幢坐南朝北，围合成生产区。平面为长方形，长约22.2米，宽约8.6米，建筑面积约382平方米。中间一间是楼梯间，宽仅2.8米，两侧车间长度皆为9.5米，三个出入口合有一个长雨篷（图3-2-39.a），背立面墙外有两个砖砌排气井，突出于屋面。开窗面积较大，楼梯间开竖长条形窗（图3-2-39.b）。外墙粉石灰砂浆。

（2）日本制铁株式会社办公楼（约1938）[图3-2-40]

办公楼坐北朝南，两层砖木结构，两坡顶悬山屋面。平面为矩形，面阔约19.44米，进深约12.64米，建筑面积约491平方米。办公楼位于用地北边，所以设计为南入口。建筑长向是七开间，楼梯间位于东面第二开间。楼梯是双跑木楼梯，楼梯位置靠后，前面成为门厅空间。东侧是南北三间办公室，西侧有内廊，南北两面是办公室，南面办公室皆设有壁炉（图3-2-40.a）。二层平面与一层平面基本相同。立面设计简洁，仅入口处做有突出墙面的门窗套（图3-2-40.b）。外墙粉混合砂浆，勒脚处粉水泥砂浆。

（3）日本制铁株式会社小住宅（约1938）[图3-2-41]

小住宅应是高管人员住房，位于办公楼南面，围合成厂前区，此楼坐南朝北，两层砖木结构，也是两坡顶悬山屋面。平面近似方形，面阔约10.35米，进深约7.8米，建筑面积约201平方米（图3-2-41.a）。此楼平面设计按日本人生活习惯，从北入口进来设有玄关，一侧是卫生间，另一侧是楼梯间和厨房，厨房尚有直接对外的单独出入口。楼梯间对面是客厅和餐厅，也均有各自通向南院的出入口。餐厅与厨房的隔墙上开有投递窗口。此楼尺度不大，布局紧凑。二楼南北用房之间用木隔墙分隔，东北角是两个卫生间，西北角是次卧室。南面是用木壁橱分隔的两间主卧室，东南角的主卧室南面设有内阳台，东面设有凸窗（图3-2-41.b/e）。此楼外墙为浅绿色水刷石饰面，门框线等处贴有深棕色外墙装饰面砖。此楼重点处理了北立面，入口处有雨篷，门旁上方有照明灯饰。墙面门窗布局自由，错落有致（图3-2-41.c/d）。

以上建筑均已不存，小住宅设计颇有水平，拆除颇为可惜。

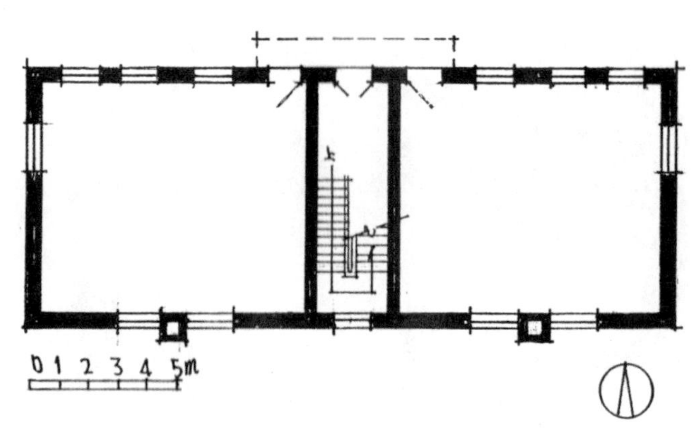

图 3-2-39.a　日本制铁株式会社生产车间

图 3-2-40.b　日本制铁株式会社办公楼南面

图 3-2-39.b　日本制铁株式会社生产车间南面

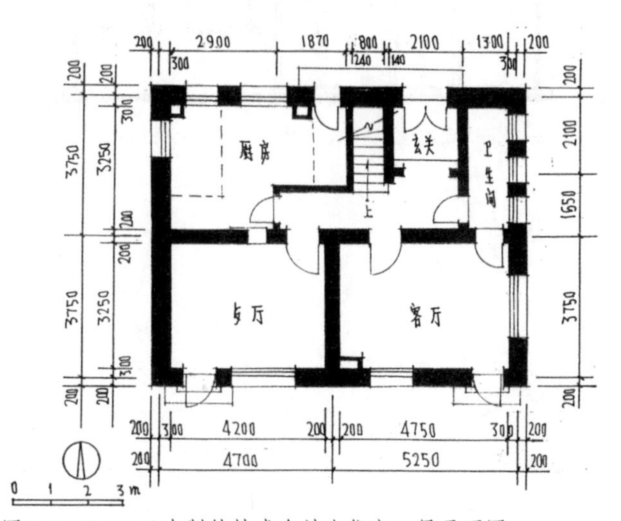

图 3-2-41.a　日本制铁株式会社小住宅一层平面图

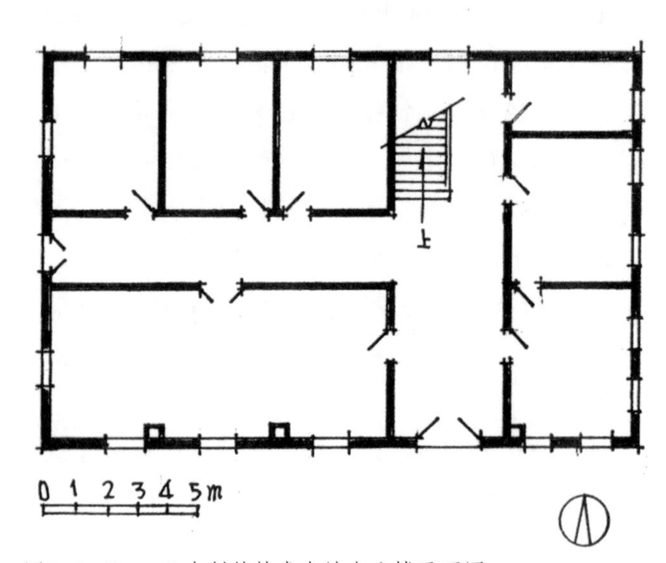

图 3-2-40.a　日本制铁株式会社办公楼平面图

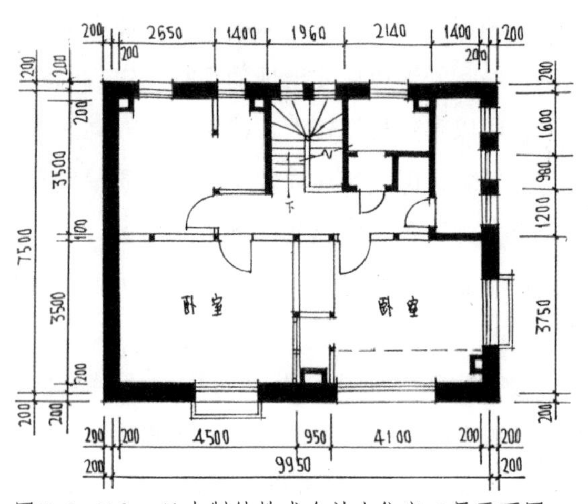

图 3-2-41.b　日本制铁株式会社小住宅二层平面图

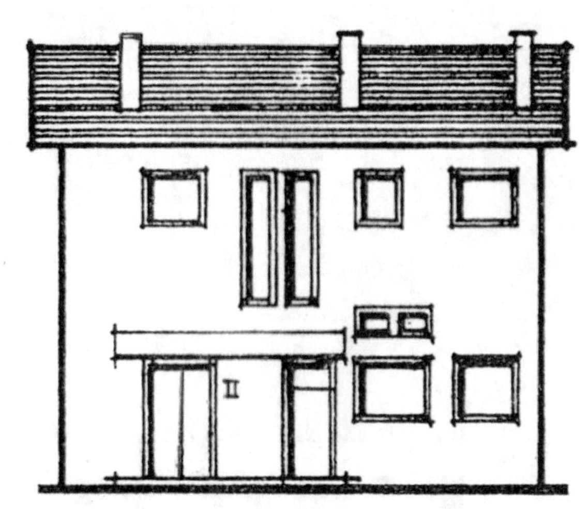

图3-2-41.c　日本制铁株式会社小住宅北立面图

图3-2-41.d　日本制铁株式会社小住宅西北面

图3-2-41.e　日本制铁株式会社小住宅东南面

（六）金融建筑

芜湖近代金融建筑有两类，一是原来就有的钱庄，一是开埠以后才出现的银行。银行的实力较强，所以建筑规模较大，建筑质量较高。钱庄的数量较多，但建筑规模较小，建筑质量较银行建筑也大为逊色，所以保存下来的不多。

1. 中国银行芜湖分行大楼（1927）［图3-2-42］

银行建筑是近代公共建筑中的一种新的类型，随着金融业的发展而发展。在我国，最早出现的外国银行开设于19世纪中叶，国内银行的创办则始于20世纪初。1905年，清政府在北京设立了户部银行，这是中国官方开办最早的国家银行。1908年，改称大清银行。1909年，芜湖最早设立的国家银行是大清银行芜湖分行，这也是大清银行在安徽开设的第一家分支机构。1912年“中华民国”成立后，大清银行改称中国银行。1914年，大清银行芜湖分行改称为中国银行芜湖支行，隶属于南京分行。1917年，中国银行安徽分行从安庆迁到芜湖，芜湖分行开始统领中国银行在安徽省的业务。由于业务的扩大，原有银行建筑不敷使用，在位于二街中段北侧的大清银行芜湖分行原址上建设新的银行大楼便提上日程。

1922年，新银行大楼由我国近代著名建筑师柳士英先生设计。1926年6月1日破土动工，1927年5月20日竣工建成。该工程由上海中南建筑公司建造、上海华海建筑公司监工。这些在镶嵌于建筑勒脚处的碑记中有明确记载（图3-2-42.e）。

此楼坐北朝南，面对二街，楼前设有铁制空花大门。登上六级花岗石台阶，穿过高大的门廊和过厅，便可进入宽敞的营业大厅。大厅面积约250平方米，高度约5.6米，相当于两层楼高。大厅后部有上建筑后部办公室的台阶，也有直通后院的门。办公用房也有两处通向后院的出入口(图3-2-42.a)。营业厅顶上设有大会议室。金库设在建筑后部的半地下室，层高约2.6米。建筑风格采用当时银行建筑流行的带有折衷主义色彩的西方古典式。立面设计，竖向、横向均采用典型的三段式构图（图3-2-42.b)。沿街门廊有四根约8.8米高的西方古典爱奥尼柱式，挺拔隽秀，檐部及勒脚都有复杂的古典装饰线角（图3-2-42.d/i)。整个外墙面为水刷石墙面，门廊基座及踏步用花岗石砌筑。为遮挡主体建筑的坡顶屋面，正立面墙体与门廊的顶部做了跌落式女儿墙。女儿墙上在20世纪80代年尚有红五角星标志（图3-2-42.f)。实际上原为古代农具形钱币图案。此楼侧立面、背立面设计精致，如东侧面的外梯和背立面的后门（图3-2-42.h/j)。此楼内部设计也很精细，营业大厅内有四根纤细的圆柱，柱头设计得十分华丽（图3-2-42.g)。

芜湖中国银行大楼总体上为砖混结构，但内部用了不少木结构，如木楼梯、木楼板、木屋架。建筑面积约1200平方米（不包括地下室)，临街面宽约18米，建筑进深约30米，正立面高度约14米。建筑尺度并不算大，却设计得构图严谨、比例匀称、外观宏伟，是芜湖的一处优秀近代建筑。

1937年冬，芜湖沦陷前，中国银行芜湖分行迁往汉口，设立办事处，代理少量业务。1938年，芜湖沦陷后，被日商台湾银行所占，不久顶层遭焚毁。抗战胜利后，中国银行芜湖支行奉准于1946年4月4日复业，大楼旋即重修。修复工程由森昌泰营造厂承建，“阅时四月”至9月完成，“始复旧观”。这些史实在镶嵌于大楼勒脚处另一块碑记上有明确记载（图3-2-42.c)，只是“兵燹之余质料咸缺，较前之宏杰诡丽有逊色”。碑记中还提到：“在沦陷时期，为敌台湾银行占住。不戒于火，全部被焚。”笔者认为有误，根据笔者二十多年前走访附近的老人，了解到只是“顶部”遭焚，而不是“全部”被焚。如是，不可能四个月就可恢复旧貌。芜湖解放后，该建筑由中国人民银行芜湖支行接管，至1985年5月，人民银行改制，此建筑划归新成立的中国工商银行。2011年，中国工商银行芜湖分行对此楼进行了维修，2012年11月完工。

关于芜湖中国银行的设计者柳士英，笔者曾撰写过一篇文章《柳士英和芜湖中国银行大楼》，于1996年在庐山召开的“第五次中国近代建筑史研究讨论会”上交流。当时根据魏春雨在《建筑师》杂志1991年第40期发表的《纪念柳士英》一文中所述：“华海业务有所扩展，在上海、杭州、南京、苏州、芜湖留有作品。”又据柳士英之子柳道平提供的“柳士英建筑设计作品目录”列有“芜湖中国银行（建筑名称)，安徽芜湖市（地点)，1922—1930（建筑年代）”①，笔者得出以下结论：芜湖中国银行大楼由柳士英设计，因为柳士英不仅是上海华海建筑公司监工单位的主事者之一，更是设计师，设计开始时间是1922年。柳士英早年留学日本，考入日本东京高等工业学校建筑科，1920年归国，是我国近代最早留学海外攻读建筑学的第一代建筑师之一。1922年在上海开办了华海公司建筑部（即建筑师事务所)，并邀请了三位留日同学王克生、朱士圭、刘敦桢参加，这是我国近代最早创办的建筑师事务所之一。1923年苏州工业专门学校首创建筑科，柳士英任主任，他也是我国近

① 徐苏斌:《中国近代建筑史和日本的关系》,载汪坦:《第三次中国近代建筑史研究讨论会论文集》,中国建筑工业出版社1991年版,第159页。

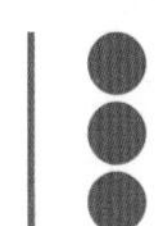

代最早开办建筑教育学科的开拓者之一。我国的银行建筑最初皆为外国建筑师设计，直到20世纪20年代，中国建筑师才开始进入银行建筑设计领域。如1913年开设的中国银行汉口分行，其1917年建成的银行大楼即英商通和公司设计。据笔者所知，1921年和1923年沈理源分别设计了天津和杭州的浙江兴业银行，1924年贝寿同设计了北京大陆银行，1925年庄俊设计了济南交通银行，1930年杨廷宝设计了北京交通银行。1922年柳士英就设计了芜湖中国银行，是否开拓了中国建筑师自行设计银行建筑之先河，尚需进一步考证。但可以看出，他是我国自行设计银行建筑的开创者之一。综上可知，芜湖中国银行大楼在我国近代建筑史上具有一定的价值。

2005年，芜湖中国银行旧址被芜湖市人民政府公布为市级重点文物保护单位。2012年，被安徽省人民政府公布为第六批省级文物保护单位。

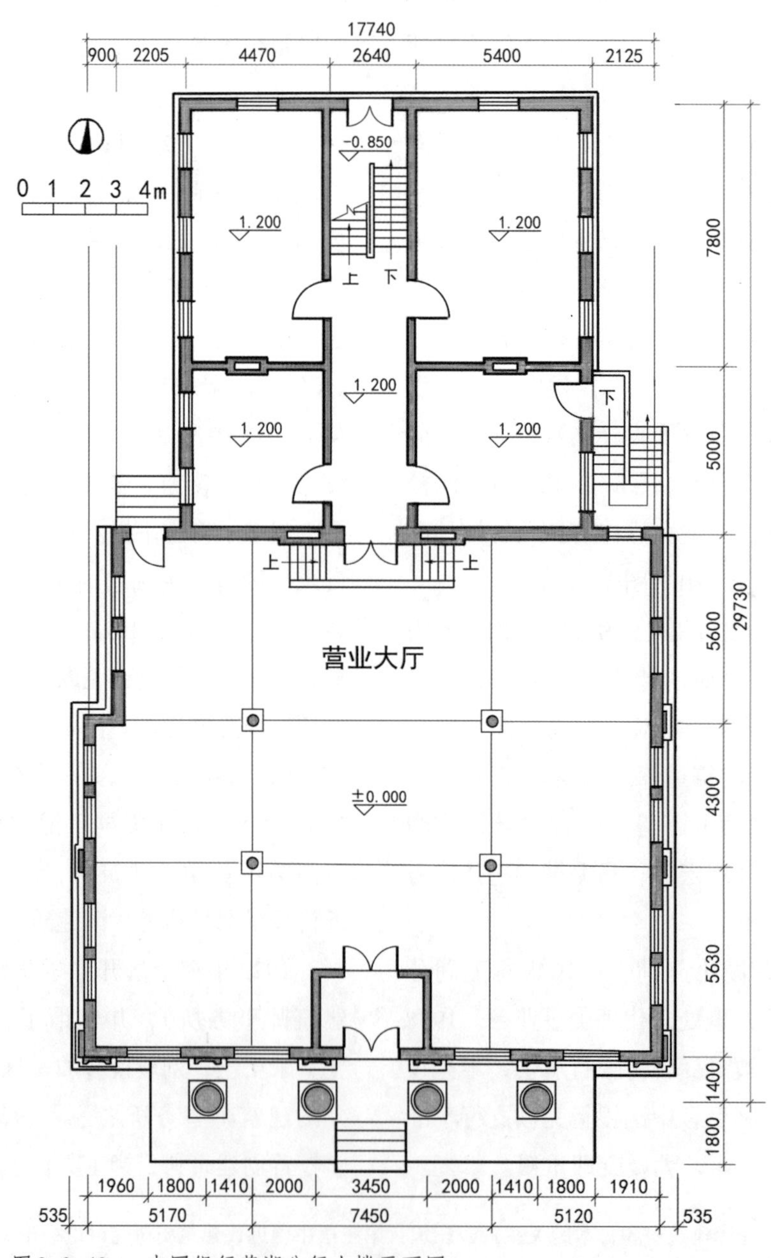

图3-2-42.a 中国银行芜湖分行大楼平面图

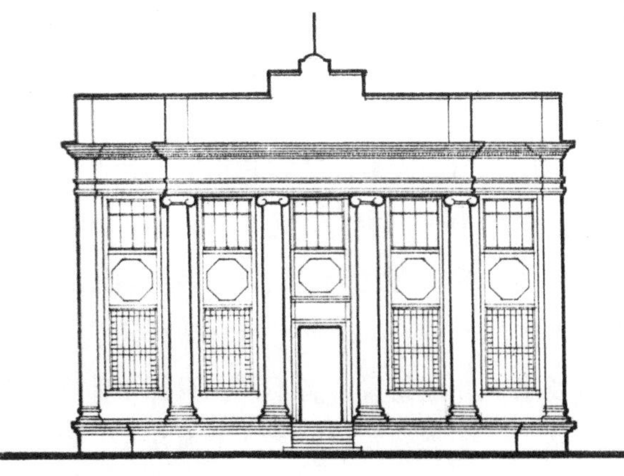

图 3-2-42.b　中国银行芜湖分行大楼南立面图

图 3-2-42.d　中国银行芜湖分行旧址

图 3-2-42.c　中国银行芜湖分行落成碑记(1927 年立)

图 3-2-42.e　中国银行芜湖分行修复碑记(1946 年立)

图 3-2-42.f　中国银行芜湖分行大楼(摄于 2013 年)

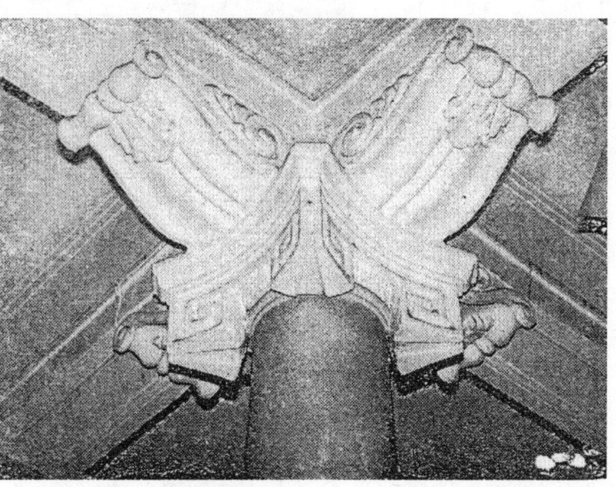

图 3-2-42.g　中国银行芜湖分行大楼内景柱头

图 3-2-42.h　中国银行芜湖分行大楼北入口

图 3-2-42.i　中国银行芜湖分行大楼屋檐

图 3-2-42.j　中国银行芜湖分行大楼东入口

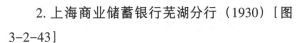

2. 上海商业储蓄银行芜湖分行（1930）[图3-2-43]

笔者二十多年前曾在芜湖市房地产管理局档案室复印过几张芜湖近代银行的照片，其中一张就是檐下凸雕有“上海银行”四个字的照片（图3-2-43.b）。其实这就是上海商业储蓄银行[①]。成立于1915年5月的上海商业储蓄银行，成立之初就在芜湖设立了支行，办事处设在进宝街，不久停业。1930年3月复业时，地址已改在中长街（三圣坊斜对面），可以推断，此建筑建成于1930年初。笔者在长街改造前，曾前往做过现场调查，在同一地点拍摄了一张檐下写有“中国农业银行”的照片（图3-2-43.a），可知这是同一建筑，芜湖解放后的中国农业银行利用了上海商业储蓄银行的旧址。

该建筑坐南朝北，面向中长街。这段长街的走向是从西北到东南，南偏西约34度。此银行面阔三间，大门开在中间一间，东、西两侧墙向外延伸约5米，形成前院，设有铁质空花大门及院墙。营业厅大门前设有带有西方古典爱奥尼柱式的单间小门廊。门廊前有六级花岗石台阶，加大室内外高差，一方面满足了室内木地板下设架空层的需要，另一方面使建筑立面显得很气派。此建筑为砖木结构，两坡屋顶，建筑规模虽小，仅为单层，但层高较高，在长街的一片两层建筑为主的店面中仍很醒目。尤其是采用了西方古典建筑风格，檐下有复杂的线条和齿形装饰，加上做工精细的水刷石外墙面，符合银行建筑外观的应有要求。此建筑设计者不详，只知由茆振兴营造厂施工，所需建筑材料多从上海运来，可惜此建筑在长街改造时被拆除。与此银行建造年代相近的国货路某银行，也采用了同样的欧式建筑风格（图3-2-44），立面采用了三层楼高西方古典柱式，正中还做了山花，第三层楼跳出有三个西式阳台。因紧邻道路，显得非常高大，同时采用水刷石外墙，但今已不存。

图3-2-43.b　上海银行芜湖分行(摄于1930年)

图3-2-43.a　中国农业银行芜湖分行

图3-2-44　国货路某银行

① 芜湖市政协学习和文史资料委员会、芜湖市地方志编纂委员会办公室:《芜湖通史》,黄山书社2011年版,第413页。

3. 从华兴银行（1938）到中央银行（1946）［图3-2-45］

芜湖沦陷时，原有银行纷纷停业撤离。1938年春，日伪南京政府成立华兴银行，推行华兴券与日军用券的流通，而日商台湾银行主要办理日军用券兑换法币业务以及发行军用券。华兴银行在芜湖也设立了机构，具体地址不详。抗战胜利后，迁出芜湖的银行陆续返芜复业，芜湖中央银行因原行建筑被毁，便于1946年2月1日在原华兴银行地址复业。笔者曾在芜湖市房地产管理局档案室复印过该行的总平面图和老照片（图3-2-45.a/b，总平面图已重绘）。此行坐南朝北，为二层砖混结构，底层水泥地面，二层为木楼板、木楼梯、平屋面，砖墙外粉水泥砂浆，钢窗。建筑风格为现代式，外墙上开窄条长窗，疑为日本建筑师设计。

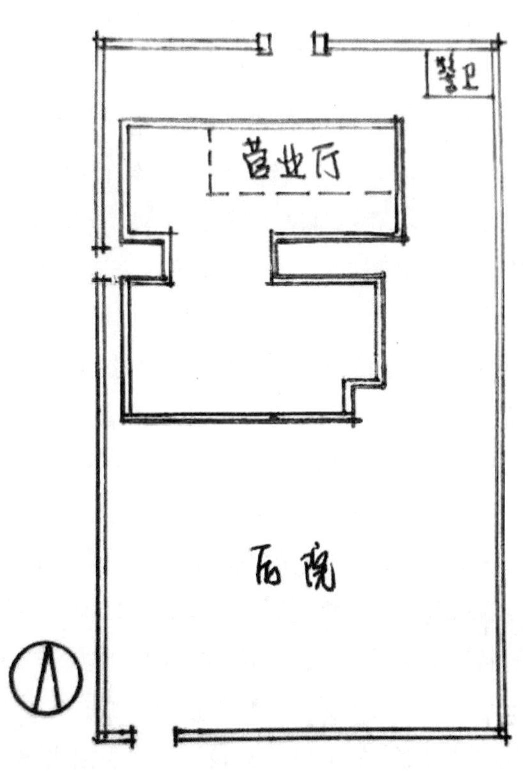

图3-2-45.a　中央银行总平面图

图3-2-45.b　中央银行(摄于1938年)

4. 从裕皖银行（1943）到芜湖县银行（1945）[图3-2-46]

芜湖沦陷期间，银行和钱庄业畸形发展。1940年以前只有华兴银行和台湾银行两家银行。1941年已有银行4家，钱庄32家。到1943年8月，银行增至7家，钱庄增至48家。到1945年初，银行增到12家，裕皖银行在列①。抗日战争胜利后，芜湖县银行于1945年12月25日在裕皖银行地址成立②，可见裕皖银行经营时间很短。笔者曾在芜湖市房地产管理局档案室复印过该行的各层平面图和老照片（图3-2-46.a/b/c，平面图已重绘）。此建筑坐北朝南，为三层砖混结构，砖墙承重，有钢筋混凝土大梁，木楼板，外部钢筋混凝土楼梯，内部木楼梯，平屋顶。一层为营业大厅，二层办公由后院外楼梯登临，三层办公由二层内部楼梯登临。建筑风格为现代式，外墙上同样开窄条长窗，立面处理手法与华兴银行相似。

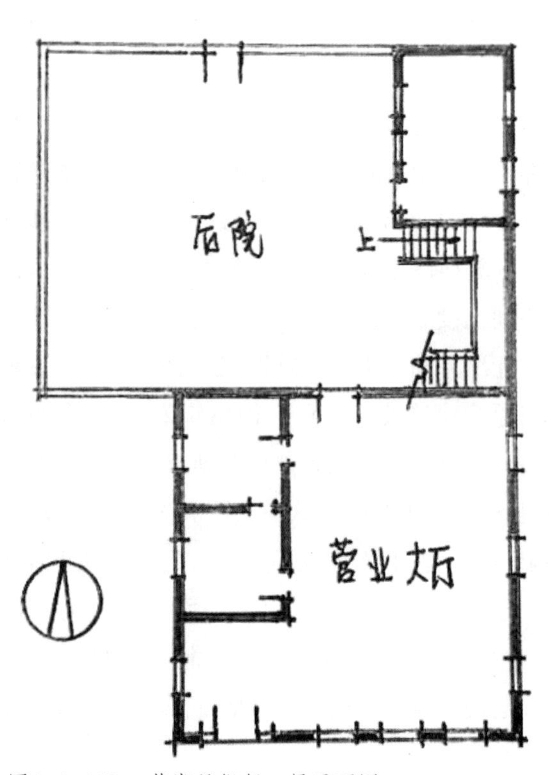

图3-2-46.b　芜湖县银行一层平面图

图3-2-46.a　芜湖县银行

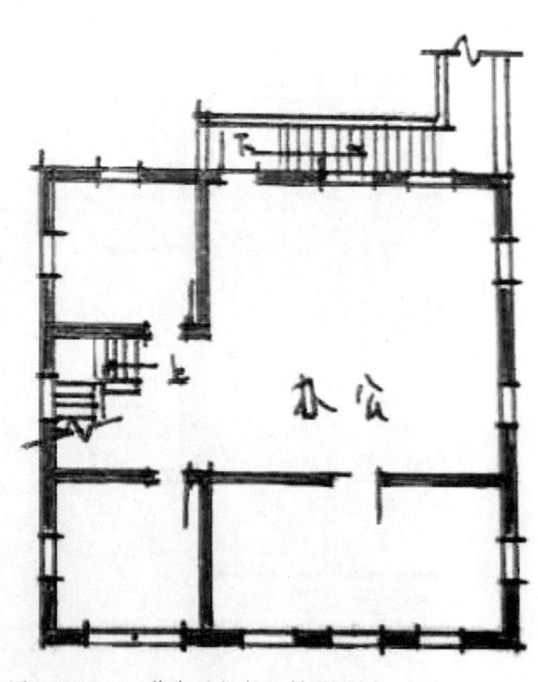

图3-2-46.c　芜湖县银行二层平面图

① 芜湖市政协学习和文史资料委员会、芜湖市地方志编纂委员会办公室:《芜湖通史》,黄山书社2011年版,第489页。

② 芜湖市政协学习和文史资料委员会、芜湖市地方志编纂委员会办公室:《芜湖通史》,黄山书社2011年版,第559页。

5. 芜湖钱业公所(1907)[图3-2-47]

近代芜湖为全国四大米市之一，各地粮商云集，与粮食采运业有着密切联系的钱庄相继设立。早在清光绪年间，李鸿章之子李经方即在芜湖设有宝善长和恒泰两家官商资本钱庄。自1912年至1930年，芜湖钱庄进入兴盛时期，先后创立20余家钱庄。除少数几家独资经营外，大多是合资经营，每家资本有白银万两至数万两不等，还形成有各地帮派，如镇扬帮、徽帮和本地帮[①]。当时的钱庄，大多集中在十里长街的中心地段。为了协调各钱庄的共同业务，1907年由本埠各钱庄捐资在中长街建造了钱业公所。钱庄的业务范围主要是存款、放款和汇兑，与各行业商户都有业务往来。大约在清光绪年间开始使用银元，为清政府银元铸造局铸造。1932年以前，钱庄与工商户往来进出都以银两为本位，而市面上仍是以银元流通使用，这就产生银元折合银两的汇率问题。每天上午同业都到钱业公所共同议价，确定当天的银元折合银两价格。议价挂牌项目众多，不仅有银元，还包括铜板。各项牌价每天都有升降，一般在分厘之间。钱业公所即成为钱庄业聚会、交易的场所。为了显示其实力和重要性，钱业公所的会馆建筑都较豪华。如著名的宁波钱业会馆，建于1925年，占地1500多平方米，因保存完好，被国务院公布为第六批全国重点文物保护单位。

芜湖钱业公所为两层砖木结构，位于钱庄密布的中长街，坐南朝北，面阔约9.5米，总进深约35米。前后共有三进，前面的天井略小，后面的天井较大，皆有亮棚。前后进右侧各设木楼梯一座，可上二楼。各进中间皆有四排木柱，室内空间高大。三进之后，尚有后院，且有对外出入口（图3-2-47.a）。沿街立面，二楼出跳约1米，底层中部入口后缩约2.5米，形成八字形门廊，并置有铁栅门一道。二楼墙体中间也相应后退，形成宽大的阳台（图3-2-47.b）。整个建筑呈现出皖南民居风格。这一优秀近代建筑在长街改造时被拆除，未能保存下来。

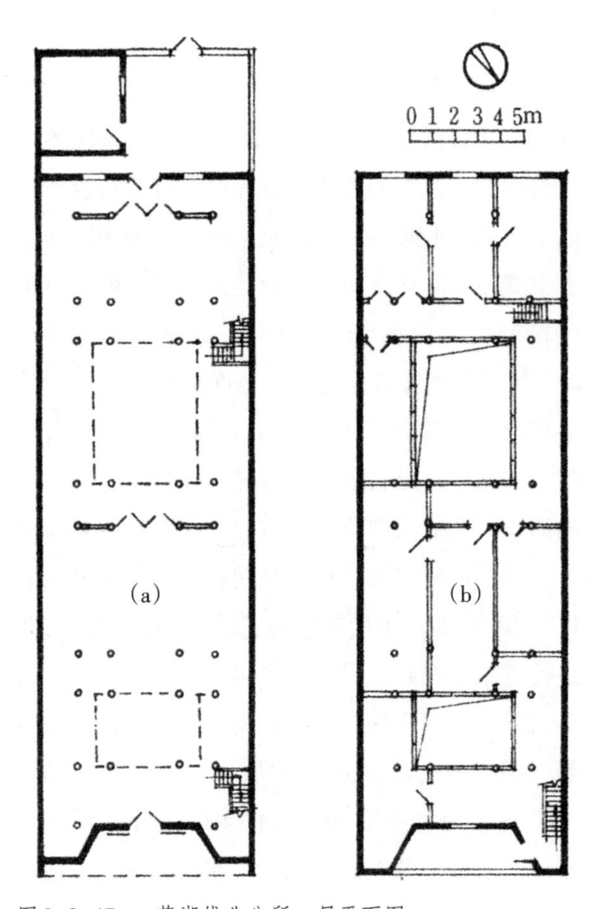

图3-2-47.a 芜湖钱业公所一层平面图
图3-2-47.b 芜湖钱业公所二层平面图

① 杨邦太、朱渭滨:《忆芜湖钱庄业》,载方兆本:《安徽文史资料全书·芜湖卷》,安徽人民出版社2007年版,第361-362页。

（七）其他公共建筑

1. 芜湖大戏院（1902—1906）［图3-2-48］

芜湖自开埠以来，随着商业及米市的兴盛，“茶楼酒肆、梨园歌馆环绕镜湖”，遍布二街。至清光绪末年，芜湖戏园业已较发达。据考证，1902年开辟大马路（今中山路）后，李漱兰堂就在这里建造了一座大戏园，最初名为永庆茶园。当时的茶园即戏院，演戏为主，卖茶为辅。1906年10月20日，永庆茶园与李漱兰堂所签的租约中“议定押租英洋叁百元正，每月行租叁佰陆拾元”，还列有“大方桌壹张、长条桌贰张、方桌壹佰零陆张、椅子伍佰贰拾壹把、牌凳叁佰贰拾捌张、长条凳伍拾肆张、铺板壹佰陆拾玖块”①。计算起来，凳椅可坐近千人，可见戏院规模之大。辛亥革命前，此戏院改称中江大戏院。1911年4月，这里上演了芜湖的第一场新兴的话剧。之后又改称“大舞台”，1912年10月30日，孙中山先生在这里向芜湖各界人士发表了演讲。20世纪30年代易名为芜湖新华大戏院，并进行过维修改建，设了花楼包厢，特等对号、头等对号、二等正座、三等正座等座位等级，成为当时很正规的戏剧演出场所。抗日战争胜利后，一度易名为青年剧场。1947年后又曾改称同乐剧场。解放前的芜湖大戏院主要演出京剧，请过不少名角登台献艺。1949年4月，中国人民解放军解放芜湖，芜湖大戏院被军管会接管。1950年4月，改名为大众电影院，结束了戏曲演出历史，成为专业电影院。1954年夏，芜湖遭遇百年不遇的洪涝灾害，大水退后，芜湖大戏院老建筑全部被拆除，在原址新建了钢筋混凝土结构的大众电影院。

笔者曾根据调查资料，绘制出20世纪三四十年代的芜湖大戏院平面图（图3-2-48.a）。该建筑坐西朝东，面对中山路。原来较宽敞的木结构门厅已被压缩至6.9米宽，深度仍为13.1米。两边建筑改成了沿街商店和旅馆。此时的大戏院门厅已是二层砖木结构，门厅前后均设有铁栅门，门厅内设有售票室。验票后便可进入27.5米宽的观众厅，两侧墙角处有上楼座的木楼梯。底层池座设有长条木靠椅，座椅高度从前往后逐渐增高。座椅扶手处挖有圆孔（下有用细铁丝编织成的杯篓），供观众放置茶杯。二层楼座面对舞台的部分称作特厅，设有11排座位，两侧沿墙向舞台延伸处设有包厢。楼下有两排粗大的木柱支撑。三层楼座，座椅较少，多为站票。整个剧场可容纳观众近两千人，建筑面积达2800平方米。改建后的舞台增设了两侧的副台，后部又加层设置了两层的演员宿舍和化妆室。为利于扩大音响效果，舞台木质台板下架空倒置了九口大缸，以助共鸣。剧场的结构形式采用大空间的砖木结构，中间主跨跨度达到15.5米。两旁木柱林立，上有木柁梁、木屋架、瓦屋面。两边的围护外墙实砌到底，无门无窗，场内采光、通风依靠屋顶上部的通长气楼解决。

芜湖大戏院的立面造型如同洋式店面。底层为整间大门洞，便于大量人流进出场。楼上分为三间，中间实墙面上写有剧场名称，两边跳出带有西式花瓶栏杆的小阳台。墙上布满名角挂牌和演出海报。西式檐部有齿状装饰线脚，上部为中间高两边低的女儿墙，顶部尚有烦琐装饰。整个立面体现出芜湖近代剧院建筑中西结合的建筑风格（图3-2-48.b）。

建于1902—1906年的芜湖大戏院，比之于1908年建造的上海“新舞台”、1914年建造的北京前门外西柳树井大街的“第一舞台”，其建造更早、规模更大，在我国近代新式戏曲剧场建筑史上有着一定的地位，虽今已不存，也应载入史册。

① 屠元建：《大戏园史话》，载方兆本：《安徽文史资料全书·芜湖卷》，安徽人民出版社2007年版，第642页。

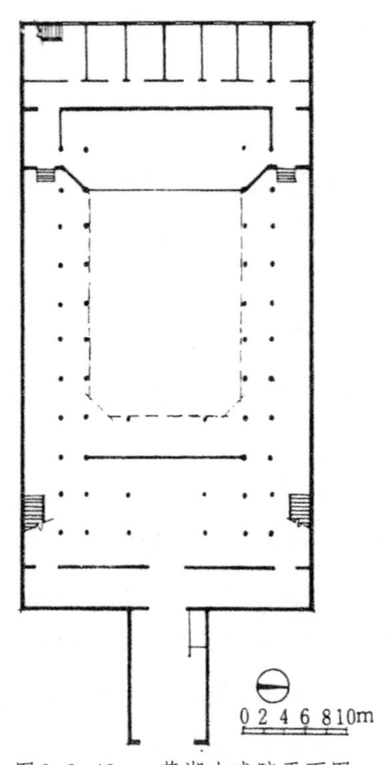
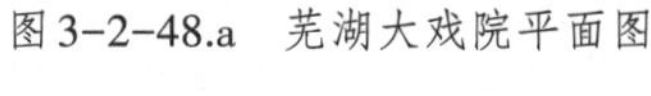

图3-2-48.a 芜湖大戏院平面图

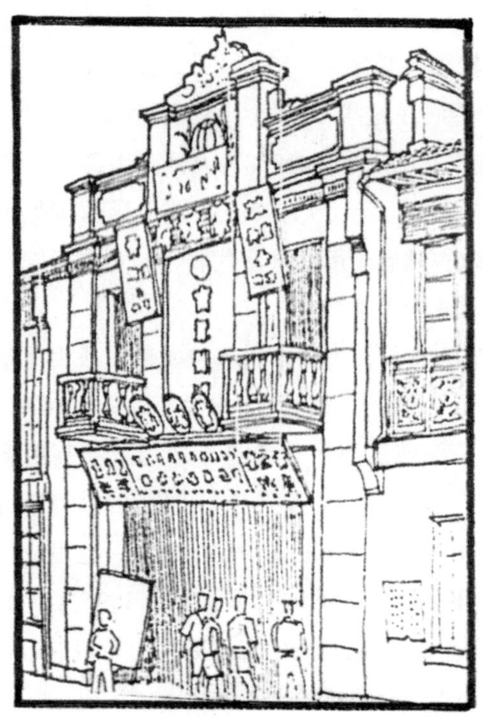

图3-2-48.b 芜湖大戏院

2. 芜湖东和电影院（1939）[图3-2-49]

该电影院位于新芜路中段，坐南朝北。由佐佐木设计事务所的日本建筑师酒村设计，此人还设计了芜湖的中山纪念堂、东和电影院、复新银行等建筑。日军占领芜湖后，先在此开设了一座酒吧间，1939年秋修建成了一座电影院，名为东和电影院。电影院设座600席，建筑面积约850平方米。开业的头两年，只为日军、日商和汉奸服务，之后为奴化中国人民，才对一般市民开放，放映的是法西斯反动和淫秽的影片。该建筑采用砖混结构，木屋架，铝皮屋面。入口柱廊右侧设有专门兑换日币的窗口，需持日币方可进入门厅内售票处买票。影院立面简洁，顶部女儿墙中部突起。入口处有高大台阶，中有两根粗壮的圆柱，其后装有铁栅门。立面上部开有两排横向长窗，电影院入口两旁有陈列橱窗。整个立面并无烦琐装饰，有现代建筑风貌（图3-2-49）。1945年国民党接收后更名为国安大戏院。芜湖解放后改造为人民电影院。

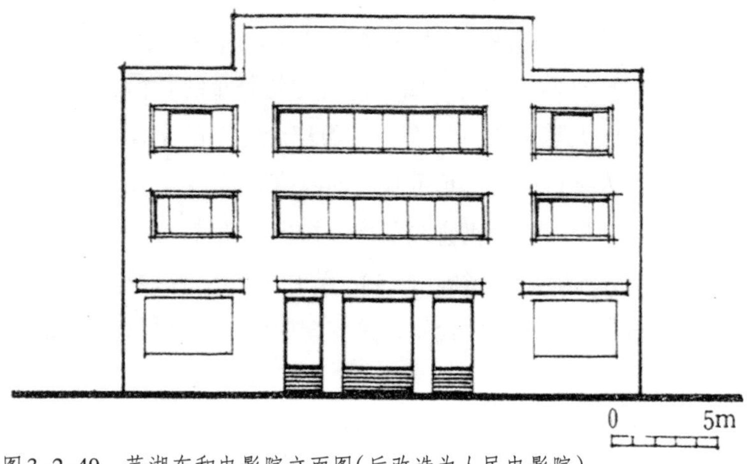

图3-2-49 芜湖东和电影院立面图(后改造为人民电影院)

3. 芜湖中山纪念堂（1945）[图3-2-50]

此建筑位于春安路与北京路交会处的丁字路口，坐东朝西，正对北京路，南临镜湖。抗日战争胜利后，为纪念孙中山先生和庆贺抗战胜利，筹建了中山纪念堂。1945年秋冬之际开始建造，1946年8月正式落成，由芜湖郁顺记营造厂承担施工①。其资金来源主要以清理的日伪资产为主，加上地方财政拨款以及地方社会名流、富商大贾的私人捐助。另外，拆除青弋江南岸道台衙门建筑的近三千根木材用到此处。因经费不足和工期限制等原因，对原设计有所改动，不然会更加壮观。

该建筑为砖混结构、砖墙、木屋架，瓦楞铁皮两坡屋面，屋顶上安置有6个排气通风筒。观众厅跨度约18米，舞台前设有乐池，池座两侧各有三个安全门，皆通向露天走廊（外砌有半人高空透围墙）。楼座两侧向舞台方向延伸约20米、宽不足2米。观众厅楼上下共设座一千余席。观众厅西端的二层门楼，楼下是门厅，楼上办公，长约30米，整个纪念堂建筑面积约1500平方米。纪念堂所处地势较高，从春安路登十多级石阶方能登上建筑前的广场，再上五级踏步才能进入宽约15米的门廊。门廊处立有4根水磨石大圆柱，采用西方古典爱奥尼柱式。顶部露台设有栏杆。两层楼的墙面上开有均匀分布的长窗，檐部女儿墙的中间写有“中山纪念堂”的字样，顶部人字形山墙遮挡了其后的两坡屋面。为打破山墙的单调，用垂直线条划分并步步升高，中间插有木质旗杆。图3-2-50.a是1992年笔者根据一张借来的老照片绘制，是芜湖中山纪念堂最初的立面造型。

芜湖中山纪念堂建成后成为芜湖市重大集会的会堂，同时也成为演出戏剧和文艺活动并兼放电影的场所。1948年3月12日，芜湖各界人民在此举行了“纪念国父孙中山先生逝世23周年大会”。这里还举办过多次慈善性质的京剧和话剧义演。

芜湖解放后，芜湖中山纪念堂改名为“解放剧场”。皖南军区文工团长驻剧场，为芜湖军民演出文艺节目。1951年底这里又兼作皖南行署的大礼堂。1952年下半年，芜湖市总工会接收后进行了维修，开办成了“工人俱乐部”，成为以群众集会和文艺调演为主、放映电影为辅的场所。1954年夏，芜湖暴雨成灾。大水退后，政府拨款10万元，于1955年上半年对该建筑进行了修建，扩大了门厅，改建了门楼，改造了舞台，观众厅的长条木椅换成了翻板木椅，平的楼座改成有坡度的楼座，观众座席增加至1138座，屋顶上的瓦楞铁皮换成了机制瓦，两侧的露天走廊加盖了屋顶（图3-2-50.b），原来的中山纪念堂有了较大的变化。1957年1月，芜湖市首届群众业余会演在这里举行，共有53个单位参演，观众人数达1.2万人。1958年9月，毛泽东莅临芜湖视察期间，于19日晚在工人俱乐部接见了芜湖党政军领导干部和群众代表，并观看了皖南花鼓戏《八十大寿》。

1970年8月，工人俱乐部被撤销，成为芜湖市毛泽东思想宣传馆。“文化大革命”结束后，工人俱乐部恢复使用。1983年新建八层高的新门楼，工人俱乐部改名“工人文化宫”，当年五一劳动节正式对外开放，旧貌换新颜，这里成为综合性群众娱乐活动的大型设施。1995年，北京路向东延伸，工人文化宫被拆除，芜湖中山纪念堂痕迹不存，只给芜湖人民留下了一段记忆。

---

① 屠元建:《从中山纪念堂到工人俱乐部》,载方兆本:《安徽文史资料全书·芜湖卷》,安徽人民出版社2007年版,第720-721页。

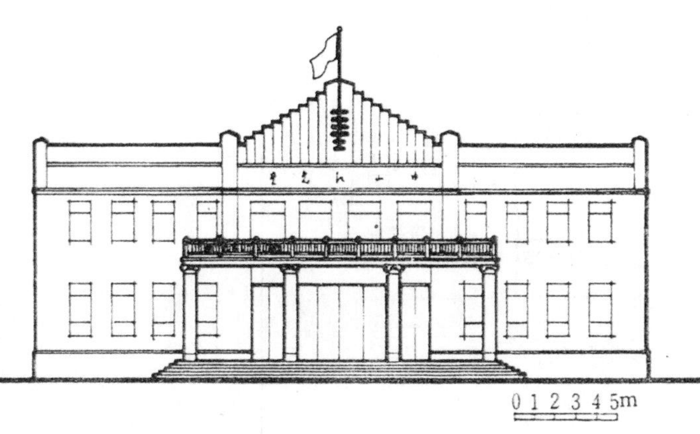

图3-2-50.a 芜湖中山纪念堂立面图

图3-2-50.b 芜湖中山纪念堂(后改造为工人俱乐部)

4. 芜湖中山堂(1934)[图3-2-51]

此建筑位于大赭山主峰(海拔84.7米)南侧次峰的山腰处(海拔51.7米),西邻广济寺。东面拾级而上,有教育家刘希平先生之墓(1929年建),山顶有爱晚亭(1932年建)。山巅到1954年还建了瞭望塔,1990年建有舒天阁,这都是后话。1933年,开始开辟赭山公园,同年在南山腰始建皖南图书馆,1934年建成,解放初期改为"中山堂"(图3-2-51.a/b)。

该建筑坐北朝南,平面为矩形。南面有主入口,东西两面的中部设有外廊,分别有次入口。内部为一大空间,四角各有一个约21平方米的小空间。虽为单层砖木结构,建筑高度较高,外檐高约5米。外墙原为清水红砖墙,后改为水泥拉毛饰面并刷以浅土黄色,木门窗,木屋架,机制红平瓦屋面。屋顶组合颇具匠心,立体部分是两坡顶,南、北两端都设计为简易的四坡歇山顶,丰富了整个建筑造型,也形成各个立面不同的视觉效果。

为了更好地保护和利用此建筑,芜湖市政府将中山堂改造工程列为2000年拟办的40件具体实事之一。笔者参与了该项目的方案设计。指导思想一是"三不变"(主体结构不变、内部空间不变、屋顶形式不变),功能内容仍定为陈列展示,并进行了功能完善,南端增加了入口门廊,北端增加了办公和接待用房。二是建筑修缮与周围环境的整治相结合,规划了南入口广场(拆除了原有照壁)和东侧的休息平台,遮掩了北侧原有的露天水池,保护了原有树木,并确保了四周的景观视廊。修缮工程完工后效果较好(图3-2-51.c ~ g),只是西侧外廊未能恢复。

把纪念中山先生的芜湖中山堂当作文物建筑更好地加以保护和再利用是十分必要的。

图3-2-51.a 芜湖中山堂修缮前

图3-2-51.b 芜湖中山堂修缮后

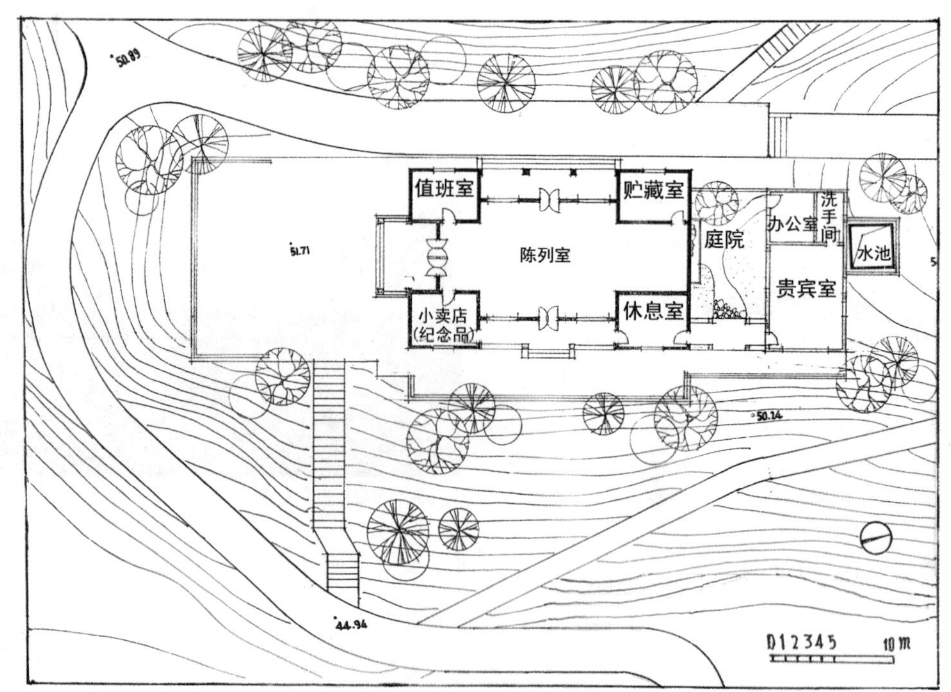

图3-2-51.c 芜湖中山堂平面图

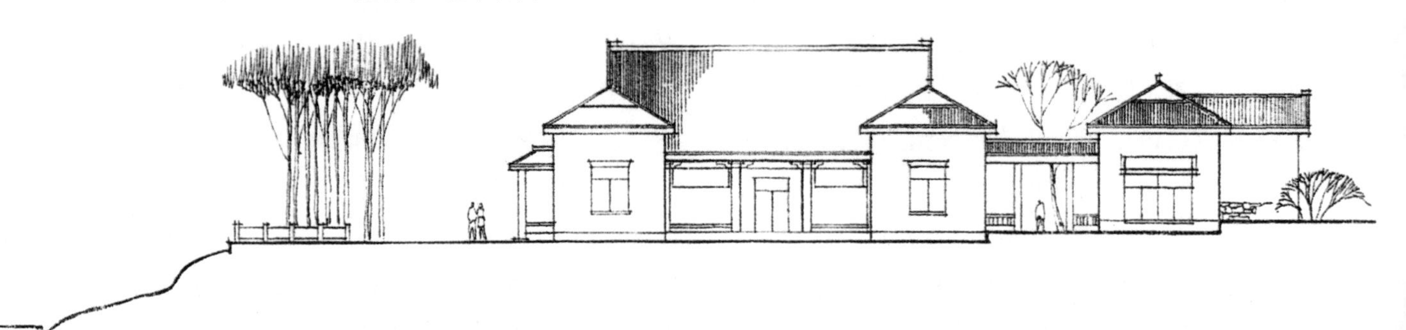

图3-2-51.d 芜湖中山堂东立面图

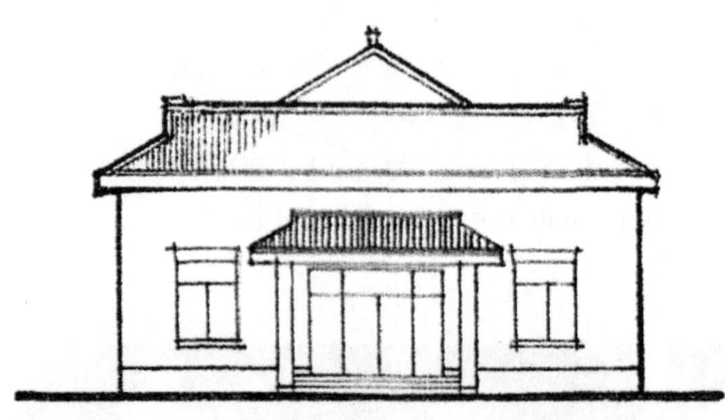

图3-2-51.e 芜湖中山堂南立面图

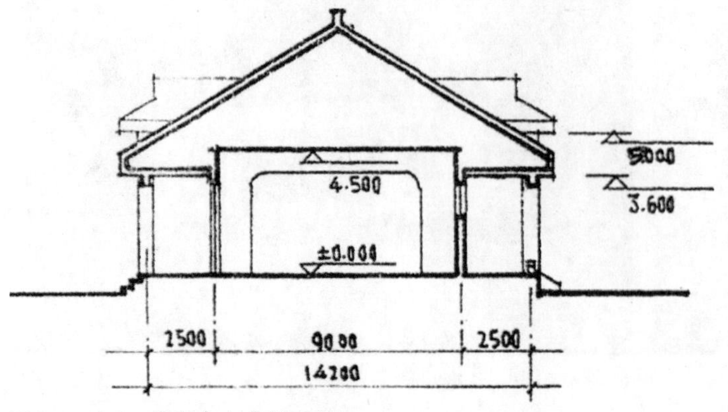

图3-2-51.f 芜湖中山堂剖面图

图3-2-51.g 2001年芜湖中山堂修缮效果图

5. 芜湖古城正大旅社（清末）[图3-2-52]

近代芜湖作为对外开放的商埠城市，旅馆、酒店等服务业甚为发达。沿长江岸线因码头众多，满足外地商贾、旅客住宿所需的旅社纷纷设立，如人民旅社、江滨旅社等都是当时规模较大的旅社。古城内商业繁盛、人口密集，自然也有住店的需求。位于花街中部的正大旅社，建于清代晚期，至今尚存，始终营业，可见其生命力。

正大旅社坐东朝西，西偏北8度。两层砖木结构，两坡与单坡组合的硬山屋顶，南、北两侧有马头墙。抬梁式和穿斗式两种木梁架并用，小青瓦屋面（今为机制平瓦）。旅社面阔五间，总宽约16.39米，进深11间，共两进（两天井），总长约23.73米。前进为“口”字形两层楼房，中间开间较大，西面设有出入口，二层天井四周设有回廊，木楼梯设在南侧厢房，为单跑23步，后进为单层，天井小于前进（图3-2-52.a/d）。

此建筑总建筑面积约570平方米，室内外高差仅为0.2米，二层楼檐高约6.24米，层脊高约7.84米，马头墙顶高约9米（图3-2-52.c）。建筑朴实无华，外墙的砖墙用白灰粉面，双扇大门居中，上有店名匾字，大门两侧各开两樘大窗，二层外墙中间开大窗，两边开小窗，白墙加青瓦，配上红棕色木窗，修缮设计拟用青砖尺度灰色面砖贴面（图3-2-52.b）。

正大旅社芜湖解放前曾是共产党的地下党秘密集会场所，至今保存较为完好。2011年被列入芜湖市第三次全国文物普查不可移动文物目录，是芜湖古城建设中重点保护的建筑之一。

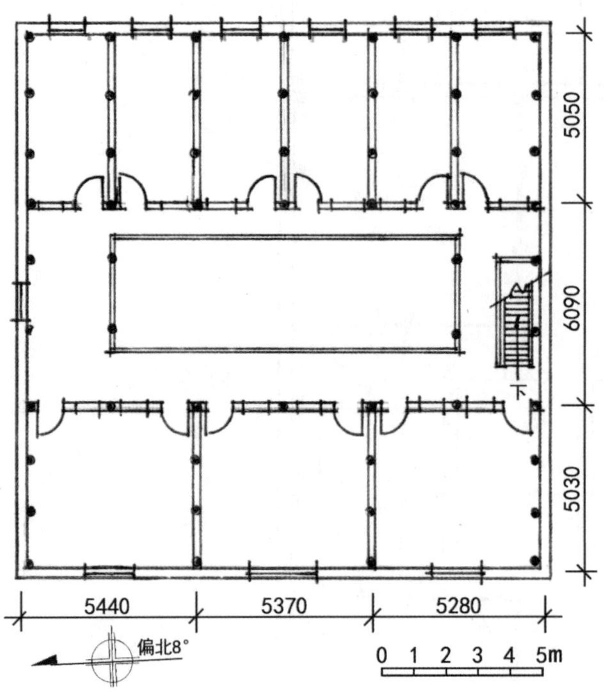

图3-2-52.a 芜湖古城正大旅社二层平面图

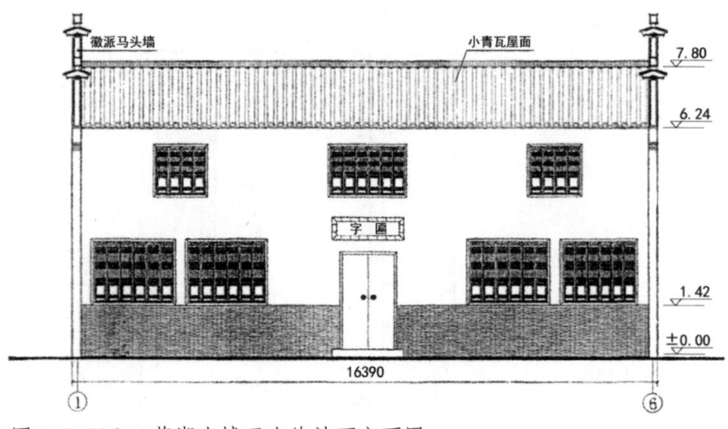

图3-2-52.b 芜湖古城正大旅社西立面图

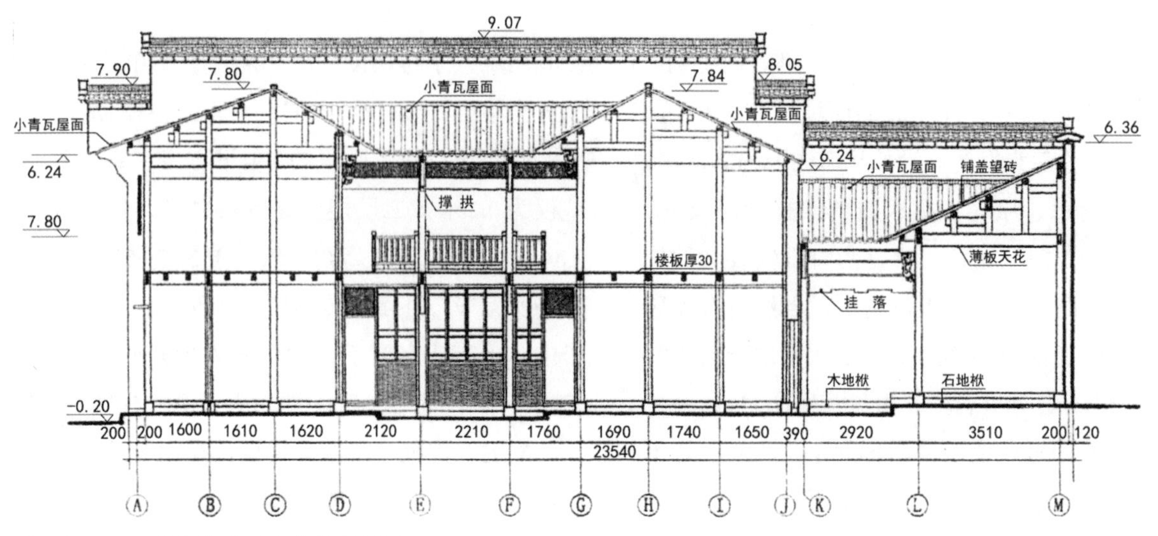

图3-2-52.c 芜湖古城正大旅社剖面图

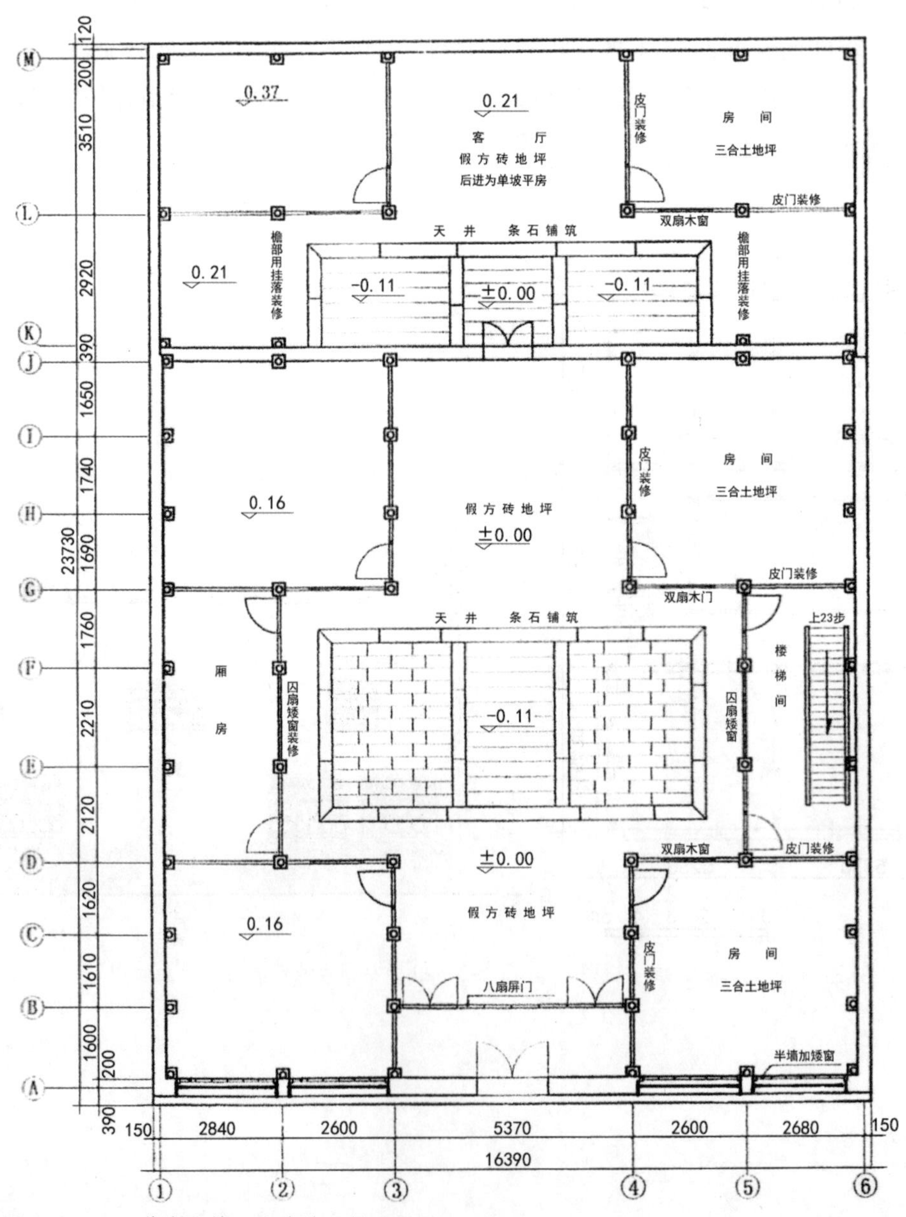

图3-2-52.d 芜湖古城正大旅社一层平面图

6. 芜湖科学图书社（1903）[图3-2-53]

在长街中段，昔日徽州会馆的东面，原有一座挂有“中长街20号”门牌号码的旧楼，即是影响很大的创办于1903年的芜湖科学图书社。此楼坐北朝南，是一联排楼房最西的一个开间，其建筑年代约在19世纪80年代。此楼面宽只有3.8米，进深却长达45米，呈狭长条状，建筑面积约250平方米。建筑布局前店后宅，前后共有四进（图3-2-53.a/b）。前两进建筑之间，有一带采光天窗的天井。关于第一进，《回忆亚东图书馆》一书有如下描述：“第一进是店堂，进门反手有不大的陈列柜，上面有书橱，陈列新书。差不多在店堂的中央，是直柜台，约有三丈多长。柜内有大书橱，放着手头要卖的书。顺手，柜外，上面是玻璃书橱，下面是玻璃陈列柜，陈列仪器文具”①。第二进是管内账的办公室，还有管事的办事台，一般顾客不能入内，只有办理批发业务的人员可以入内。第二进小楼后，设有两折式木楼梯，二层可通临街楼层。其后为露天小天井。第三进小楼单独设有木楼梯，楼后有一个小内院。最后一进平房是厨房及厕所。其结构为一般民居常用的立帖式木结构，空斗砖墙，木楼地面，小青瓦屋面。建筑形式较为简朴，西山墙处理为硬山。底层门口一排6扇大玻璃门，当中两扇常开，夜间上门板。楼层出跳约1米，开有4樘8扇连排木窗，窗下木板刻有花格（图3-2-53.c）。书中所附芜湖科学图书社的平面图、立面图，均为笔者1989年现场实测调查后手绘。

这座小楼除了建筑本身的价值，更重要的是它的历史文物价值。芜湖科学图书社的创办人是安徽绩溪人汪孟邹。1903年，在清末科举制度正式废除之前，汪孟邹求得亲友的帮助，筹集了1200银元的资金，托芜湖同乡会的介绍，租下了这间楼房，在芜湖创办了安徽省第一家新书店。店堂的设置打破旧俗，不供财神菩萨，这在当时十分少见。除了销售文具课本，还经销新书刊。在开办的三四十年中，它不仅成为“新文化的媒婆”，也是革命者聚会之处。刘希平、高语罕、李克农、阿英等时常来此，王稼祥就读于圣雅各中学时也常利用课余时间来此购书。这里还留下陈独秀早期从事新文化运动和革命活动的足迹。1904年7月至1906年，陈独秀来芜，寄住在芜湖科学图书社的后楼上，白天到皖江中学堂和安徽公学教书，晚上便在小楼上编写《安徽俗话报》半月刊，芜湖科学图书社则帮助其印刷和发行。陈独秀在《安徽俗话报》发表了近20篇文章，共8万余字，极大一部分文章是在此小楼上写成。1905年，中国近代史上著名的“吴樾怒炸出洋五大臣”悲壮事件就曾由陈独秀事前约请吴樾、赵声密计于此，原议定是炸清廷宫殿及那拉氏，后来情况有变，炸伤了出洋大臣，吴樾壮烈牺牲。这里还是由陈独秀担任会长的秘密革命团体“岳王会”经常活动之处②。

1913年，汪孟邹接受陈独秀建议，赴上海创办亚东图书馆经销北京大学出版的书刊，如《新青年》《每周评论》《新潮》等杂志，出版《孙文学说》《胡适文存》《独秀文存》等，以及蒋光慈等人的革命文学作品。芜湖科学图书社作为亚东图书馆的代售处之一，为宣传新文化、新思想发挥了很大的作用。1927年，蒋介石发动“四一二”反革命政变时，书社遭到冲击，但仍冒着风险，坚持经销各种新书刊。1938年，芜湖科学图书社在日寇的炮火中被迫停业。1939年，汪孟邹和陈独秀均有到芜湖重开科学图书社之意，但由于各种原因未能如愿。

笔者1989年曾在《芜湖日报》上发文呼吁保护此建筑③，可惜数年后这幢百年历史建筑在长街改造中被拆除。

① 汪原放：《回忆亚东图书馆》，学林出版社1983年版，第9-10页。

② 姚永森：《陈独秀在芜活动片断》，载方兆本：《安徽文史资料全书·芜湖卷》，安徽人民出版社2007年版，第1151-1153页。

③ 葛立三：《芜湖科学图书社旧楼——芜湖近代建筑漫话之九》，《芜湖日报》1989年4月6日版。

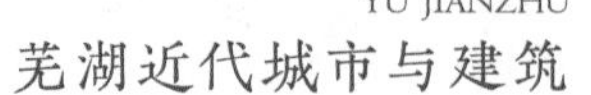
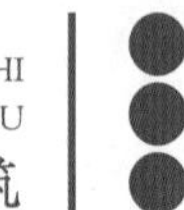

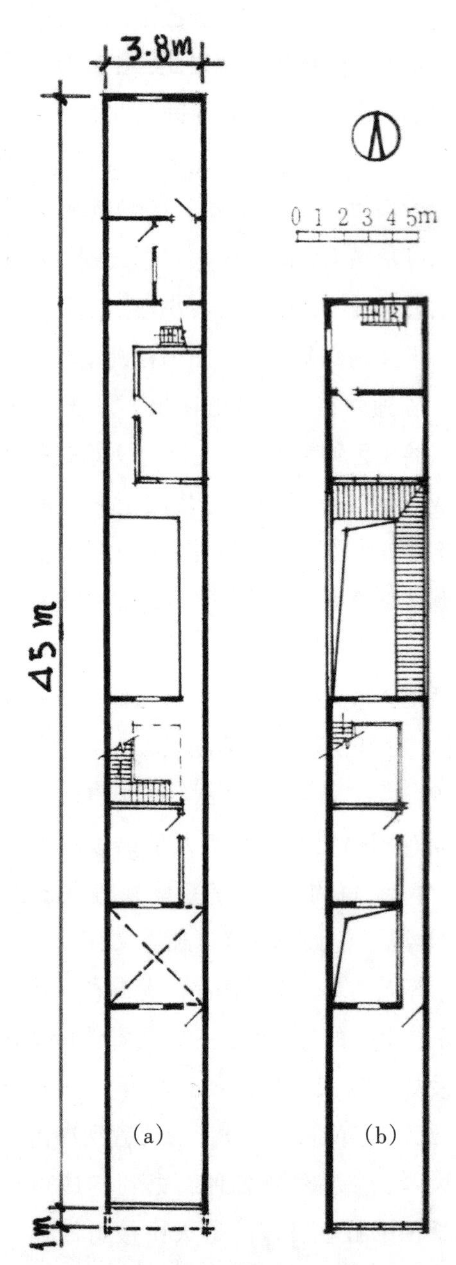

图3-2-53.a　芜湖科学图书社一层平面图
图3-2-53.b　芜湖科学图书社二层平面图

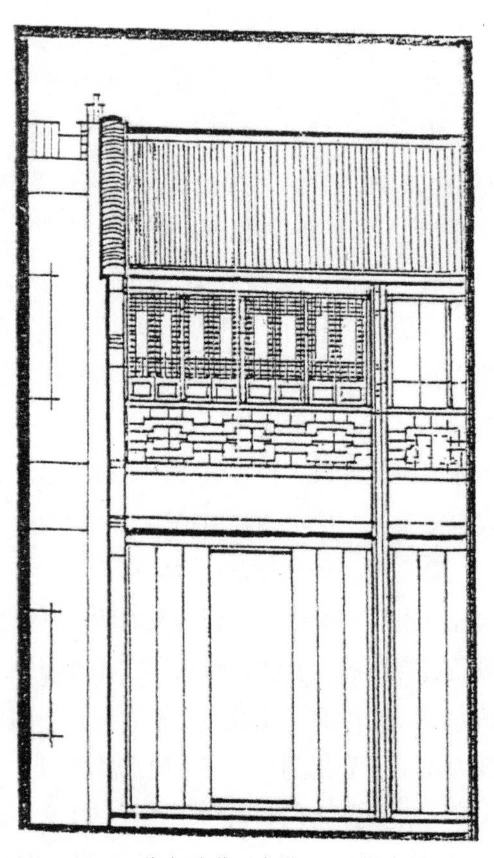

图3-2-53.c　芜湖科学图书社立面图

7. 芜湖古城望火台（民国初期）[图3-2-54]

此建筑建于民国初期，西侧原来尚有附属建筑。主体建筑坐北朝南，建于环城南路中部北侧，进出方便。建筑共有四层高度，下面两层为长方形平面，面阔约4.4米，进深约8.4米。底层为南入口，开有0.72米宽、3.17米高的四扇木门。木楼梯位于室内西北角，为直角形两跑，每一踏步宽0.2米，高0.22米。一、二层层高分别为4.45米、3.47米。二层是望火台的室内瞭望层，四面皆开有窗。二层屋顶是露天瞭望台，四周有砖砌女儿墙。第三层为2.54米×2.54米正方形平面，层高为2.24米，三面开有窗，西向开有上层顶平台的门，室内正中设有上阁楼层的陡直木扶梯。阁楼层是四面开有窗户的瞭望台，层高仅为2.05米。屋顶为四面坡攒尖顶，小青瓦屋面（图3-2-54.a/b）。该建筑为四层砖混结构，清水青砖墙，顺砖和丁砖隔匹砌筑，木楼板，钢筋混凝土现浇平屋面。建筑面积约90平方米。该望火台是芜湖古城内从高处观察火情的重要防火救火设施，功能特殊，造型特别，具有较高的文物建筑价值。2011年已列入芜湖市第三次全国文物普查不可移动文物目录。

图3-2-54.a　芜湖古城望火台

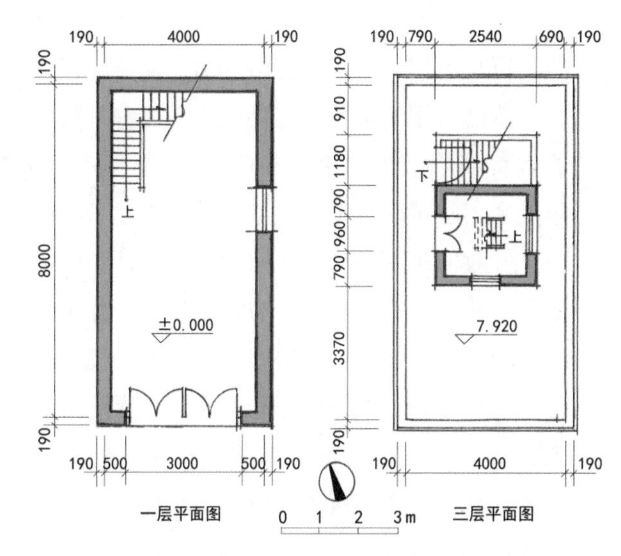

图3-2-54.b　芜湖古城望火台平面图(根据维修图改绘)

8. 芜湖万安救火会（20世纪20年代）[图3-2-55]

此建筑位于今新芜路北侧，建筑年代晚于古城内的望火台，约建于20世纪20年代。主要服务于邻近长江的新城区，也是一处重要的防火救火设施。该建筑为6层砖混结构，规模和建筑标准均高于古城内的望火台①。从历史照片来看，该建筑可能是钢筋混凝土框架结构，清水砖墙填充框架作为围护结构。下面四层为长方形平面，四面均开有观察窗，平面尺寸与古城望火台相近，也是单开间，长度约为宽度的两倍。第五层建筑面积减半，南面为露天瞭望台。第六层是六圆柱西式带穹隆顶的小亭，内悬有报警用的大响铃（图3-2-55）。此建筑今已不存，十分可惜，不然会是一幢反映芜湖救火历史的很好见证。

图3-2-55　芜湖万安救火会远景

① 芜湖市文物局:《芜湖旧影　甲子流光(1876—1936)》,芜湖市文物局2016年印,第45页。

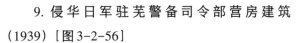

9. 侵华日军驻芜警备司令部营房建筑（1939）［图3-2-56］

1937年12月10日芜湖沦陷后，日军驻芜警备司令部设在赭山，占用了芜湖中学校舍，驻扎了一个联队。1939年以后，日军在赭山南麓建造了三幢二层楼房。每幢楼房北面还建了单层的附属用房，另外还有马厩。日本投降后，该建筑成为国民党宪兵教导第四团的营房。1946年12月，安徽省立安徽学院（1940年秋创办于立煌县，1945年迁至合肥）迁到芜湖，定址赭山南麓，即现在安徽师范大学赭山校区所在地，占地约千亩。原拟将日本警备司令部三幢营房移作校用，然已占用的国民党宪兵部队不让，只得使用原教育部职教班的用房和广济寺的庙宇。1947年上半年建了四幢平房教室，下半年建了两幢宿舍，并收回了两幢营房①。1949年12月，国立安徽大学从安庆迁来芜湖，与安徽学院合并组成新的安徽大学，这三幢营房即改造成大学校舍和办公用房②。改称安徽师范大学后仍继续使用。直到20世纪之交，该校在基建过程中，拆除了一号、二号营房及马厩等附属用房，现在只存有三号营房。

日军在建设三幢营房时，因时间紧迫，急等使用，采用了标准化的设计方法，进深统一确定为16.6米（轴线尺寸，下同）。建筑中间设有2.5米宽内廊，两面皆是6.02米进深的房间，南侧再设2.06米宽的外廊。房间开间宽度统一定为3.75米，楼梯间开间宽度统一定为3.15米，楼梯间两旁的房间开间宽度统一定为3.7米。再采用单元式的组合方式，建造成三幢砖混结构的营房。一号营房是由两个单元对称拼合而成，每个单元由十二开间组成，楼梯间位于中间，整个建筑全长约89.1米，建筑面积约3047平方米（图3-2-56.a）。一号营房坐北朝南，朝向南偏西34度，面对后来建的运动场。一号营房西南方约100米处是二号营房，此单元由十开间组成，也是楼梯间位于中间，整个建筑全长约37.3米，建筑面积约1276平方米（图3-2-56.b）。二号营房坐北朝南，朝向南偏东38度，与一号营房近乎垂直。二号营房西侧相距约14米处与其排成一排的是三号营房，此单元由十一开间组成，楼梯间位于正中间，整个建筑全长约41.05米，建筑面积约1404平方米（图3-2-56.c）。

三幢营房均是清水青砖墙，除一层、二层房间为木楼板地面外，其他为水泥地面，钢筋混凝土楼梯，外墙厚0.5米，砖柱断面为0.5米×0.84米，南入口两边砖柱加大至0.5米×1.1米。底层砖柱顶部为砖砌拱券，二层砖柱顶部为钢筋混凝土梁。二层外廊为钢筋混凝土栏杆。木屋架，两坡悬山屋顶，机制青平瓦屋面。三幢营房底层内廊的东西两端都设有直接对外的出入口，从历史照片可见，营房的南北房间每两开间设有壁炉一个（图3-2-56.d）。现存三号营房虽不见屋顶烟囱，但外墙仍可见烟囱的墙体（图3-2-56.e/f/g/h）。

此楼虽系侵华日军所建营房，但也记录了一段近代历史，仍有文物建筑价值，2011年被列入芜湖市第三次全国文物普查不可移动文物目录，此建筑至今保存完好，仍作为办公用房继续使用。

①《安徽师范大学校史》编写组：《安徽师范大学校史》，安徽人民出版社2008年版，第102–103页。

②《安徽师范大学校史》编写组：《安徽师范大学校史》，安徽人民出版社2008年版，序第1页。

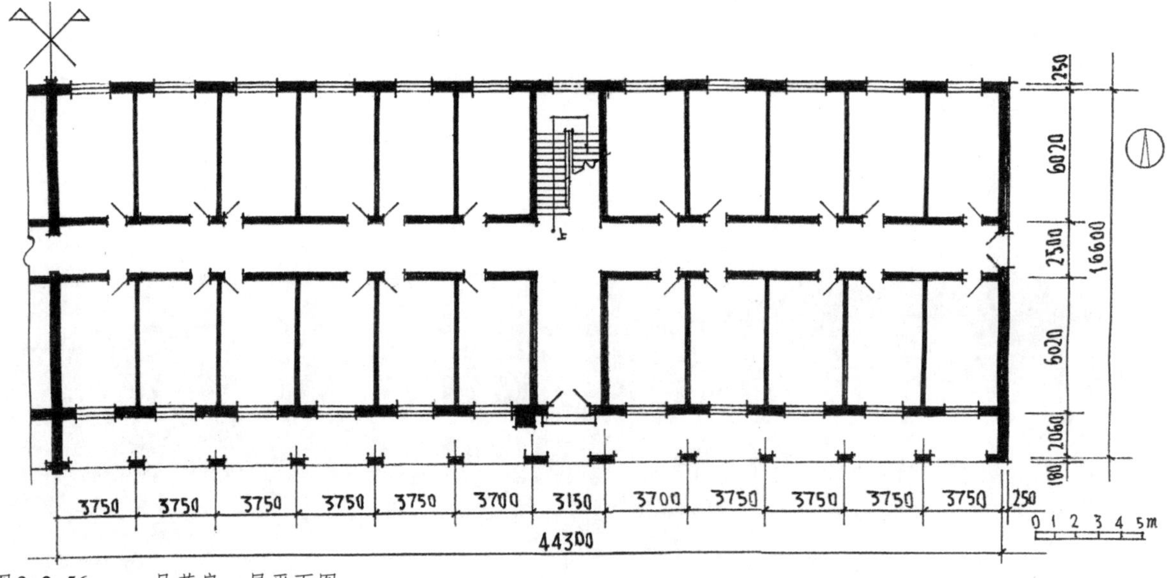

图3-2-56.a　一号营房一层平面图

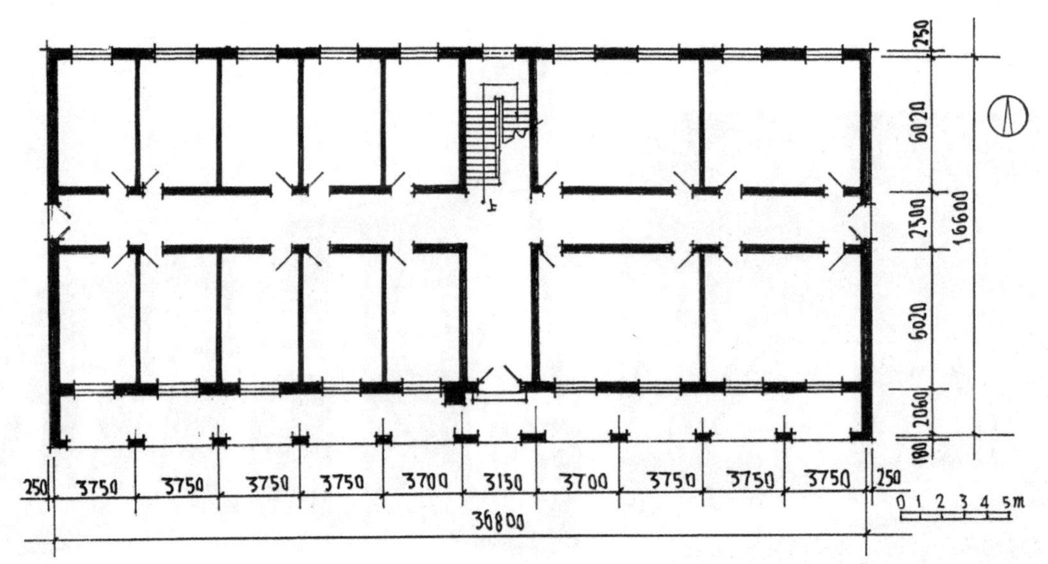

图3-2-56.b　二号营房一层平面图

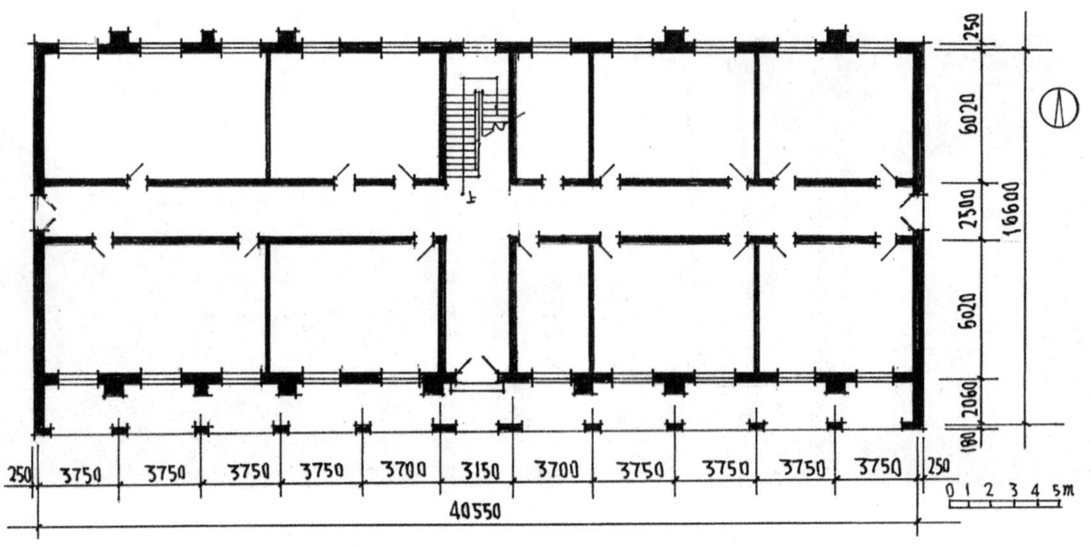

图3-2-56.c　三号营房一层平面图

图 3-2-56.d　一号营房南面

图 3-2-56.e　三号营房东南面

图 3-2-56.g　三号营房西南面

图 3-2-56.f　三号营房东北面

图 3-2-56.h　三号营房东南面

10. 芜湖模范监狱（1918）［图3-2-57］

清光绪五年（1879），芜湖县知县屈承福在县衙旁建造了芜湖县监狱。光绪三十三年（1907），清政府实行狱制改革，审监分离，要求各地改造旧式监狱，建设新式监狱。民国六年（1917），安徽省高等检察厅要求芜湖建造安徽省第二监狱（第一监狱在当时的省会安庆）。因芜湖原旧式监狱规模较小无法改造，便于1918年在东内街清千总署旧址创建了安徽省第二监狱。由于芜湖税源充足，监狱一次建成，也称芜湖模范监狱，成为安徽省当时设施最齐全、设备最先进的新式监狱，也是我国很早建成的为数不多的模范监狱之一。有人将芜湖模范监狱与上海提篮桥“远东第一监狱”、大连旅顺的日俄监狱、重庆渣滓洞集中营并称为“中国四大旧监狱”。

芜湖模范监狱是占地较大、建筑规模也较大的建筑群。东临东寺街，南临东内街，西临梧桐巷，北临井巷。东西宽约80米，南北长约180米（图3-2-57.a）。南侧偏西设有8.56米高的正门（表门），面对东内街，宽大的门洞上写有“安徽第二监狱”六个字，清水青砖墙，顶部水平横线条与波浪形的弧线条相结合，有一定的地方特色（图3-2-57.e）。东北角设有边门（非常门）。西北角设有可观察全狱区的三层楼高度的岗楼，方形平面，主要部位用红砖清水砌筑，有警示作用，跨井巷底层架空（图3-2-57.d）。东南角狱区外建有看守楼（俗称将军楼），清水青砖墙，两层，四坡顶。

模范监狱分外区和内区。外区建有厚而高的砖砌围墙，形状大致为矩形，东北角有突出，东南角有收进。从南面正门进入后，两旁有门卫室、待见室和看守室。迎面是监狱事务所办公室，内有典狱长办公室、各科办公室、会议室、招待室、陈列所、会食所、材料库、物品保管库、职员宿舍等。事务所西面是女监，其入口处设有女犯接见处。事务所东面是病监，设有普通病室、精神病室、传染病室，停尸房隔开设置。病监南面还设有医务所、看守宿舍、看守厨房、厕所、水井等。外区北面设有炊所、粮库、浴池、洗濯室、染纱场、消防器具室、水井、非常门等。

模范监狱的内区位于狱区的西部居中，四周有高约6.6米的青砖砌筑的厚实围墙，每隔5～7米有砖柱加固。南北两面围墙长约45米，东西两面围墙长约75.4米，围合面积约3400平方米。围墙内主体建筑是男监房，平面呈“十”字形，这是仿照欧美各国监狱“形式以扇面形、十字形为最宜”的做法。正中间是八角形楼，俗称八角楼。一层是监视处，西南角设有木楼梯（图3-2-57.g）。二层是教诲室，三层是瞭望室，屋顶为八面攒尖顶（图3-2-57.h/i）。以此八角楼为中心，东、南、西、北四个方向通过楼梯间连有四幢监房（俗称号房），对称设置（图3-2-57.b）。东西监房较短，各为四开间，长约14.8米（轴线尺寸，下同），进深约9.9米，楼上下各有监室8间，皆为独居间，东西两幢监房合计可容纳32人。南北监房较长，各为八开间，长约30.4米，进深约13.16米，楼上下各有监室16间，皆为5人杂居间，南北两幢监房合计可容纳320人。该监狱为两至三层砖木结构，外墙为清水青砖墙，底层层高约3.35米，水泥地面，二层层高约2.75米，木楼面。底层主要关押未决犯，中间放风面积较大。二层主要关押已决犯，只能在二层的走廊上放风。两层监房互不相通，均分别通往楼梯间。监房屋顶为两坡硬山顶，机制青平瓦屋面。顶部设有通长气楼，解决天井的采光通风（图3-2-57.c/f）。芜湖模范监狱主体建筑的建筑面积约2400平方米。

模范监狱的内区四角设有四幢工场，分有木工、织布、制米、缝纫、鞭工、建筑、洗衣、杂务等八科，配有雇工师教授，使犯人在押期内学得一技之长，这也是新式监狱的先进之处。

关于芜湖模范监狱的管理情况，民国八年《芜湖县志·政治志·司法》有以下记载：监狱“设典狱长一员，分设三科两所，每科设看守长一员，教务所设教诲师兼教育师一员，医务所设医士兼药剂士一员。分设看守主任两名，男看守二十四名，女看守二名，各承主管员之指挥，执行事务。……监狱合计能容纳男女犯人四百四十四人。遵照安徽高等检察厅的规定，凡属芜湖、当涂、繁昌、南陵和铜陵五县判决罪犯均可送入本监狱执行”。

抗日战争期间，日军在监狱内关押战俘和寄养伤员。中华人民共和国成立后，由于芜湖监狱设施完善、位置适宜，被调整为安徽省第一监狱。直至1965年前后停用，安徽省第一监狱迁往阜阳，女犯转到宿州女子监狱。这里移交给安徽省少年犯管教所，十几年后少年犯管教所迁往合肥五里墩。此建筑群改为民房，并移交给某工厂，还有一部分监狱干部和少管所留守人员住进了用号房改建的民房里①。

2012年，安徽省人民政府公布模范监狱为省级文物保护单位。2017年对此建筑进行了全面维修。

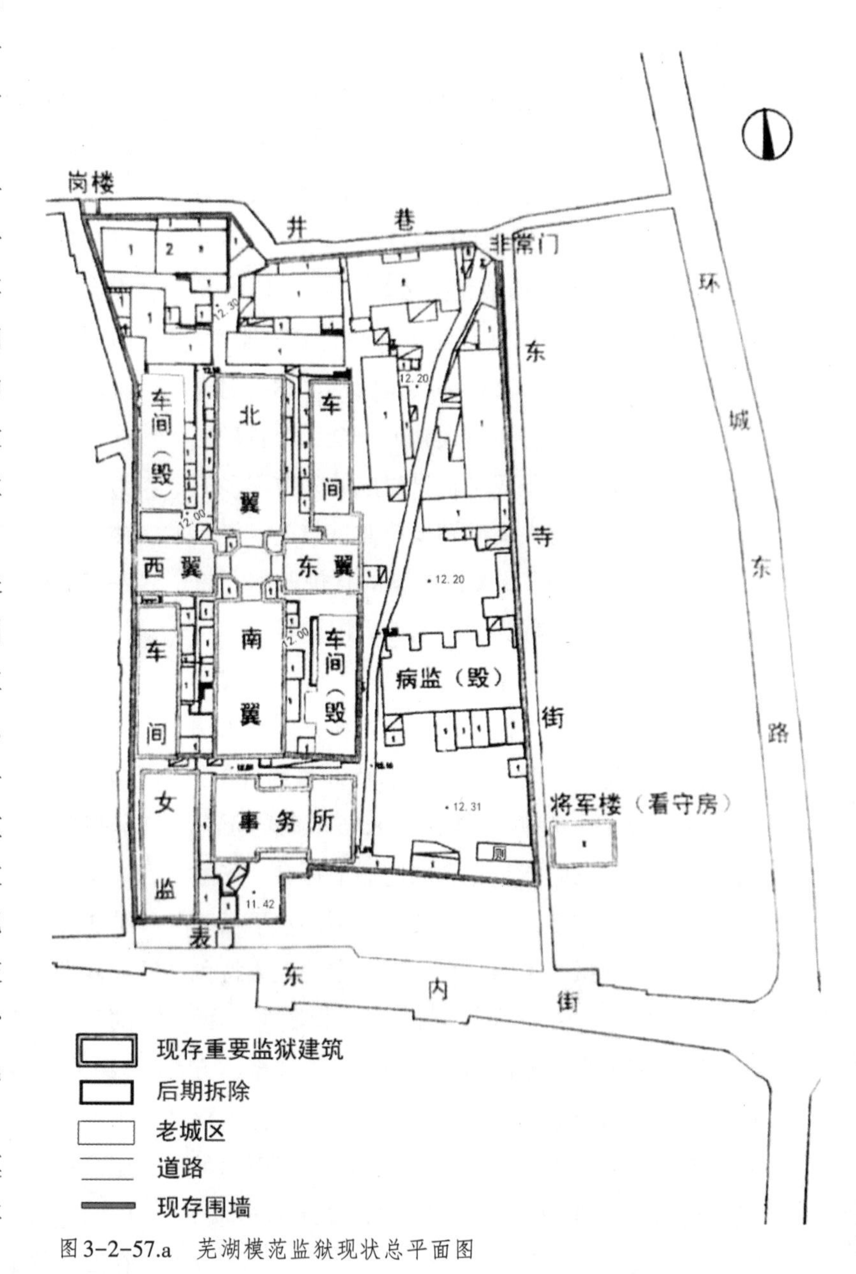

图3-2-57.a　芜湖模范监狱现状总平面图

① 石琼:《最后的芜湖古城》,安徽师范大学出版社2017年版,第55页。

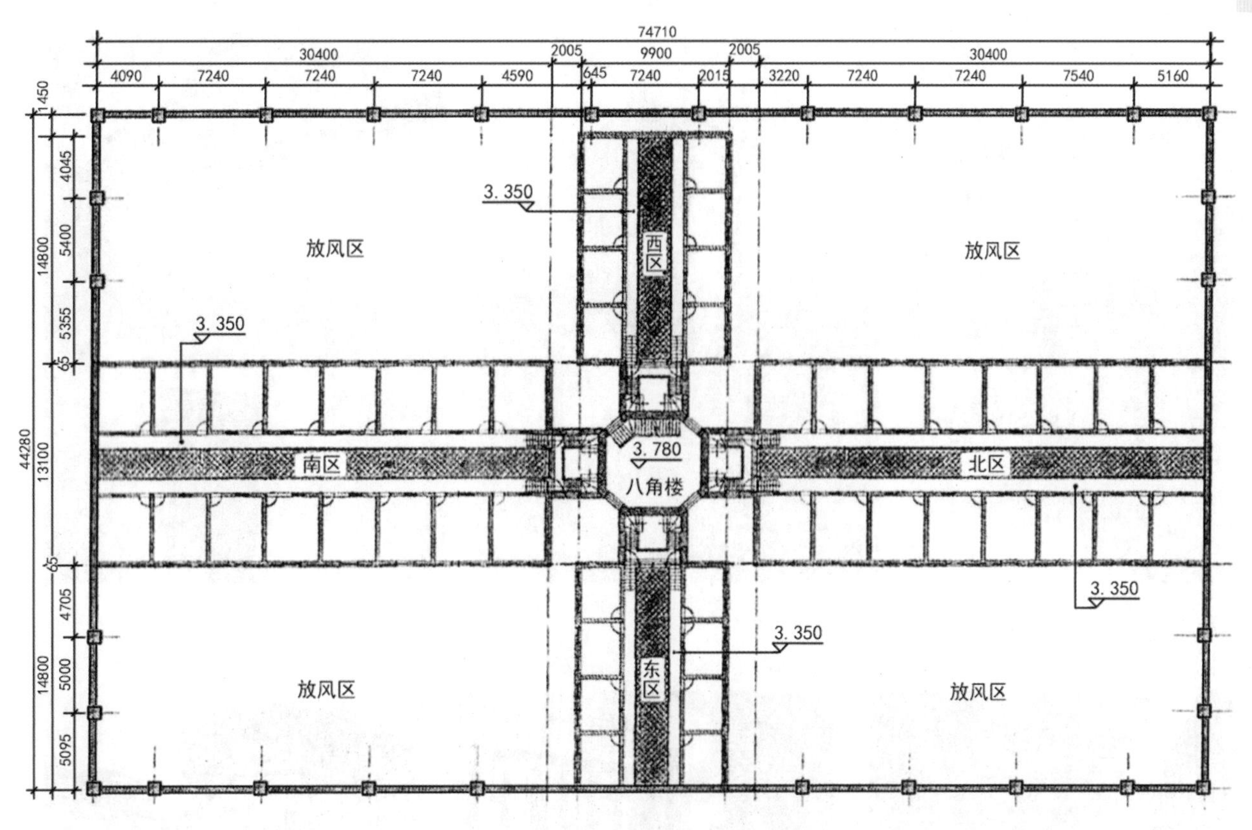

图 3-2-57.b 芜湖模范监狱二层平面图

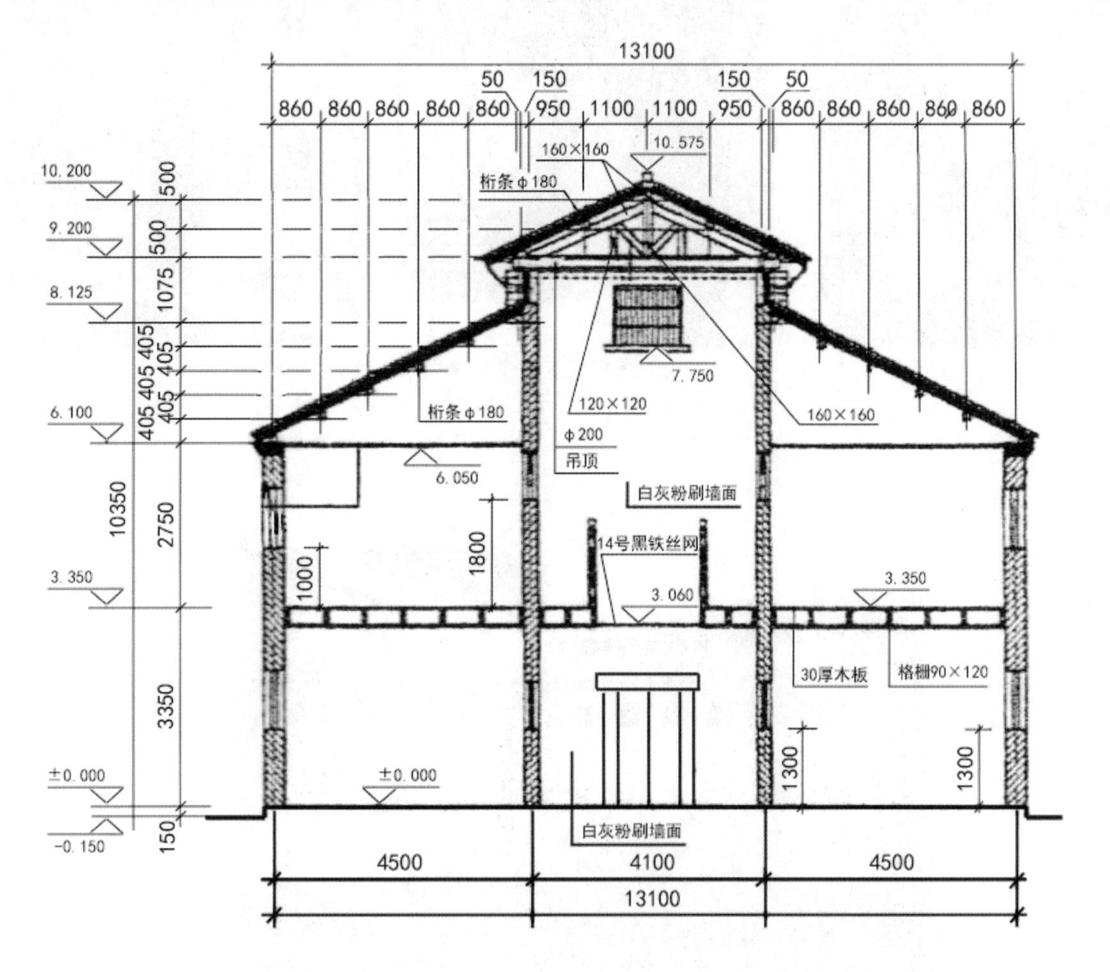

图 3-2-57.c 芜湖模范监狱剖面图

图 3-2-57.d1　芜湖模范监狱岗楼（从狱区外看）

图 3-2-57.d2　芜湖模范监狱（从狱区内看岗楼）

图 3-2-57.e　芜湖模范监狱大门

图 3-2-57.f　芜湖模范监狱内景

图 3-2-57.g　芜湖模范监狱八角楼木楼梯

图 3-2-57.h　芜湖模范监狱八角楼

图 3-2-57.i　芜湖模范监狱西南面

(八) 居住建筑

芜湖留存下来的近代居住建筑很多在古城内，大多为徽派建筑，少量为中西结合式建筑。芜湖开埠后随着新城区的发展，出现了一些近代别墅式住宅和里弄式住宅。改革开放以后，因房地产开发力度较大，大多今已不存。

1. “小天朝”（1890年前）[图3-2-58]

“小天朝”位于芜湖古城内儒林街48号，原是李鸿章送给侄女的陪嫁房。李鸿章的六弟李昭庆英年早逝，李鸿章把他的长子收为继子，并将他的四子、四女安排到芜湖居住。李昭庆的四女儿要嫁给四川总督刘秉璋的大儿子江苏候补道刘体乾时，便把建好的“小天朝”送给了他们。故可推测此建筑应建于1890年前。“小天朝”后来转到了刘和鼎名下，他在抗日战争期间担任过国民党政府军第11集团军和第27集团军的上将副总司令。抗战结束后，刘和鼎转而从事实业，1949年去了台湾。在台湾期间，他通过在芜湖的家人，将“小天朝”交给了国家。1958年以后，此建筑先后成为芜湖卫校、师范学校附属幼儿班、工农兵幼儿园、环城南路幼儿园这几所学校的校舍。期间有多次维修改造，有的木隔扇封堵后砌墙开窗，有的墙体上增开了门窗洞，后花园也有较大改变，但总体布局与主体结构基本未变。2012年，安徽省人民政府公布“小天朝”为省级文物保护单位。

此建筑坐北朝南，南偏西12度。面阔五间，总宽约18.93米，进深四进，总进深约60.01米，建筑面积约2318平方米。包括后花园，总占地面积约1600平方米（图3-2-58.a）。“小天朝”由前后两部分组成，南部为第一、二进建筑以及前院、前天井，是府邸；北部为第三、四进建筑，以及后天井、后花园，是后宅。东西立面用带有徽派马头墙的通长墙体连成一片，很有气势（图3-2-58.b）。

“小天朝”的入口院门原先开在前院的东侧（今存已改在前院的正中间），由儒林街直接进入（图3-2-58.c）。第一进建筑进深约6.93米（轴线尺寸，下同），为五开间，明间宽约4.13米，次间宽约3.33米，稍间宽约3.75米。明间为穿过式门厅，前后设门，其他开间有3.8米高杉木天花板，当作房间使用，南墙砖砌，无窗，北墙为木隔扇门及槛窗。前天井进深较大，有8.27米，东西两边有单坡顶的廊庑。第二进建筑是主要建筑，进深加大至8.96米，开间尺寸同第一进建筑。中间三开间为前厅，是家庭聚会与接待宾客之处。东西两稍间是用木板壁隔开的房间，北侧是板壁，南侧有通向前天井的木隔扇门，3.745米高的木阁楼板上用于储藏。第二进建筑大厅为抬梁式结构，前步有单梁，其上有拱轩，驼峰雕刻极为精美，南立面一排隔扇门和槛窗，做工精细，尽显主体建筑的气派（图3-2-58.d/e/f、图3-2-58.i）。

从“小天朝”前部进入后部要经过双重窄天井，分隔两个窄天井的墙体中间留有一门。南窄天井深约2.25米，东、西两侧分别有院门直接通外。北窄天井深约3.2米，可布置盆景。从第二进建筑通过连廊即可进入北部后宅，中间是面积较大的后天井，四周为两层建筑，对称布置。第三、四进建筑基本相同，均为五开间，明间宽约4.8米，分别为中厅和后厅，是起居空间，也作客厅使用。次、稍间宽约3.4米，皆为居住用房，木隔扇门均开向后天井，第三进建筑南面墙体上开窗，而第四进建筑北面墙体上不开窗（图3-2-58.j）。后天井东、西两侧是较宽的三开间单坡顶廊庑，分别设有上二楼的木楼梯，东楼梯宽约1米，西楼梯宽约0.66米。二层平面与一层平面几乎相同，只是沿后天井四周设有回廊（图3-2-58.g/h）。一层层高约3.5米，二层层高约3.2米。

“小天朝”是芜湖古城内一处规模宏大、布局合理、很有特色的徽派建筑群，应尽早对其进行全面修缮，以恢复昔日风貌。

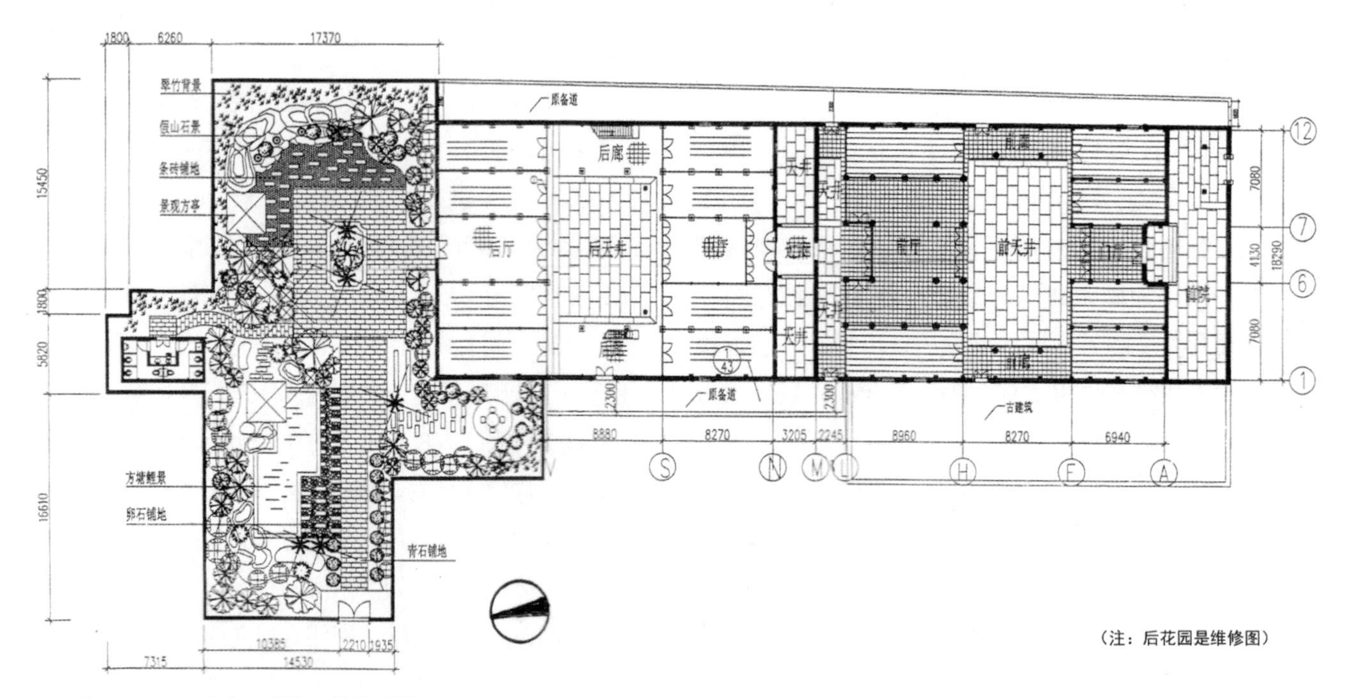

图 3-2-58.a “小天朝”一层平面图

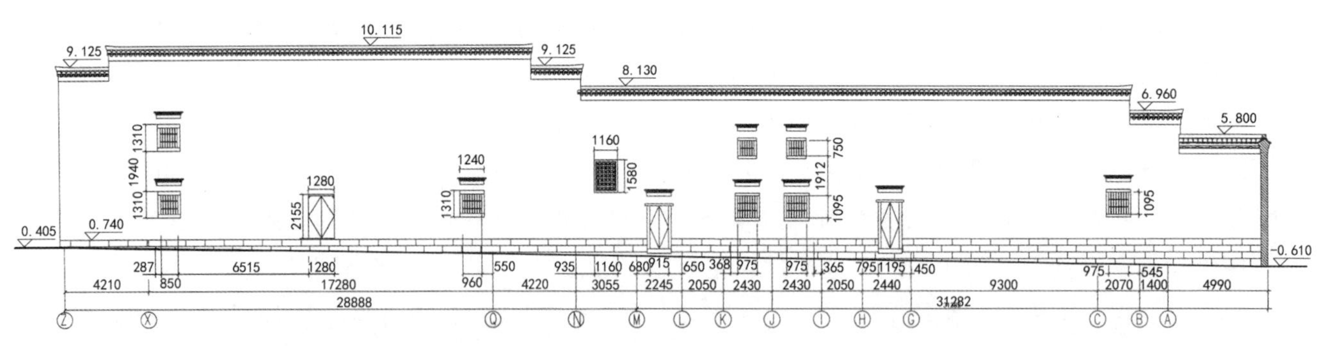

图 3-2-58.b “小天朝”西立面图

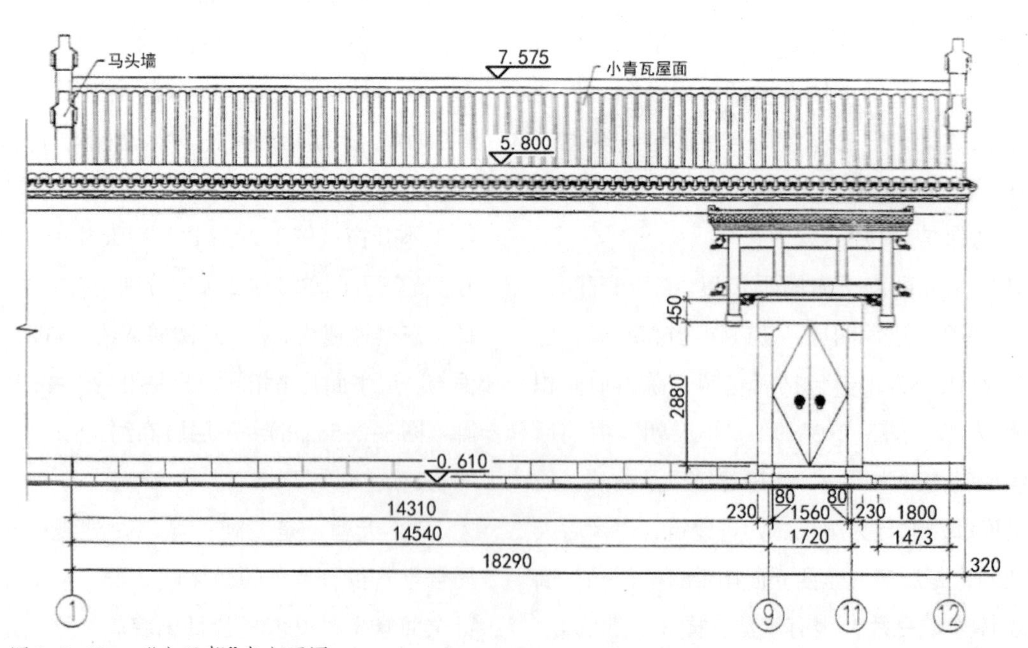

图 3-2-58.c “小天朝”南立面图

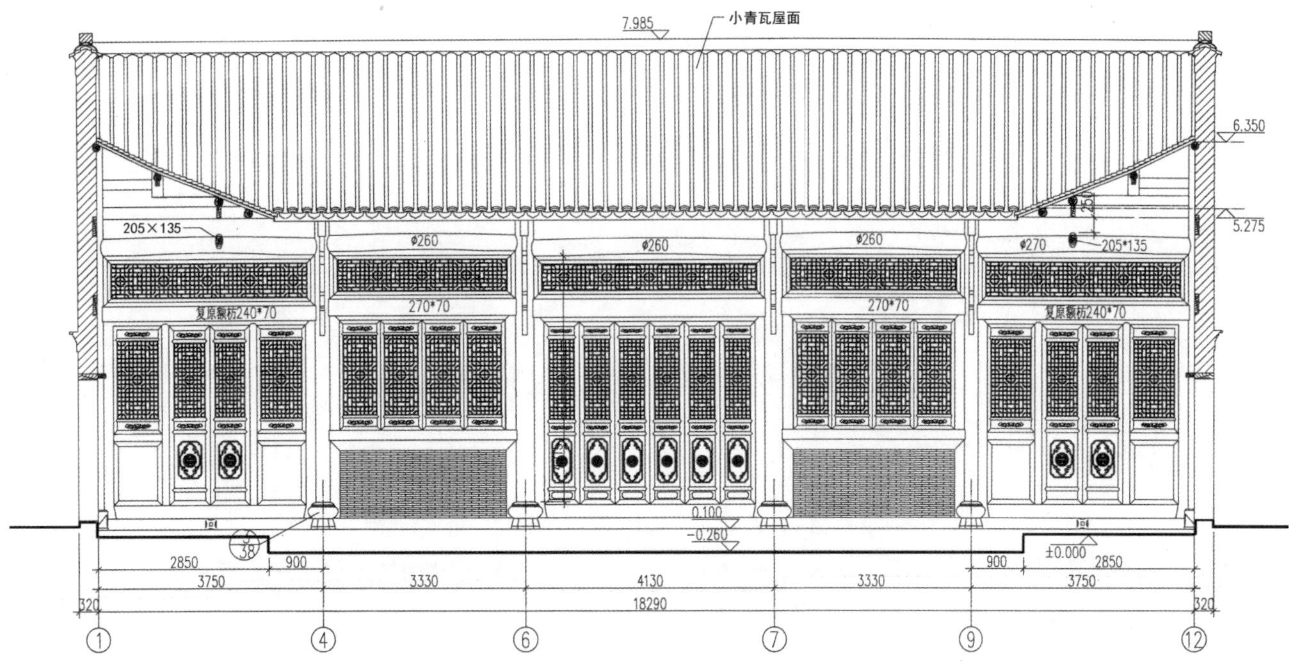

图3-2-58.d “小天朝”第二进南立面图

图3-2-58.e “小天朝”第二进建筑南面

图3-2-58.g “小天朝”第三进建筑北立面

图3-2-58.f “小天朝”第二进建筑梁上木雕

图3-2-58.h “小天朝”后天井回廊

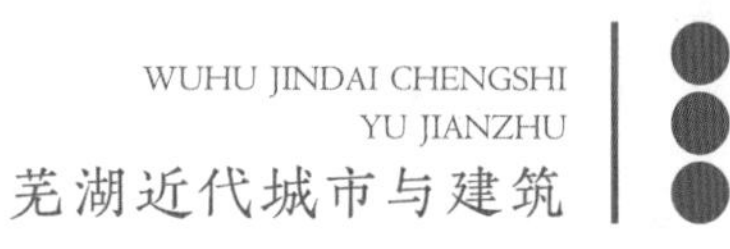

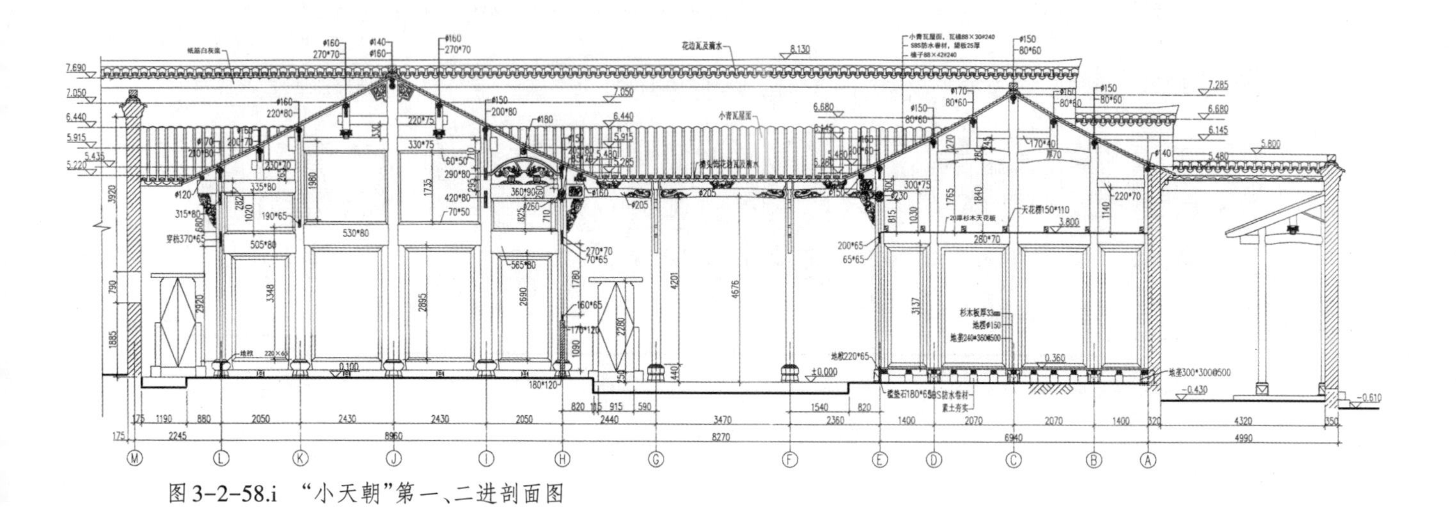

图 3-2-58.i “小天朝”第一、二进剖面图

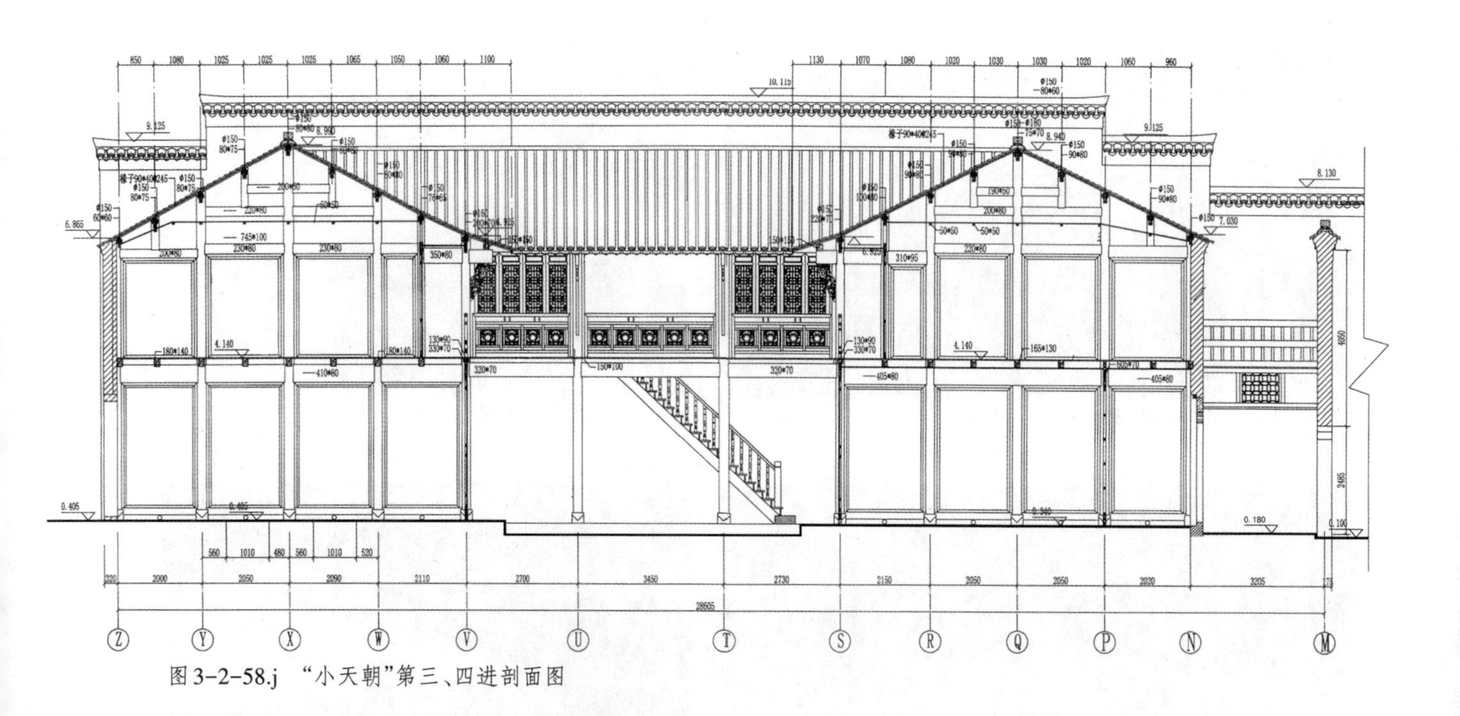

图 3-2-58.j “小天朝”第三、四进剖面图

2. 雅积楼（民国初年）［图3-2-59］

雅积楼位于芜湖古城儒林街18号。此建筑始建于明代，原是李永的府邸，其祖父李泰生（江西吉水人）至芜湖开馆教授学生，李永随之来芜。李永学识渊博，在文庙以西购地一亩有余（约700平方米），建楼一幢，因藏书万卷，门上悬有“雅积”匾额，故名雅积楼。他的两个儿子李赞和李贡，同于明代成化二十年（1484）考中进士。李赞授吏部主事，官至浙江右布政使。李贡授户部主事，官至顺天巡抚，兵部右侍郎。地方吏民在儒林街竖了“双进士”牌坊。李贡去世后，被朝廷追赠为“南京工部尚书”，所以民间又称雅积楼为“尚书楼”。之后，官方在县学西南又为李赞建了“薇省坊”，为李贡建了“大司空坊”。为兄弟俩竖立三座牌坊，芜湖仅此一例，全国范围内也很少见。雅积楼传至第四代李承宠时，藏书已近十万卷，雅积楼遂成为芜湖历史上藏书最多、留存时间最长的私家藏书楼。李承宠与汤显祖有莫逆之交，感情甚笃。汤显祖在1570—1586年曾三次来芜，应李承宠之邀到雅积楼博览群书，写下了《赤铸山》《梦日亭》等著名诗篇。民国八年《芜湖县志》记载：“传，汤临川（显祖）过芜寓斯楼，撰《还魂记》（又名《牡丹亭》）。”因《牡丹亭》完成于1598年，有学者对此提出质疑①。汤显祖曾寓居过雅积楼是没有疑问的，这给此楼增添了浓厚的人文色彩。可惜此楼在咸丰三年（1853）毁于太平军与清兵的战火。

民国初年，一位芜湖汤姓富商在遗址上依旧制建了一幢两层楼房，堂号“汤画锦堂”，外墙东、西两侧墙脚都嵌有“汤画锦堂墙脚界”石碑。其建筑规模比原先小了不少，使用功能也改为以居住为主。

此时的雅积楼为二层砖木结构，坐北朝南，南偏东15度，正屋居中，前有倒座，中有天井，后有花园。面阔三间，长约10.42米，总进深约20.11米，占地面积约208平方米，建筑面积约261平方米（图3-2-59.a）。倒座为二层砖木结构，单坡屋顶，坡向天井，小青瓦屋面。从风水角度考虑，大门开在东南角，门洞西侧后退，看似斜门，实为正南方位。从雅积楼现状照片可见，已用水泥砂将门洞抹平，南檐墙上的三个窗洞也是后开（图3-2-59.e）。倒座的脊高（也就是前院墙的高度）约6.9米，北面檐口高度约6.1米，一层层高约3.145米。倒座底层明间是对厅（与正屋厅堂相对），北面开有6扇隔扇门，其西南角次间处设有上二层的木楼梯（图3-2-59.b）。正屋为二层砖木结构，双坡屋顶，小青瓦屋面，进深较大，约7.44米。明间为厅堂，宽约3.96米，南面有6扇隔扇门，北面板壁后有上二层的木楼梯。两侧次间为功能用房，南面开有4扇大窗。二层平面布局与一层相同，只是明间南面6扇隔扇门后退约0.7米，形成阳台，前面装有木制扶手（图3-2-59.c）。檐下木斜撑雕工精细（图3-2-59.d）。屋脊高度约7.8米，檐口高度约5.8米，一层层高约3.51米，底层厅堂为方砖铺地，其他房间皆为木楼地面。

从居住安全考虑，底层对外皆不开窗，仅在二层山墙处开有0.8米左右宽的小窗并装有铁栅。从雅积楼现状照片可见，该建筑的山墙已成硬山屋顶。从雅积楼的修缮图可见，整个院墙将予以复原，正屋山墙也按照徽派建筑马头墙手法处理（图3-2-59.f）。

2011年，此建筑被列入芜湖市第三次全国文物普查不可移动文物目录。

① 茆耕茹：《汤显祖与芜湖》，载方兆本：《安徽文史资料全书·芜湖卷》，安徽人民出版社2007年版，第858页。

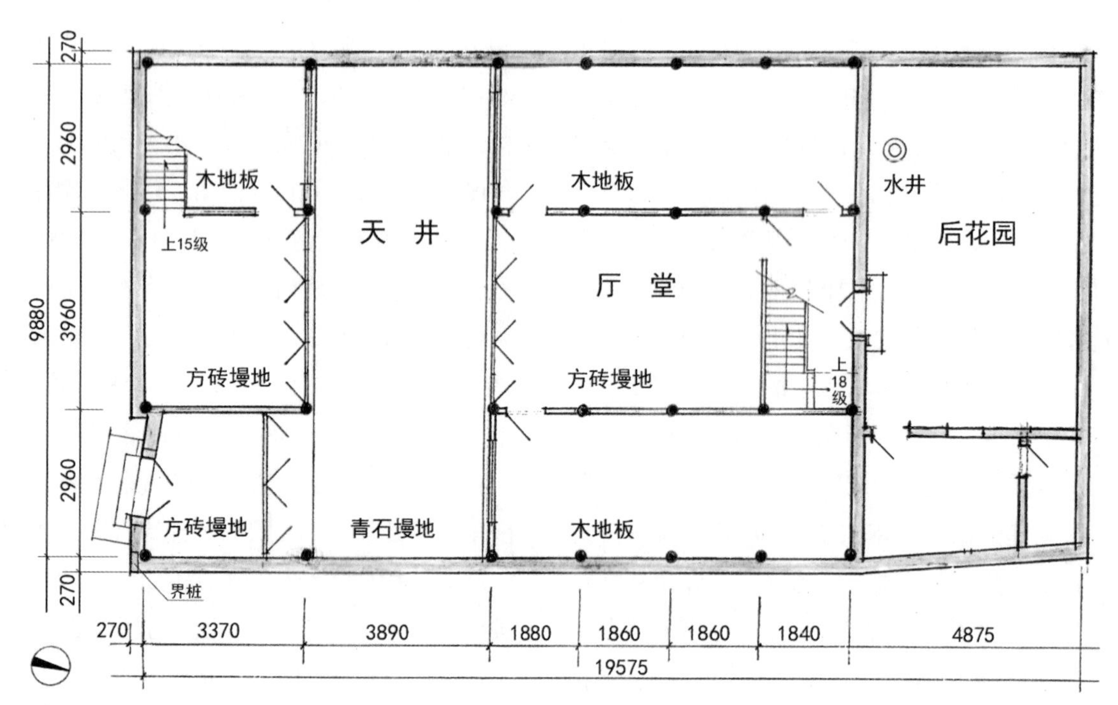

图 3-2-59.a 雅积楼平面图

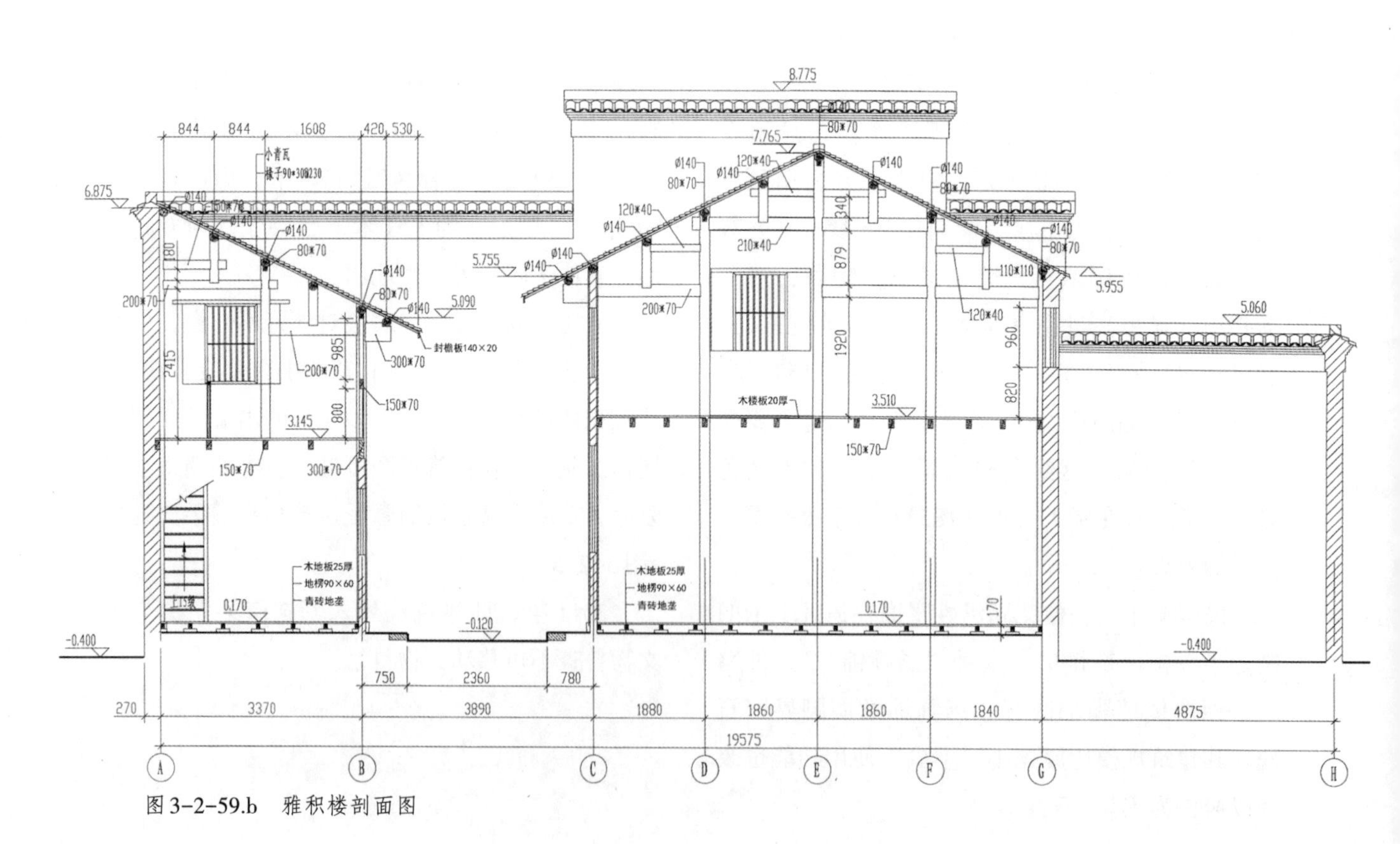

图 3-2-59.b 雅积楼剖面图

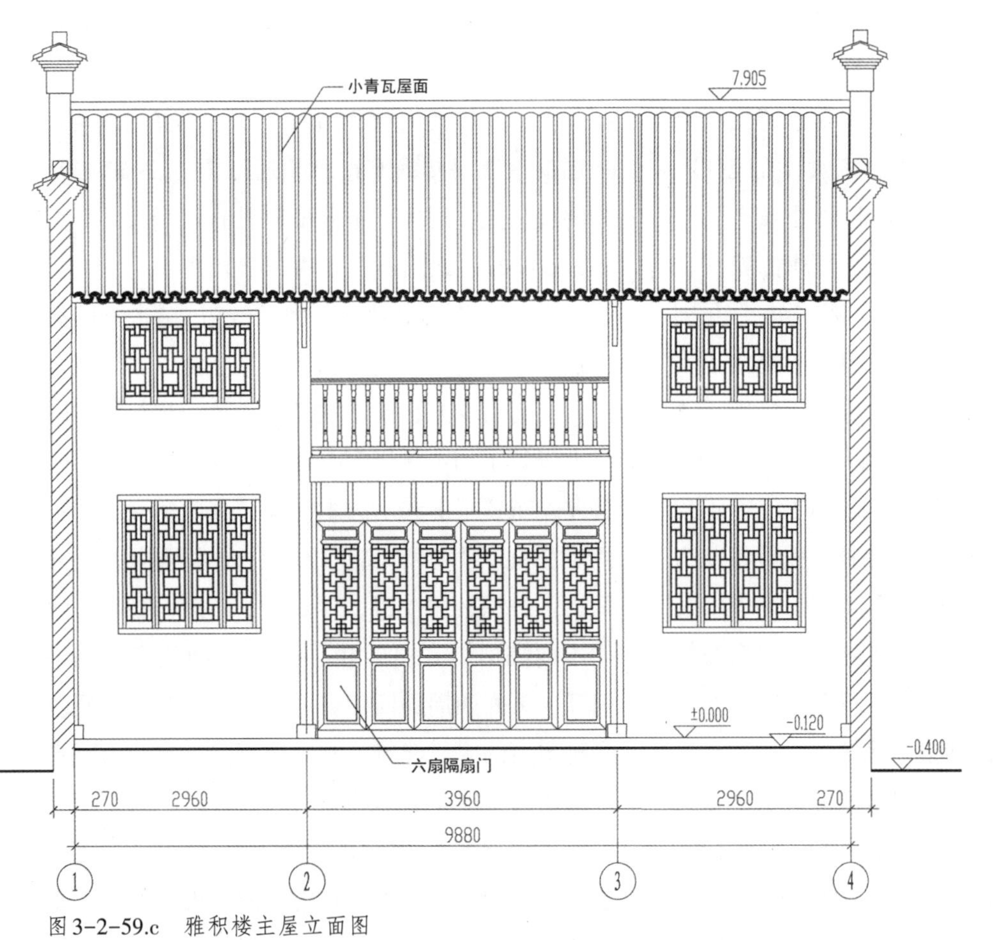

图3-2-59.c　雅积楼主屋立面图

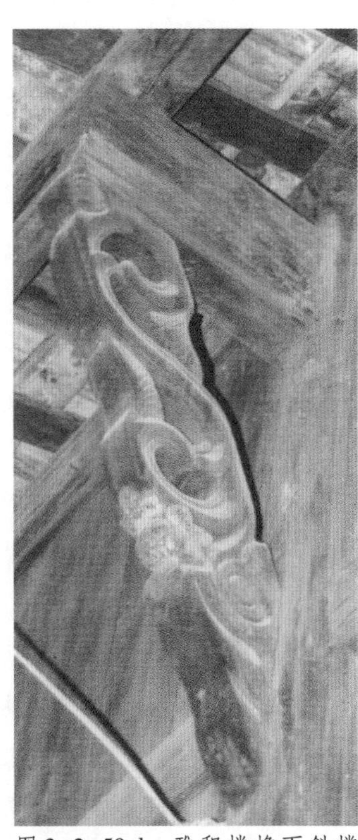

图3-2-59.d　雅积楼檐下斜撑细部

图3-2-59.e　雅积楼现状

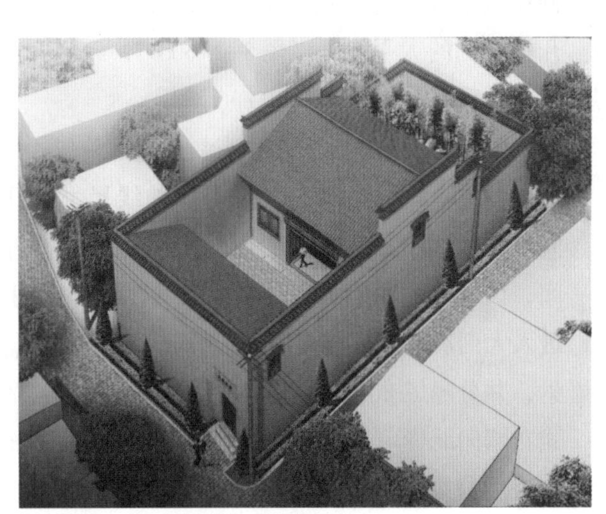

图3-2-59.f　雅积楼鸟瞰效果图

3. **段谦厚堂**（1908）［图3-2-60］

段谦厚堂位于芜湖古城内太平大路17号，建于清末，原为“吴维政堂”。最初的主人是清代大臣吴廷斌，“庚子之变”因护驾慈禧太后有功，官至山东巡抚，曾参与山东大学的创办。1905年前后在家乡泾县茂林建起两处豪宅，取名亦政堂和退步居。1908年安家芜湖古城，仿照亦政堂建起了吴维政堂，亦称“九十九间半”①。传至其孙吴继椿时，于1925年卖给了大买家段君实。段君实立即加砌了高高的围墙，改堂号为“段谦厚堂”，并在其墙角下立下碑界。段君实去世后，房产传其子女。20世纪50年代中期以后，芜湖织带厂、第四橡胶厂先后将此房改成厂房。80年代初，芜湖树脂厂、美华服装厂又在此建了职工宿舍。第三进建筑又先后被芜湖行署文化局、芜湖地区电影发行公司等单位使用。之后，该建筑未得到很好保护。

段谦厚堂占地很大，大致呈矩形，东西宽约32.39米，南北长约54.2米，总用地面积约1806平方米，相当于2.7亩地（图3-2-60.a）。这一庞大规模的建筑群由前院、中院、后院和侧院四部分建筑组成，总建筑面积约1689平方米。大门开在东侧的太平大路（图3-2-60.b），后门开向西侧的后家巷（图3-2-60.c）。

段谦厚堂的总体布局很有新意。前院位于用地的南部，东西长约32.39米（轴线尺寸，下同），南北宽约13.48米。大门位于前院东面的中间，门楼墙面稍有后退，形成“八”字形空间。进入大门后，二层楼高的五开间前厅建筑成为对景，并分隔成东庭和西花园两个空间。通过连廊式花园向北皆可进入中院和侧院前4.68米宽的前夹道。这是一个过渡空间，中间有门通向中院。中院是一“目”字形平面的二层砖木结构建筑，面阔七间，长约26.12米，进深八间，进深约18.2米。中间三开间是厅堂，是整个段谦厚堂的主体建筑，空间最大，规格最高，面积近110平方米，檐口高度达6米（图3-2-60.d1）。两侧是书楼，规模也很大，共有16间，底层层高约4.34米，东、西书楼靠院墙处分别设有木楼梯，二层的南北书楼尚有连廊相通（图3-2-60.d3）。为解决采光、通风，中院横向设有三个天井（图3-2-60.d2），北侧还设有两个窄天井。

沿着中院的中轴线，向北经过2.4米宽的后夹道，即可进入后院。因后院是宅院，属居住空间，又无后花园，便增加了天井的面积。在中轴线上设置了约4.28米宽、13.62米深的纵向天井，其北端布置了上二层的木楼梯。其两侧又设置了两个横向天井。后院建筑也是砖木结构，七开间，但进深较中院浅，深约15.44米。楼下12间住房的隔扇门开向天井，楼上12间住房的隔扇门开向天井四周的回廊。中院、后院东侧的侧院安排单层的附属建筑，有三处直接通向段谦厚堂外的边门（图3-2-60.d4）。

段谦厚堂保存较差，原有建筑已被数次改造，变化较大。作为芜湖古城内一处如此庞大规模的建筑群理应受到足够的重视。芜湖古城建设投资有限公司已组织完成了这一项目的整体维修工程设计，实施后将恢复昔日面貌，对这一芜湖古城内的优秀近代文物的保护和再利用指日可待（图3-2-60.e）。2011年，此建筑被列入芜湖市第三次全国文物普查不可移动文物目录。

① 石琼：《最后的芜湖古城》，安徽师范大学出版社2017年版，第77页。

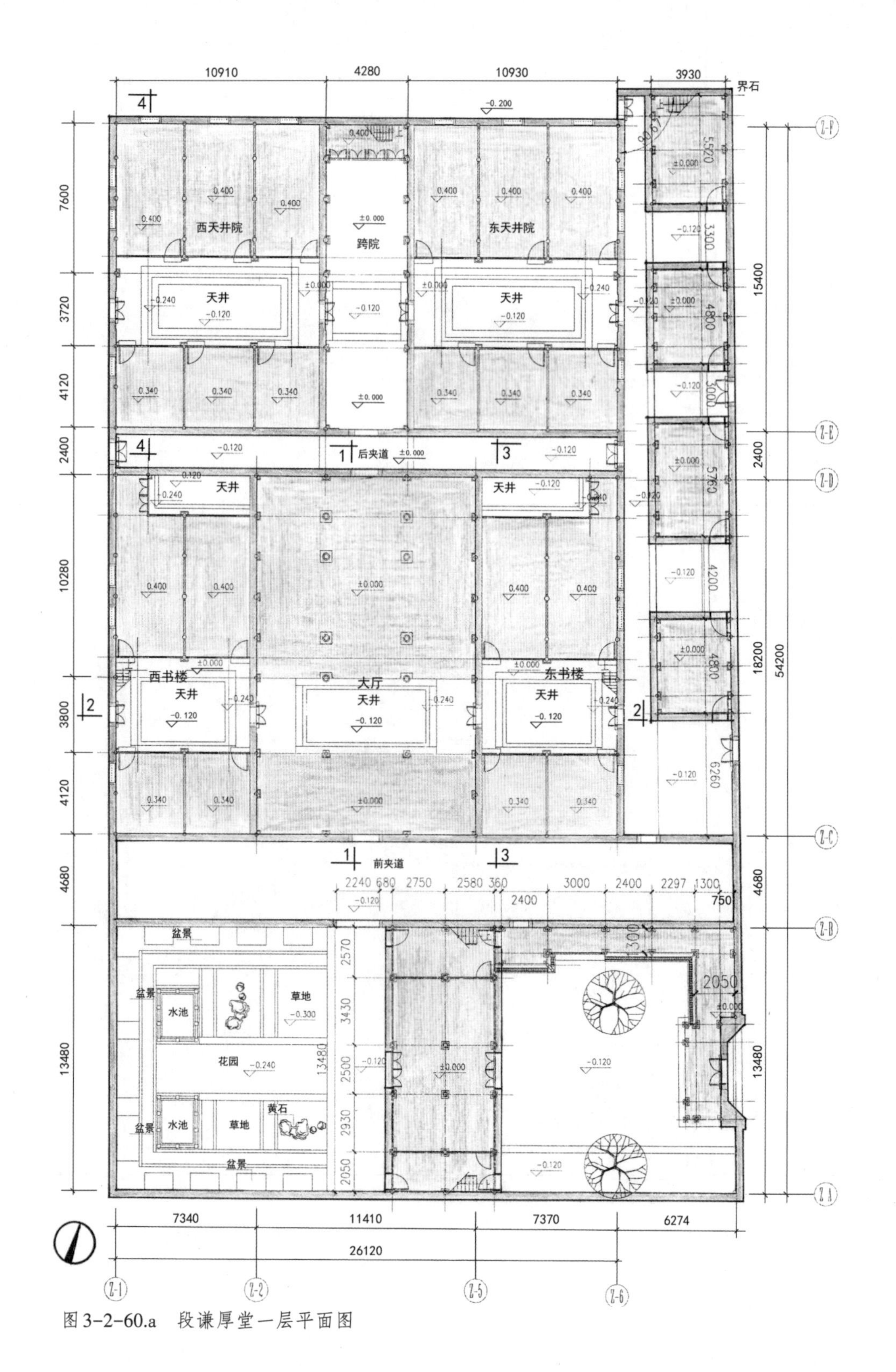

图 3-2-60.a　段谦厚堂一层平面图

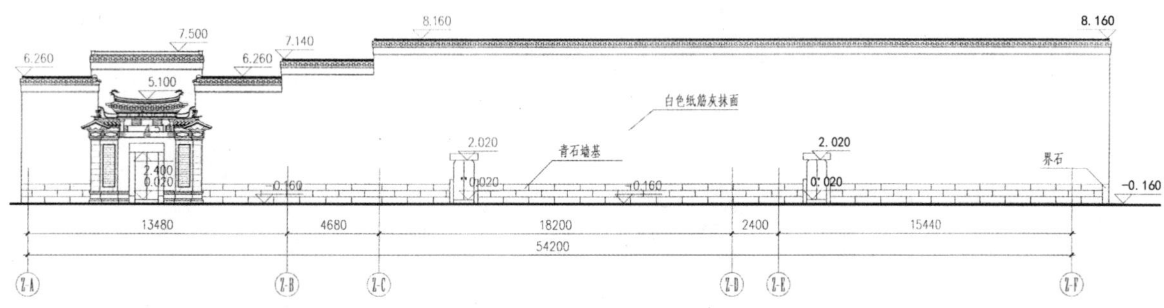

图 3-2-60.b　段谦厚堂东立面图

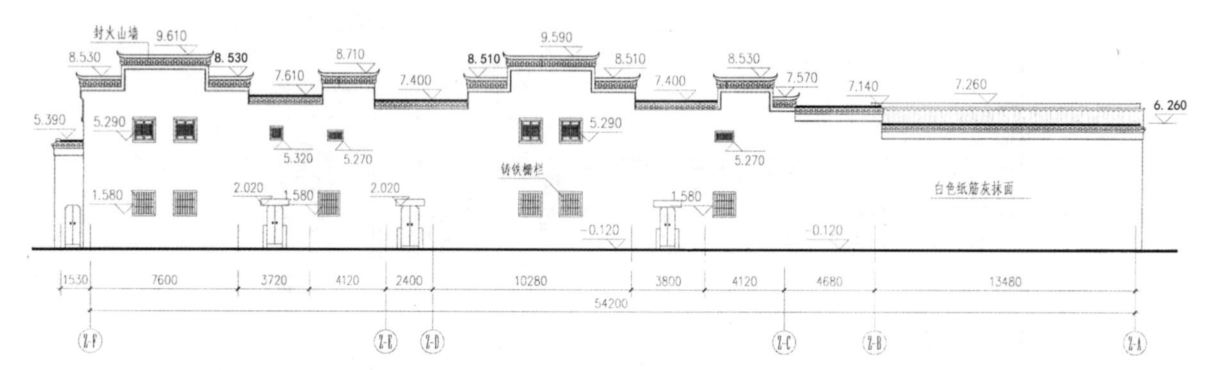

图 3-2-60.c　段谦厚堂西立面图

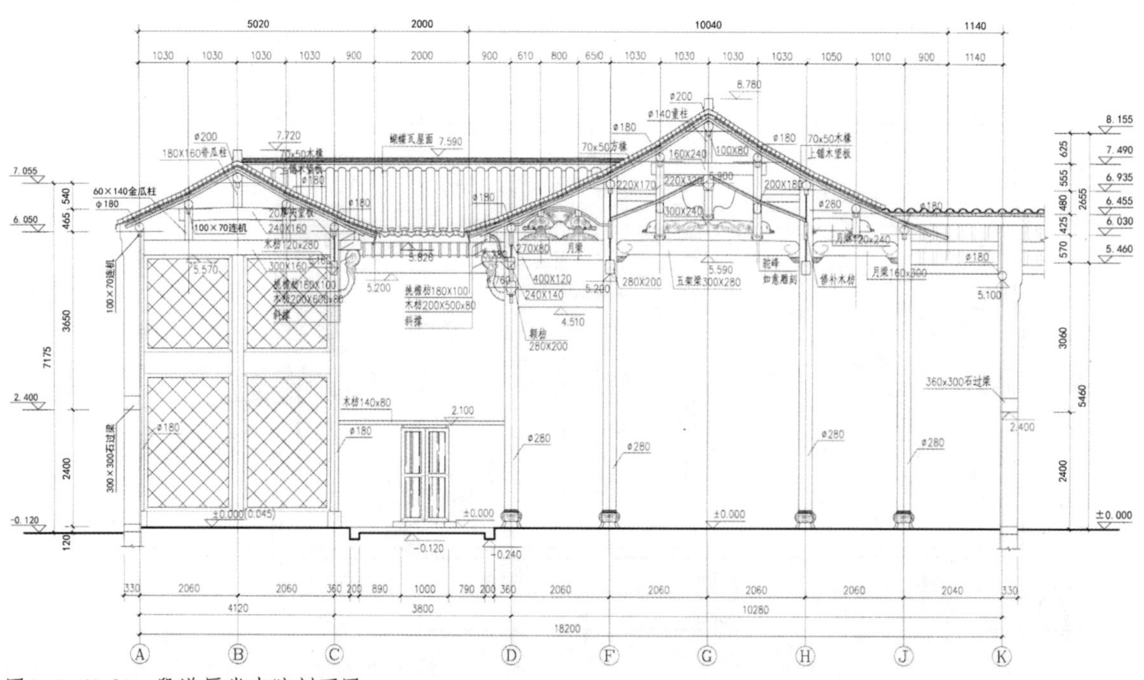

图 3-2-60.d1　段谦厚堂中院剖面图一

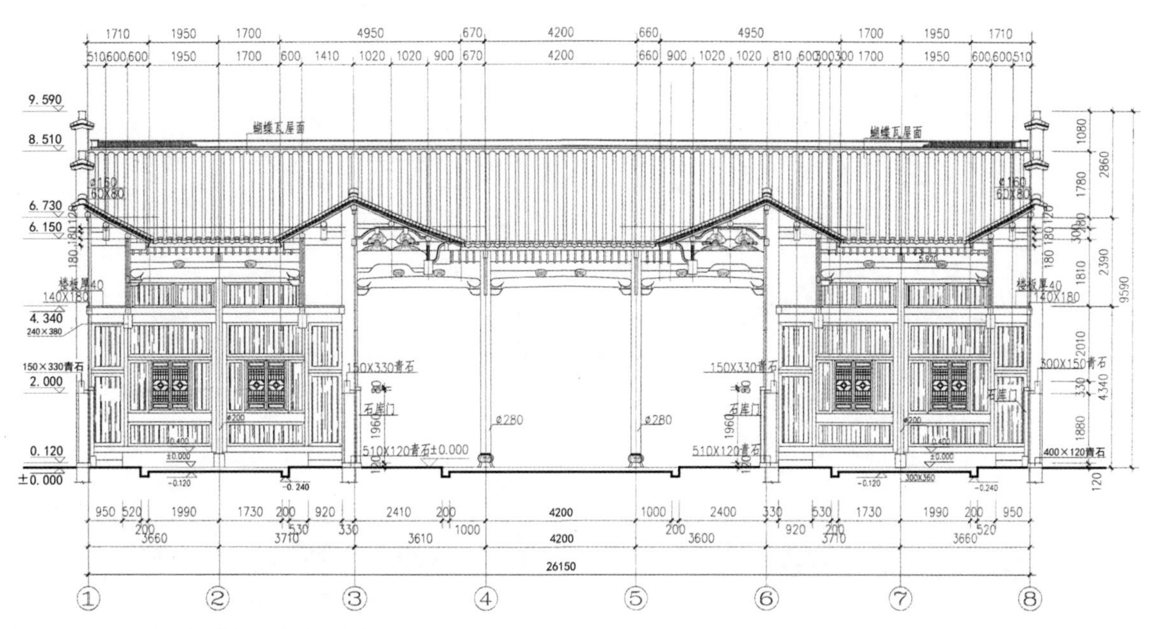

图 3-2-60.d2 段谦厚堂中院剖面图二

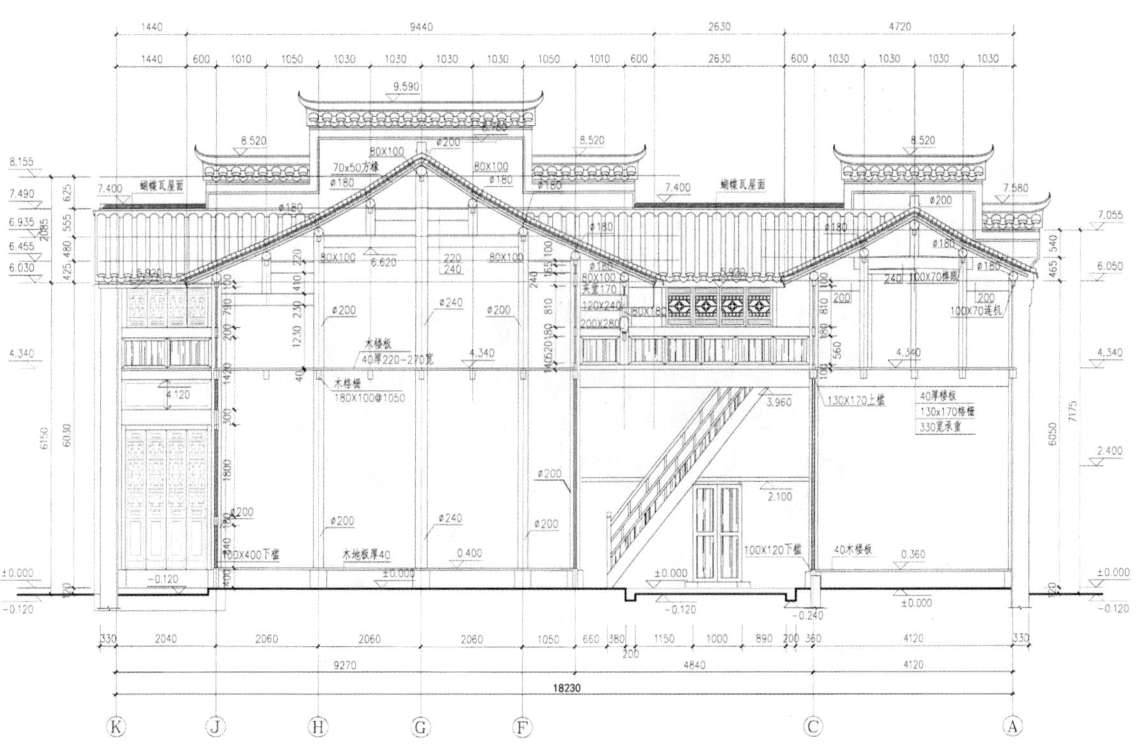

图 3-2-60.d3 段谦厚堂中院剖面图三

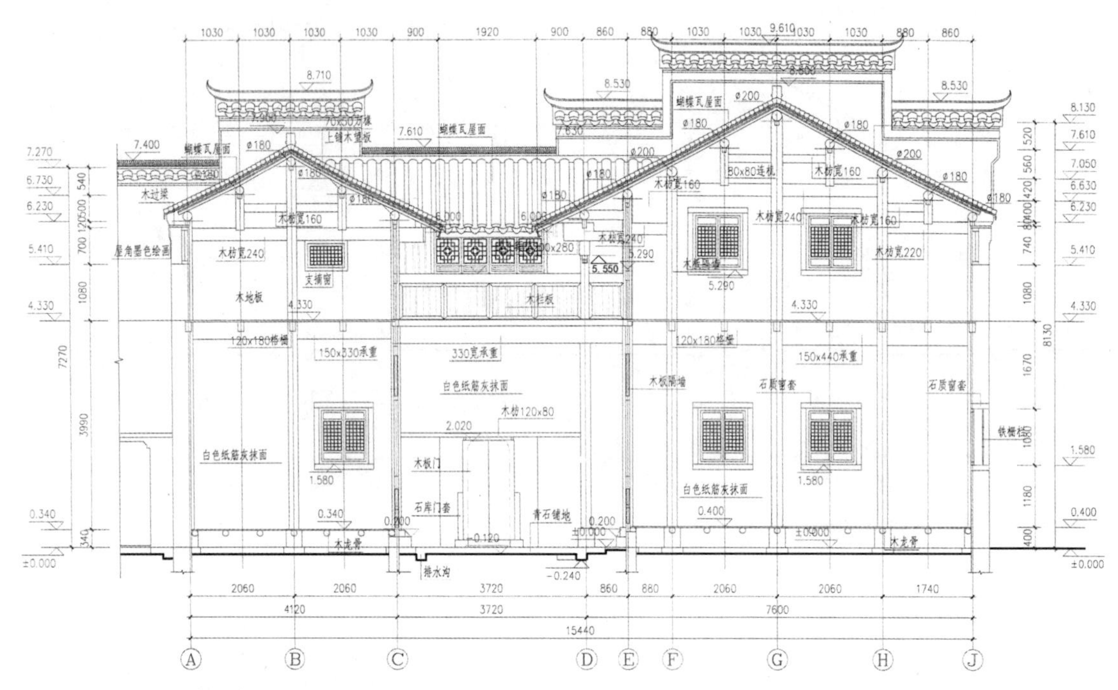

图 3-2-60.d4　段谦厚堂后院剖面图四

图 3-2-60.e　段谦厚堂鸟瞰效果图

4. 公署路郑宅（民国时期）[图3-2-61]

此宅位于芜湖古城内公署路66号，公署路的东侧。商人郑耀祖于民国时期建造，此人后来去了台湾。芜湖解放后，这座老宅成为教师住宅，最多时住户有五六户。

郑宅整个用地面积约416平方米，住宅位于用地东部，西部是庭院（图3-2-61.a）。总体布局是前院后宅，从西面南侧院门进入庭院后，再经过一道院门才能进入后宅。该宅为二层石库门式住宅，典型的“三间两厢式”户型，但已由联排式改为独立式，东西两侧可以开窗，居住更加舒适。房主是商人，见多识广，此宅未采用徽派民居内天井式的传统住宅平面，而借鉴了上海、武汉等城市兴起的石库门式新型住宅平面。石库门照例采用花岗石门框，门头上有砖拱，其上还有跳砖装饰，大门也照例是两扇黑漆木门。进入石库门就是宽约4.27米（轴线尺寸，下同）、深约3.09米的小天井。迎面是气派的8扇隔扇门，进入“客堂”后，两侧是“厢房”和“后厢房”，正面板壁后是上二层的两跑木楼梯，楼梯间外有卫生间。二层平面与此相仿，中间称“前楼”，两侧是卧室，一层卫生间上面是阳台（图3-2-61.b）。楼梯继续向上可至阁楼层，共三间，中间一间南面开有2米宽老虎窗，两侧房间东、西向分别开有圆形窗（图3-2-61.c）。此楼为砖木结构，局部为砖混结构，青砖清水墙，木楼地面，小青瓦屋面，硬山双坡屋顶。底层层高约3.98米，二层净高约3.2米（图3-2-61.h）。立面造型中西结合，所有门窗做有跳砖门楣、窗楣，一、二层间立面上做出跳砖腰线，硬山墙顶未做马头墙而做了弧顶、斜脊相组合的跳出线条，石库门上方做了西式花瓶装饰栏杆，整个造型显得亲切宜人（图3-2-61.d/e/f/g）。

2011年，公署路郑宅被列入芜湖市第三次全国文物普查不可移动文物目录。

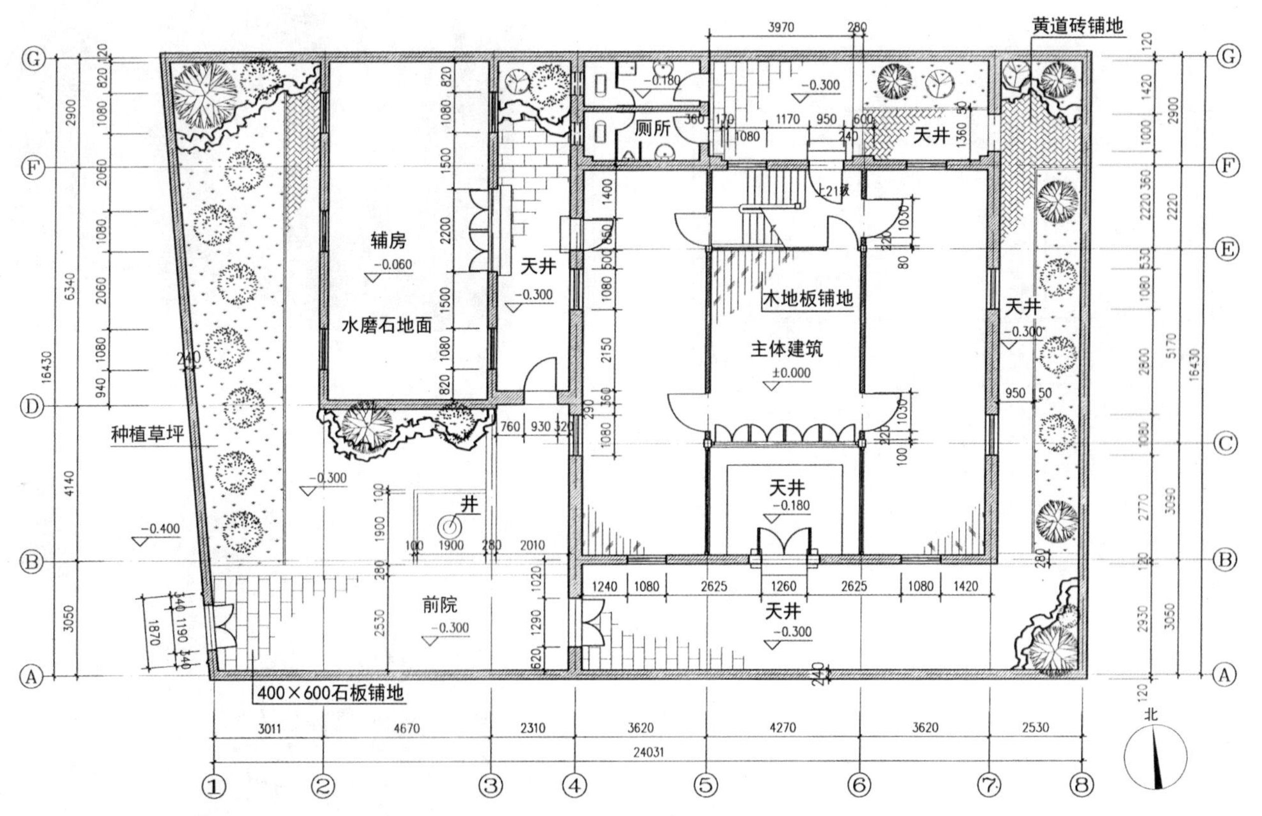

图3-2-61.a 公署路郑宅一层平面图

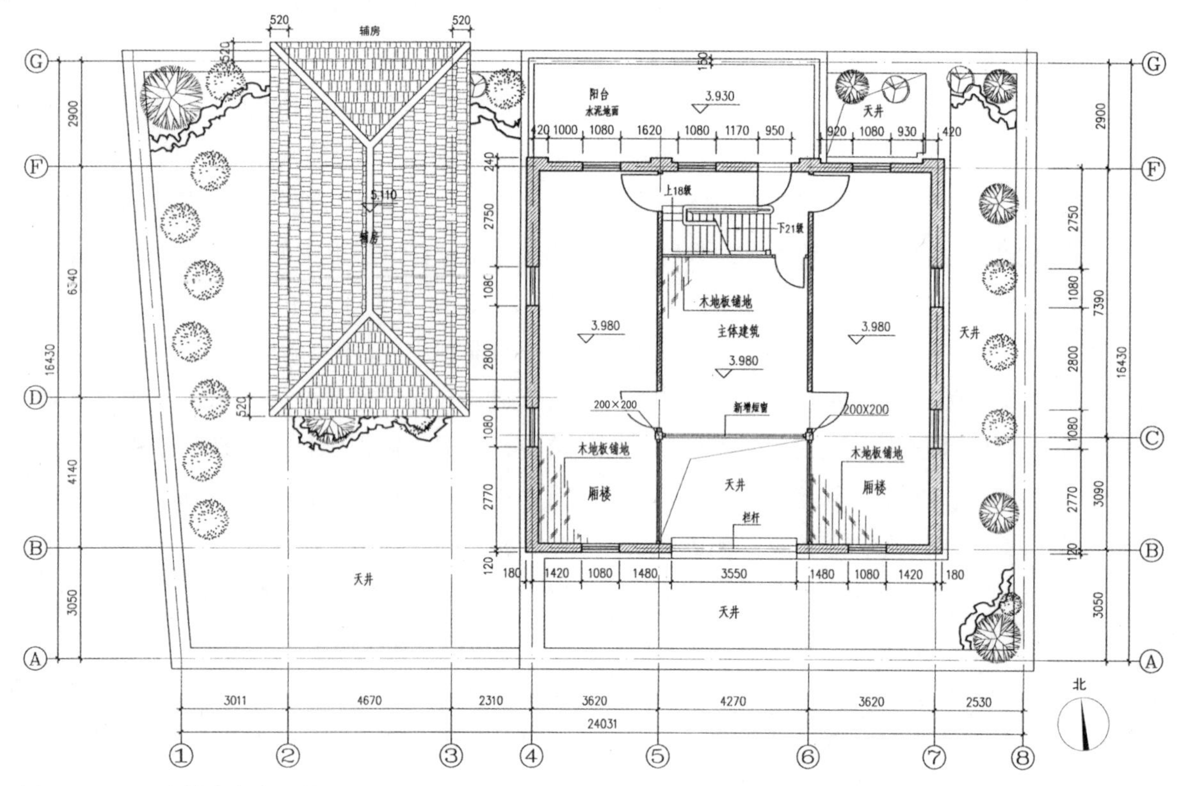

图 3-2-61.b　公署路郑宅二层平面图

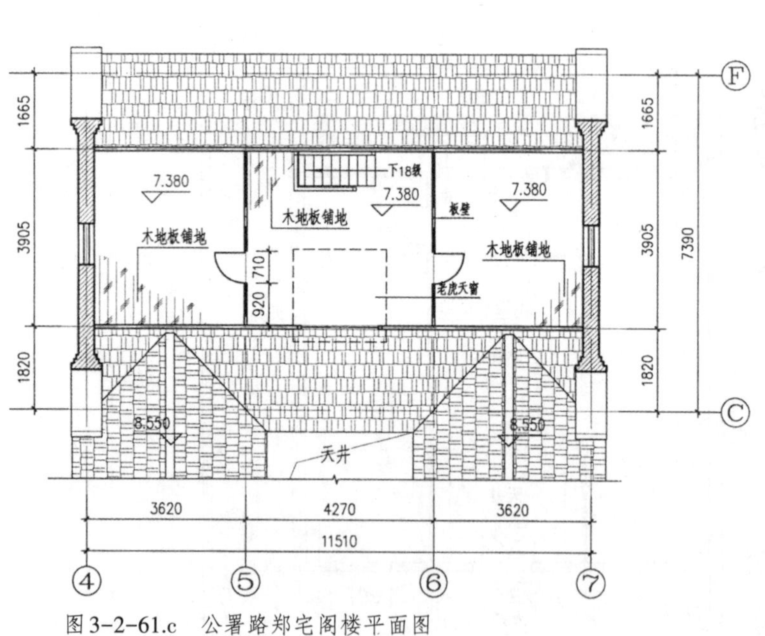

图 3-2-61.c　公署路郑宅阁楼平面图

图 3-2-61.d　公署路郑宅现状

图 3-2-61.e　公署路郑宅鸟瞰效果图

图3-2-61.f 公署路郑宅南立面图

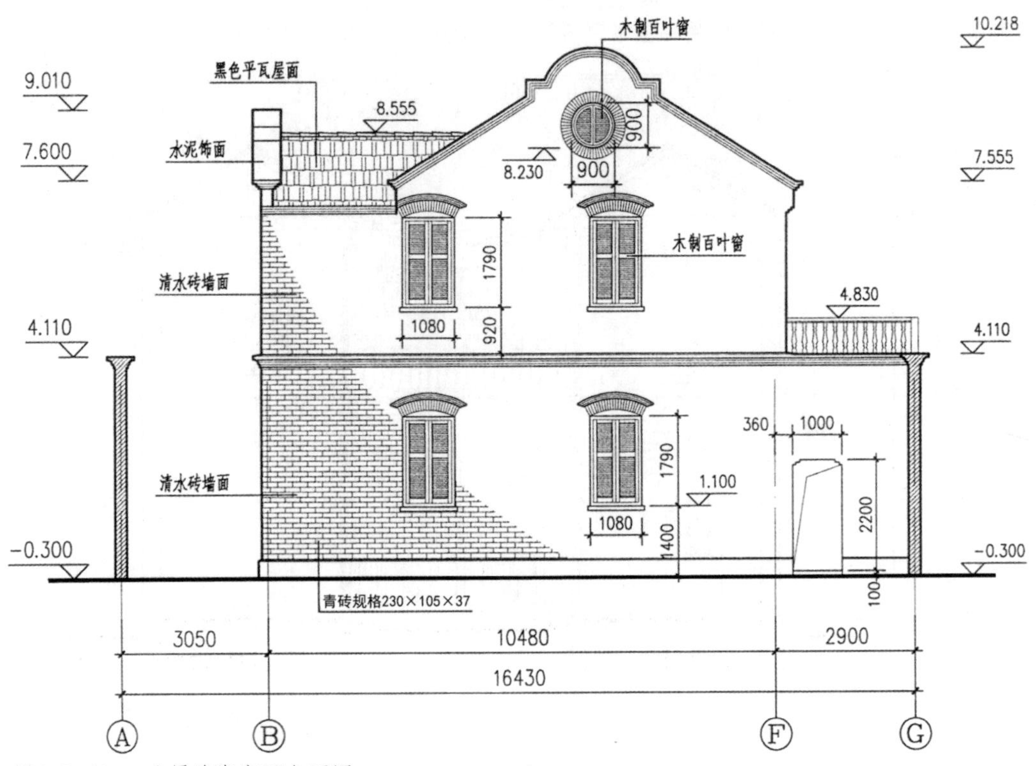

图3-2-61.g 公署路郑宅西立面图

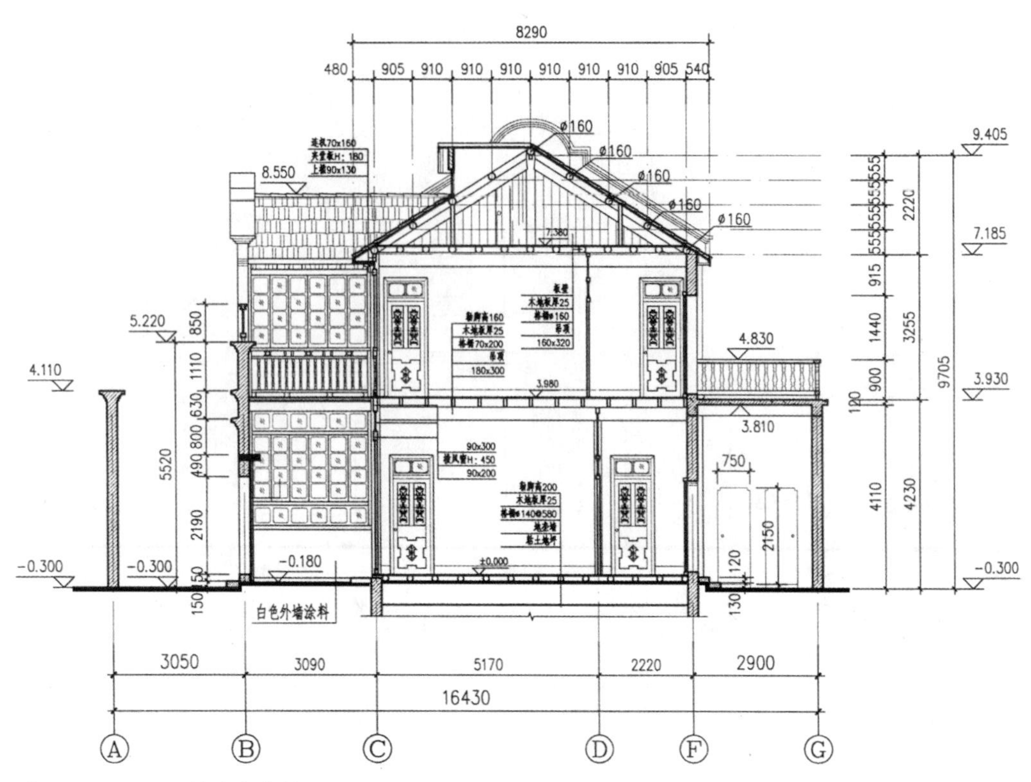

图 3-2-61.h1　公署路郑宅剖面图一

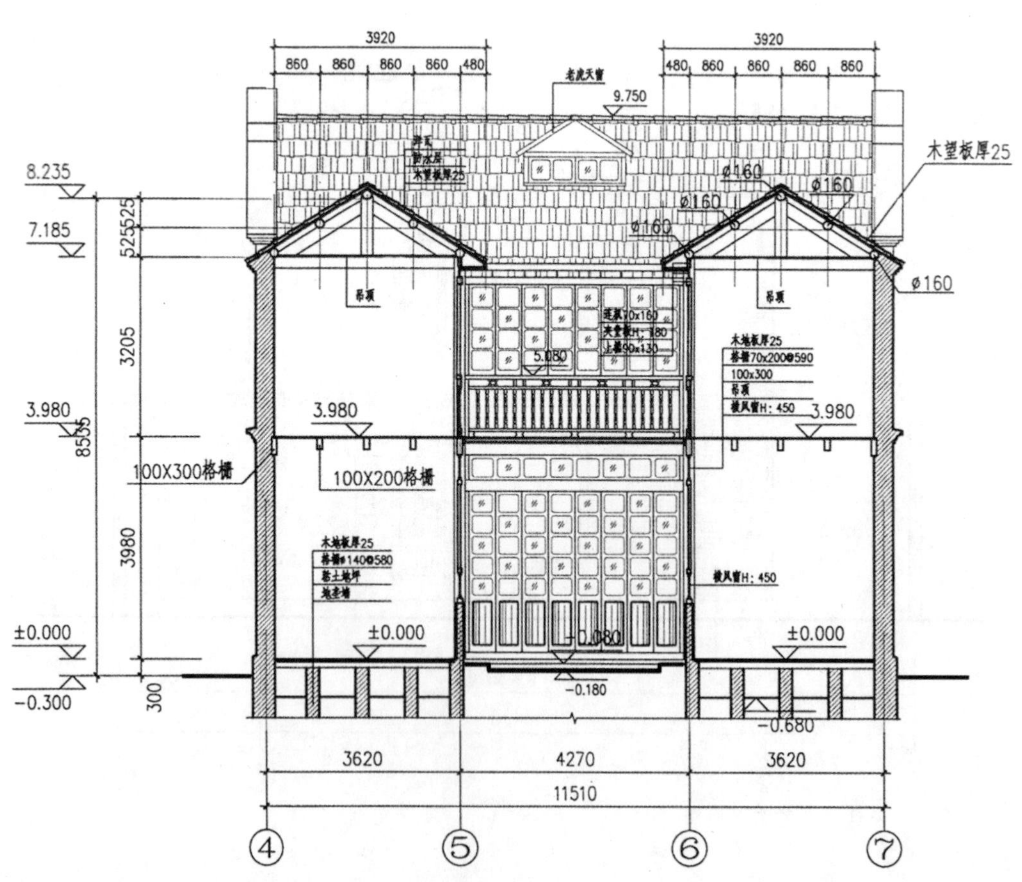

图 3-2-61.h2　公署路郑宅剖面图二

5. 太平大路俞宅(清末民初)[图3-2-62]

此宅位于芜湖古城内太平大路4号，建于清末民初。房主是木材商俞政卿，芜湖县人。除太平大路4号外，太平大路6号、8号都是他家的房产。俞政卿有三个儿子、一个女儿。1935年俞政卿去世后，太平大路6号分给了小儿子，太平大路8号分给了二儿子。太平大路4号楼下分给了大儿子，楼上分给了女儿俞静贞。俞静贞是位小学教员，据说她曾在上海学过西洋画，终身未嫁，活到96岁，一直住在太平大路这幢老宅。抗战时期，俞宅曾被一名日本军官霸占。此人觉得从后面上下楼不方便，就在走廊东端重新设了楼梯。中华人民共和国成立后，此楼没有收归国有，其产权仍然属于俞家。

俞宅用地方整，东西长约12.31米，南北长约12.92米，占地面积约159平方米(图3-2-62.c)。建筑坐北朝南，略偏东。南面有一个4.2米×11.65米(轴线尺寸，下同)的庭院，围有约4.7米高的院墙，南院墙开有三个空花漏窗，西侧开有面对太平大路的院门(图3-2-62.a)。院门的门框、门楣都采用水刷石，门头上雕有精美的花卉(图3-2-62.f)，进院需登上五级花岗石弧形台阶方能进入住宅。该宅采用两层砖木结构，面阔三间，中间是客厅，两侧是住房，厅后是楼梯间(图3-2-62.g)。住宅进深约8.19米，其中南廊宽约1.35米。二层平面与一层平面相同，只是两侧的房间南北两面都增开了一樘窗。

此楼为清水青砖墙，墙厚约28厘米，每匹用一丁一顺青砖砌筑。木材商有采购好木材的便利条件，楼梯间用料和做工都十分考究，隔板墙用红木制作。房间都采用木楼面和木地面，只有底层走廊做了有黑色蝙蝠和寿字装饰的红色水磨石地面。底层层高约3.9米，二层层高约3.08米(图3-2-62.d)。四坡顶小青瓦屋面。

俞宅的建筑平面简洁，但立面砖墙、砖柱砌工精细。尤其是南立面采用了西方的券廊式，砖砌券拱，跨度大，砌拱高，很难施工。直径不到40厘米的圆形清水砖柱，其施工工艺更是称绝，上下还有方形柱帽和柱础，没有高超的技艺是很难做到的(图3-2-62.b/e)，楼上下两层砖拱上墙面贴的砖雕也难能可贵。二楼走廊的花瓶装饰水泥栏杆又增加一些欧式建筑的元素。总的来说，这是一幢糅合了中西文化的具有中西结合建筑风格的近代居住建筑。

2011年，太平大路俞宅被列入芜湖市第三次全国文物普查不可移动文物目录。2012年对其进行了整体修缮，恢复了原貌。

图3-2-62.a 太平大路俞宅鸟瞰效果图

图3-2-62.b 太平大路俞宅修缮后

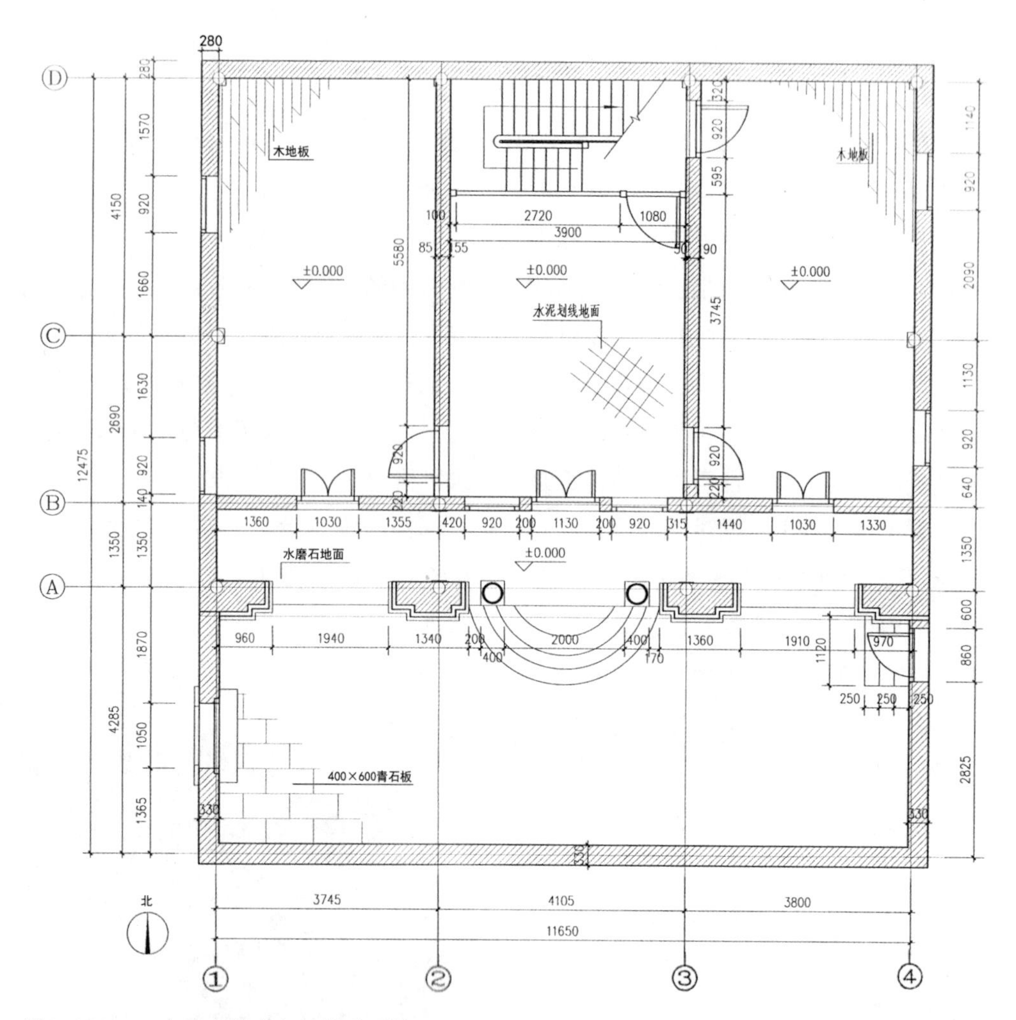

图 3-2-62.c　太平大路俞宅一层平面图

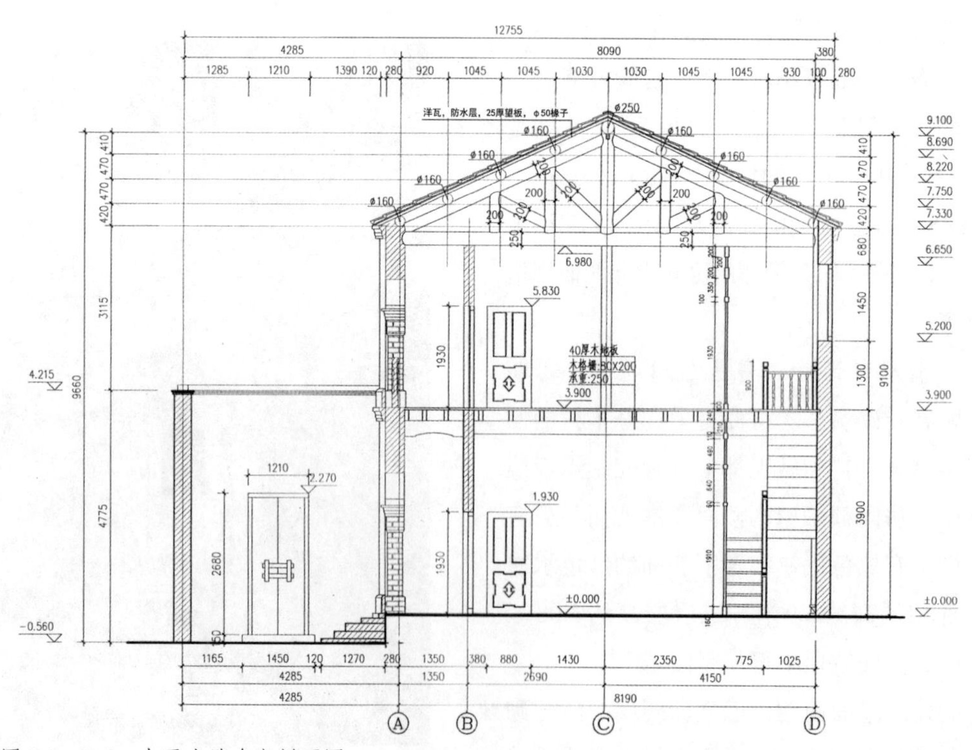

图 3-2-62.d　太平大路俞宅剖面图

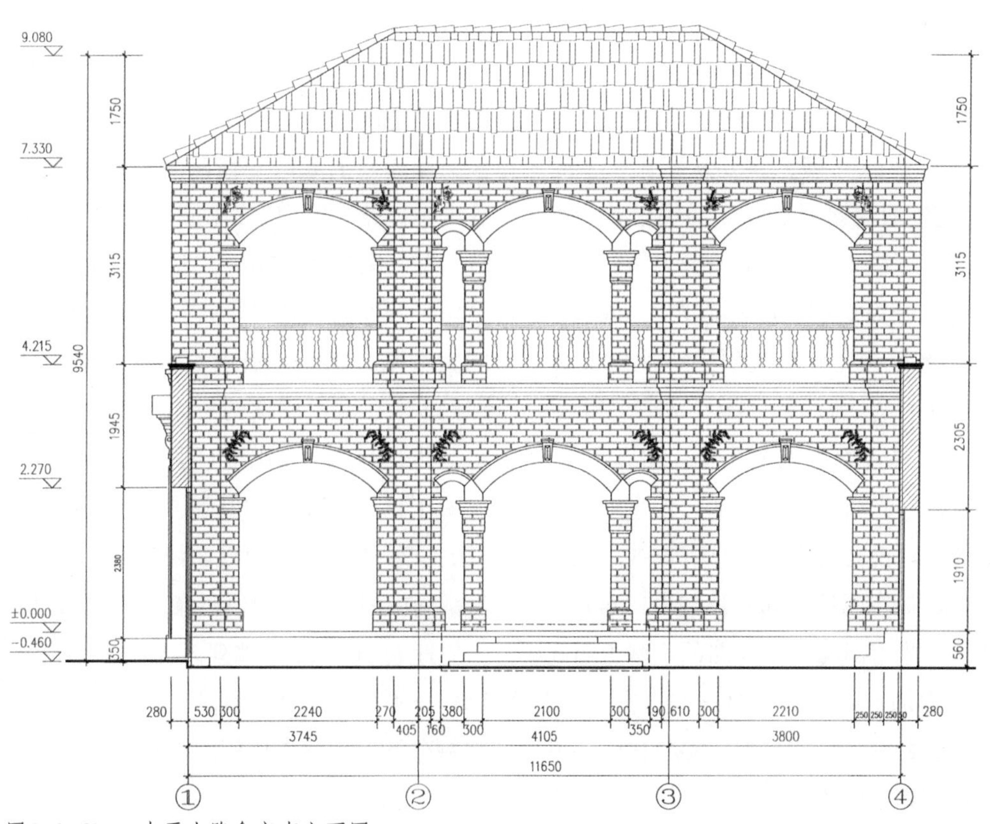

图 3-2-62.e 太平大路俞宅南立面图

图 3-2-62.f 太平大路俞宅院门

图 3-2-62.g 太平大路俞宅楼梯间

6. 太平大路潘宅（一）（清代晚期）［图3-2-63］

位于芜湖古城内太平大路15号的潘宅，原是潘家“大六屋”中的一幢，这要从嘉庆十六年（1811）考中进士的潘锡恩讲起。潘锡恩曾为皇子等授书、讲学，后又从事文史编撰工作，还担任过江南河道总督等要职，深得道光皇帝赏识。63岁时告老还乡，在芜湖广置田宅，达2000多亩。他在芜湖建有两处府第，其中一处就在太平大路15号位置。潘锡恩有五个儿子，均有官职。其中老四潘骏德在光绪六年（1880）任直隶清河道员，并受命办理机器局事务，卓有成绩，被朝廷加封二品衔。他在同治年间（1862—1874）为他的五个儿子在米市街和太平大路的宅基上新建了五座各自独立的宅院，加上原来的“宫保第”老屋，合称“大六屋”。在20世纪90年代的旧城改造中，“大六屋”大部分被拆除，仅存太平大路15号这一幢，由于长年无人居住，长期受损，直到2013年经过大修，才基本恢复原貌。

这是一幢徽派平房建筑，原先应不只这一进。因建于太平大路西侧，所以建筑坐西朝东，东偏北23度，随着太平大路这一段的走向。此宅为砖木结构，硬山屋顶，小青瓦屋面，马头墙封砌。用地形状并不方正，只有东北角墙体互相垂直，其他三个角均非直角，看来是平面跟着用地走。这也是施工的工匠按照房主的意图因地制宜而为之（图3-2-63.a，此为修缮图）。

用地东边比西边略长，平均长约10.2米，南边比北边略长，平均长约13米，用地面积约133平方米。建筑平面也是如此，四个边不一样长，形成南面的房间进深要比北面的房间进深大。经计算，此宅的建筑面积约104平方米。宅前宅后均设有天井（图3-2-63.c）。

此潘宅的大门开在东面墙体的中偏北位置，临太平大路，石门框，门头上方做有垂花门式贴墙门罩（图3-2-63.d/e）。进入天井后可见典型的徽派三开间民居式样建筑。迎面是正房三间，明间为厅堂，前后均开有6扇隔扇窗，宽约4米，深约5米，两次间宽约3米。天井南北两侧是厢房，各开有4扇隔扇窗（图3-2-63.b）。正房西侧设有1.1米宽后廊，既遮挡了西晒，也很实用（图3-2-63.f）。后门设在潘宅南面墙体的西侧，修缮图中门内单坡屋顶在施工中未曾设施。

此建筑2011年被列入芜湖市第三次全国文物普查不可移动文物目录。近代单层居住建筑很难留存下来，此为孤例，尤其珍贵。

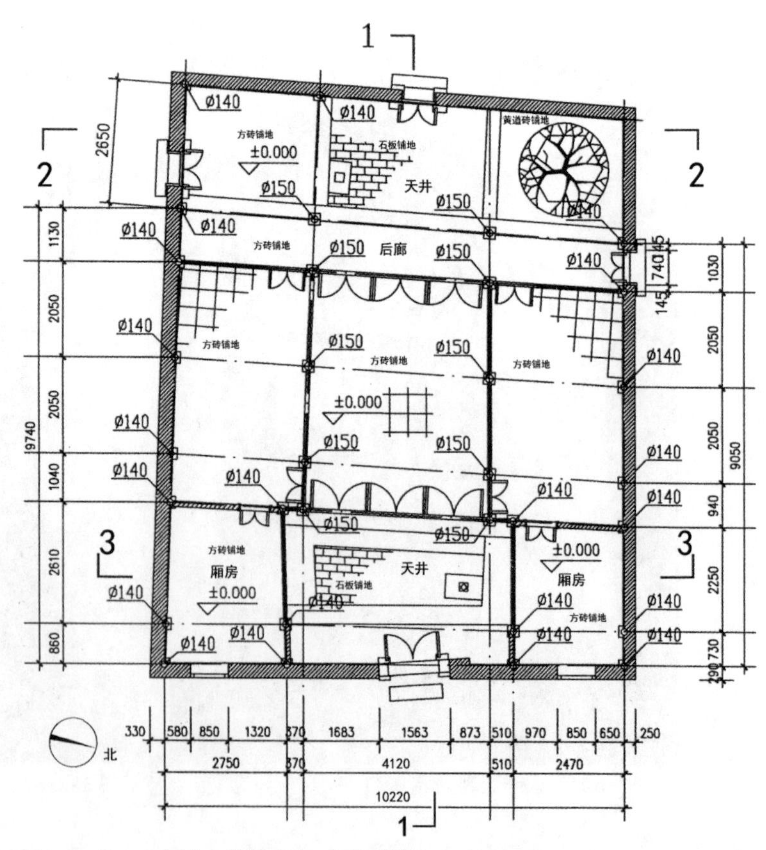

图3-2-63.a　太平大路潘宅(一)平面图

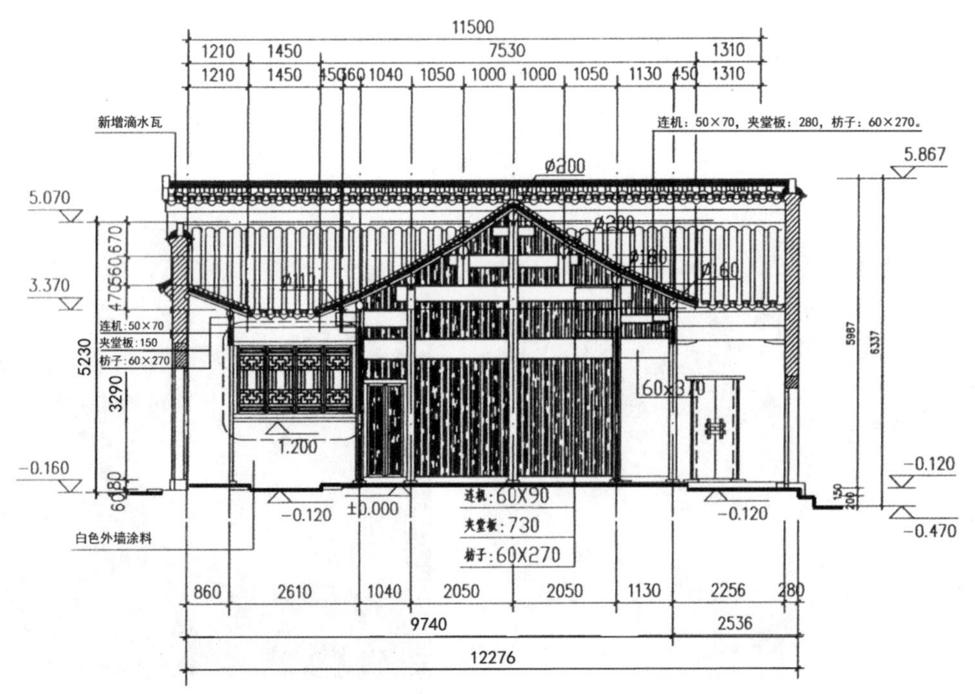

图3-2-63.b1　太平大路潘宅(一)剖面图一

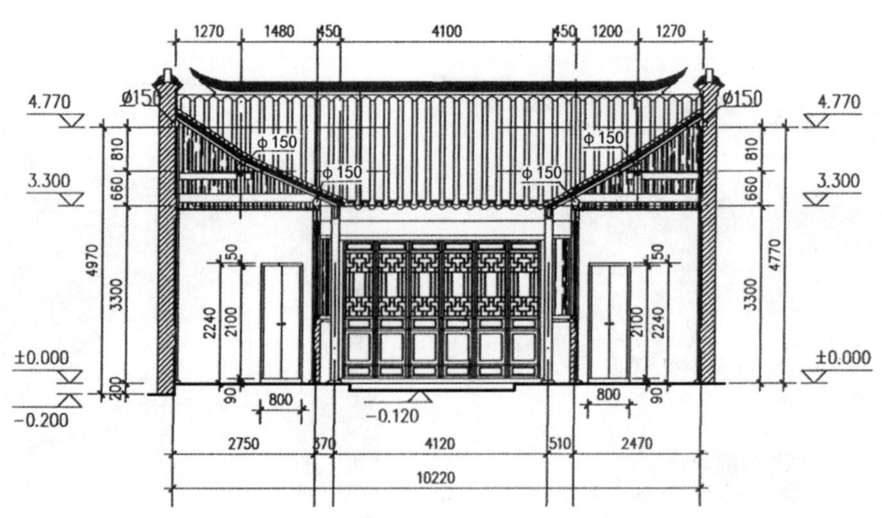

图3-2-63.b2　太平大路潘宅(一)剖面图二

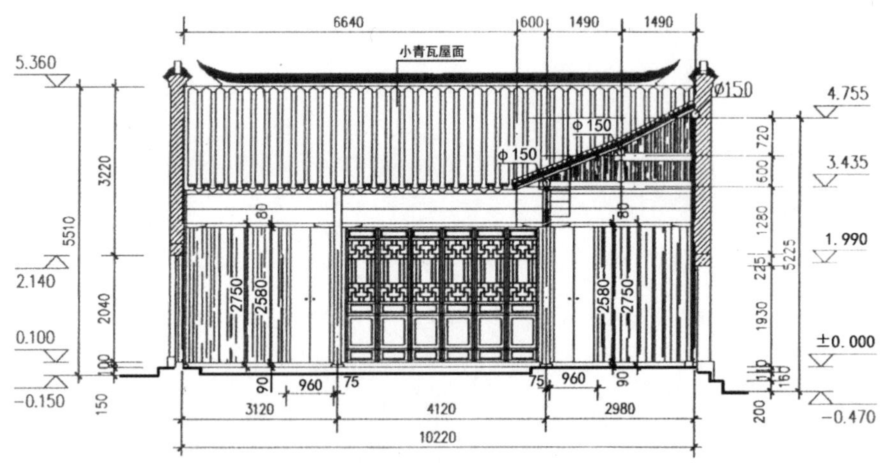

图3-2-63.b3　太平大路潘宅(一)剖面图三

图3-2-63.c　太平大路潘宅(一)鸟瞰效果图

图3-2-63.e　太平大路潘宅(一)东立面

图3-2-63.d　太平大路潘宅(一)院门门罩细部

图3-2-63.f　太平大路潘宅(一)后院

7. 太平大路潘宅（二）（1915）［图3–2–64］

位于芜湖古城内太平大路13号的潘宅，与东侧的15号潘宅紧邻，是潘骏德的长子潘赓祖（1888—1958）在潘家“大六屋”的花园里建造的一幢两层楼房，建于1915年。潘赓祖，举人出身，清代第一批公派日本留学生，就读于早稻田大学电气系。学成回国后恰逢芜湖明远电厂创办，他被聘为首任总工程师，为芜湖电力的初创做出了一定的贡献。此建筑的保存情况较差，改建较多，2013年整体维修后基本上恢复了原貌。

该宅用地规整，近似边长12米的正方形，用地面积约144平方米。建筑坐北朝南，面阔三间，宽约11.86米（轴线尺寸，下同），进深约7.9米，建筑面积约197平方米。建筑南面有前院，院门开在东院墙（图3–2–64.a），一层明间厅堂宽约4.2米，南面原有6扇隔扇门，可惜现在改成了门连窗，仅中间2扇是门。楼梯间设在厅的后部，用“太师壁”式板壁隔开（两边均有门）。两次间侧房前后两间也用板壁隔开。二层平面与一层平面布局相同，仅板壁前后位置有所调整（图3–2–64.b），另外中间开间南面开有6扇窗，窗下为板墙（图3–2–64.d）。

此宅为砖木结构，砖墙承重，木楼地面，木楼梯，木屋架，机制清平瓦屋顶，两坡硬山屋顶，两山墙伸出屋面约45厘米。底层层高约3.96米，二层净高约2.9米（图3–2–64.e）。

立面处理简洁，大面积的清水青砖墙，垂直方向用8个突出墙外的扶墙砖柱划分，水平方向用山墙顶部跳线、檐下跳线、层间腰线和勒脚线划分，打破了单调。红棕色的木门窗框扇与青色砖墙面有强烈的色彩对比，窗顶用弧形拱券，2.25米高的矮院墙尽量减少对建筑的遮挡，都达到了一定的效果（图3–2–64.c/f/g/h）。

2011年，此宅被列入芜湖市第三次全国文物普查不可移动文物目录。

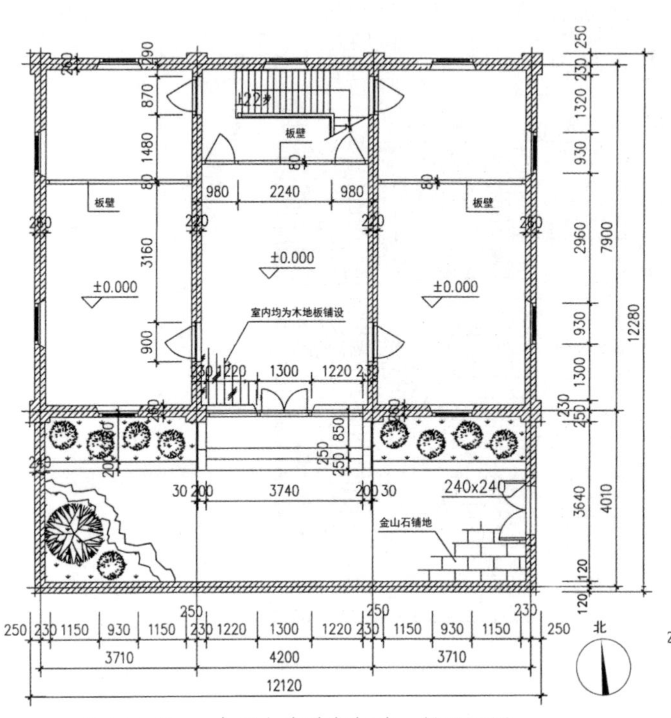

图3–2–64.a　太平大路潘宅(二)一层平面图

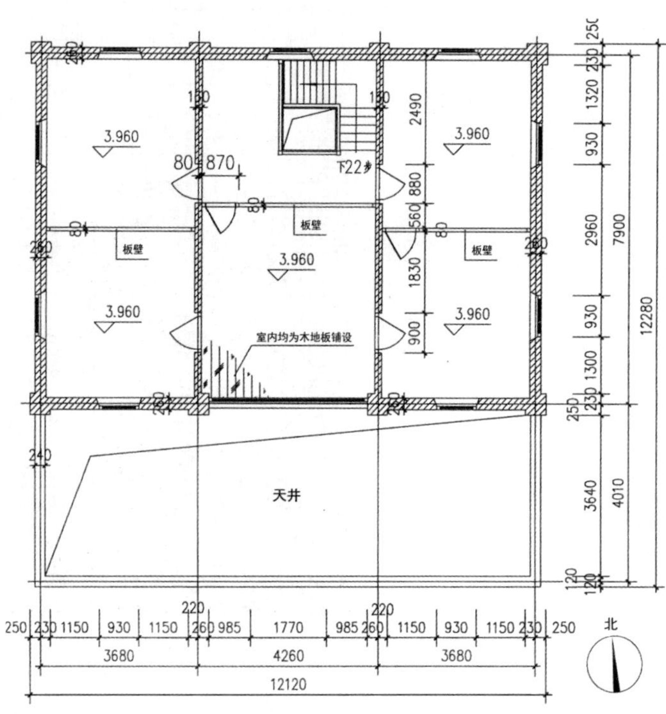

图3–2–64.b　太平大路潘宅(二)二层平面图

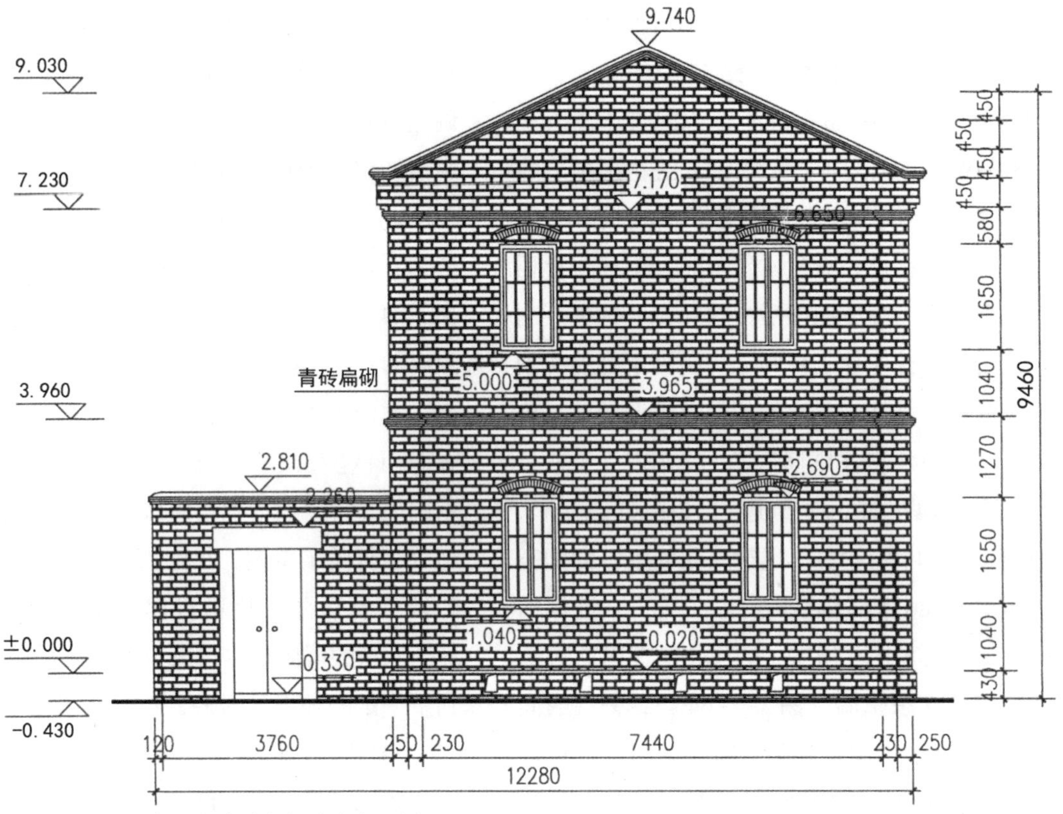

图 3-2-64.c　太平大路潘宅(二)东立面图

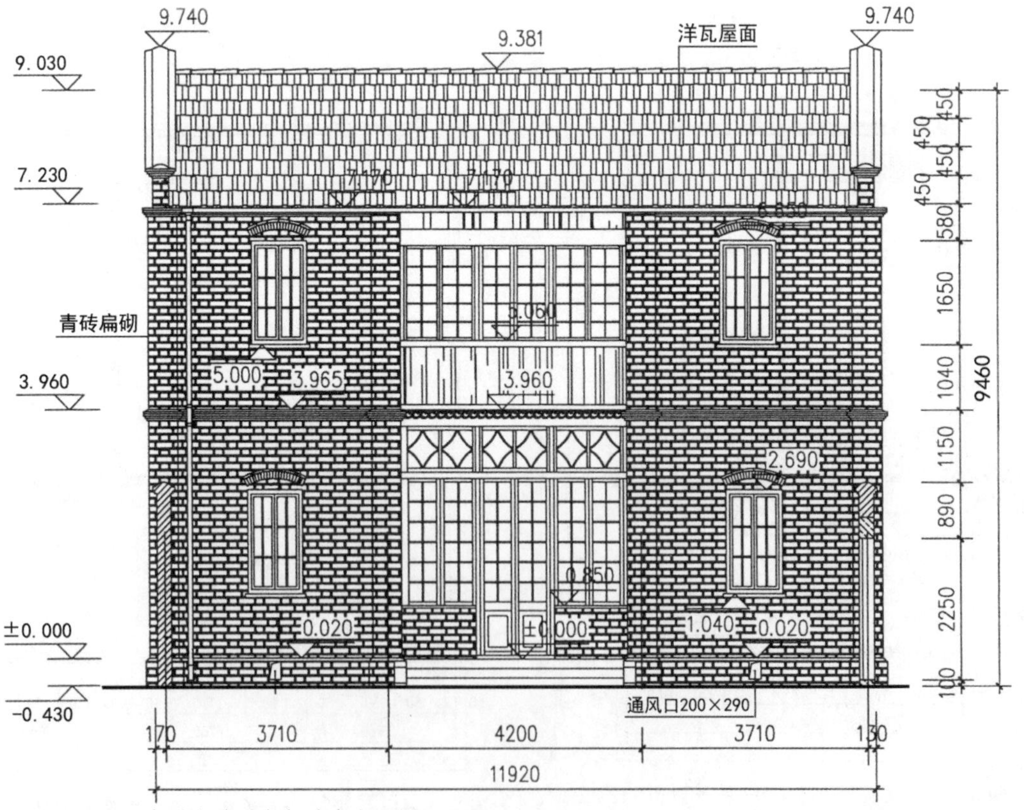

图 3-2-64.d　太平大路潘宅(二)南立面图

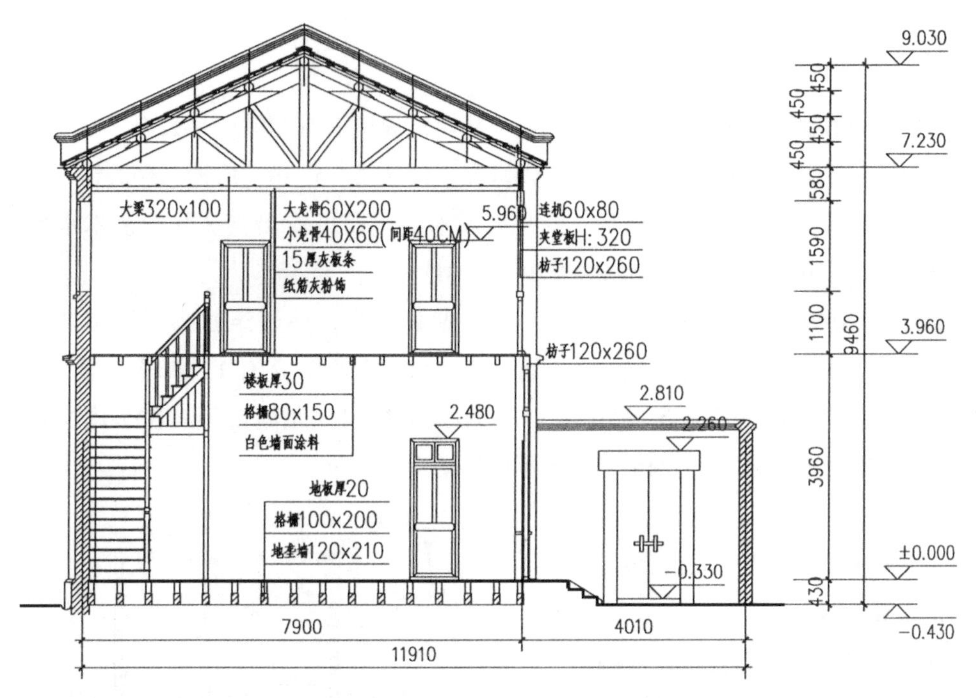

图3-2-64.e　太平大路潘宅(二)剖面图

图3-2-64.f　太平大路潘宅(二)鸟瞰效果图

图3-2-64.h　太平大路潘宅(二)院内

图3-2-64.g　太平大路潘宅(二)东立面

图3-2-64.i　太平大路潘宅(二)院门

8. 环城南路五进长宅（清代晚期）［图3-2-65］

此宅位于芜湖古城内环城南路和沿河路之间，建于清代晚期。过去的门牌号码，北端是环城南路29号，南端是沿河路63号。其用地南北长约45.82米，而宽度不一，北面宽约10.69米，南面宽约8.29米，用地形状似“刀把”。沿环城南路是主入口，临沿河路是次入口。总用地面积约430平方米，总建筑面积约678平方米。共有五进建筑，皆为两层；尚有四个天井，有大有小。南北贯穿，互相连通。在古城的诸多徽派民居建筑中非常典型，极具特色，文物价值很高（图3-2-65.a）。

位于用地北端的第一进建筑平面规整，面阔约10.69米，进深约7.22米，宽约4.15米的明间是门厅，东北角设有木楼梯。通过天井进入第二进建筑，其进深与第一进建筑相同，但平面为梯形，北面长约11.1米，南面长约12米，中间明间是客厅。出客厅进入第二个天井，其东面设有“T”字形楼梯，第二跑分别通向第二、三进建筑的二层。第三进建筑体量较小，面阔虽然仍是三开间，但宽度减至8.29米，进深只有3.765米。其底层明间宽度窄于次间，只能起过厅作用。此过厅南侧的门可开可闭，使前面三进主宅可相对独立，其南檐墙的大门上方，还有砖砌门罩。第四、五进建筑作为另宅，从沿河路可直接进入，这一部分在使用过程中多有改造，建筑与天井均较初期有不少变化，有改建，有加建。连开间大小均有变动，明间改窄，原始状况已难寻。第五进建筑东侧次间内设有楼梯，似为这两进建筑共用。

此五进长宅为两层砖木结构，穿斗式和抬梁式两种梁架均有采用，小青瓦屋面，东西两面封砌马头墙（图3-2-65.c）。北立面是主立面，砖墙面粉有白灰砂浆，下部有条石墙裙，大门下半部有石门框，门头上方有匾额，边框为半圆形水磨砖（图3-2-65.b/e）。南立面为次立面，四个承重墙柱突出于墙面，一、二两层均开有四扇宽窗。从建筑规模上看此宅应是大户，原有装修比较讲究，仅从第一进建筑后檐二楼的窗下万字盘缠裙板木雕，即可看出其装修的艺术水准（图3-2-65.d）。

芜湖解放后，该建筑曾为芜湖市杂技团宿舍，后为市民居住，有12户居民居住于此。2011年该宅被列入芜湖市第三次全国文物普查不可移动文物目录。

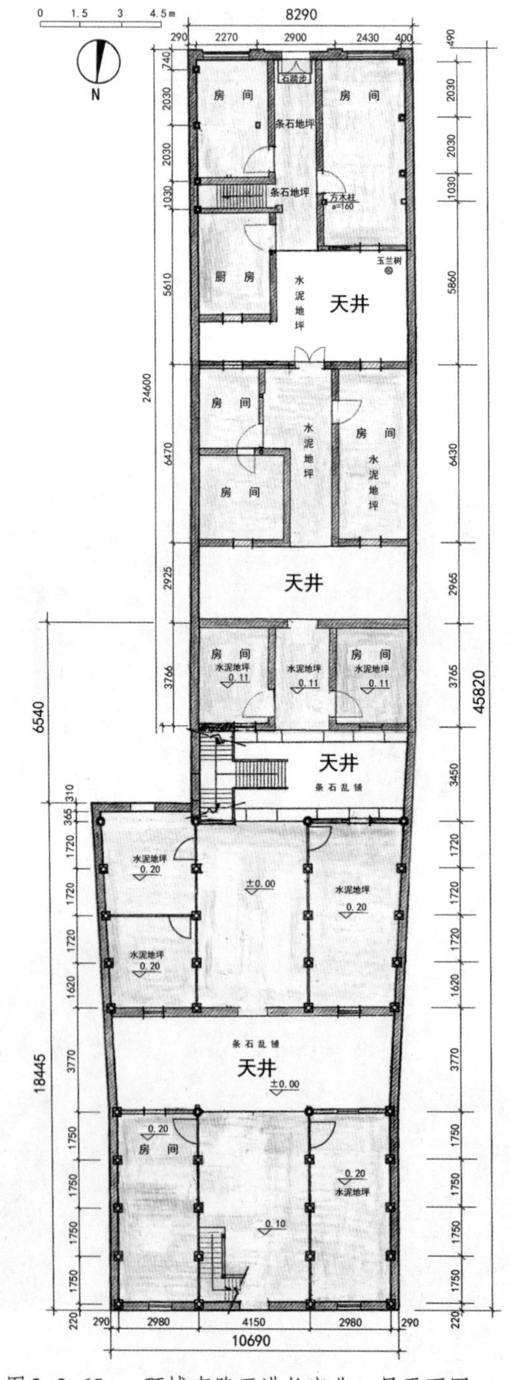

图3-2-65.a 环城南路五进长宅北一层平面图

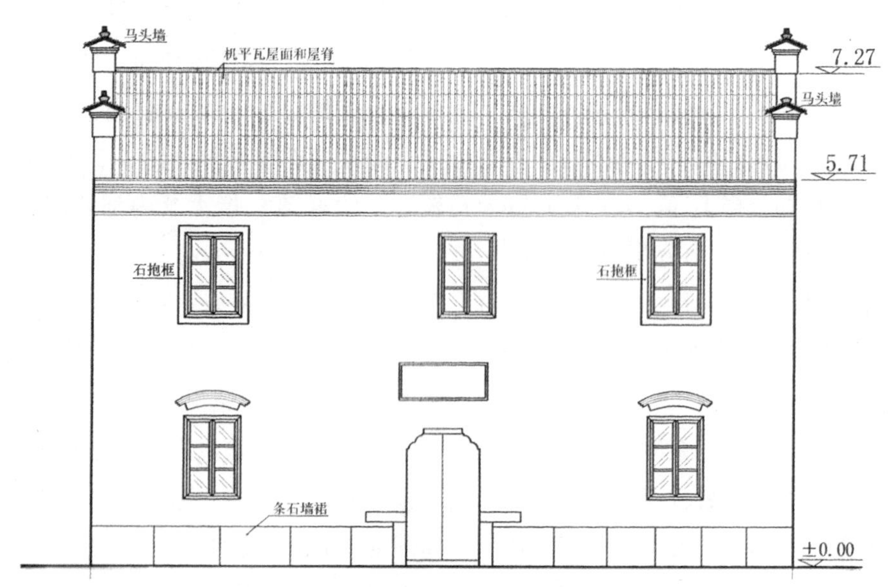

图3-2-65.b　环城南路五进长宅北立面图

图3-2-65.c　环城南路五进长宅北面

图3-2-65.d　环城南路五进长宅窗下裙板木雕细部

图3-2-65.e　环城南路五进长宅马头墙细部

9. 英商太古公司洋员宿舍（20世纪20年代）[图3-2-66]

该洋员宿舍位于芜湖原租界区太古租界四区一段，中马路（今健康路）东侧，距离太古租界西南角的英商太古洋行办公楼不远。太古洋行办公楼建于1905年，其楼上就有部分宿舍。因此，笔者推测该洋员宿舍是太古公司洋员增多，有了更大的住宿需求后才建造的。建造年代不会很早，推测约建于20世纪20年代。

该建筑因其优美的造型和复杂的平面，三十年前就引起了笔者的注意，笔者曾至芜湖市房地产管理局档案室查阅了房屋普查资料，并到现场做了简单测绘。芜湖解放后这里一直为芜湖市第一人民医院职工住宅，住户很多，房间分隔也有所变动，一、二层阳台砌外墙后成为房间。因维修较差，该建筑几乎成为危楼。2016年笔者再去调查时，已人去楼空。文后所附各层平面图，即此次调研后所绘制的复原平面图（图3-2-66.a/b/c）。建筑面积约438平方米（不包括阁楼层100平方米）。

此楼平面形状很不规则，建筑占地大约17米×17米。早先四周建有围墙，用地范围约40米×40米，建筑位于中部，四周皆是花园，所以建筑四面皆有通向花园的出入口。从底层的平面布局上看，门厅设在中部，以其为枢纽，其形状很难描述，有点像“烟嘴”，南面是主入口，北面是次入口。门厅西南有两间卧室，共用一弧形阳台，且另有单独入口，南卧室尚有梯形凸窗。门厅东北是客厅，东面有弧形凸窗。客厅与南卧室正对门厅的房角切成45度墙面，改善了门厅的空间效果。门厅的东侧设有上二层的开放式木楼梯。门厅东南方外侧是近似于“L”形的门廊，其南、东两个方向均有通向室外的踏步。门厅的西北经走廊联系厨、厕等附属用房。从上可见一层平面虽很复杂，但布置紧凑，空间有变化，有趣味（图3-2-66.a）。二层平面与一层平面相仿，原来的两个阳台仍然保留，两个凸窗位置设置为阳台；对应门厅的位置成为过厅，面积减小，南侧划出一小房间；西北角第二间增设一座上阁楼层的木楼梯（图3-2-66.b）。屋顶坡度较陡，约40度，增大了内部空间，所以阁楼层面积较大，四面均开有老虎窗，七个老虎窗改善了阁楼层的通风采光，尤其精彩的是东南角设置了“八角楼”，空间较高，是一很好的观景瞭望之处，其北侧还紧贴一处约10平方米的露台（图3-2-66.c）。此宅为砖混结构，清水红砖墙，木楼地面，木楼梯，木屋架，机制红平瓦屋面，局部钢筋混凝土结构。一、二层层高均为3.5米，阁楼层净高约2.05米。

此楼的造型设计更是独具匠心，尤其是屋顶的组合很有变化。四坡屋顶是其主体，南面西端插入一个两坡屋顶，西面南端又插入一个三坡屋顶，再加上高耸的“八角楼”的八脊攒尖屋顶，还有一处屋顶平台，可谓丰富多彩（图3-2-66.d/e）。在立面设计上用了一些西式建筑的符号，如入口处的带柱头和柱础的方柱，带花瓶装饰的阳台和露台的栏杆，带米字形装饰的框架式门廊，陡峭的屋顶，高耸的塔楼和壁炉的烟囱，有进有退的墙面，极具变化的建筑轮廓线，这些都突显了此建筑的艺术价值。可以认为，这是一位高水平建筑师完成的作品，应该成为省级甚至国家级重点文物保护建筑。2011年，此建筑被列入了芜湖市第三次全国文物普查不可移动文物目录。此建筑目前情况较差，急需维修保护。

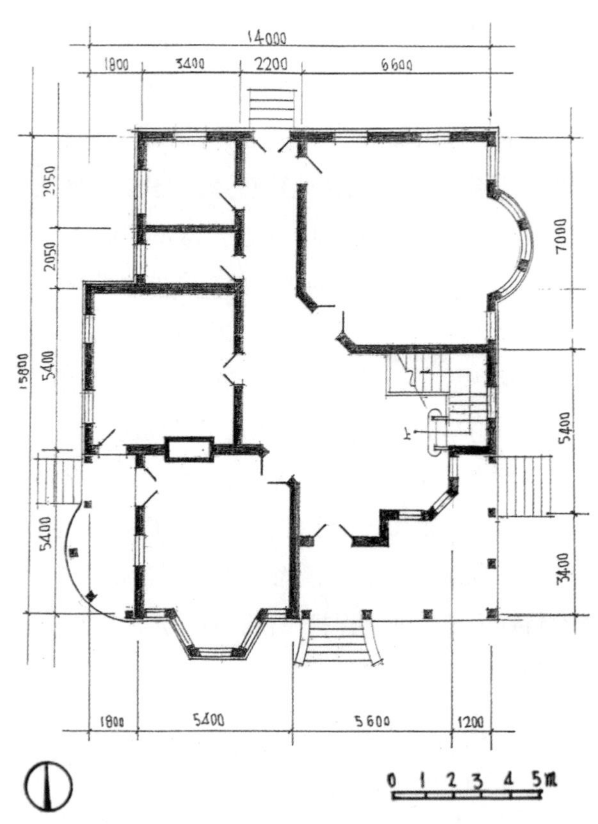

图 3-2-66.a　英商太古公司洋员宿舍一层平面图

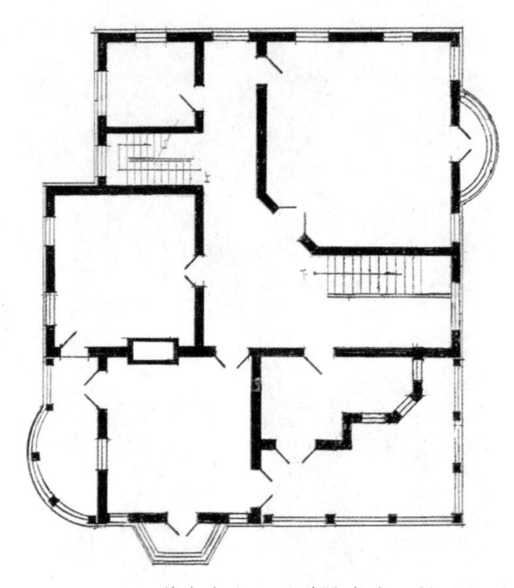

图 3-2-66.b　英商太古公司洋员宿舍二层平面图

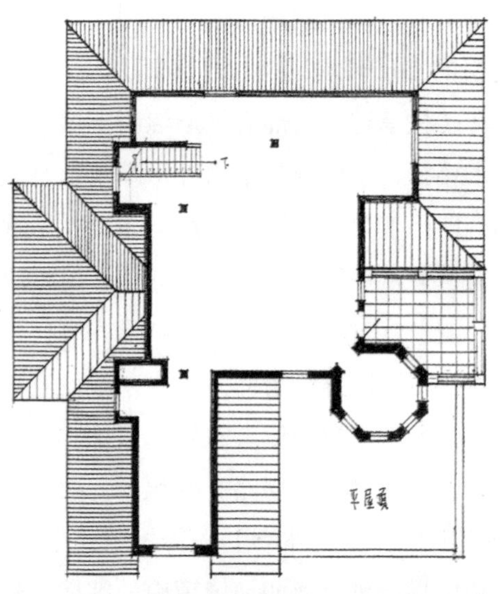

图 3-2-66.c　英商太古公司洋员宿舍阁楼平面图

图 3-2-66.d　英商太古公司洋员宿舍东面

图 3-2-66.e　英商太古公司洋员宿舍鸟瞰

10. 青山某小住宅［图3-2-67］

此宅位于冰冻街北侧青山南麓，朝向南偏东。东面有出入口，南侧和西侧是花园。该建筑是带有阁楼的二层砖木结构住宅，清水青砖墙，采用砖墙和砖柱承重，局部有钢筋混凝土梁，木楼地板，木楼梯，木屋架。平面外形基本上是矩形，局部有凹凸变化。平面内部房间布局并不规则，很有特色。从一层平面看，东北角入口处设有凹进的门洞，经过过厅进入不规则形内廊，可通往两侧大小不同的五个房间。走廊东端设有单跑木楼梯，近西端南侧还设有双跑木楼梯。一层西南角有开敞式外廊。二层略有变化，一层入口上方改为凹阳台，一层外廊上方为封闭式阳台。二层的单跑楼梯尚可直通四坡屋顶内的阁楼。建筑面积约483平方米（不计阁楼面积）（图3-2-67.a/b/c/d）。

此楼为何人住宅尚有争议。有种说法是崔国英公馆，但笔者认为疑是芜湖基督教卫理公会传教士住宅。理由如下：一是青山为该教会所购买地产，不会让其他人在此建房；二是专访调查时，有一位老同志明确说是建于1896年的传教士住宅；三是此住宅平面布局更符合外国人的生活习惯。

芜湖解放后，此楼一直由宣城军分区使用，后转为芜湖军分区使用。因建筑年代久远，被白蚁蛀蚀严重。后经大修，平面房间分隔有所变化，主入口由东面改到了北面，拆除了一部单跑木楼梯，外墙贴上了白色面砖（图3-2-67.e/f）。该建筑现为市级文物保护单位，有一定的文物保护价值，建议恢复原貌。

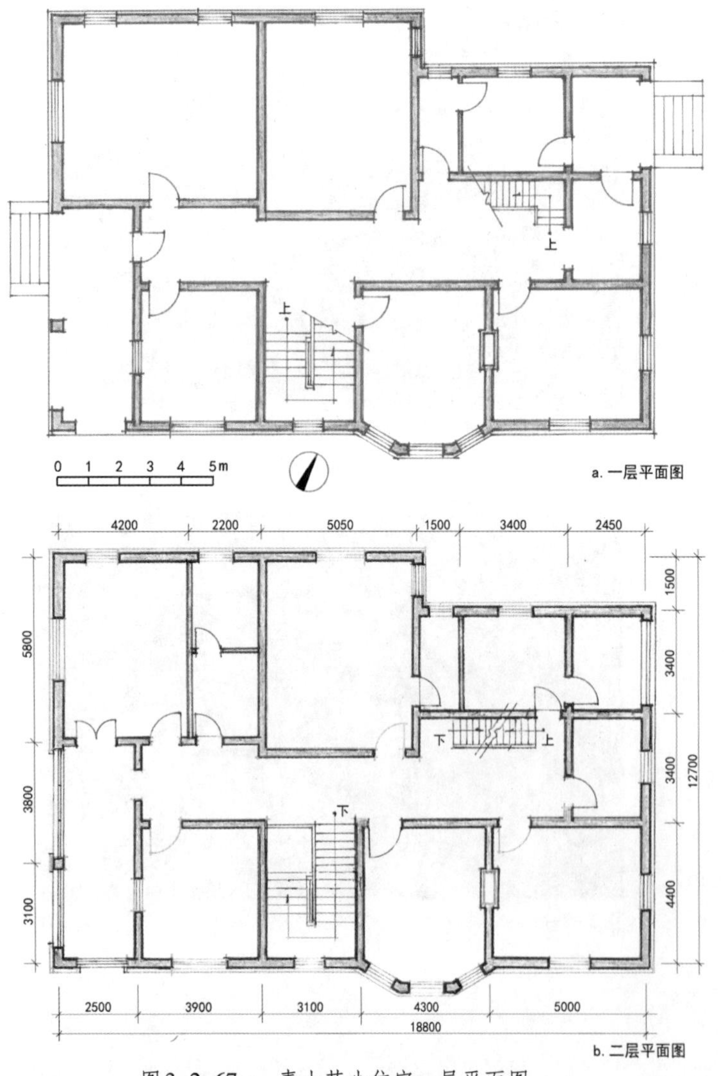

图3-2-67.a 青山某小住宅一层平面图
图3-2-67.b 青山某小住宅二层平面图

图3-2-67.c 青山某小住宅西南角外景(摄于1986年)

图3-2-67.e 芜湖青山某小住宅西南角(摄于2018年)

图3-2-67.d 芜湖青山某小住宅东北角(摄于1986年)

图3-2-67.f 芜湖青山某小住宅东北角(摄于2018年)

11. 芜湖李鸿章家族住宅［图3-2-68］

王绍周主编的《中国近代建筑目录》一书中的“传统住宅建筑”一节，附有“安徽芜湖李鸿章住宅”一图[1]。文字说明为：“房屋进深甚大，共有四重院落，面阔达十三间，建筑高大，雕饰极多。”此住宅到底建于何时、何处，均难查证。因建筑规模颇大，特录之，以供进一步深入研究(图3-2-68.a/b/c/d)。因李鸿章并未居芜，住宅名称现改为“芜湖李鸿章家族住宅”。

从平面图可知，芜湖李鸿章家族住宅共有三条轴线。中宅前一进为七开间，后三进为五开间，面阔约19米。东宅前后四进皆为五开间，面阔约18米。西宅前后四进皆为三开间，面阔约11米。总面阔约48米，总进深约54米。从剖面图可知，第一进建筑为单层抬梁式木结构，檐高约4.5米。第二至第四进皆为立帖式木结构，第二进建筑檐高4.5米。第三、四进建筑为二层住宅，檐高皆约6.5米。芜湖李鸿章家族住宅前后共有三处天井，最后还有花园。总用地面积约3100平方米。

① 王绍周:《中国近代建筑图录》,上海科学技术出版社1989年版,第61页。

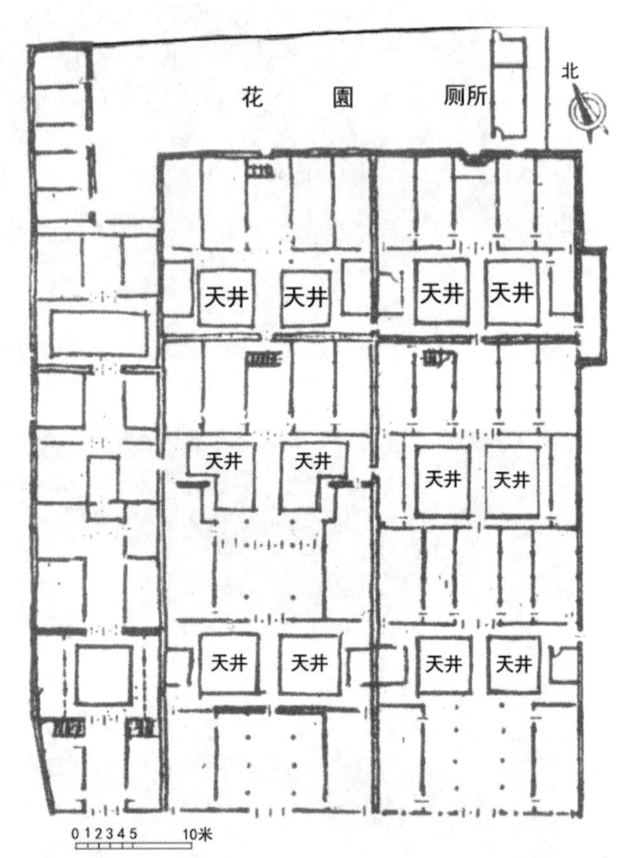

图3-2-68.a 芜湖李鸿章家族住宅平面图

图3-2-68.b 芜湖李鸿章家族住宅槛墙

图3-2-68.c 芜湖李鸿章家族住宅窗花

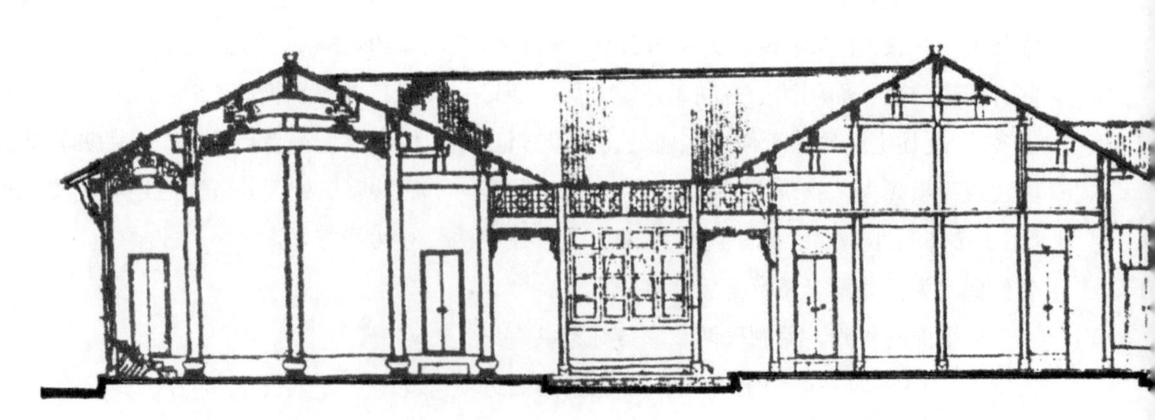
图3-2-68.d 芜湖李鸿章家族住宅剖面图

三、芜湖近代建筑风格问题

研究建筑史，回避不了建筑风格问题。打开潘谷西主编的《中国建筑史》，“近代中国建筑”部分共有五章，最后一章是“建筑形式与建筑思潮”，讲的就是建筑风格问题①。翻开罗小未主编的《外国近现代建筑史》，一开篇就讲到从18世纪60年代到19世纪末流行于欧美的古典复兴、浪漫主义与折衷主义②，一直讲到“现代建筑派”和“现代主义之后的建筑思潮”，着重讲的还是建筑风格问题。所以，从某种角度可以这样说：建筑史就是建筑风格史。

关于“风格”，一般认为泛指某种“文艺作品所表现的主要的思想特点和艺术特点”③，自然会涉及思潮和流派。不同的思想特点反映出不同的社会思潮，不同的艺术特色产生出不同的创作流派。谈到“建筑风格”，可以认为是特指作为建筑创作结果的建筑物所表现出来的形式风貌和艺术特征，当然也会涉及不同的建筑思潮和建筑流派。

中国近代建筑的建筑风格丰富多彩，既有延续下来的土生土长的旧建筑体系反映出来的建筑风格，又有输入和引进的新建筑体系反映出来的建筑风格。上海近代建筑的建筑风格可谓海纳百川，流派纷呈，有“万国博览会”之称。从西方古典建筑到西方文艺复兴和巴洛克建筑，从西方传统建筑到西方现代建筑以及各种折衷主义建筑，从地方传统建筑到中西合璧式建筑，无所不有。芜湖在中国近代对外开放的诸多城市中只是一个中小型城市，建筑风格没有那么复杂多样，可以简单分为两种体系、四种类型：新建筑体系（或称近代建筑体系）中的欧式建筑和现代式建筑；旧建筑体系（或称传统建筑体系）中的徽派建筑和中西合璧式建筑。前者反映出近代建筑的主流风格，具有生命力，是建筑的转型；后者反映出近代建筑的地方风格，具有亲和力和地域特色。

① 潘谷西：《中国建筑史》，中国建筑工业出版社2004年版，第369-391页。
② 罗小未：《外国近现代建筑史》，中国建筑工业出版社2004年版，第4-11页。
③ 中国社会科学院语言研究所词典编辑室：《现代汉语词典》，商务印书馆2012年版，第387页。

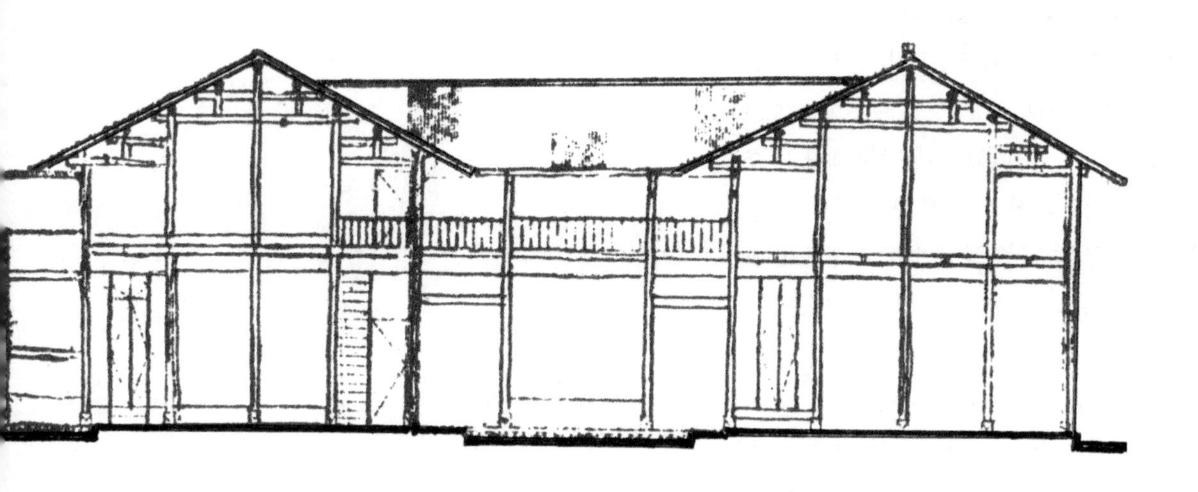

（一）欧式建筑

欧式建筑也称“洋式建筑”，它在中国近代建筑中占有很大比重，也产生过很多优秀的文物建筑。芜湖作为我国较早对外开放的城市之一，欧式建筑出现也较早。在帝国主义列强侵略的背景下，19世纪70年代欧式建筑在芜湖开始被动的输入，到20世纪20年代欧式建筑才有了主动的引进。

1. 券廊式欧式建筑

英国殖民者将欧洲建筑传入印度、东南亚各国时，为了适应当地炎热的气候而形成的一种“外廊式”的建筑样式，因此也称为“殖民地式”。后来又传入中国，与中国的砖木结构结合，采用砖砌拱券，所以又称券廊式建筑，常为二层楼，多二、三面带外廊。芜湖最早出现的外廊式欧式建筑是建于1877年的英驻芜领事署（图3-1-1），两层建筑，三面券廊。因其高水平的设计和建造以及良好的保护，已被列为国家级重点文物保护建筑。这类建筑还有前文提到过的芜湖医院专家楼、芜湖海关税务司署、圣雅各中学博仁堂，以及萃文中学校长楼等。此外，还有以下实例：

（1）某教会住宅（一）（图3-3-1）

位于圣雅各中学南侧山脚，二层“L”形平面建筑，单面券廊，两坡屋顶。青砖清水墙面，红砖夹砌装饰图案。入口门廊处有砖砌圆柱和方柱组合的双柱，施工制作极其精细。檐下、层间、柱头等处有多层红砖跳线和小齿装饰，也很精美。可惜今已不存，否则定是有价值的文物保护建筑。

（2）某教会住宅（二）（图3-3-2）

位于圣雅各中学东南侧山脚，二层五开间建筑，单面券廊，四坡屋顶。青砖清水墙面，红砖发券。入口门廊处也有砖砌圆柱和方柱组合的双柱，檐下、层间、柱头等处也有红砖跳线，只是略有简化。此住宅也不失为券廊式欧式住宅的佳作，可惜今已不存。

（3）土龙山小住宅（图3-3-3）

位于狮子山路（今吉和北路）中段东侧，二层“L”形平面建筑，单面券廊。底层为青砖清水墙，二层为红砖清水墙，很有特色。入口门廊也是圆柱和方柱组合的双柱，重点处理圆柱，其柱头和柱础所占比例均较大。今已不存。

（4）冰冻街某小住宅（图3-3-4）

位于冰冻街中段北侧，二层三开间住宅，单面券廊，全一色青砖清水墙。入口门廊处是比例修长的圆柱和方柱组合的双柱。檐下跳砖尤有特色，上有间距为30厘米的仿斗拱形的三层跳砖，向前共跳出约12厘米，上面三层通长跳砖又层层跳出，最后跳出到离外墙约30厘米，既代替了封檐板，起到了承托屋面机制青平瓦的作用，又起到了装饰作用。此住宅三开间的平面形式，受中国民居建筑的影响。笔者推测此宅是崔国英公馆，尚难定论。此建筑曾为某公司办公用房，今已不存。

图3-3-1.a 某教会住宅(一)(摄于1994年)

图3-3-1.b 某教会住宅(一)(摄于1994年)

图3-3-1.c 某教会住宅(一)(摄于1994年)

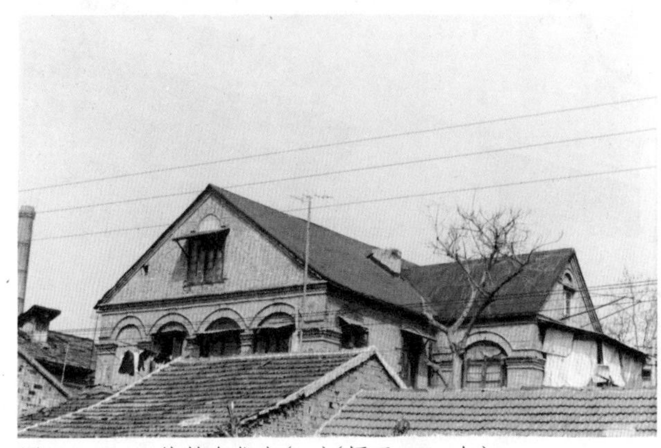
图3-3-1.d 某教会住宅(一)(摄于1994年)

图3-3-1.f 某教会住宅(一)(摄于1994年)

图3-3-1.e 某教会住宅(一)(摄于1994年)

图3-3-1.g 某教会住宅(一)(摄于1994年)

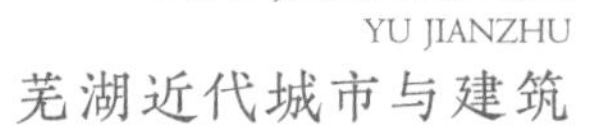

图3-3-2.a　某教会住宅(二)(摄于1994年)

图3-3-2.b　某教会住宅(二)(摄于1994年)

图3-3-2.c　某教会住宅(二)(摄于1994年)

图3-3-3.a　土龙山上小住宅(摄于1996年)

图3-3-4.a　冰冻街某小住宅(摄于1984年)

图3-3-3.b　土龙山上小住宅(摄于1996年)

图3-3-4.b　冰冻街某小住宅(摄于1984年)

2. 西洋古典式建筑

19世纪中叶到20世纪初，欧美盛行古希腊、古罗马等古典建筑形式，且西方折衷主义建筑风格开始流行。这种折衷主义，是在不同类型的建筑中采用不同的历史风格，或在同一幢建筑上，混用各种古典主义风格式样[①]。紧随外廊样式之后，西洋古典风格和折衷主义风格也波及中国，对芜湖的近代建筑活动深有影响，甚至成为芜湖近代建筑最突出的风格特征，也产生了一些优秀的近代建筑。如具有“罗曼式”建筑风格的芜湖天主堂，具有“哥特式”建筑风格的芜湖圣雅各教堂，带有古罗马柱式的弋矶山芜湖医院病房大楼和中国银行芜湖分行大楼，具有西方折衷主义建筑风格的芜湖海关大楼和芜湖天主教圣母院等。此外，还有以下实例：

（1）铁山顶欧式住宅（图3-3-5）

位于更兴路尽端的铁山之巅，三层砖混结构，孟莎式陡坡屋面，是一平面左右对称的别墅式住宅，设计精美，造型独特。南侧中间是孟莎式两次变坡屋顶的山墙，阁楼层跳出的凸窗设计得很精致，两边两开间是两层外廊。北侧底层向北扩大（中间三间是外廊），屋顶是露台。南廊的钢柱、钢栏杆做法与铁山山腰的英商亚细亚煤油公司办公楼南廊做法相同。据此可推知此宅与其同期建成，也建于1920年，应是该公司高管的住宅。可惜今已不存，否则会是芜湖的一幢优秀的近代文物建筑。

（2）二街某欧式住宅（图3-3-6）

位于二街邮局后院，三层砖混结构。楼顶升起的方形台座上建有一座钢筋混凝土结构的六角亭，十分醒目。亭子虽小但造型设计复杂，尤其是顶部，由六个山花式两坡顶插入一个高高的六角尖顶。檐下尚有两层复杂线条和小齿组成的装饰，甚为精细。此亭既有功能需要，又有艺术追求。欧式风格十分明显，今已不存。

① 姜椿芳、梅益:《中国大百科全书　建筑、园林、城市规划》，中国大百科全书出版社1988年版，第573页。

图3-3-5.a　铁山顶欧式建筑(摄于1996年)

图3-3-5.b　铁山顶欧式建筑(摄于1996年)

图3-3-5.c　铁山顶欧式建筑(摄于1996年)

图3-3-5.d　铁山顶欧式建筑(摄于1996年)

图3-3-6.a　二街某欧式住宅(摄于1991年)

图3-3-6.b　二街某欧式住宅(摄于1991年)

图3-3-6.c　二街某欧式住宅(摄于1991年)

(二) 现代式建筑

20世纪20年代，随着西方工业和科技的迅速发展，功能主义的现代建筑应运而生。其外观简洁，功能实用，经济有效，抛弃传统装饰，不用拱券柱式，成为欧美建筑的新思潮。20世纪30年代，西方功能主义现代建筑风格很快传入中国，在上海等大城市有所发展，芜湖随后也受其影响。日本建筑师在芜湖的现代建筑活动，留下了两幢现代式建筑，即前文提到的日本制铁株式会社小住宅和东和电影院。可惜这两幢建筑已被拆除。

(三) 中西合璧式建筑

中西合璧式建筑是以西方建筑技术为基础，在建筑的平面布局和空间组织上注重功能的合理性，重点部位保持传统的格局，而外观上则有中有西，中西混杂的一种建筑风格。对应于“西方折衷主义建筑”，也可称之为“中国折衷主义建筑”。这类建筑外观上的特点很明显，屋顶仍保持大屋顶的形式，或大屋顶与局部平屋顶组合，而墙身已是体现砖墙承重并与新式门窗的组合。芜湖的近代建筑中无论是民用建筑还是工业建筑，都有不少是这类中西合璧式建筑。如芜湖益新面粉厂制粉大楼，芜湖医院沈克非、陈翠贞故居，内思高级工业职业学校教学楼和芜湖中山堂，芜湖基督教外国主教公署等。此外，还有以下实例：

(1) 青山某小住宅（图3-3-7）

此宅平面布局、凸窗处理、壁炉设置、带老虎窗的四坡屋顶和阁楼设计等都是欧式建筑做法，但清水青砖砌法、窗顶砖砌平券、红色油漆木门窗、封闭式阳台窗下裙板做法等，尤其是花园北侧的院门做法和东侧入口旁的湖石假山，又是中式建筑做法。此建筑如真是西方传教士住宅，出于传教方便，采取这种中西合璧式建筑形式，更加可以理解。

(2) 芜湖红十字会办公楼（图3-3-8）

位于吉和街（今吉和南路）西侧，三层砖混结构，三合院式总平面布局。清水青砖墙，外廊式，钢筋混凝土梁柱。临内院三面廊柱皆采用古罗马爱奥尼柱式，西式栏杆，而木门窗又采用中式做法，屋顶山墙顶的处理也受马头墙做法的影响。

(3) 吴家花园某住宅（图3-3-9）

位于二街北侧原吴家花园，三层砖混结构。两坡悬山顶，原为清水青砖墙。平面基本为长方形，南面有外廊，共六开间。最西端一间山墙外另设有阳台，最东端一间南侧也设有阳台。三层以上尚有阁楼层。除专设的楼梯间，还在建筑的西南角设有直上二楼的室外单跑楼梯。此楼规格较高，采用了新式住宅的一些设计手法，建筑风格中西结合。出阁楼到露台的牌坊式“洋门脸”，很有特色。

(4) 周家山圣爱女修道院（图3-3-10）

位于周家山，是基督教圣公会的一处修道院，建于1916年，是由几幢一到二层建筑组合而成的建筑群。砖木结构，院落形式，歇山屋顶，有明显的民族风格，但墙体处理方式、屋顶平台做法又有新的建筑手法。整个建筑群高低错落，富于变化，又协调统一，小巧别致，是一处有一定文物价值的芜湖近代建筑。芜湖解放后，曾为海军某部招待所，现在有一部分改建成酒店。建议妥为保护，恢复原貌。

(5) 芜湖近代洋行建筑（图3-2-11）

芜湖近代洋行建筑或采取西方建筑形式，或采取中西合璧形式。洋行的仓库建筑更多采取中西合璧式。如英商太古洋行仓库，位于原租界区太古租界临江处，一排六幢，每幢宽约20米，长约60米，皆山墙面江，便于进出货。中式两坡顶硬山或四坡顶歇山大屋顶，西式带抗风柱和承重柱的墙面，内部是大跨度的西式木屋架。此建筑在某居住小区开发时已被全部拆除，尽管仿造了一幢，但只是留下了一个不够准确的形象。英商怡和洋行仓库的处理手法与太古洋行仓库相似，尤其是门窗顶上的楣饰更加类似于徽派民居的做法。现存的美孚石油公司，位于现芜湖第十一中学西门北侧，设计更为简洁，与中国近代工业建筑很是相似。

（6）更兴路口保育院（图3-3-12）

位于更兴路口南侧，在今安徽师范大学赭山校区内，曾为安徽师范大学幼儿园使用。二层砖木结构，平面近似方形，五开间，南面中间三开间有券廊，两端开间房间又呈梯形平面向前突出。屋顶是中式四坡歇山式屋顶，又开有老虎窗，竖有壁炉烟囱。今已不存。

图3-3-7.a　青山某小住宅(摄于1984年)

图3-3-7.b　青山某小住宅(摄于1984年)

图3-3-7.c　青山某小住宅(摄于1984年)

图3-3-8.a　芜湖红十字会办公楼(摄于1996年)

图3-3-8.c　芜湖红十字会办公楼(摄于1996年)

图3-3-8.b　芜湖红十字会办公楼(摄于1996年)

图3-3-9.a　吴家花园某住宅(摄于1984年)

图3-3-9.b 吴家花园某住宅(摄于1984年)

图3-3-10.a 周家山圣爱女修道院(建于1916年)

图3-3-9.c 吴家花园某住宅(摄于1984年)

图3-3-10.b 周家山圣爱女修道院(建于1916年)

图3-3-11.a 太古洋行仓库

图3-3-11.b 太古洋行仓库

图3-3-11.c 怡和洋行仓库

图3-3-11.d 美孚石油公司

图3-3-12.a 更兴路口保育院

图3-3-12.b 更兴路口保育院

（四）芜湖徽派建筑

芜湖地处皖南门户，很多徽商早就在此经营并落户，带来了地域特色明显的徽派建筑风格。在芜湖大量的居住建筑和商业建筑中，徽派建筑风格得到广泛采用，产生了很多优秀的近代建筑。

徽派建筑是中国传统建筑中最重要的流派之一，历史悠久，发展成熟，主要分布在徽州的歙县、黟县、绩溪、休宁、祁门、婺源（今划归江西省）等诸县，其中以徽州民居最为典型。其特点是：建筑色调朴素淡雅，山墙造型别具一格，天井庭院紧凑静谧，梁架结构奇巧多变，雕刻装饰精致优美，室内陈设古朴雅致。芜湖近代的徽派建筑，保持了徽州建筑的特点，但也有了新的发展和变化。比如在居住建筑中，以一到三开间为单元，通过多重天井组织多进的居住空间，成排地组合起来成为成片的居住街坊。又如在商业建筑中，以一到三开间为单元，通过多层天井组织成前店后坊或前店后宅的多功能空间，成排地组合起来成为整条的商业街区。具体建筑实例有前文中提到的芜湖古城中的“小天朝”、雅积楼、段谦厚堂、环城南路五进长宅以及芜湖钱业公所、芜湖科学图书社等。此外，还有以下实例：

（1）张恒春国药号（图3-3-13）

位于上长街南侧，二层砖木结构。该药号1800年创设于凤阳，1850年前后迁至芜湖，先设店于金马门，后移至湖南会馆对门，1867年再迁至长街状元坊口，此后一直在此经营[①]。张恒春国药号是一家百年老店，在我国大江南北享有盛誉，当时与北京同仁堂、杭州胡庆余堂等中药店齐名。状元坊口的药号建筑是张家购地自行设计兴建的，施工三年方才竣工。药号前店后坊。前临长街，三开间的高大门墙，石库大门（灰色石框、黑漆门扇），金字招牌（门头匾额上书“张恒春”三个大字），十分壮观。进店后，明间是两层楼高的大堂空间，两侧是长长的药柜（“抽斗橱”内装有1200种以上药材）和柜台。店面之后是中药加工场，自制丸、散等各种成药。南面紧靠青弋江，进出货十分方便，水路直通长江。该建筑内外都体现出徽派建筑的特色。

（2）大观园浴室（图3-3-14）

位于新芜路与中山路交会处附近，新芜路北侧，建筑前留有小广场。门楼造型为“洋门脸”，门头做成半圆形，门上有扇形匾额，上书“大观园”三个大字，墙头是遮挡两坡屋顶的多折式弧形墙头。建筑内部无论布局还是陈设全是中式。分设男浴、女浴两部分，各有浴池及休息厅。厅分大众厅、高级厅等几种等级，标准不同。此店规模较大，标准较高，在芜湖数一数二。芜湖解放后，该店又继续经营了很长时间，但今已不存。

（3）宝成银楼（图3-3-15）

此楼位于下长街，开业于1864年，是已知芜湖银楼业中开办最早的正规银楼。宝成银楼前店后坊，前店销售，后坊制作，自产自销。银楼并未采用常规的“洋门脸”，而是仿照四柱三间三楼牌坊式的店面造型。因银楼经营的是金银首饰，为了显示实力，不惜重金进行门面和店堂的装潢。银楼立面一层开放，二层顶部飞檐翘角，排窗朱漆雕花，檐下和二层跳出的栏杆描金辉煌，“宝成银楼”金字招牌高挂门头。店堂内楹柱牌匾，油漆光亮，茶几陈设，古色古香[②]。我在网上看见过一张宝成银楼的照片，檐下有“大东门分址”字样。芜湖宝成银楼建筑风格与此照

① 葛华珊:《百年国药老店张恒春》,载方兆本:《安徽文史资料全书·芜湖卷》,安徽人民出版社2007年版,第459页。
② 许知为:《芜湖的银楼业》,载方兆本:《安徽文史资料全书·芜湖卷》,安徽人民出版社2007年版,第395页。

片极其相似，可能按此银楼仿制，现附于后，以资参考。到民国时，芜湖银楼约有二三十家，大多分别在下长街、中长街、陡门巷一带。芜湖解放前夕，已增至34家，芜湖解放后，政府禁止金银自由买卖，这些银楼相继转业或歇业。

（4）肖家巷5号民居（图3-3-16）

位于芜湖古城肖家巷南端，建成于清晚期。坐西朝东，面阔三间，进深七间，中部有天井，建筑面积约254平方米。穿斗式梁架，硬山屋顶，内外均为徽派建筑做法。正立面开在次间的大门是典型的徽式石库门做法，垂花门式贴墙门罩很是精致。

（5）张勤慎堂（图3-3-17）

位于芜湖古城肖家巷16号，建于清末。坐北朝南，面阔三间，进深三进，典型的徽派民居建筑做法。南立面很有特色，大门开在正中间，但墙体后退1米，有风水理念的考虑。石门框大门上有堂号匾额，大门两侧次间只在底层开窗（二层现开的一窗是以后所开）。二层实墙面与一层开有门窗的墙面对比强烈。墙下为条石墙裙，空斗墙墙面外粉白灰，墙顶做复杂线条的重点处理。整个立面处理显得古朴典雅。

图3-3-13.a 张恒春国药号

图3-3-13.b 张恒春国药号

图3-3-14 大观园浴室

图3-3-15 宝成银楼

图3-3-16.a　肖家巷5号民居

图3-3-16.b　肖家巷5号民居

图3-3-17　张勤慎堂

第四章　研究结语

一、芜湖近代的城市发展

（一）芜湖完成了由传统城市向近代城市的转型

芜湖是一座有着四千多年文明史、两千五百多年城建史的古老城市，宋代以后古城芜湖得到迅速的发展，由过去的军事重镇一跃成为江南大县，长江中下游著名的商业城市。1876年《中英烟台条约》划芜湖为对外通商口岸，1877年芜湖正式开埠，城市开始了近代化的进程。经过清末至民国时期的发展，芜湖完成了由传统城市向近代城市的转型，也可以说芜湖此时已进入城市现代化的早期。这种转型不仅是在古代城市基础上发生的，也是在外来因素的作用下强力推动的。芜湖经过近代的发展由繁盛的商业城市变成长江流域重要的工商业城市。

（二）芜湖近代城市发展的四个时期

1.发展萌芽期（1840—1876）

1840年的鸦片战争，拉开了中国近代史的序幕，我国由封建社会转变为半殖民地半封建社会，开埠前的芜湖也随之进入近代城市发展的萌芽期。芜湖之所以被帝国主义列强们选为第三批开埠城市之一，就是因为他们看中了芜湖城市发展的良好条件。此时，西方国家在文化上对芜湖开始进行宗教传播，太平天国对晚清时的芜湖产生很大影响，洋务派的洋务运动也波及芜湖。

2.初步发展期（1877—1911）

随着芜湖开埠与租界区的划定、芜湖米市的形成、芜湖社会和经济的发展以及近代工业的兴起，芜湖城市有了初步发展。

3.快速发展期（1912—1937）

从民国建立到抗日战争全面爆发，芜湖经历了辛亥革命、北洋军阀统治、新文化运动的影

响，北伐战争和国民党统治的建立等政治变革，同时经历了近代工矿业的发展、近代商业和金融业的发展、近代文教和宗教事业的发展、李鸿章家族在芜湖的房地产开发，以及近代市政、交通的发展。

4.发展滞缓期（1938—1949）

抗日战争时期，日本侵略者对芜湖进行了残酷的殖民统治和经济掠夺，芜湖的经济、社会遭到严重破坏，城市陷入畸形发展。抗战胜利后到芜湖解放前，芜湖经济虽有短暂复苏，城市建设略有发展，但国民党又发动全面内战，使芜湖经济再次陷入危机之中，城市发展十分滞缓。

（三）芜湖近代城市形态的发展和演变

芜湖古代的城市形态是滨河呈“团块式”发展，进入近代后逐渐由沿河发展演变成沿滨江发展，城市建成区由块状城市形态逐步演变成“L”型带状城市形态。抗日战争前，已经有了城市功能区的划分。抗战胜利后，芜湖西部已紧临长江，只能主要向北，少量向南、向东作蔓延式扩展，城市形态由带状向块状形态演变。

（四）芜湖近代城市发展的特点

1.近代芜湖是在省内得到领先发展的城市

在我国诸多历史古城中，芜湖是在近代得到明显发展的城市之一。同时，芜湖作为一个沿江城市，发展速度与规模虽不及沿海城市，但在我国内河近代城市中，算得上是发展较早的城市之一。在安徽省内，芜湖是近代首先得到发展的代表性城市，在城市发展上处于领先地位。近代安徽省内的政治中心是省会城市安庆，经济中心当属芜湖。芜湖是近代安徽唯一的对外开放口岸，也是近代安徽最重要的交通枢纽。近代芜湖有比较完整的学校教育体系，有比较发达的报刊、广播和邮政、通讯，也是近代安徽著名的文化中心。

2.近代芜湖是新、老城区得到同时发展的城市

芜湖近代城市的发展态势是老城区继续发展，并沿着长街向西蔓延。开埠后，租界区及其南面的沿江地带逐渐发展，形成新城区。新、老城区的同时发展，使得芜湖解放前芜湖城市已基本连成一片，为以后的城市发展打下了基础。以新的商业街区为中心代替了过去以封建衙署为中心的城市结构，从而打破了老城区封闭的城市格局，古代芜湖沿河城市逐渐演变为近代芜湖滨江城市。

3.近代芜湖是发展得不够充分的城市

芜湖近代历史的时间跨度较短，深受帝国主义列强的经济掠夺和战争破坏、地方政治的腐败及政局的动荡不定、地方财力的薄弱和社会投资的不力等影响，加上1882年、1901年、1911年的洪水灾害，特别是1931年的长江流域特大洪水，又遭受严重的自然灾害影响。以上这些影响都严重制约了芜湖城市的顺利发展。

二、芜湖近代的建筑活动

（一）芜湖近代建筑的两个发展阶段

1876年芜湖开埠是芜湖近代建筑史的开端，1949年芜湖解放，是芜湖近代建筑史的下限，时间跨度74年。1937年抗日战争的全面爆发，将芜湖近代建筑史划分为兴盛和萧条两个阶段。这两个发展阶段各分为两个时期，均有其明显的分界点。1876—1911年是芜湖近代建筑的迅速发展期，产生了英驻芜领事署、芜湖天主堂、圣雅各中学博仁堂等一批优秀的近代建筑。辛亥革命后清王朝灭亡，1912—1937年是芜湖近代建筑的发展鼎盛期，产生了芜湖海关关廨大楼、芜湖裕中纱厂主厂房、芜湖益新面粉厂制粉大楼、芜湖医院病房大楼、芜湖天主教圣母院、内思高级工业职业学校教学楼等又一批优秀建筑。芜湖被日寇侵占后，1938—1945年，芜湖近代建筑进入畸形发展期。抗战胜利后，1946—1949年，芜湖近代建筑则进入发展凋零期。

（二）芜湖近代建筑的两大建筑体系

近代芜湖建筑和全国一样，呈现出新旧两大建筑体系并存的局面。近代新的建筑体系是新的建筑功能产生的新的建筑类型，采用了新的建筑材料、新的建筑结构，运用了新的建筑技术，创造了新的建筑形式。芜湖近代新建筑体系的建立与我国近代大城市相比虽有不小差距，但在安徽省内处于领先地位，尤其在公共建筑当中，留下了不少优秀的近代建筑遗产。这是芜湖近代建筑活动的主流，是在输入和引进的背景下发展起来的。近代旧的建筑体系是在原有的传统建筑体系基础上延续下来的，使用传统的建筑材料，采用传统的建筑结构，采取传统的施工方式，主要适用于传统的建筑类型，基本保持了传统的建筑形式。它们可能局部地运用了近代的材料、构造和装饰，但是并没有摆脱传统的技术体系和空间格局。这也是芜湖近代建筑活动的重要部分，尤其在居住建筑中，同样留下了一些优秀的近代建筑遗产。

（三）芜湖近代建筑的四类建筑风格

关于近代建筑的建筑风格分类，《中国大百科全书》学科分卷分为新旧建筑体系两大类建筑风格，并把新建筑体系的外来形式和民族形式作为中国近代建筑的主流风格。高校教材《中国建筑史》中则围绕洋式建筑、传统复兴和现代建筑三个方面阐述。结合芜湖近代建筑的具体情况，这里分为四类建筑风格：新建筑体系中的欧式建筑风格和现代式建筑风格，旧建筑体系中的中西合璧式建筑风格和芜湖徽派建筑风格。

在诸多芜湖近代建筑中，引人注目的当推欧式风格建筑，具有浓郁地方特色的还属芜湖徽派建筑，既有地域感又有西洋风的当数中西合璧式风格建筑。而现代式风格建筑因数量太少又没有保存下来，现已无迹可寻。

（四）芜湖近代建筑发展的成果与不足

总结上文提到的芜湖优秀近代建筑就有八十多个（附表一），限于篇幅尚未能提及的还有很多。作为近代的一个中小城市，优秀建筑数量已是非常可观，其中大量的建筑能保存至今也是非常不容易，值得加倍珍惜。

结合已列入文物保护单位的建筑情况，笔者深入调研芜湖现存的优秀近代建筑，将这些优秀近代建筑按国家级、省级、市级进行分类，详见附表二～四。这些只是幸存下来的芜湖近代建筑的一部分，可见芜湖近代建筑是有一定水平的，也是值得书写的。而像芜湖科学图书社、张恒春国药号、芜湖中山纪念堂、徽州会馆、芜湖钱业公所等芜湖优秀近代建筑因各种历史原因未能保存下来，实在可惜。还有一些如太古洋行洋员住宅、雅积楼、段谦厚堂、周家山女修道院、古城内郑宅和潘宅等尚存的优秀近代建筑，由于保护不够尚未能定为文物建筑，还需做更多的工作。

由于芜湖近代城市的发展不够充分，近代建筑活动因时断时续也未能很好展开，近代建筑的建设规模还不够宏大，本地的设计和施工力量还比较薄弱，因此建筑的质量、标准还不是很高，只是在省内取得领先地位而已。尽管如此，芜湖作为内陆沿江城市，芜湖近代建筑史在中国近代建筑史上应有一席之地！

主要参考文献

1.芜湖市政协学习和文史资料委员会、芜湖市地方志编纂委员会办公室：《芜湖通史》，黄山书社2011年版。

2.方兆本：《安徽文史资料全书·芜湖卷》，安徽人民出版社2007年版。

3.郭万清：《安徽地区城镇历史变迁研究（上卷）》，安徽人民出版社2014年版。

4.董鉴泓：《中国城市建设史》，中国建筑工业出版社2004年版。

5.潘谷西：《中国建筑史》，中国建筑工业出版社2004年版。

6.罗小未：《外国近现代建筑史》，中国建筑工业出版社2004年版。

7.杨秉德：《中国近代城市与建筑》，中国建筑工业出版社1993年版。

8.翁飞等：《安徽近代史》，安徽人民出版社1990年版。

9.王鹤鸣、施立业：《安徽近代经济轨迹》，安徽人民出版社1991年版。

10.唐晓峰等：《芜湖市历史地理概述》，芜湖市城市建筑局1979年版。

11.芜湖市地方志编委员会：《芜湖市志（上）》，社会科学文献出版社1993年版。

12.民国八年《芜湖县志》。

13.芜湖市地方志办公室：《芜湖商业史话》，黄山书社2011年版。

14.石琼：《最后的芜湖古城》，安徽师范大学出版社2017年版。

15.章征科：《从旧埠到新城》，安徽人民出版社2005年版。

16.芜湖市文物局：《芜湖旧影　甲子流光（1876—1936）》，芜湖市文物局2016年版。

17.芜湖市文物管理委员会办公室：《鸠兹古韵——芜湖市第三次全国文物普查成果汇编》，黄山书社2013年版。

18.芜湖市地方志办公室：《芜湖百年建筑》，安徽师范大学出版社2013年版。

附 表

附表一：

芜湖优秀近代建筑一览表

编号	建筑名称	建筑年代	备注	编号	建筑名称	建筑年代	备注
1	英驻芜领事署	1877		17	芜湖基督教狮子山牧师楼	20世纪20年代	
2	英驻芜领事官邸	1887		18	芜湖基督教华牧师楼	20世纪20年代	
3	芜湖海关税务司署	1905年前		19	芜湖清真寺	1864	1902年扩建
4	芜湖海关税务司职员宿舍楼	1919年前		20	皖江中学堂	1903	
5	芜湖海关关廨大楼	1916—1919		21	“省立五中”乐育楼	1914	
6	英商太古洋行办公楼	1905		22	圣雅各中学博仁堂	1910	
7	英商亚细亚煤油公司办公楼	1920		23	圣雅各中学义德堂	1924	
8	芜湖天主堂	1895		24	圣雅各中学经方堂	1936	
9	芜湖天主教神父楼	1893		25	萃文中学竟成楼	1910	
10	芜湖天主教修士楼	1912		26	萃文中学办公楼	不详	
11	芜湖天主教主教楼	1933		27	萃文中学校长楼	不详	
12	芜湖天主教圣母院	1933		28	内思高级工业职业学校教学楼	1935	
13	芜湖基督教圣雅各教堂	1883		29	芜湖医院病房大楼	1927	
14	芜湖基督教牧师楼	1883		30	芜湖医院院长楼	约1925	
15	芜湖基督教外国主教公署	约1946		31	芜湖医院专家楼	1900年前	
16	芜湖基督教中国主教公署	约1946		32	陈克非、陈翠贞故居	约1928	

续 表

编号	建筑名称	建筑年代	备注	编号	建筑名称	建筑年代	备注
33	芜湖医院南大门	1929		59	段谦后堂	1908	
34	芜湖益新面粉厂制粉大楼	1916		60	芜湖公署路郑宅	民国时期	
35	芜湖裕中纱厂主厂房	1918	今已不存	61	太平大路俞宅	清末民初	
36	芜湖裕中纱厂办公楼	约1918	今已不存	62	太平大路潘宅（一）	清代晚期	
37	芜湖明远电厂发电厂房	1925	今已不存	63	太平大路潘宅（二）	1915	
38	日本制铁株式会社生产车间	约1938	今已不存	64	环城南路五进长宅	清代晚期	今已不存
39	日本制铁株式会社办公楼	约1938	今已不存	65	英商太古公司洋员宿舍	20世纪20年代	
40	日本制铁株式会社小住宅	约1938	今已不存	66	青山某小住宅	不详	
41	中国银行芜湖分行大楼	1927		67	李鸿章家族住宅	不详	今已不存
42	上海商业储蓄银行芜湖分行	1930	今已不存	68	怡和洋行办公楼	1907	
43	国货路某银行	不详	今已不存	69	亚细亚煤油公司小住宅	1920	今已不存
44	华兴银行	1938	今已不存	70	美孚石油公司旧址	不详	
45	裕皖银行	1943	今已不存	71	某教会住宅1	不详	今已不存
46	芜湖钱业公所	1907	今已不存	72	某教会住宅2	不详	今已不存
47	芜湖大戏院	1902—1906	今已不存	73	土龙山上小住宅	不详	今已不存
48	芜湖东和电影院	1936	今已不存	74	红十字会办公楼	不详	今已不存
49	芜湖中山纪念堂	1945	今已不存	75	吴家花园某住宅	20世纪初	今已不存
50	芜湖中山堂	1934		76	周家山圣爱女修道院	1916	
51	芜湖古城正大旅社	清末		77	英商太古洋行仓库	不详	今已不存
52	芜湖科学图书社	19世纪80年代	今已不存	78	更兴路口保育院	不详	今已不存
53	芜湖古城望火台	民国初期		79	张恒春国药号	1867	今已不存
54	芜湖万安救火会	20世纪20年代	今已不存	80	大观园浴室	不详	今已不存
55	侵华日军驻芜警务司令部营房建筑	1939		81	长街宝成银楼	1864	今已不存
56	芜湖模范监狱	1918		82	肖家巷5号民居	清代晚期	
57	“小天朝”	1890前		83	冰冻街某住宅	不详	今已不存
58	雅积楼	民国初年		84	张勤慎堂	清末	

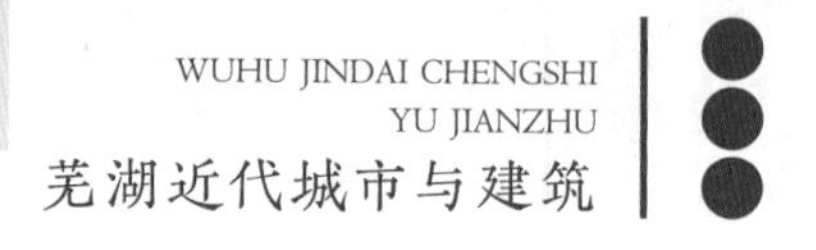

附表二：

国家级芜湖优秀近代建筑一览表

序号	项目名称	序号	项目名称	序号	项目名称
1.0	芜湖天主堂建筑群	2.0	芜湖圣雅各中学建筑群	3.0	英驻芜领事署建筑群
1.1	芜湖天主堂	2.1	博仁堂	3.1	英驻芜领事署
1.2	芜湖天主教神父楼	2.2	义德堂	3.2	英驻芜领事官邸
1.3	芜湖天主教修士楼	2.3	经方堂	3.3	芜湖海关税务司署
1.4	芜湖天主教主教楼			3.4	芜湖海关税务司职员宿舍
1.5	芜湖天主教圣母院				

注：此表共有12个优秀近代建筑。

附表三：

省级芜湖优秀近代建筑一览表

序号	项目名称	序号	项目名称	序号	项目名称
1.0	芜湖海关关廨大楼	3.0	芜湖圣雅各教堂建筑群	4.0	中国银行芜湖分行大楼
2.0	弋矶山芜湖医院建筑群	3.1	圣雅各教堂	5.0	内思高级工业职业学校教学楼
2.1	病房大楼	3.2	基督教牧师楼（花津桥）	6.0	芜湖模范监狱
2.2	院长楼	3.3	基督教牧师楼（狮子山）	7.0	“小天朝”
2.3	专家楼	3.4	基督教中国主教公署		
2.4	沈克非、陈翠贞故居	3.5	基督教外国主教公署		

注：此表共有14个优秀近代建筑。

附表四：

市级芜湖优秀近代建筑一览表

序号	项目名称	序号	项目名称	序号	项目名称
1.0	滴翠轩	6.0	芜湖萃文中学建筑群	7.2	省立五中乐育楼
2.0	芜湖清真寺	6.1	萃文中学竟成楼	8.0	侵华日军驻芜警备司令部营房
3.0	王稼祥纪念园	6.2	萃文中学校长楼	9.0	英商亚细亚煤油公司办公楼
4.0	益新面粉厂制粉大楼	6.3	萃文中学办公楼	10.0	太平大路俞宅
5.0	日本商船仓库	7.0	芜湖皖江中学建筑群	11.0	崔国英公馆（青山某小住宅）
		7.1	皖江中学堂校舍	12.0	太古洋行办公楼

注：此表共有15个优秀近代建筑。

后　记

笔者对芜湖近代建筑的研究始于1987年，当时中国近代建筑史的全国性系统研究刚刚开始。1986年10月在北京召开了“第一次中国近代建筑史研讨会”。在其影响下，我以“芜湖近代的城市发展和建筑活动”为题撰写了论文，参加了1988年4月在武汉召开的“第二次中国近代建筑史研讨会”，这篇论文后来公开发表在《华中建筑》1988年第3期。此后，还携带应征论文先后参加了1990年（大连）、1992年（重庆）、1996年（庐山）、1998年（太原）、2000年（广州、澳门）、2002年（宁波）的各届中国近代建筑史研讨会。其中《中国沿海地带与内陆地区建筑发展的比较和研究》一文被收入清华大学出版社1999年出版的《中国近代建筑研究与保护（一）》一书中，《中国近代建筑史研究与历史地段保护》一文入选《2000年中国近代建筑史国际研讨会论文集》。其他还有《安徽近代工业建筑概述》《芜湖近代学校建筑初探》等专题研究论文也被公开发表。

从1988年11月至1989年5月，笔者曾在《芜湖日报》连续发表过十篇“芜湖近代建筑漫话”系列文章，分别介绍与评价了英驻芜领事署、芜湖海关大楼、芜湖天主堂、圣雅各中学教学楼、弋矶山芜湖医院病房大楼、中国银行芜湖分行大楼、益新面粉厂制粉大楼、明远电厂老发电厂房、芜湖科学图书社旧楼、青年剧场等十个芜湖优秀近代建筑。当时这些建筑全部存在，可惜后三个建筑今已不存。1993年由杨秉德主编的《中国近代城市与建筑》（中国建筑工业出版社出版），笔者撰写了其中的第十三章《长江沿岸中等城市芜湖》。三十年来，笔者陆续拍摄了芜湖近代建筑的一些照片，手绘了不少芜湖近代建筑的平立剖面图，收集了不少有关芜湖近代建筑的资料。经过以上这些积累，笔者最后用了一年半的时间，终于完成了《芜湖近代城市与建筑》这部专著，了却了多年的心愿，也算填补了芜湖近代建筑系统性研究的空白。但愿此书能为今后芜湖近代建筑的深入研究提供重要史料，也为这些文物建筑的保护和利用提供一定的参考。

本书的研究重点虽然是芜湖的近代建筑，但不是孤立性的研究，而是把建筑放在城市的大背景、大环境中去研究。所以在研究方法上，将芜湖近代建筑研究与芜湖近代城市研究同时进行，且对芜湖近代城市的研究是从对芜湖古代城市的研究开始，讲清芜湖城市的起源和发展、演变过程。另外，对芜湖近代城市和建筑的研究采取编写芜湖近代城市建设史和芜湖近代建筑发展史的方式，明确划分了芜湖近代城市和建筑的几个发展时期。同时，突出实证研究，对芜湖近代建筑中八十多个建筑实例进行了详细的考证、实录和分析，提供了重要而难得的建筑史料。

本书呈现方式是图文并重，除了文字论述外，还选用了大量图片。没有图片，要想讲清楚建筑（包括形式和内容）是不可想象的，本书图片的篇幅占到了全书的二分之一。图片分照片和图纸两个部分，共选有474张，其中照片273张，图纸201张。照片中有的是历史照片，有的是现状照片，大多都是笔者亲自拍摄。图纸以建筑平面图和总平面图为主，也有少量立面图和剖面图，绝大部分是亲手测绘。这些图片直观、真实，带有大量历史信息。图纸的编绘耗费了笔者的大量精力，但其对芜湖近代建筑的具体情况反映得更为清晰、详细，是了解芜湖近代城市与建筑的珍贵资料。

在本书的编写过程中，芜湖市档案馆、芜湖市地方志办公室、芜湖市文物局、芜湖古城项目建设领导小组办公室、芜湖古城建设投资有限公司、芜湖市旅游投资有限公司、中铁城市规划设计研究院有限公司、中铁时代建筑设计院有限公司、安徽星辰规划建筑设计有限公司、芜湖勘察测绘设计院有限公司、浙江华州国际设计有限公司芜湖分公司等单位，尤其是张照军、王金保、李艳天、徐平、陈厚明、张崖、向筑、杜云江、徐建、孙世胜、李华平、吴双龙等同志，给予了大力协助，在此表示诚挚的谢意！感谢胞弟葛立诚为书中大量插图的编制所付出的辛劳，他的创造性工作使这些插图为本书增色不少。感谢安徽师范大学出版社为出版本书所进行的卓有成效的工作，特别是张奇才社长的指导和彭敏、祝凤霞两位责任编辑的大力帮助和认真校审，黄成林教授也提出了一些宝贵意见，在此表示衷心的感谢！最后对我国著名的建筑史学家刘先觉教授能为本书作序，并给予充分肯定和不吝指教，表示万分感谢！

葛立三

二〇一八年五月三十日初稿

二〇一八年八月三十日定稿

编辑手记

中国近代的历史很短，但这段短暂的历史时期是东西方文化激烈碰触的时代，也是社会变革激荡的时代。作为长江中下游的一颗明珠，芜湖在1876年《中英烟台条约》被辟为通商口岸后，成为东西方社会文化接触、冲突、融合的典型城市。然而，随着时间的推移，一切喧嚣都已远去，特殊时代的影像最后只能在建筑上找到一丝痕迹，成为留给后代的宝贵文化遗产。

一、选题的诞生

芜湖地处长江中下游南岸，是长江之滨上的一颗璀璨明珠，镶嵌在长江与青弋江的交汇口。芜湖开埠后，外国传教士和商人纷纷涌入芜湖传教和经商，他们在江边和租界区内大修码头、楼房、俱乐部、仓库等，以供轮船停泊、外国人及家属居住、娱乐和仓储。他们还纷纷抢山头、占地盘，在范罗山、大官山、狮子山、凤凰山、弋矶山、铁山等处修建教堂、学校、医院等建筑。古云“天下名山僧占多”，但在芜湖，则是“芜湖名山洋占多”。20世纪初，芜湖的近代民族工业发展起来，芜湖相继创办了益新面粉厂、明远电厂、裕中纱厂、大昌火柴厂等工业企业，成为安徽省民族工业发展的一颗明珠。

这些历史因素使得芜湖遗留下一批类型丰富、特征显著的近代建筑，既有欧式建筑（如英驻芜领事署、芜湖天主堂、芜湖圣雅各教堂等），又有现代式建筑（如日本制铁株式会社小住宅、东和电影院），还有中西合璧式建筑（益新面粉厂制粉大楼、内思高级工业职业学校、芜湖中山堂等），呈现出建筑的多重性特征，这在安徽省内是不多见的。由于受到西方建筑的影响，安徽省内除了芜湖、安庆、蚌埠少数几个城市兼有近代建筑体系和传统建筑体系，其他大多数城市都是以传统建筑体系为主。这批类型丰富、特征显著的近代建筑，在风格造型、空间形象、建筑技艺等各个方面都体现出显著的近代特征，是凝固了的城市记忆，是一笔珍贵的文化遗产。但是历经战争的洗劫和改革开放后城市化进程的拆建，这批珍贵的建筑遭到了极大的损毁，亟待研究和保护。

芜湖近代建筑的选题具有极大的出版价值，我们一直期盼这类书稿。但是这种类型的选题专业性非常强，没有多年的积累和专业性的知识，是根本无法完成的。直到《芜湖近代城市与建筑》书稿出现在我们的视野里。

《芜湖近代城市与建筑》的作者葛立三先生1962年毕业于南京工学院（现东南大学）建筑系，先后在芜湖市规划设计研究院和芜湖市规划局从事建筑设计和规划管理工作。葛先生一直心系芜湖近代建筑的保护工作。1987年，葛先生开始对芜湖近代建筑展开研究，1988年就公开发表了专题论文《芜湖近代的城市发展和建筑活动》。1988年，正值建设芜湖新的客运港大楼，芜湖海关大楼进入建筑用地范围。葛先生当时在芜湖市规划设计院负责此项目的规划设计工作，就向有关部门建议缩短客运港大楼建筑长度并适当将建筑南移，使得海关大楼得以保存。接着，从1988年8月到1989年5月，葛先生在《芜湖日报》连续发表十篇“芜湖近代建筑漫话”系列文章，介绍了十个芜湖优秀近代建筑，以期能得到社会的广泛关注，在拆建的浪潮中保存下来，可惜其中的三个建筑今已不存。特别是陈独秀居住过的芜湖科学图书社旧楼被拆，尤其可惜。好在葛先生事前就完成了该建筑的平立面测绘，有关资料已编入本书中。

为了尽量多地保留下芜湖建筑的痕迹，葛先生利用业余时间，深入大街小巷，开始了数十年的现场调查、测绘、拍摄工作，积累了大量的原始资料，才有了《芜湖近代城市与建筑》一书的问世。

二、出版背后的故事

葛家是书香世家，家学渊源深厚。葛先生的祖父是私塾先生，父母也皆是师范出身，育人一世，桃李满天下。从父辈算起，四代人一共出了16位教师。2004年，还获得“芜湖十佳教师世家”称号。

葛立三先生的父亲葛天民是滁县地区最早的革命者之一，因受到国民党反动派的迫害，被关入狱中四年，身体深受摧残，害下了肺病。1952年后，在安徽师范专科学校（安徽师范大学前身）任教，1962年因病去世，享年56岁。葛天民先生才华出众，在狱中四年，自学英、日、德、法四门外语，坚持翻译外国作品，擅长旧体诗词，对甲骨文、钟鼎文等均有深入的研究。

母亲范际华先生在她104岁的人生中，一直是子女的精神榜样。范际华先生1934年毕业于安徽省立安庆女子师范学校，是20世纪三四十年代的新女性，一生从事教育事业。她含辛茹苦养育了“立华”“立三”“立芳”“立诚”“立峰”“立云”“立仪”“立慈”，四兄弟，四姐妹。“做事认真，治学严谨，吃苦耐劳，精益求精，追求完美，不留遗憾”是葛先生的家风。为了纪念父母亲，葛先生及同胞相继编写了《家父葛天民生平纪要》《母亲范际华纪念影集》《范际华书信集》等文集，供家人传阅怀念。

“家是最小国，国是千万家。”父母亲的精神对葛先生及其同胞产生重要影响，这种精神也在血脉中继续留存传承。

葛先生自称是出生于重庆的芜湖人，一生在六个城市生活过：重庆、滁州、南京、上海、贵阳、芜湖。葛先生1957年考入南京工学院（现东南大学）建筑系，在南京度过了五年的大学生活。1962年大学毕业被分配到贵州，在贵阳工作了十年。1972年回到芜湖，就再也没有离开过，算起来在芜湖已经度过了47个春秋。“芜湖是我的又一个故乡”，葛先生曾对我说。正是怀着对芜湖的深厚感情，已近耄耋之年的他更是感到自己手头积累的资料，如不整理出版，甚为可惜。近两年，编写《芜湖近代城市与建筑》成为他生活中的头等大事，全部的时间和精力都倾注在这本书上。

葛立三先生是一位非常严谨的学者。在对书稿进行编校之前，我就从葛先生家中搬来整整两大包参考图书，共26本，以校对书中文献之用。为了写作本书，葛先生做了大量的文献阅读工作，对相关内容做了很多的考证，对存疑或明显错误的地方在参考书中都做出了标注。

“一把卷尺，一支笔，一个本子”是葛先生的三件法宝。2018年4月18日，我有幸陪同葛先生前往冰冻街青山南麓调研、测量了一幢小住宅。从外观形态的观察描绘、外观尺寸的测绘记录，以至屋内每一个房间、门楼、楼梯的测绘，葛先生一边测量下数据，一边现场画草稿，回家后再将草稿绘制成正式图纸。因为该建筑已做过多轮修葺，外观形态和内部格局做了较大程度的调整，对于房间格局调整的地方，先生现场一一记录下来，并拍摄了建筑的外观和内景照片。后来，他还找到芜湖军区保障处的几位同志做访谈、做记录，讨论这所老房子的历史，并拿出二十多年前他在此开会时拍下来的珍贵照片与他们讨论确认。葛先生同我说起，1986年他曾在此开会，这栋建筑当时仍未改变原貌，清水红砖墙，南侧和西侧是花园，还有假山环绕，十分漂亮。会议期间他还拍摄了几组照片，书中选用了其中的几张，反映出当时的原貌，很是珍贵。该建筑即是青山某小住宅（图3-2-67）。本书以68个单体建筑为主要实例，每一个建筑都需要经过调查、测绘、拍摄这几个环节，可以想象工作量之巨。

葛立诚先生是葛立三先生的大弟，1966年毕业于安徽大学物理系，对计算机技术非常精通，擅长使用AutoCAD、Photoshop等制图软件，负责本书的插图加工工作。由于葛立三先生不善计算机处理，交来的初稿插图质量不高，很多建筑手绘图纸在数字化工程中，细节部分信息丢失严重，修改任务量巨大。全书474张插图，有的插图修改了十多次，如果没有葛立诚先生的鼎力相助，困难难以想象。

中间还有一个小插曲，2018年7月10日，葛立三先生不慎摔伤，导致右肩肱骨头脱位、骨折，住进了医院。当时为了不影响出版进度，葛先生向我们隐瞒了病情。之后葛立三先生告诉我们，在他生病住院期间，葛立诚先生推掉了手上的所有事务，承担起书稿的校对任务，由葛立三先生微信或电话口述，立诚先生在辽宁抚顺及时修改。值得一提的是，葛先生初稿是手写的，由他的弟弟葛立诚、妹妹葛立慈帮忙录入，老弟、老妹为兄长出书倾心尽力的相助，实为一段佳话。

葛立诚先生办事极其认真，今天要完成的事，决不拖到明天。为了提高插图的质量，特别是葛先生的手绘图纸，有时工作整整一天，经常从清晨工作至深夜，让我们十分钦佩和感动。为了呈现最好的印刷效果，很多插图一改再改，他也从不嫌麻烦，总是第一时间给我们回应。

作为长者，他们态度极为谦逊、真诚，有着极高的修养。与他们的交往过程，是愉快而又顺畅的，这为本书的出版增添了一种幸福的氛围。

三、编辑的体会

《芜湖近代城市与建筑》一书的编辑工作已经结束，我们编校小组如释重负。抚卷思考，有不少体会：

（1）编校过程也是对一本书的学习、研究过程。本书看起来是一本图文并茂介绍芜湖城市与建筑的专业读物，实际上是一部芜湖近代城市建设史和芜湖近代建筑发展史，兼具专业性与通俗性。

（2）编校过程中，不能怕麻烦。本书插图丰富，有大量的历史照片、图纸，为广大读者了解芜湖近代城市与建筑带来极大的方便，也提供了不少有价值而又难得的资料。但这也给编辑和排版带来不小的工作量。全书474张插图我们协助作者采用了三级编号，只要插图中有任意一个图片编号做了调整，都会牵一发而动全身，但为了呈现最好的阅读效果，我们觉得再麻烦也是值得的。

（3）编校过程中，一定要加强与作者之间的沟通。为了确保本书的质量，及时沟通交换意见，我们专门建立了“编辑与作者”微信群，非常便捷。通过半年多的接触与交流，我们与作者已成了忘年之交。

编辑是一门遗憾的艺术。《芜湖近代城市与建筑》不仅内容综合性强，涉及社会学、历史学、建筑学的相关知识，而且图片丰富，篇幅占到了全书的二分之一，这使得本书的排版、编校难度非常大。尽管我们同葛先生做了很深入有效的沟通，查阅了不少研究资料，尽量做到少留遗憾，但还是有很多地方未能十分圆满，作为编辑还是感到有些“遗憾”：

（1）书中的历史照片是葛先生近三十多年的积累，有些是早年拍摄，有些是引用其他图书或资料。有的因间隔时间较长拍摄年份已不详，有的因参考资料中未标注时间，经多方查阅也未能求得答案。为了更全面地认识芜湖的这一段历史，在编校时尽可能标注已确认拍摄时间的历史照片，其他未标注的有待进一步查找资料辨析。

（2）书中的芜湖近代建筑平立剖面图，有的来自作者亲自调查测绘、有的来自有关单位的测绘，或因建筑物已做过多轮的修葺改变，或因不同测量者在测量、绘制时存在误差，可能存在文中尺寸数字与建筑图纸尺寸数字不一致的情况。书中有不少图纸是葛先生手绘，因图幅较小，在数字化的过程中，导致有的建筑比例尺存在一定误差。因建筑图纸对相关从业者有较高的参考价值，也是对建筑物最直观的表现，所以本书在编校时尽量保留不同测量者对建筑物的测量数据，未对其做修改，以供读者参考。

（3）书中部分引用的历史照片或图纸不够清晰的问题，因间隔时间较长出自何处已不详及其他各种原因，未能找到更清晰的插图替换和标明具体出处。希望以后能够进一步完善。

四、结语

《芜湖近代城市与建筑》不仅倾注了葛先生三十多年的心血，也承载了本书责编和出版社同仁一年多来的辛苦付出。看着一沓沓校稿，看着一幅幅芜湖建筑图片，才明白做精一本书所要付出的努力。

安徽师范大学出版社坐落在芜湖这座美丽的江城，在张奇才社长的主持下，一直致力于出版精品图书。我们期望《芜湖近代城市与建筑》可以是回馈给江城百姓的一份具有历史价值的回忆，记录江城一个时代的缩影；也可以为各地的城市建筑保护提供一个思路，通过对现存历史建筑各方面资料的汇编、记录，更好地展现城市历史文化，留住城市的美好记忆；也可以为中国近代城市与建筑的研究提供一个近代中小城市的典型实例。

为了本书的出版，我们做了很多有益的工作，但是由于本书编校难度大，专业程度高，难免还有疏漏、不足或错误之处，热忱希望同行以及相关专家和读者批评指正。

本书责任编辑　彭敏

二〇一九年六月二十二日